CLAUDIA VICTORIA LÚQUEZ

BOTÁNICA SISTEMÁTICA ESENCIAL

FAMILIAS DE PLANTAS CON FLOR

<u>Ilustraciones Originales:</u>

CARLOS LUDOVICO FORMENTO

Lúquez, Claudia Victoria
   Botánica Sistemática Esencial: Familias de Plantas con Flor según APG IV / Claudia Victoria Lúquez; Ilustrado por Carlos Ludovico Formento. - 1a ed ilustrada. - Luján de Cuyo: Claudia Victoria Lúquez, 2024.
   284 p.: il.; 26 x 18 cm. - (Botánica Sistemática Agrícola / Claudia Victoria Lúquez ; Botánica Sistemática Esencial; 8)

   ISBN 978-631-00-2517-9

   1. Sistemática Botánica. 2. Botánica. 3. Ecología Agrícola. I. Formento, Carlos Ludovico, ilus. II. Título.
   CDD 582.13

El objetivo de este libro es proporcionar los conocimientos esenciales para el reconocimiento de las Familias Botánicas por sus caracteres diferenciales. Para la rigurosa identificación de las especies botánicas se debe recurrir al uso de sus respectivas "Claves de Identificación de Géneros y Especies".

El autor NO se hace responsable del uso indebido o inadecuado de las plantas desde todo punto de vista. Ante cualquier duda se recomienda la consulta a un profesional especializado.

ISBN ISBN 978-631-00-2517-9

Impreso en Estados Unidos de América.

A mi Esposo Juan Carlos

A mis Hijos y a mis Nietos

A mis Seres Queridos

TABLA DE CONTENIDO

TABLA DE ILUSTRACIONES

Introducción

El ***Objetivo*** de este libro es brindar a profesionales, estudiantes universitarios y personas amantes de las plantas, las herramientas esenciales para el reconocimiento y estudio de la enorme diversidad de las familias de plantas que nos rodean.

Se ha privilegiado el reconocimiento de cada familia de plantas por sus ***caracteres diferenciales***, excelentes herramientas de diagnóstico en el trabajo a campo y en la investigación.

En cada *Familia* de plantas (con *Subfamilias* y *Tribus*, según su grado de importancia) se describen sus caracteres diagnósticos acompañados de *Ilustraciones Didácticas* (de alta definición) que nos ofrecen su ***Gestalt***, su forma distintiva. Se incluye además hábitat, distribución, importancia económica y cualquier otra información relevante.

Un *glosario interactivo* con hipervínculos permite comprender los términos que pudieran ofrecer alguna dificultad. Al final del libro se incluye el glosario completo de términos utilizados.

Un estudio posterior de las claves de géneros y especies permitirá su exacta identificación.

Desde su origen hace unos 4.500 millones de años, la Tierra ha experimentado profundos cambios. Muchas especies de plantas evolucionaron, desaparecieron o fueron reemplazadas por otras. A medida que cambiaron las condiciones ambientales, también varió la distribución y la abundancia de las especies.

Las *Plantas con Flor* han dominado la Tierra durante más de *100 millones de años*, constituyendo, con aproximadamente 250.000 especies, el grupo vegetal más numeroso y el componente principal de la mayor parte de los ecosistemas.

Alrededor de un millón y medio de especies vivientes han sido registradas por la ciencia, de las cuales cerca de la cuarta parte son vegetales (*Plantas Vasculares y Briófitas*). Sólo un pequeño porcentaje de estas especies vegetales han sido estudiadas por el hombre. Conservar la diversidad biológica equivale a mantener las condiciones ambientales que hacen estable el número de especies de un lugar, permitiendo que este número varíe de acuerdo con su secuencia de cambio natural.

La *"Filogenia"* es el ordenamiento de las plantas según su grado de parentesco. La *"Sistemática"* permite investigar la diversidad biológica, conjugando la información tradicional basada en los caracteres morfológicos y anatómicos, con procesos matemáticos sometidos al análisis estadístico de los datos obtenidos. En las últimas décadas ha adquirido gran relevancia, para el estudio del parentesco, la utilización de los análisis que aprovechan la información contenida en el ADN y en las proteínas (isoenzimas) de las plantas.

El sistema de clasificación que se sigue en este texto es el propuesto por el *"Grupo de Filogenia de las Angiospermas"* (**Angiosperm Phylogeny Group** o **APG**) de K. Bremer, M. W. Chase, P. F. Stevens y otros autores. El *"APG"* se refiere a los grupos internacionales de botánicos sistemáticos que se asociaron para tratar de establecer un criterio consensuado de la <u>Taxonomía</u> de las *"Plantas con Flor"* (*Angiospermas, Antófitas, Fanerógamas* o *Magnoliófitas*), que aportará nuevos conocimientos acerca de su parentesco y de su sistemática molecular.

El primer documento del <u>APG</u> significó un cambio muy importante en el modo de clasificar a las *Angiospermas*, ya que los sistemas de clasificación anteriores habían sido realizados por diferentes grupos científicos, mientras que éste era el trabajo conjunto de 29 *botánicos sistemáticos* para dar sentido al enorme número de filogenias moleculares estudiadas. Esto hizo de las *Angiospermas* el primer gran grupo de organismos en ser sistemática y profundamente reclasificado sobre la base de características moleculares.

La primera ***Clasificación APG*** se publicó en 1998 y ha sido permanentemente actualizada hasta el tiempo presente. Considera la monofilia de los taxones reconocidos e interpreta la posible filogenia de las *Angiospermas* basándose en los análisis realizados siguiendo el sistema de máxima parsimonia con siete secuencias de ADN nuclear (18S DNAr, fitocromo PHYA, PHYC), plastidial (*rbc*L, *atp*B) y mitocondrial (*atp*1 y *mat*R), los cuales han permitido actualizar las relaciones de parentesco en el *Árbol Genealógico* de las *Angiospermas*.

De esta colaboración resultaron los documentos conocidos como ***"APG I (1998)", "APG II (2003)", "APG III (2009)"*** y ***"APG IV (2016)"***, esfuerzos conjuntos para compensar las anomalías en las anteriores clasificaciones de las Angiospermas con los hallazgos de las *"Teorías Filogenéticas"* basadas en los análisis de ADN.

TIPS (Consejos Prácticos)

Al iniciar el estudio de una familia:

1. *Observar atentamente la ilustración de la especie característica.*
2. *Leer el pie de ilustración.*
3. *Analizar la imagen buscando cada detalle.*
4. *Finalmente, iniciar la lectura de texto correspondiente a la familia y sus especies representativas.*

Capítulo.1. CLASE EQUISETOPSIDA (TRACHEOPHYTA Ó EMBRYOPHYTA).

ANTECESORES DE LAS PLANTAS CON FLORES

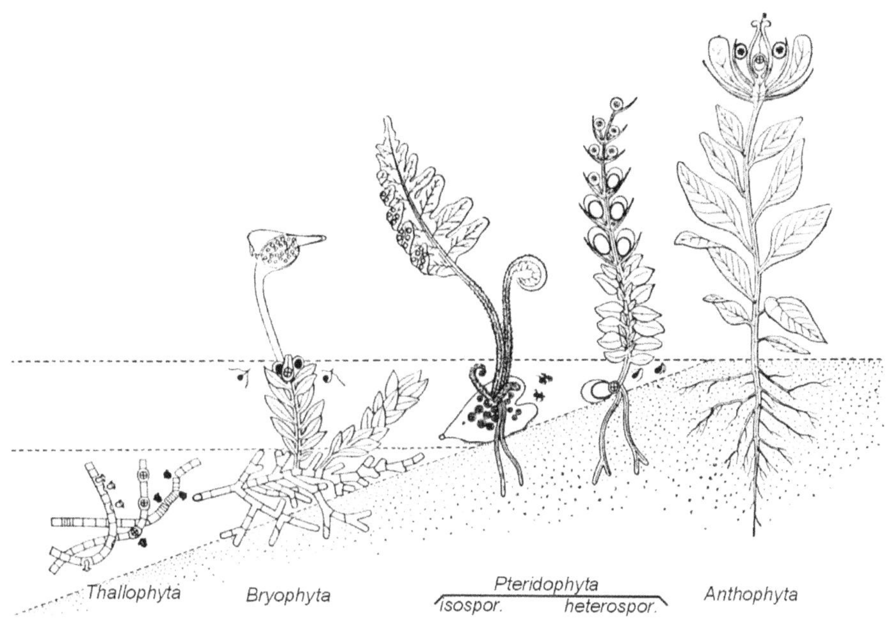

Figura 1-1. Adaptación a la vida terrestre de las Plantas con Flor.

Esquema de la evolución de las Cormófitas en relación con su adaptación a la vida terrestre. (Adaptado: tras Wettstein).

Las primeras plantas terrestres eran pequeñas, sin hojas y raíces, de estructura muy simple. Dependían de la presión de turgencia para mantenerse erguidas. Al evolucionar desarrollaron células conductoras de agua (*traqueidas*) que caracterizan al clado *Tracheophyta* (Plantas Vasculares), también denominado *Equisetopsida o Embryophyta* (Plantas con Embrión). Las *Tracheophyta* son un grupo monofilético. Son *Cormófitas* (plantas con *cormo* formado por vástago y raíz).

SUB-CLASE LYCOPODIIDAE (LYCOPHYTA Ó LYCOPODIOPSIDA)

Los *Helechos*, *Licopodios*, *Selaginelas* y *Equisetos* poseen caracteres comunes. Originados en el período *Devónico*, alcanzaron máxima diversidad en el Carbonífero. Llegaron a ser grandes árboles, con crecimiento secundario y tallos cubiertos de hojas (como se puede apreciar en sus fósiles). Con 1200 especies vivientes en la actualidad.

No poseen flores, frutos, ni semillas. Con hojas muy pequeñas, tipo micrófilo. Con *esporangios* solitarios en la axila de hojas fértiles (*esporófilos*).

Figura 1-2. Período Devónico.

(Adaptado: tras Édouard Riou)

1. 1. Orden *Lycopodiales*. Familia *Lycopodiaceae*. "Licopodios".

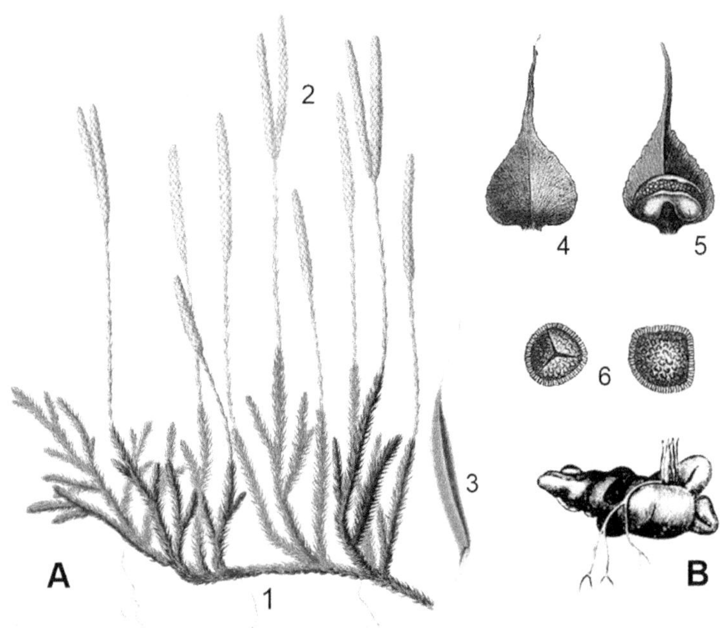

Figura 1-3. Lycopodiaceae. Lycopodium clavatum.

Esporófito: **A**. Planta. – **1**. Tallo tendido con ramitas erguidas de ramificación dicotómica. – **2.** Espigas esporangíferas, formadas por esporófilos. – **3**. Hoja caulinar vegetativa. – **4.** Esporófilo, vista dorsal. – **5**. Esporófilo con un esporangio liberando las esporas. – **6**. Esporas. – **B. Protalo**. (Adaptados: A) 1-3, tras Köhler; 4-6, tras Bollman. B) Tras Gilg.)

El orden *Lycopodiales* es un grupo isospóreo con 400 especies vivientes. Plantas pequeñas, terrestres o epífitas en los bosques tropicales. Raíces y tallos de ramificación *dicotómica*. Hojas coriáceas pequeñas de 1 cm (micrófilos), sin lígula. Los esporófilos (hojas esporangíferas) se agrupan en espigas en el ápice de las ramas. Los esporangios solitarios se ubican en la axila de la cara adaxial de los esporófilos. En el género *Lycopodium* hay caméfitos herbáceos que viven en las cumbres de las montañas, en zonas templadas, lugares umbrosos, en suelos ácidos y ricos en humus.

1. 2.   Orden Selaginellales, Familia Selaginellaceae. "Selaginelas".

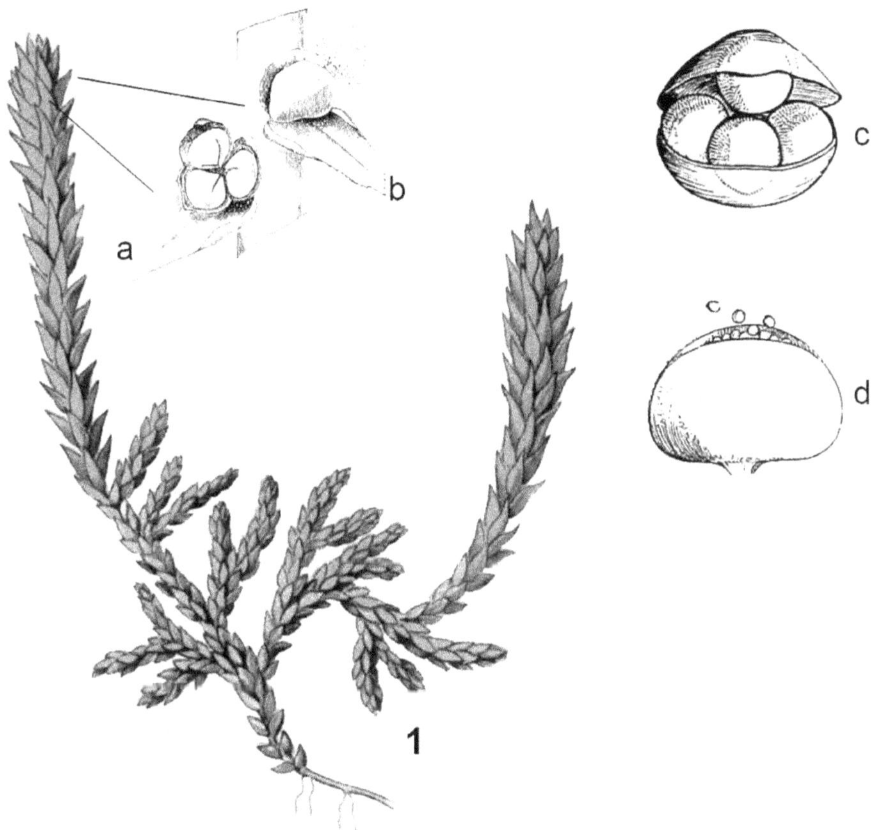

Figura 1-4. Selaginaceae. Selaginella selaginoides

– **1. <u>Esporófito</u>**: Planta adulta. – **a.** Macrosporófilo con un macrosporangio y sus 4 macrósporas (una oculta detrás). – **b.** Microsporófilo con un microsporangio liberando sus micrósporas. **c.** Macrosporangio. – **d.** Microsporangio. – . (<u>Adaptados</u>: 1, tras Thöme; a-d, tras Strasburger).

Orden *Selaginellales*, con una familia *Selaginelláceas* y un género: *Selaginella*. Hierbas pequeñas con rizoma (esporófito). Tallo dicotómicamente ramificado. Hojas fotosintéticas escamiformes (*trofófilos*) en 4 hileras, 2 opuestas de hojas grandes y 2 intermedias de hojas pequeñas. Nervadura central y pequeña *lígula* en la base de la cara superior, para absorber rápidamente el agua de lluvia.

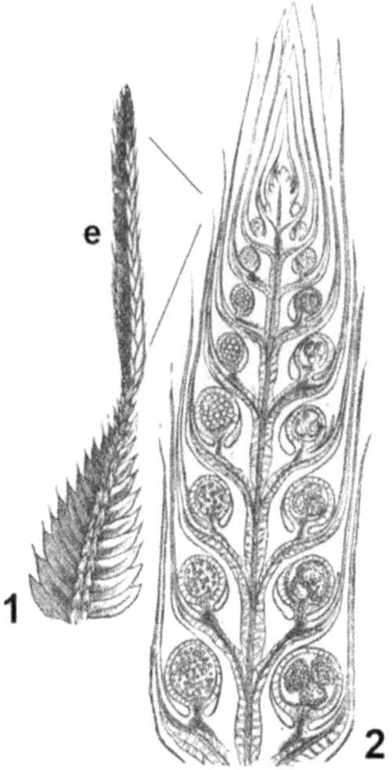

Figura 1-5. Selaginaceae. Espiga de esporófilos.

– **1. <u>Esporófito</u>**. Rama fértil de *Selaginella*, con una <u>espiga</u> tetragonal *(e)* en su porción apical.
– **2**. Detalle de la espiga de esporófilos (en corte longitudinal), mostrando microsporangios conteniendo micrósporas (a la izquierda) y macrosporangios con macrosporas (a la derecha). (<u>Adaptado</u>: Tras Bessey).

> Si se entiende como *flor* a un *"brote de crecimiento limitado cuyas hojas traen órganos reproductores con dimorfismo sexual"*, las *"espigas tetragonales"* de las *Selaginaceae* representan morfológicamente ***"el tipo de flor más arcaico"*** entre las plantas vivientes.

SUB-CLASE EQUISETIDAE (EQUISETOPSIDA).

1. 3. *Orden Equisetales.*

Familia Equisetaceae."Equisetos o Colas de Caballo".

Familia monotípica, con un género sobreviviente: *Equisetum sp.* ("Cola de caballo"), y 15 especies, todas herbáceas. Son Pteridófitas articuladas. Arbustos perennes, que viven en lugares húmedos. El esporófito está formado por un sistema de rizomas de los cuales surgen las raíces y los vástagos aéreos. Tallos fistulosos, *articulados* con ramas verticiladas. Entrenudos acanalados con costillas (*carenas*) y surcos paralelos (*valéculas*). Nudos con hojas (micrófilos) verticiladas escamiformes, uninervadas, con paredes silicificadas, soldadas por sus bases rodeando el tallo en una vaina cilíndrica. Ápices formando una corona de dientes.

Se diferencian dos tipos de tallos:

- *Vegetativos* (estériles), muy ramificados, verdes.

- *Esporófitos* (fértiles), sin clorofila, con *esporangios* que contienen las *esporas*.

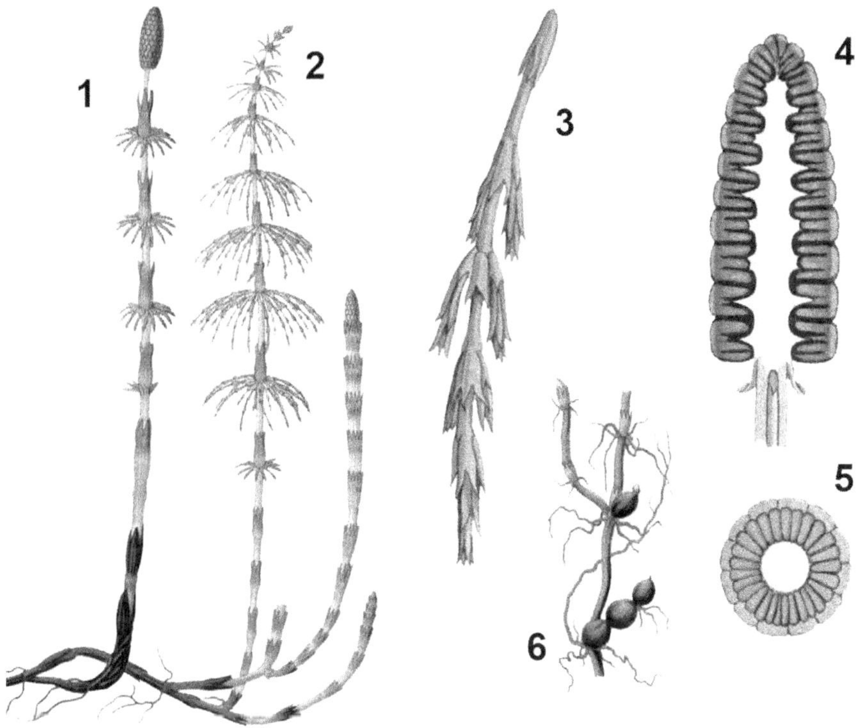

Figura 1-6. Equisetaceae. Equisetum arvense. Esporófito

Esporófito. – **1**. Vástago aéreo fértil con espiga esporangífera. – **2**. Vástago aéreo estéril. – 3. Hojas verticiladas. – **4**. Espiga esporangífera (corte longitudinal). – **5**. Espiga (corte transversal). – **6**. Rizomas con tubérculos y raíces adventicias. (Adaptado: Tras Thomé).

SUB-CLASE POLYPODIIDAE (FILICOPSIDA) - "HELECHOS".

Hierbas sin tallo aéreo. Dependen del agua para su reproducción sexual. Hay dos generaciones diferentes: *esporófito* (cuerpo diploide) y *gametófito* (protalo haploide). El esporófito posee raíz, tallo y hojas. El tallo es un rizoma subterráneo con raíces adventicias. Las hojas (frondes) brotan del rizoma y aparecen enrolladas sobre sí mismas (prefoliación circinada). Con largo pecíolo, numerosos lóbulos en el borde y nervaduras marcadas. Llevan esporangios agrupados en soros (en el margen o en el envés). Las esporas, al ser liberadas del esporangio, germinan dando el gametófito, portador de arquegonios y anteridios. Los arquegonios son los órganos sexuales femeninos y llevan las oósferas. Los anteridios son los órganos masculinos con los espermatozoides, que nadan en el agua de lluvia. El espermatozoide penetra en el arquegonio, fecunda la ovocélula y da el embrión que originará un nuevo esporófito.

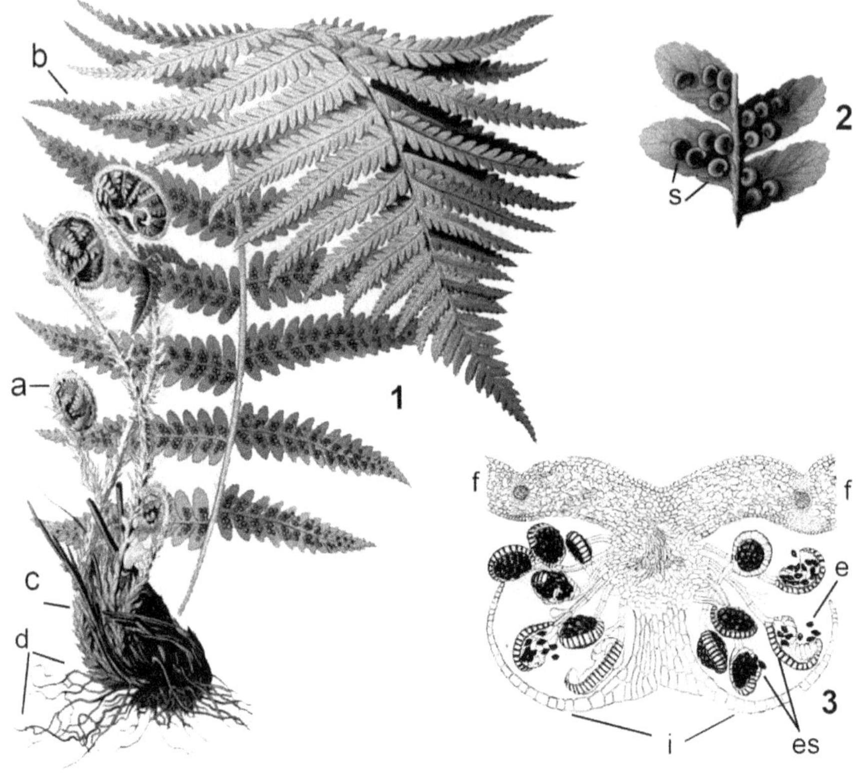

Figura 1-7. Polypodiidae. Dryopteris Filix-mas

– **1.** ***Esporófito***: Fronde joven *(a)*, fronde adulta *(b)*, rizoma *(c)*, raíces *(d)*. – **2.** Pina de una fronde (esporófilo) con soros *(s)*. – **3. Soro** (visto en corte transversal): fronde *(f)*, indusio *(i)*, esporangios *(es)* con esporas *(e)* en su interior. (<u>Adaptados</u>: 1 y 2, tras Thomé; 3 y 4, tras Wettstein).

Capítulo.2. **CLASE SPERMATOPHYTA (CORMOPHYTA).**

Las *Espermatófitas* ó "Plantas con semilla" (también *Fanerógamas* ó "Plantas con flores") son el grupo vegetal más numeroso con 270.000 especies vivientes. Representan una verdadera revolución con un extenso espectro de estructuras y funciones, adaptados al medio terrestre y con la mayor diversidad de linajes.

Existen cinco Subclases de *Espermatófitas*: *Cycadopsida* (Cícadas), *Ginkgopsida* (Ginkgos), *Coniferopsida* (Coníferas), *Gnetopsida* y *Magnoliopsida* (Plantas con Flores). Los primeros cuatro grupos son *Gimnospermas* por poseer *"semillas desnudas"*, en oposición a la *Angiospermas*, con semillas encerradas y protegidas dentro de un carpelo.

❖ <u>*Gimnospermas*</u> (con semillas desnudas):

➢ *Cycadopsida* (= *Cycadidae*). "Cícadas".

➢ *Ginkgopsida* (= *Ginkgooidae*). "Ginkgos").

➢ *Coniferopsida* (= *Pinidae*). "Coníferas".

➢ *Gnetopsida* (= *Clamidospermas*).

❖ <u>*Angiospermas*</u> (con semillas encerradas y protegidas dentro de un carpelo):

➢ *Magnoliopsida* (Plantas con Flores).

La *semilla* es una innovación evolutiva que implica supervivencia. La presencia de semillas es uno de los factores determinantes de la dominancia alcanzada por estas plantas, significativamente mayor en los últimos millones de años.

Son *Cormófitas,* con cormo formado por *raíz, tallo* y *hojas.* A partir de la plántula exhiben bipolaridad, con un eje caulinar y otro radical. La variabilidad de las hojas en tamaño y forma es un factor demostrativo de sus adaptaciones concretas frente al medio. En el ciclo biológico hay un neto predominio del esporófito (raíz y vástago). Todas las plantas con semilla son *heterospóricas* (con esporas diferentes). Se diferencian de los helechos en que la fase *gametofítica* está extraordinariamente reducida y protegida.

ESPERMATÓFITAS GIMNOSPERMAS

Plantas ornamentales siempreverdes. Leñosas con tallo central (tronco) y ramificación monopodial. Xilema secundario con traqueidas areoladas (sin vasos). Con *canales resiníferos.* Hojas estériles fotosintéticas (nomófilos) en forma de cinta, aguja o escama. Hojas fértiles (*estambres* y *carpelos*). Haz vascular doble. Flores siempre *unisexuales* y en el mismo pie (monoicas). Son *desnudas,* sin cáliz ni corola, muy simples.

Flores femeninas reunidas en *estróbilos, sin ovario.* Los *carpelos* están acompañados de escamas foliares estériles. Óvulos *desnudos* sobre el eje de la inflorescencia. El gametófito femenino tiene un protalo pluricelular con arquegonio.

Flores masculinas con apariencia de amento, con hojas estaminales escamiformes (*estambres*) insertas helicoidalmente en el eje, con sacos polínicos desnudos en la cara inferior. Polinización *anemófila* directamente sobre la micrópila del óvulo.

A través de análisis de ADN se ha demostrado que las Gimnospermas son un grupo monofilético. Incluyen: *Cycadopsida, Ginkgopsida, Coniferopsida, Gnetopsida*.

En las *Cycadopsida* y las *Ginkgopsida*, el desarrollo del óvulo para convertirse en semilla se produce en forma independiente de la fecundación (con o sin ella).

SUB-CLASE CYCADIDAE.

2. 1.   Orden Cycadales.

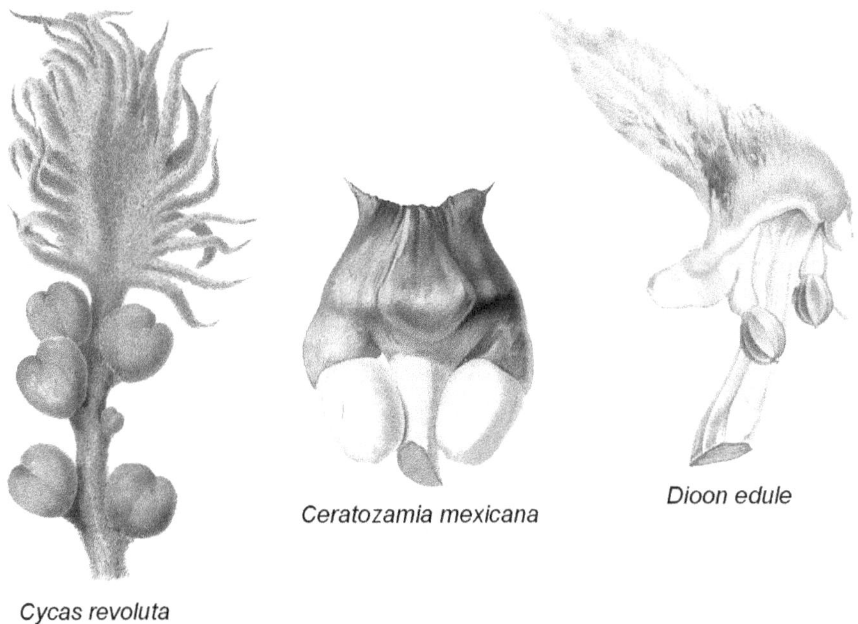

Figura 2-1. Cycadales. Cycadaceae y Zamiaceae. Hojas carpelares.

(Adaptados: tras Peter, A.)

Muy abundantes en el período Jurásico (Era Mesozoica, hace 201 a 145 millones de años). Son las únicas especies vivientes dentro de esta clase, con 130 especies.

Cycadaceae (= Cicadáceas).

Familia de la Cica.

Poseen estípite, tallo cilíndrico *no ramificado*. Hojas grandes pinaticompuestas, con las pinas provistas de una sola nervadura, coriáceas. Flores *dioicas*.

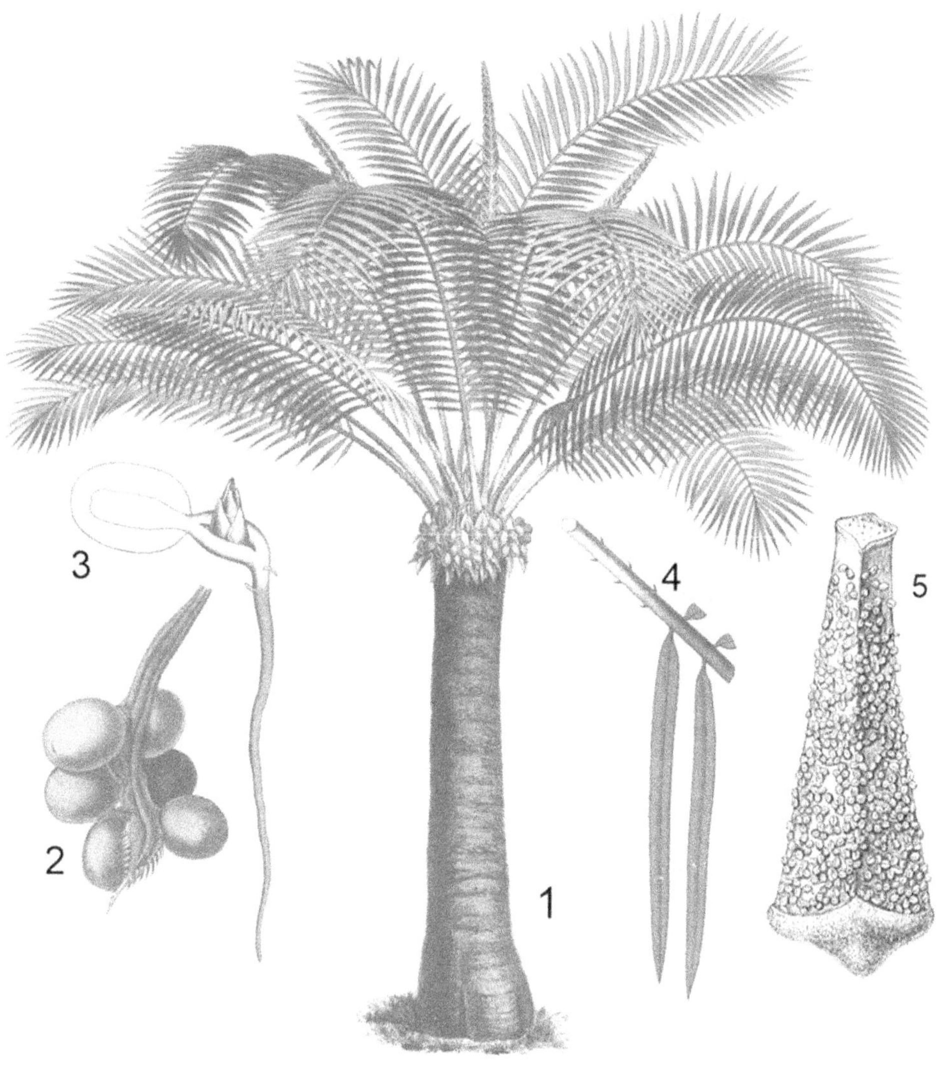

Figura 2-2. Cycadales. Cycas circinalis.

– **1.** Planta adulta. – **2.** Megasporófilo (hoja carpelar) con semillas en desarrollo. – **3.** Germinación de una semilla. – **4.** Detalle de una hoja pinada mostrando el raquis y dos pínulas. – **5.** Microsporófilo (hoja polínica), vista por su cara inferior. – (Adaptados: 1-4, tras Bollmann, 5, tras Gilg y Engler).

Las flores *masculinas* son *estróbilos* con *estambres* (microsporofilos) escamiformes en espiral, en cuya cara abaxial se ubican grupos de numerosos *sacos polínicos desnudos* (hasta 1000), que se abren mediante un exotecio (cubierta de exina). Las micrósporas germinan dentro del saco polínico, formando un *gametofito* haploide muy reducido, el *grano de polen,* que contiene 4 células. Una de ellas, la célula espermatógena, se divide dando 2 *anterozoides ciliados* con flagelos en una banda helicoidal. Miden 400 μm. Las flores *femeninas* están en el ápice del tronco, son de crecimiento limitado y tienen *carpelos* (macrosporofilos) en espiral. Cada carpelo parece una hoja normal, con pedicelo basal y un segmento aserrado apical similar a un peine (pectiniforme) con 2-8 óvulos en el margen. Óvulo *ortótropo,* con una nucela maciza central cubierta por un tegumento de 3 capas. La nucela tiene una *cámara polínica* (hacia el micrópilo) y otra *arquegonial* (debajo) con 4 *megásporas* (esporas femeninas). Una de ellas germina y da el gametofito femenino, un macizo de varios miles de células (*protalo* de los helechos), en cuya superficie se forman 2-6 arquegonios (hacia el micrópilo). El arquegonio posee sólo 3 células, una de ellas es la *oósfera* (o gameta femenina).

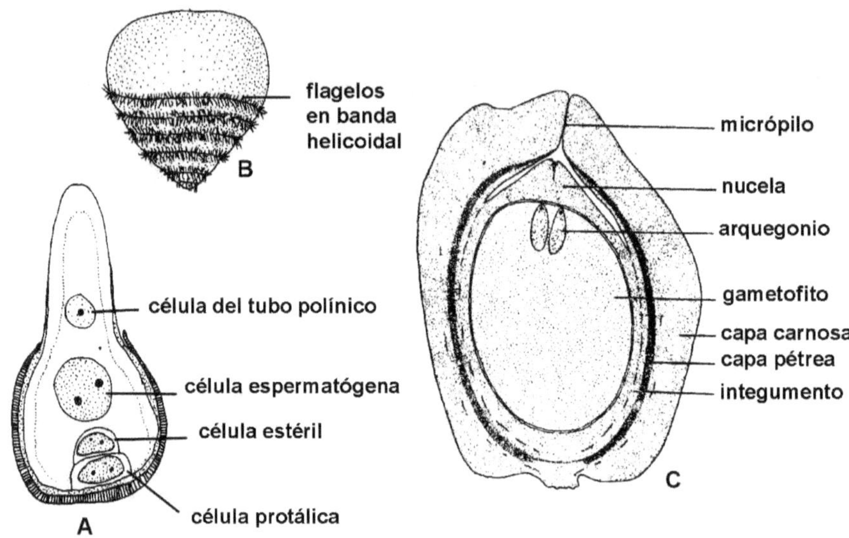

Figura 2-3. Cycadaceae. Cycas revoluta.

– **1.** Grano de polen con una célula espermatógena y tres células más. – **2.** Anterozoide con flagelos en una banda helicoidal. – **3.** Óvulo (en corte longitudinal). (Adaptados: 1-3, tras Coulter y Chamberlain).

El grano de polen es llevado por el viento. Llega a una gota polinizante en lo alto del micrópilo y se implanta encima de la nucela. Los espermatozoides flotan en la gota que al secarse sella el micrópilo y los arrastra al interior de la cámara polínica. Entre la polinización y la fecundación transcurren 6 meses. La fecundación es una *zooidiogamia*.

El primordio seminal tiene el tegumento con una capa externa de color rosado (*sarcotesta*) y una capa interna dura (*esclerotesta*). En el óvulo se forman varios embriones, pero desarrolla sólo uno. La plántula posee dos cotiledones, una hoja, algunas escamas foliáceas y una radícula. Cuando la semilla llega al suelo, sale la radícula y arraiga la nueva planta.

Principales especies:

Cycas revoluta. "Cica". Hojas con pinas de *márgenes doblados*. Hojas carpelares con 2 o más óvulos en la base. Semillas rojas.

Cycas circinalis. "Cica". Hojas con *pinas planas*. Hojas carpelares lanosas, laciniadas en el ápice, con 3-5 pares de óvulos.

SUB-CLASE GINKGOIDAE.

Las flores masculinas son ejes largos con grupos de sacos polínicos bipartidos (estambres) a sus lados. Las flores femeninas con óvulos pedicelados. Sin órganos foliares estériles (sépalos o pétalos).

2. 2.   Orden Ginkgoales.

Tuvo su apogeo en el *Período Jurásico Inferior* (hace 200 a 180 millones de años), caracterizado por la hegemonía de los dinosaurios y por la escisión del supercontinente *Pangea* en los continentes *Laurasia* (hemisferio norte) y *Gondwana* (hemisferio sur).

Ginkgoaceae (= Ginkgoáceas)

Familia del Ginkgo.

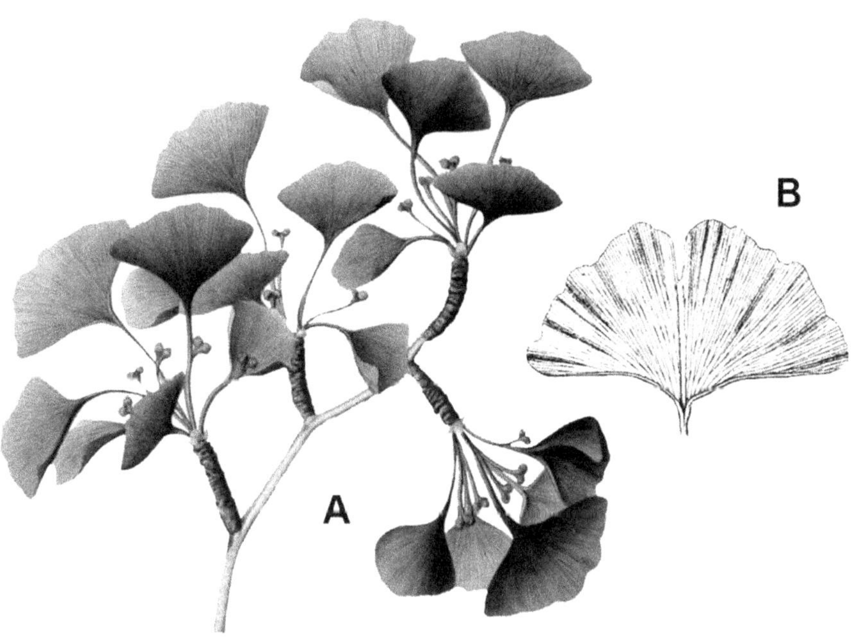

Figura 2-4. Ginkgoaceae. Ginkgo biloba.

– **A.** Rama de entrenudos largos (macroblasto), con 4 ramificaciones de entrenudos cortos (braquiblastos) que llevan flores femeninas. – **B.** Hoja flabeliforme, bilobada y con nervaduras dicotómicas. (Adaptados: A, de von Siebold y Zuccarini; B, de Wettstein).

Familia *monotípica*. Única especie sobreviviente: **Ginkgo biloba**. Árbol *caducifolio*, estivivirente (foliación estival). Tronco muy ramificado, con ramas de entrenudos largos con hojas dispersas (macroblastos) y ramitas de entrenudos cortos (braquiblastos). Hojas helicoidales, caducas. Lámina flabeliforme (forma de abanico), típicamente *bilobadas* (hendidas en el ápice), con nervaduras *dicotómicas*. Pecíolo largo.

Dioico, especie con flores *unisexuales* sobre braquiblastos y en distinto pie (masculino o femenino). Las flores masculinas son *amentos*, con numerosos estambres apareados en la axila de hojas escamiformes. *Estambres* con un pedicelo y dos sacos polínicos (microsporangios) que cuelgan del ápice y se abren por un endotecio. El gametofito masculino posee la célula espermatógena (dará 2 espermatozoides) y 4 células más. *Espermatozoides* ciliados *móviles*, con una banda espiralada de flagelos que les permiten nadar hacia la cámara polínica (muy similas a *Cycas*).

Flores femeninas en la axila de hojas escamiformes sobre braquiblastos. Tienen *dos óvulos* en los extremos bifurcados del pedúnculo común. Óvulos con tegumento que al madurar se diferencia en *sarcotesta* externa (carnosa) con olor a ácido butírico y *esclerotesta* interna dura. *Nucela* con dos cámaras, una polínica y otra arquegonial. Gametofito femenino verde, formado por centenares de células, con 2 ó 3 arquegonios.

Polinización anemófila. El grano de polen origina el tubo polínico, que penetra en la nucela, llega al arquegonio y libera los espermatozoides: la *fecundación* zooidiogamia.

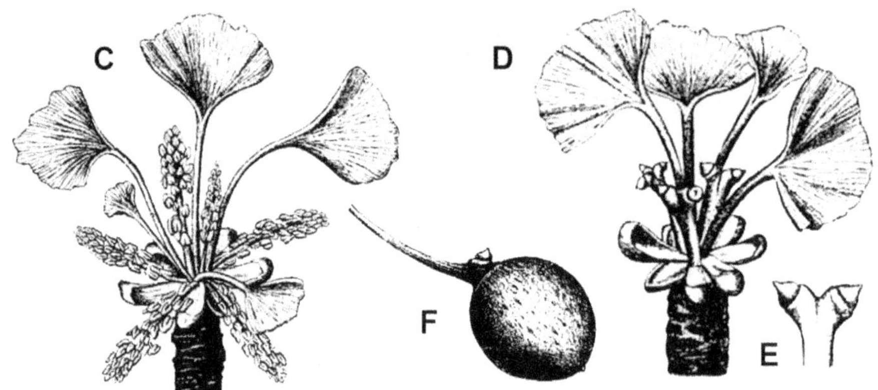

Figura 2-5. Ginkgoaceae. Ginkgo biloba.

– **C.** Braquiblasto con flores masculinas. – **D.** Braquiblasto con flores femeninas. – **E.** Flor femenina. – **F.** Semilla madura. (Adaptados: C-F de Wettstein).

<u>Hábitat</u>: Japón, este y sur de China.

<u>Principales especies</u>: (1/1: 1 género y 1 especie)

Ginkgo biloba "Ginkgo" "Árbol de los cuarenta escudos". Relicto o "fósil viviente". Ornamental muy valioso. Follaje verde que se torna amarillo dorado en otoño. Crecimiento lento. Prefiere suelos profundos. Hojas ricas en biflavonoides (ginkgetol), vasodilatador y neuroprotector que previene el envejecimiento. Japón y China.

Capítulo.3. SUB-CLASE PINIDAE (CONIFEROPSIDA) "CONÍFERAS".

Flores con *ejes acortados*. Flores masculinas con *estambres* (sacos polínicos pedicelados). Flores femeninas en inflorescencias amentiformes o estrobiliformes (*conos*). Óvulos acompañados de órganos foliares estériles.

3. 1. Orden Coniferales.

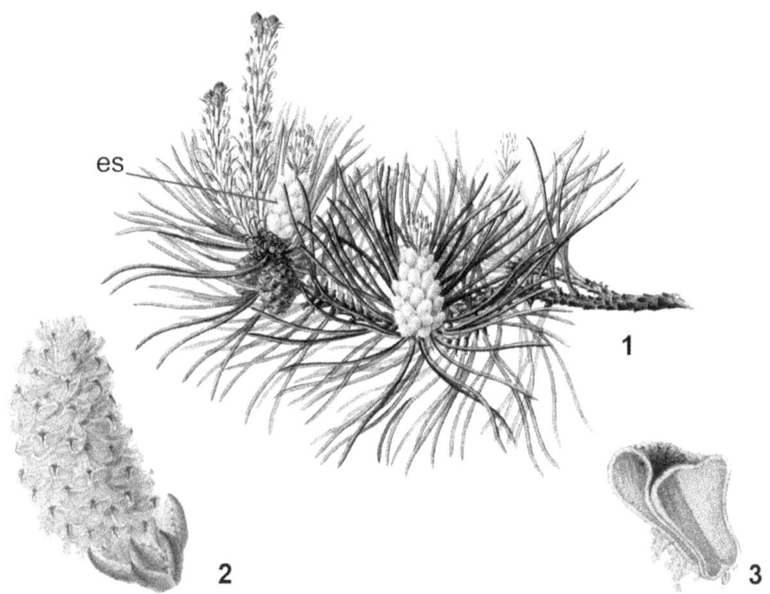

Figura 3-1. Pinus slvestris. Espigas con amentos masculinos.

– **1.** Rama con fascículos de 2 hojas aciculares cada uno. – *(es).* Espiga densa compuesta por amentos dispuestos en espiral. – **2.** Amento masculino con sus brácteas basales, compuesto por numerosos estambres dispuestos en espiral. – **3.** Antera en dehiscencia liberando los granos de polen. (Adaptados: tras Lambert).

Árboles con raíces vigorosas. Tronco con ramificación monopodial. Ramas laterales en pisos superpuestos y entrenudos largos (macroblastos). Ramitas con entrenudos cortos (braquiblastos). Siempreverdes (*sempervirentes*) con hojas persistentes (duran varios años). Filotaxis helicoidal, decusada o verticilada. Hojas *pequeñas*, punzantes, *aciculares*, *cintiformes* o *escamiformes*. *Crecimiento secundario* (cambium y felógeno). *Traqueidas* con puntuaciones areoladas. Con conductos resiníferos. Con 2 a más cotiledones.

Diclino-Monoicas, con flores *unisexuales* (femeninas y masculinas) en el *mismo pie*. Las esporas germinan sobre la planta y dan protalos que permanecen dentro del esporangio. Los esporófilos forman flores rudimentarias, agrupadas en *conos*. El amento masculino es *una sola flor* con estámbres espiralados (microsporófilos), cada uno 2 a 20 sacos polínicos (microsporangios) en su *cara inferior*. Se ubican en las ramas jóvenes, formando a su vez *espigas* densas, cada una con varios amentos dispuestos en espiral en torno a un eje central. Cuando se produce la dehiscencia, el saco polínico se rompe y libera los granos de polen que son llevados por el viento.

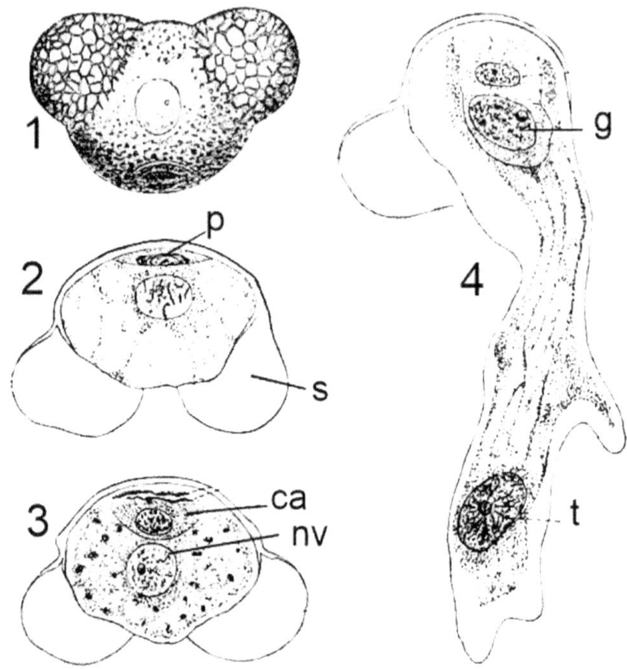

Figura 3-2. Pinaceae. Pinus sylvestris. Germinación del grano de polen.

– **1.** Grano de polen con dos vesículas aeríferas. – **2.** Fases del desarrollo del tubo polínico: – **P.** Protalo. – **s.** Vesícula aerífera. – **3.** <u>Protalo pluricelular</u>: una célula vegetativa con el núcleo vegetativo o núcleo del tubo polínico **(nv)** y una célula anteridial o espermatógena **(ca)**. – **4.** Tubo polínico en desarrollo con su núcleo **(t)** y la célula generativa **(g)** que dará origen a dos anterozoides. (Tras Coulter y Chamberlain, citado por Wettstein, modificados).

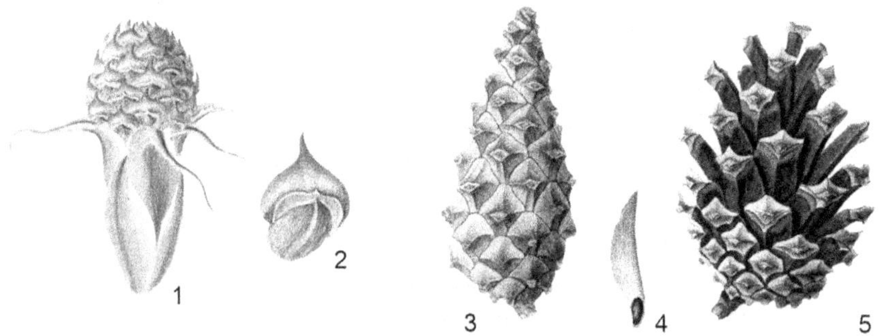

Figura 3-3. Pinus silvestris. Estróbilos femeninos.

– **1.** Cono o estróbilo femenino con sus brácteas. – **2.** Escama tectriz separada. – **3.** Cono femenino maduro. – **4.** Semilla con su ala. – **5.** Cono femenino expandido por deshidratación. (<u>Adaptados</u>: tras Lambert).

El grano de polen posee una sola abertura (leptoma), la pared se hincha y forma 2 ventosas llenas de aire. El grano de polen se divide y forma un pequeño protalo con 4 células haploides. Una de ellas es la célula espermatógena, que produce 2 anterozoides. El estróbilo *femenino* es *compuesto*: una rama principal con numerosas ramas laterales, que nacen en las *axilas* de *escamas tectrices* espiraladas en torno a un eje central. Cada rama lateral es *una flor femenina* formada por una *escama seminífera* (megasporófilo), órgano plano que lleva de 1-20 óvulos *desnudos* en su *cara superior*.

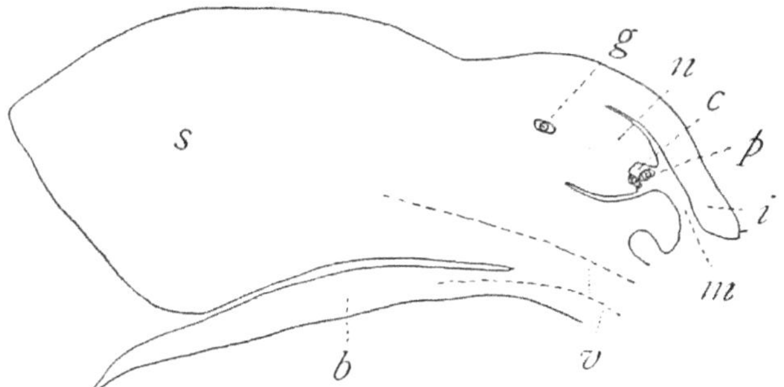

Figura 3-4. Pinus laricio. Diagrama del óvulo, bráctea tectriz y escama ovulífera.

–*(b)*. Bráctea tectriz. – *(s)*. Escama ovulífera (luego seminífera). –*(v)*. Haces vasculares. –*(m)*. Micrópila. –*(i)*. Integumento. –*(p)*. Granos de polen. –*(c)*. Cavidad en el ápice de la nucela. –*(n)*. Nucela. –*(g)*. saco embrionario. (<u>Adaptado</u>: tras Coulter y Chamberlain).

En la *nucela* (megasporangio) del óvulo se halla la *megáspora*, que origina el protalo femenino, en cuyo interior se encuentran los *arquegonios*. Los granos de polen son llevados por el viento. Se deslizan entre las escamas del estróbilo y llegan a la micrópila del óvulo. Las escamas se cierran unas contra otras. En su interior ya se encuentran los granos de polen, detenidos por la nucela y listos para germinar. El grano de polen emite un tubo polínico, dentro del cual penetran los anterozoides. El polínico tubo se alarga, alcanza el protalo, se desliza por el cuello del arquegonio y vierte los anterozoides dentro de la oósfera (sifonogamia). La *fecundación* se produce cuando se fusiona el *núcleo del anterozoide* con el de la *oósfera*, formándose el *cigoto diploide*. El óvulo fecundado se convierte en *semilla*. El *estróbilo* crece y madura. La semilla se separa de la planta madre, germina y da origen a una nueva planta. Las plántulas tienen *dos a varios cotiledones*.

Pinaceae (= Pináceas).

Familia de los Pinos.

9 géneros, 200 especies (9/200).

Árboles monoicos. Carpelos numerosos en *estróbilo*. Hojas *simples*, aciculares (agujas), lineares o escamiformes, con gruesa cutícula, verdes todo el año. Cada hoja consta de base y la lámina. Se disponen solitarias helicoidalmente sobre macroblastos o agrupadas en fascículos en la extremidad de cortas ramitas laterales (braquiblastos).

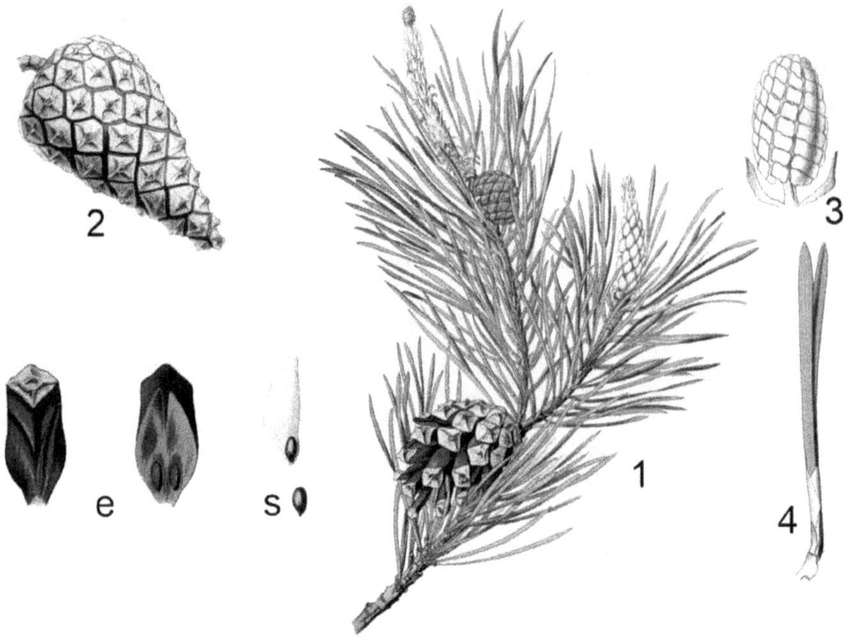

Figura 3-5. Pinaceae. Pinus sylvestris

– 1. Rama con hojas aciculares apareadas, estróbilos femeninos laterales y amentos masculinos terminales. – 2. Estróbilo (cono) con escamas seminíferas (flores femeninas). – *e)*. escama seminífera (vista dorsal y ventral), *s)*. Semilla alada. – 3. Amento (flor masculinas), con numerosas hojas polínicas (estambres) – 4. Braquiblasto con fascículo de 2 hojas aciculares y rígidas. (<u>Adaptados</u>: tras Köhler).

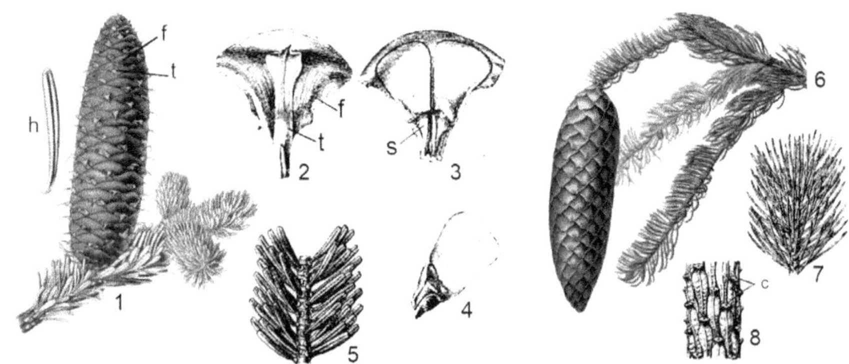

Figura 3-6. Pinaceae. Abies alba y Picea glauca.

Abies alba: – **1.** Ramita con hojas aciculares con dos líneas estomáticas blancas en la cara inferior *(h)* y <u>estróbilo</u> fructífero, erguido, con escamas tectrices *(t)* y escamas fructíferas *(f)*. – **2.** Escama tectriz *(t)* y escama fructífera *(f)*, vistas por su cara dorsal (inferior). – **3.** Escama fructífera con dos semillas aladas *(s)*, vista ventral (superior). – **4.** Semilla con ala terminal larga. – **5.** Ramita joven. (<u>Adaptados</u>: 1, de Köhler; 2-5, según Wettstein). ***Picea glauca:*** – **6.** Ramita con hojas aciculares y <u>estróbilo</u> fructífero, péndulo – **7.** Ramita joven. – **8.** Ramita vieja con cicatrices foliares, luego de la caída de las hojas. (<u>Adaptados</u>: 6, tras Köhler; 7-8, tras Wettstein).

Hojas xeromórficas, adaptadas a vivir en regiones con inviernos muy fríos, soportando grandes sequías producidas por la congelación del suelo (con baja relación entre superficie externa y el volumen, lo que previene la desecación por heladas).Las hojas de los pinos, abetos y piceas viven de 3 a 9 años. En **Pinus** hay *macroblastos* con agujas verdes durante el primer año, y *hojas escamiformes* castañas en años posteriores, en cuyas axilas desarrollan los *braquiblastos* con 2, 3 o 5 acículas verdes.

Picea y **Abies** presentan sólo macroblastos. En *Abies* cae toda la hoja, mientras que *Picea* pierde sólo la lámina, quedando la base sobre la rama.

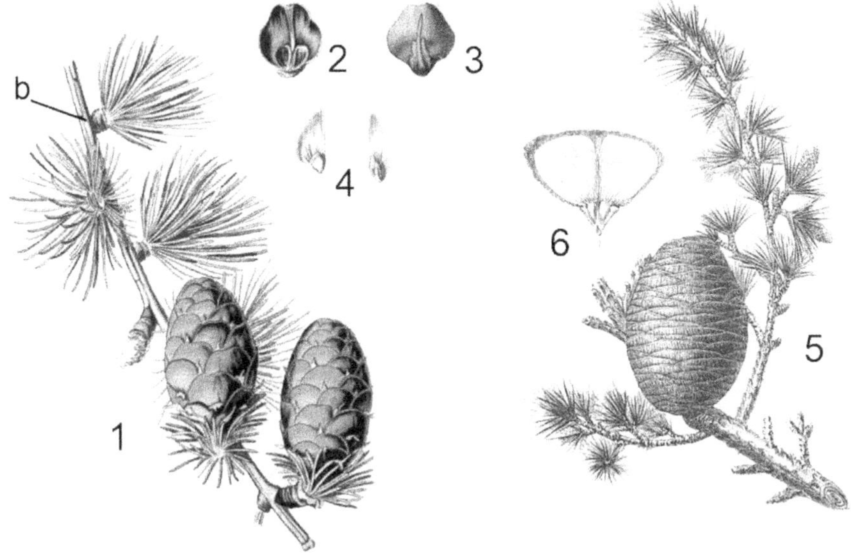

Figura 3-7. Pinaceae. Larix decidua y Cedrus deodara.

Larix decidua: – **1.** Ramita con hojas aciculares dispuestas en braquiblastos *(b)* y estróbilos femeninos. – **2.** Escama fructífera con dos semillas aladas (vista ventral). – **3.** Escama fructífera con su escama tectriz (vistas por su cara dorsal). – **4.** Semillas con alas terminales. **_Cedrus deodara._** – **5.** Ramita con hojas aciculares en braquiblastos, estróbilo fructífero y conos masculinos. – **6.** Escama fructífera con dos semillas aladas. (Adaptados: 1-4, tras Köhler; 5-6, tras Lambert, Eichler y Wettstein).

En **Cedrus** y **Larix,** cada *macroblasto* tiene acículas verdes durante el primer año. En el segundo año, de las axilas de las acículas brotan *braquiblastos* con fascículos de hojas. La flor masculina es un *amento* con hojas escamiformes (en la base) y numerosos estambres dispuestos en espiral (en la parte superior). El estambre tiene un pedículo corto con *dos sacos polínicos* en su cara inferior, con granos de polen en su interior.

Inflorescencia femenina *estróbilo* con *escamas ovulíferas* dispuestas helicoidalmente en las axilas de *escamas tectrices estériles.* La escama ovulífera lleva *dos óvulos* en la base de su cara superior. Conos maduros leñosos. Grano de polen con 2 *vesículas* para ser llevado por el viento. Cuando llega al óvulo, el micrópilo se cierra y guarda los granos de polen. Entre polinización y fecundación pasan meses o años. Semillas con *ala unilateral.*

Hábitat: en el hemisferio norte. En las zonas montañosas de las regiones cálidas.

Principales especies:

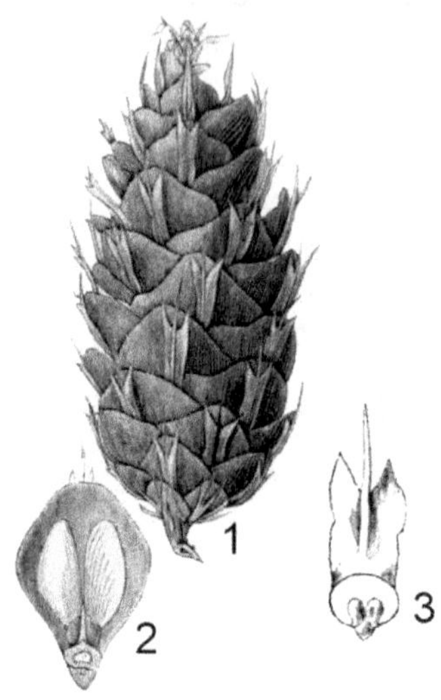

Figura 3-8. Pinaceae. Pseudotsuga menziesii

– **1.** Estróbilo femenino. – **2.** Escama seminífera con 2 semillas aladas. – **3.** Escama tectriz trífida. (Adaptados: tras Eichler y Engler).

Abies sp. Ramas verticiladas. Hojas *planas. Conos erectos.*

Abies alba "Abeto blanco". Hojas planas con 2 bandas estomáticas blancas. Europa.

A. pinsapo. "Pinsapo". Acículas esparcidas. España. Ornamental.

Picea sp. Hojas de sección *cuadrangular,* dejando cicatrices al caer. *Conos colgantes.*

Picea abies "Abeto rojo". Árbol piramidal. Hojas punzantes. Forestal. Europa.

Cedrus deodara. "Cedro Deodara". Hojas en aciculares de 3 a 5 cm. Himalaya.

Cedrus atlantica. "Cedro del Atlas". Hojas aciculares menores de 2,5 cm. Marruecos.

Larix decidua "Alerce". Árbol caducifolio. Hojas aplanadas, con 2 bandas estomáticas.

Pinus sp. "Pinos". Fascículo de 1 a 5 hojas aciculares rodeadas de vaina membranosa.

Pinus canariensis. "Pino de Canarias". Tronco recto. Fascículo de 3 acículas péndulas.

P. halepensis "Pino de Alepo". Tronco tortuoso. Copa *redondeada.* Acículas de a 2.

P. pinea. *"Pino piñonero".* Copa *aparasolada.* Semillas comestibles 2 cm, "piñones".

Pinus ponderosa. "Pino ponderosa". Escamas con *espina apical curvada* hacia arriba.

P. radiata. "Pino insignis". Piña *muy asimétrica,* con escamas basales más abultadas.

Pseudotsuga menziesii "Abeto de Douglas". Conos *péndulos,* con escamas protegidas por escamas tectrices, con forma de *lengüeta trífida.* Norteamérica, Columbia Británica.

Araucariaceae (= Araucariáceas)

Familia de las Araucarias.

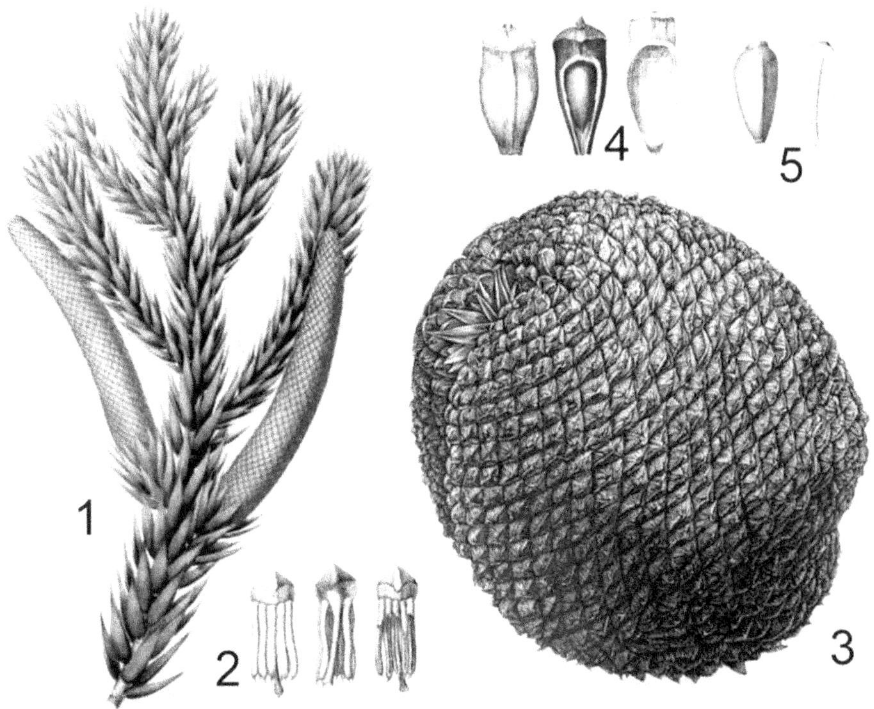

Figura 3-9. Araucariaceae. Araucaria angustifolia.

– **1.** Rama con hojas lanceoladas terminadas en punta fina, y dos flores masculinas cónicas. – **2.** Microsporófilos (estambres) con sacos polínicos alargados y péndulos. – **3.** Estróbilo femenino. – **4.** Bráctea fructífera con un solo óvulo. – **5.** Semilla. (Adaptados: 1-2 y 4-5, tras von Siebold y Zuccarini; 3, tras Eichler y Engler).

Árboles. Monoicas o dioicas. Hojas anchas o lineares, dispuestas helicoidalmente, persistentes. Estróbilos femeninos leñosos con complejos monospermos en los cuales la *escama seminífera* lleva *un solo óvulo* y se halla estrechamente soldada (concrescente) a su bráctea tectriz. Estambres con 5-20 sacos polínicos alargados y *péndulos*.

<u>Hábitat:</u> en el hemisferio sur, América del Sur, Australia e islas vecinas y SE de Asia.

<u>Principales especies:</u>

Araucaria araucana "Pehuén". Ramas alcanzan el suelo. Hojas de 2,5 cm, punzantes.

A. angustifolia "Pino Paraná". Copa aparasolada. Hojas de *1 cm* de ancho, lanceoladas.

A. bidwillii. "Araucaria australiana". Árbol con ramas extendidas. Hojas punzantes, en dos planos divergentes. Conos pesados (peligrosos cuando caen). Ornamental. Australia.

A. heterophylla (*A. excelsa*). "Pino de Norfolk". Copa piramidal. Ramas en pisos pentagonales. Hojas juveniles suaves; las maduras incurvadas y puntiagudas. Australia.

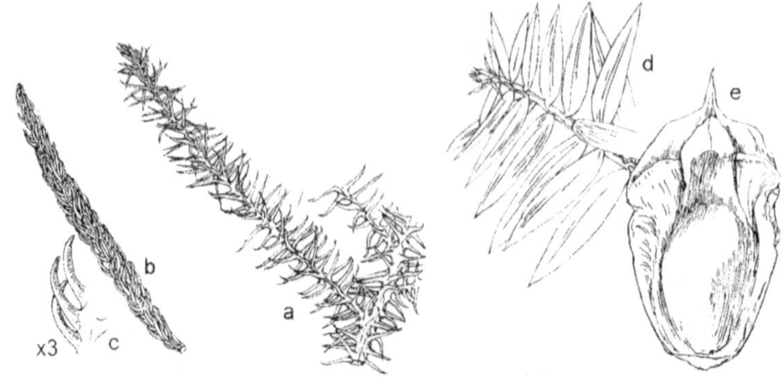

Figura 3-10. Araucariaceae. Araucaria excelsa. A. bidwilli.

– **_Araucaria excelsa:_** – **(a).** Ramita con follaje juvenil difuso. – **(b).** Ramita con hojas maduras incurvadas puntiagudas. – **(c).** Detalle de follaje maduro. – **_Araucaria bidwillii:_** – **(d).** Ramita con hojas extendidas en dos planos divergentes. – **(e).** Escama seminífera soldada a la bráctea tectriz, formando un estuche que encierra a la semilla. (<u>Adaptados</u>: tras Dallimore y Jackson).

Podocarpaceae (= Podocarpáceas)

Familia del Pino del Cerro.

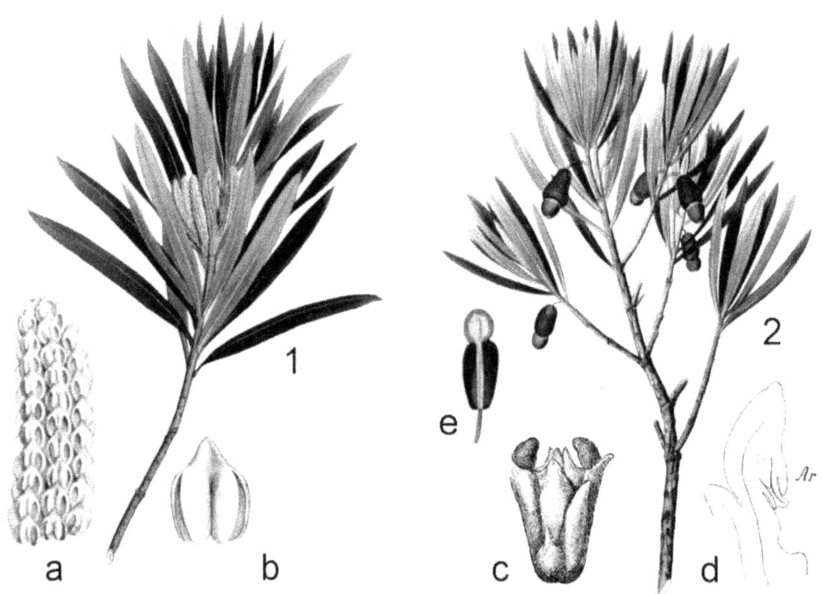

Figura 3-11. Podocarpaceae. Podocarpus macrophyllus

– **1.** Rama con hojas linear lanceoladas, y estróbilos masculinos con estambres espiralados; *a)* *Cono masculino* con microsporófilos (estambres); *b)* Estambre con 2 microsporangios (sacos polínicos). – **2.** Rama con *estróbilos femeninos* reducidos a escamas con una semilla terminal rodeado del epimacio; *c)* Estróbilo femenino reducido a dos esporófilos fértiles (con óvulos); *d)* Corte longitudinal del ápice de una escama fructífera, con un óvulo rodeado del arilo carnoso *(Ar)*; *e)* Semilla madura rodeada por el epimacio. (<u>Adaptados</u>: 1, a-b, y 2, e, tras Siebold y Zuccarini; c-d, tras Geobel y Bayley Balfour).

Árboles perennifolios dioicos. Hojas lineares, escamiformes o punzantes. *Sin estróbilos leñosos. Conos masculinos* cilíndricos. Estambres espiralados, cada uno con 2 sacos polínicos. *Conos femeninos* reducidos. *Escama seminífera* con un óvulo, que engrosa su base y envuelve a la semilla con un arilo carnoso (epimacio). Semilla roja solitaria con escamas estériles formando un falso fruto *(pseudofruto)* drupáceo

Hábitat: en el hemisferio sur, de zonas tropicales a las templadas.

Principales especies:

Podocarpus nubigenus "Maniú macho". Hojas linear lanceoladas, con dos bandas estomáticas glaucas en la cara inferior. Semillas solitarias. Bosques andino-patagónicos.

P. parlatorei "Pino del cerro". Hojas lineares con una pequeña espina en el ápice.

Saxegothaea conspicua "Maniú hembra". Hojas lineares, ápice mucronado.

Taxaceae (= Taxáceas)

Familia del Tejo.

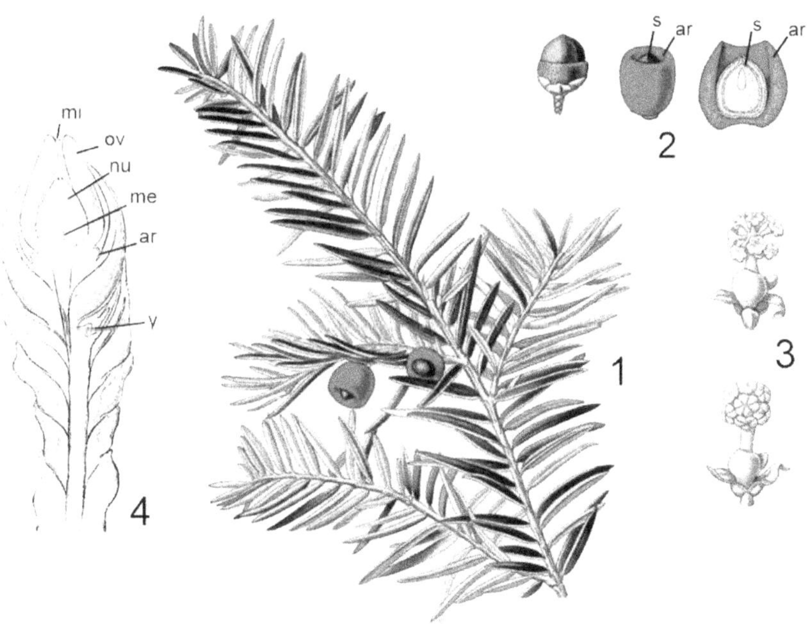

Figura 3-12. Taxaceae. Taxus baccata.

– **1.** Rama fructífera con hojas lineares en *dos planos divergentes*. – **2.** Semilla al inicio de su crecimiento; madura y en corte longitudinal: *(s)* semilla y *(ar)* arilo carnoso. – **3.** Flores masculinas con *hojas estaminales peltadas*. – **4.** Ápice de rama femenina: *(ar)* inicio del *arilo carnoso; (me)* megáspora; *(nu)* nucela del óvulo; *(ov)* óvulo; *(mi)* micrópila del óvulo; *(y)* yema. (Adaptados: 1-3, tras Thomé; 4, tras Goebel).

Árboles o arbustos dioicos, perennifolios. Tronco grueso con ramas horizontales. *Sin conductos resiníferos*. Hojas linear lanceoladas o con forma de aguja, rígidas, en espiral. *Estambres peltados* con 2-8 sacos polínicos dispuestos radialmente. *Sin estróbilo*. Escama seminífera con *un óvulo solitario* sobre un rodete que luego se transforma en arilo *rojo carnoso* (muy tóxico). Semilla rodeada y unida al arilo coloreado.

Hábitat: en zonas templadas del hemisferio norte.

Principales especies:

Taxus baccata. "Tejo". Hojas *lineares*. Semilla con *arilo rojo carnoso*. Irlanda. Tóxico.

Taxus brevifolia. "Tejo del Pacífico". Contiene taxol, utilizado contra el cáncer. Tóxico.

Cupressaceae (= Cupresáceas)

Familia del Ciprés.

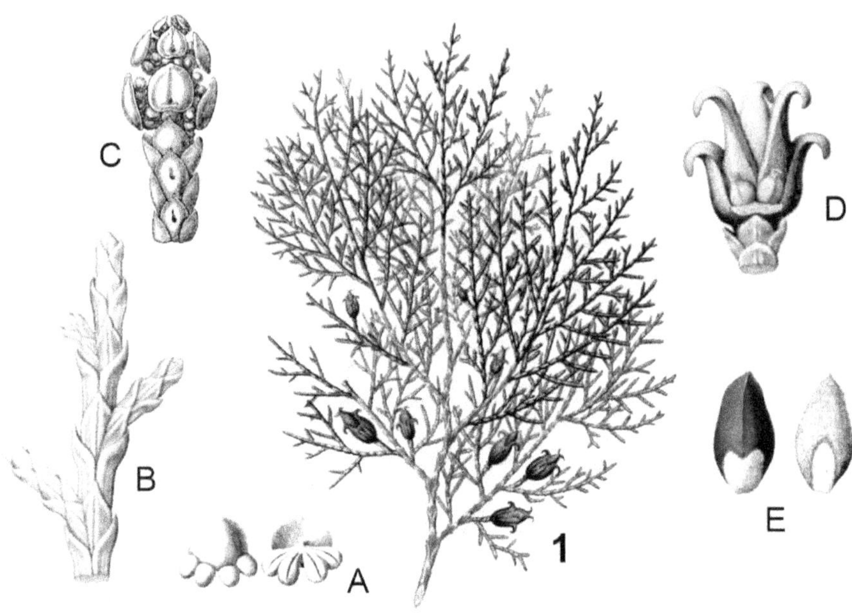

Figura 3-13. Cupressaceae. Platyclados orientalis. "Árbol de la vida".

– **1.** Rama fructífera. – **A.** Estambres peltados con sacos polínicos. – **B.** Hojas escamiformes imbricadas (detalle). – **C.** Fragmento de una ramita, con conos terminales de flores masculinas. – **D.** Estróbilo femenino; sus escamas ovulíferas con apófisis dorsal recurva. – **E.** Semillas ápteras con mancha blanca. (Adaptados: 1, a-b y d-e, tras Siebold y Zuccarini; c, tras Lindley).

Árboles o arbustos, monoicos o dioicos. Hojas *opuestas decusadas*, *aciculares* (agujas) o escamiformes (escudo). *Flores masculinas amentos terminales*. Anteras con *2-10 sacos polínicos*. Granos de polen sin vesículas. Flores *femeninas* en *estróbilos leñosos, globosos*. Escamas seminíferas con 2 a 20 óvulos cada una.

Hábitat: en zonas templadas del hemisferio norte y sur.

Principales especies:

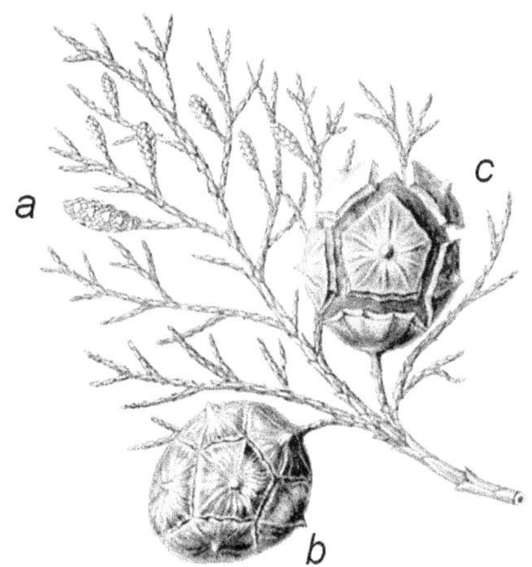

Figura 3-14. Cupressaceae. Cupressus sempervirens.

– **_Ramita_**: – **a)**. Amentos masculinos terminales. – **b)**. Conos femeninos con escamas mucronadas. – **c)**. Cono femenino abierto, con escamas peltadas. – (Adaptados: tras Haeckel).

Cupressus sempervirens "Ciprés". Piña globosa con *escamas con mucrones*.

Cupressus funebris. Ramas aplanadas *péndulas*. Conos de 1 cm. China.

C. lusitanica "Ciprés de Portugal". *Follaje* y *conos* con eflorescencia verde glauca.

C. macrocarpa "Ciprés Lambertiana". Hojas *rómbicas.* Conos de *2,5 cm.* Ornamental.

Cupressus arizonica "Ciprés de Arizona". Follaje *gris azulado* plateado, resinoso y céreo. Hojas escamiformes con *glándula resinosa en el dorso*.

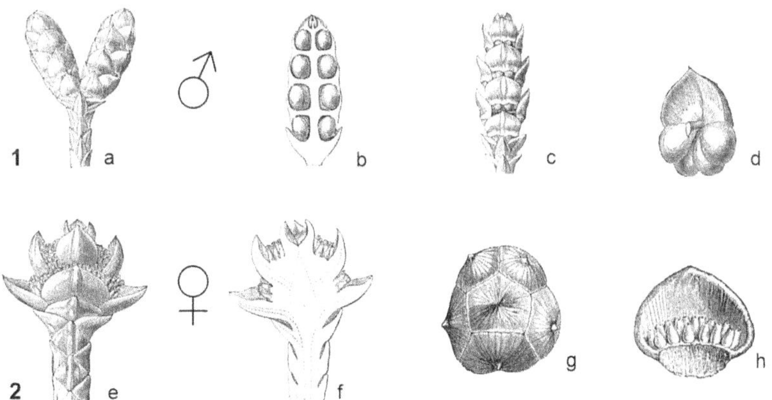

Figura 3-15. Cupressaceae. Cupressus sp.

– **1.** **_Flor masculina amentiforme terminal:_** – **a)**. Dos amentos con hojas polínicas *opuestas decusadas*. – **b)**. Idem, en corte. – **c)**. Amento en antesis (estambres separados). – **d)**. Estambre *peltado* con 4 sacos polínicos. – **2.** **_Estróbilo femenino:_** – **e)**. *Escamas ovulíferas opuestas decusadas*. – **f)**. Idem, en corte. – **g)**. *Cono maduro.* – **h)**. *Escama basifija* con 6-20 óvulos basales. (Adaptados: tras Baillon).

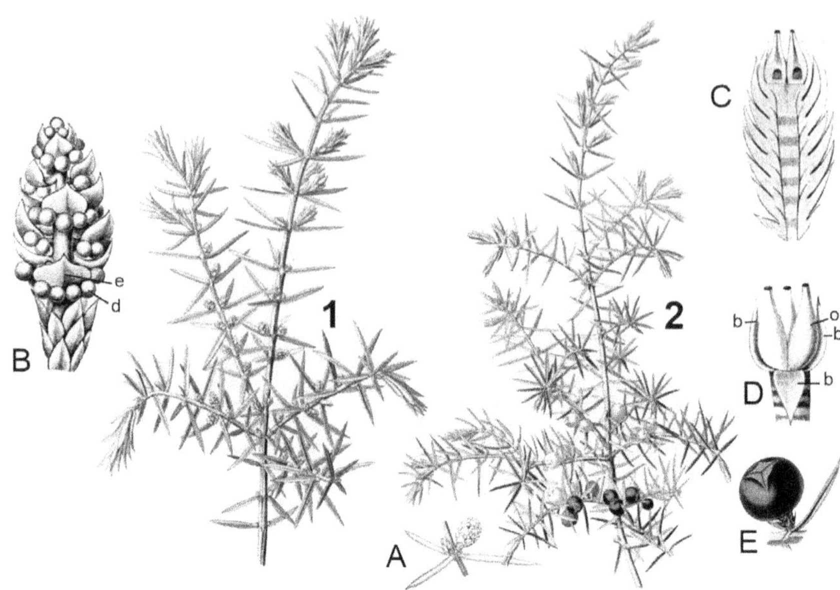

Figura 3-16. Cupressaceae. Juniperus communis.

– **1.** Ramita masculina. — **A).** Flor masculina en la axila de 3 hojas lineares. – **B).** <u>Flor masculina</u>: – **e).** Estambre. – **d).** Sacos polínicos. – **2.** Ramita femenina fructífera (con gálbulos). – **C).** Inflorescencia femenina (en corte). – **D).** <u>Flor femenina</u>: con 3 óvulos *(o)* en las axilas de sus brácteas fructíferas *(b)*. – **E).** Gálbulo. (<u>Adaptados</u>: 1-2, A y E, tras Köhler; B-D, tras Gilg).

Juniperus communis "Enebro". *Dioico.* Hojas en *verticilos de 3*, *punzantes*, con *banda blanca*. Estróbilos femeninos *gálbulos* esféricos. Hemisferio norte. Aromatizante.

Figura 3-17. Cupressaceae. Calocedrus decurrens. Libocedrus plumosa.

<u>***Calocedrus decurrens***</u>: – **1.** Rama fructífera. – **a).** Ramita con flor masculina. – **b).** Estambre con 4 sacos polínicos (vista ventral). <u>***Libocedrus plumosa***</u>: – **2.** Estróbilo femenino. – **c).** Semilla. (<u>Adaptados</u>: 1-2, tras Eichler y Engler).

Calocedrus decurrens (Libocedrus decurrens) "Tuya gigante". Hojas *escamiformes*, opuestas, *decurrentes*. Cono con *2 escamas mucronadas*, con *tabique central*. América.

Libocedrus plumosa. "Kawaka". Conos con *4 escamas con apéndices curvos*.

Austrocedrus chilensis. Ramitas en *un plano*. Hojas con bandas estomáticas.

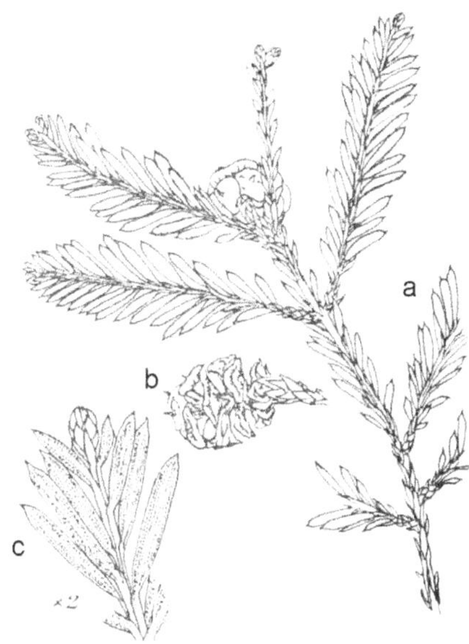

Figura 3-18. Cupressaceae. Sequoia sempervirens.

– **a)** <u>Ramita femenina</u> con estróbilo. – **b)** <u>Estróbilo</u> con escamas peltadas. – **c)** <u>Ramita masculina</u> con amento terminal, con hojas opuestas decurrentes (vista abaxial). (<u>Adaptados</u>: tras Dallimore).

Sequoia sempervirens. "Redwood". *Perennifolio*. Hojas dimorfas en *dos planos divergentes, aplanadas*, agudas y decurrentes en la base. Sierras costeras de California.

Figura 3-19. Cupressaceae. Sequoiadendron giganteum.

– **<u>Ramita femenina</u>.** Estróbilo con escamas romboidales. – (<u>Adaptado</u>: tras Eicher y Engler.)

Sequoiadendron giganteum. "Sequoia". Hojas *espiraladas, aleznadas* punzantes, decurrentes en la base. Estróbilos con *escamas romboidales peltadas*. California.

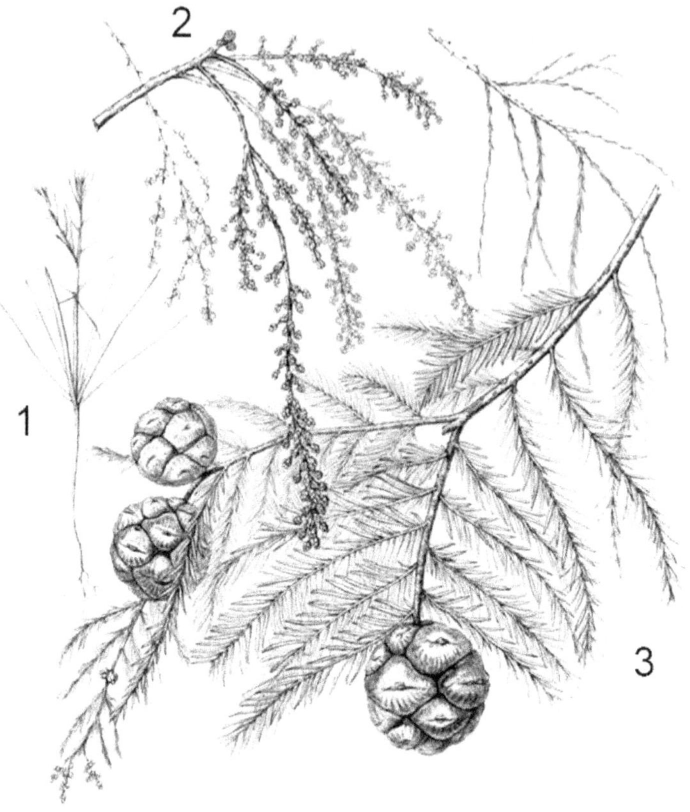

Figura 3-20. Cupressaceae. Taxodium distichum.

– **1)** <u>Plántula</u>. Con varios cotiledones. – **2)** <u>Panículas</u>: con amentos masculinos de flores estaminadas. – **3)** <u>Ramitas femeninas</u>: Hojas lineares lanceoladas, opuestas, disticas, decurrentes (simulando una hoja compuesta). Conos femeninos dispuestos a pares en la extremidad de las ramitas. (<u>Adaptados</u>: tras Sargent).

Taxodium distichum "Ciprés de los pantanos". *Dioica*. Hojas *caducas, lineares* en *dos planos divergentes*. Con neumatóforos, raíces respiratorias que emergen del lodo.

Cunninghamia lanceolata. Hojas *falcadas*, con dos bandas estomáticas blanquecinas.

Fitzroya cupressoides "Alerce". Hojas escamiformes en verticilos de 3. Patagonia.

Platycladus orientalis (=Thuja orientalis). "Árbol de la vida". Estambres *peltados*. Conos con 6 escamas con *apófisis* o *mucrón* dorsal. Semillas con mancha basal *blanca*.

Thuja occidentalis "Tuya americana". Conos con escamas con *mucrón espinoso apical*.

Thuja plicata "Tuya gigante". Ramillas *aplanadas verticalmente*. Hojas decusadas.

Capítulo.4.   Antófitas. Sub-Clase Gnetidae.

Leñosas, dioicas. Hojas *opuestas*, *sin* canales resiníferos. Xilema secundario con *vasos casi perfectos* (traqueidas con puntuaciones transversales). Floema con tubos cribosos.

Son *Clamidospermas* por tener flores con perianto bien visible, *bisexuales* (pero funcionalmente unisexuales y *dioicas*). *Flores masculinas* con brácteas a modo de envoltura y estambres con varios sacos polínicos (sinangios). *Flores femeninas* con un *solo óvulo cubierto* de brácteas o vaina caliciforme bífida (*no* desnudo), inserto sobre el raquis floral. Los 2 tegumentos del óvulo se alargan simulando un estilo. Embrión con 2 cotiledones. Con características de *Gimnospermas* y de *Angiospermas*. Hay 3 géneros, únicos en su *familia* y *orden*: *Ephedra*, *Gnetum* y *Welwitschia*.

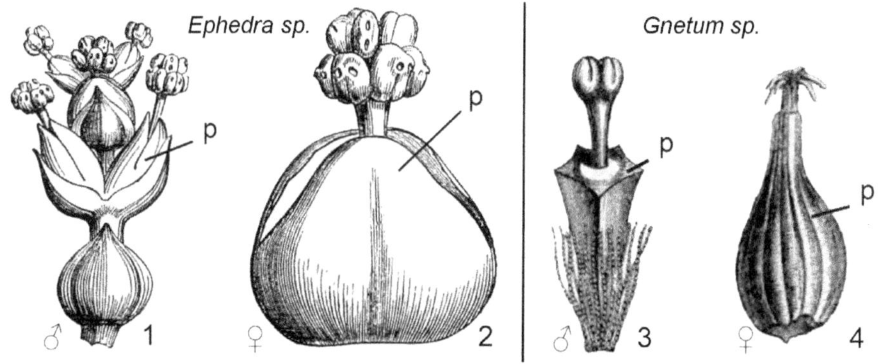

Figura 4-1. Órdenes Ephedrales y Gnetales.

Ephedraceae. Ephedra sp.: – **1.** Inflorescencia masculina (estambres unidos en una columna). – **2.** Flor femenina (con vaina *caliciforme bífida*). – ***(p).*** Perianto. – ***Gnetaceae. Gnetum sp.:*** – **3.** Flor masculina (1 estambre solitario). – **4.** Flor femenina. – (Adaptados: 1-2, tras Eichler, Engler y Wettstein; 3-4, tras Le Maout y Decaisne).

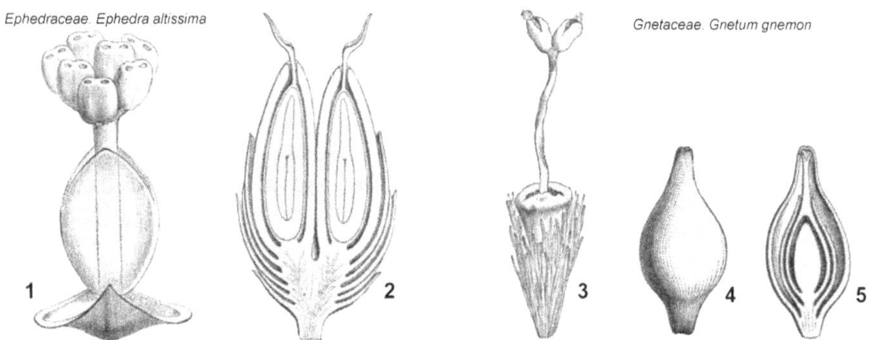

Figura 4-2. Ephedraceae y Gnetaceae.

Ephedraceae. Ephedra altissima: – **1.** *Flor masculina*. Perianto de 2 hojas escamiformes. Un estambre con varios sacos polínicos. – **2.** *Estróbilo femenino* (en corte). Sólo 2 brácteas fértiles y 2 óvulos. ***Gnetum gnemon***: – **3.** *Flor masculina*. Perianto tubular. Con 1 estambre con 2 sacos polínicos. – **4.** *Flor femenina*. – **5.** *Idem* (en corte). Con 1 óvulo y perianto. (Adaptados: tras Baillon).

4. 1.   Orden Efedrales.

Ephedraceae (= Efedráceas)

Familia del Solupe.

Arbustos *xeromorfos* (climas secos). Tallo verde fotosintético, muy ramificado, con entrenudos con costillas. Hojas *escamiformes*, opuestas decusadas o verticiladas (de a 3). Flores unisexuales *dioicas*, con perianto bipartido. *Estróbilos* con brácteas decusadas.

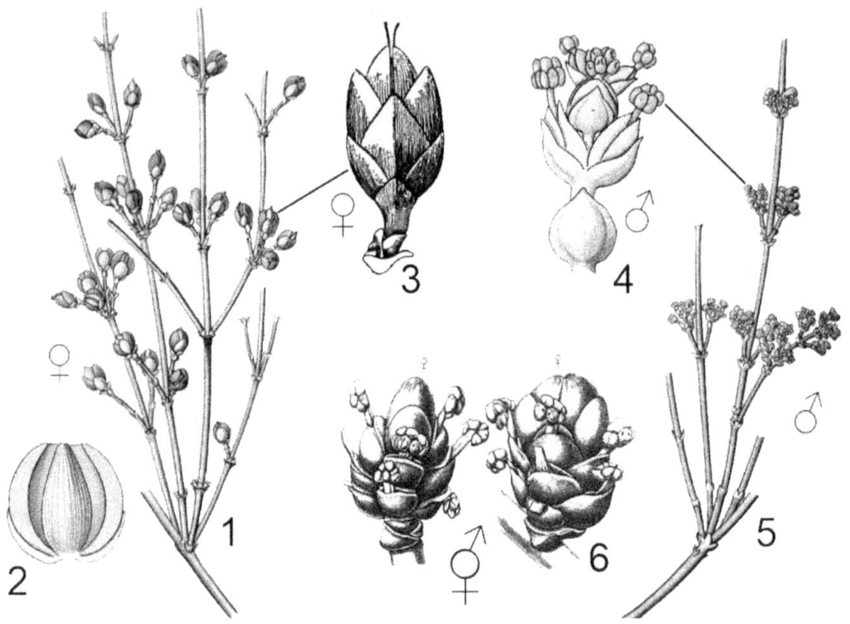

Figura 4-3. Ephedraceae. Ephedra distachya. Ephedra sp.

Ephedra distachya. – **1.** Rama femenina. – **2.** Semilla. – **3.** Estróbilo femenino (con 1 óvulo). **4.** Inflorescencia masculina (estambres unidos en columna). – **5.** Rama masculina. **6.** Inflorescencia *andrógina* (vista por los dos lados), con flores masculinas en la parte inferior y femeninas en la superior. (<u>Adaptados</u>: 1-2 y 4-5, tras Thomé; 3, tras Coulter y Chamberlain; 6, tras Wettstein).

Flor masculina con 2 hojas escamiformes concrescentes (vaina caliciforme) de las cuales sobresale *un estambre* con varios sacos polínicos terminales, soldados entre sí. *Flores femeninas* con *un óvulo erecto*, envuelto por las 2 brácteas fértiles superiores (*vaina caliciforme bífida*). Al madurar la semilla, las brácteas endurecen y la envuelven.

<u>Hábitat:</u> En clima templado cálido, de zonas secas de Eurasia y América.

<u>Principales especies</u>: (1 género)

Ephedra ochreata "Solupe". Hojas en verticlos <u>*cuaternados*</u>. En suelos arenosos.

E. triandra "Frutilla del campo". Ramas cilíndricas. Hojas opuestas triangulares.

Ephedra sinica. Con efedrina y pseudoefedrina. Medicinal broncodilatador.

4. 2.   Orden Gnetales

Gnetaceae (= Gnetáceas)

Familia de *Gnetum*.

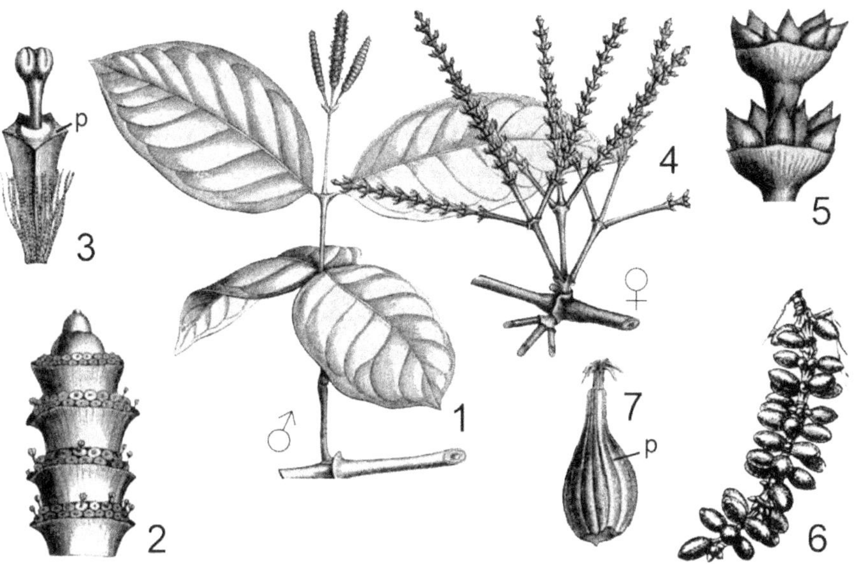

Figura 4-4. Gnetaceae. Gnetum latifolium.

– **1.** Rama con inflorescencias masculinas terminales y hojas opuestas decusadas. – **2.** Inflorescencia masculina (fragmento apical). – **3.** Flor masculina con perianto *(p)*. – **4.** Rama con inflorescencias femeninas. – **5.** Inflorescencia femenina (fragmento apical). – **6.** Rama fructífera. – **7.** Flor femenina con perianto *(p)*. (<u>Adaptados</u>: 1-4 y 6, tras Blume, Coulter y Strasburger; 5 y 7, tras Engler y Prantl; tras Wettstein).

Lianas, arbustos y árboles. Con *vasos*. Hojas elípticas pinatinervadas, decusadas. *Estróbilo masculino* articulado, con flores en sus nudos. *Flor masculina* con dos brácteas soldadas en una cúpula (*perianto*), que envuelve un *estambre* con 1-2 sacos polínicos. *Estróbilo femenino* con verticilos de 1-12 flores cada nudo. *Flor femenina* con 1 *óvulo* y *perianto*. Semillas con envoltura carnosa (falsa "drupa").

<u>Hábitat</u>: selvas tropicales del SE de Asia, Australia, O de África y NE de Sudamérica.

<u>Principales especies</u>: (1 género)

Gnetum latifolium. Arbusto trepador. Hojas aovadas, agudas, retinervadas. Asia.

Gnetum gnemon. Árbol. Hojas perennes. Indonesia, Malasia y Filipinas.

4. 1.   Orden Welwitschiales

Welwitschiaceae (= Welwitschiáceas)

Familia de Welwitschia.

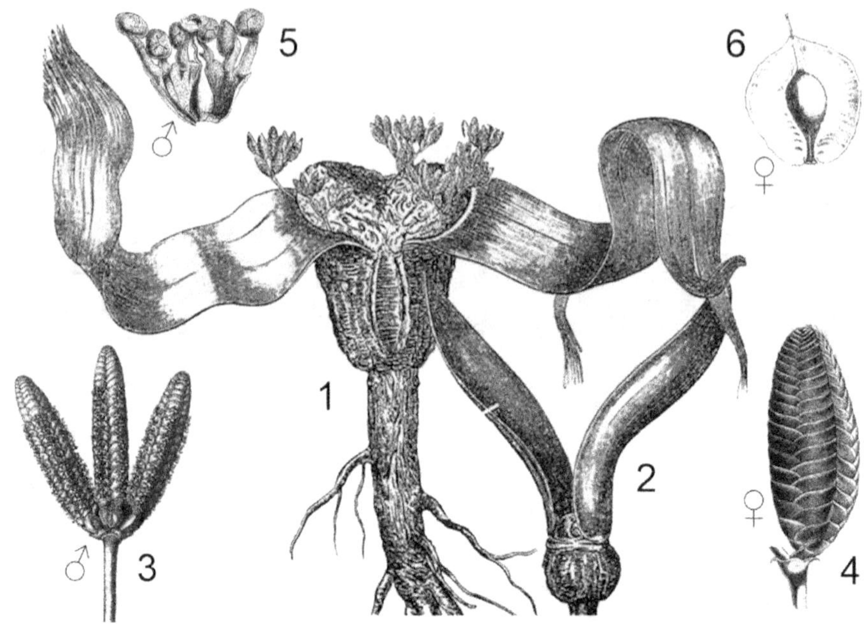

Figura 4-5. Welwitschiaceae. Welwitschia mirabilis.

– **1.** Planta joven con inflorescencias (muy reducida). – **2.** Plántula con dos cotiledones. – **3.** Inflorescencia masculina (fragmento). – **4.** Inflorescencia femenina. – **5.** Flor masculina (se ha separado el perianto y cortado el tubo de las hojas estaminales). – **6.** Flor femenina con un óvulo. (Tras Wettstein, modificado).

Raíz axonomorfa (se hunde en busca de agua). Tallo joven con dos cotiledones caducos y dos hojas escamiformes. Tronco adulto tuberoso con sólo *dos hojas* opuestas acintadas (2 m de largo), paralelinervadas. Crecen por la base y mueren por el ápice (viven más de 100 años). Con neotenia (se reproduce antes de llegar a la edad adulta). *Dioica. Flores masculinas* con 1-2 pares de brácteas (*perianto*) y 1-6 estambres concrescentes en un tubo. *Estróbilos femeninos* con un óvulo en la axila de cada bráctea.

Welwitschia mirabilis. Tronco breve con 2 hojas paralelinervias. Costa de Namibia. Plantas de 2000 años de antigüedad, reliquias de tiempos más húmedos.

Capítulo.5. CLASE **ANGIOSPERMAE.**
ESPERMATÓFITAS ANTÓFITAS ANGIOSPERMAS (MAGNOLIOPSIDA)

"Angiospermas" (*aggeion:* *"ánfora"* y *sperma:* *"semilla"*). Clado monofilético (incluye al ancestro común y todos sus descendientes). De principios del Cretácico, son la parte más importante de la flora terrestre, con 250.000 especies. Se reconocen por sus sinapomorfias (caracteres del *ancestro común* y por *todos* sus descendientes):

- Flores *bisexuales*.

- *Óvulos* dentro del *ovario* (cavidad hueca de uno o más carpelos unidos).

- *Fruto* (ovario desarrollado luego de la fecundación) con *semillas en su interior.*

- *Estambres* con dos pares laterales de sacos polínicos.

- *Polinización* sobre el *estigma.*

- Sifonogamia completa, con *tubo polínico* (por *estigma, estilo, nucela*).

- *Doble fecundación* y formación de *endosperma* (triploide).

- *Floema* con tubos cribosos y células anexas.

- *Xilema* con vasos y células parenquimáticas.

- *Gametófito masculino trinucleado.*

- *Gametófito femenino octonucleado.*

Las *Angiospermas* son plantas herbáceas y leñosas, anuales y perennes. *Plántulas* con *dos cotiledones* (a ambos lados del meristema apical) o *sólo uno* (terminal y el meristema apical desplazado). Hojas pinatinervadas, palmatinervadas o paralelinervadas.

Fanerógamas, poseen *flores*: braquiblastos (*vástagos* de entrenudos cortos y *crecimiento limitado*). Con *antófilos* (hojas florales): *antófilos estériles* (sépalos y pétalos) y *antófilos fértiles* (estambres y carpelos). Flores bisexuales o unisexuales, con:

Androceo constituido por los estambres (*microsporófilos* u órganos masculinos). En sus anteras se encuentran dos sacos polínicos (*microsporangios*) con granos de polen uninucleados (*micrósporas*). Transporte de polen por animales, agua o viento.

Gineceo formado por los carpelos (*megasporófilos* u órganos femeninos), formando una estructura con *forma de botella* (*pistilo*) con tres partes: *ovario, estilo* y *estigma.* El óvulo tiene tegumentos que protegen a la *nucela* (*megasporangio*). Una célula de la nucela produce el *saco embrionario uninucleado* (*megáspora* o espora femenina), que se divide en 8 células dentro de la nucela; una de ellas es la *oósfera.* El *estigma* recibe los granos de polen. El tubo polínico transfiere los anterozoides desde el *estigma* al *óvulo.* Hay *doble fecundación*: un anterozoide fecunda a la oósfera (dando la *cigota* y luego el embrión); otro a los 2 núcleos polares (dando el *endosperma triploide*).

El *fruto* (*ovario desarrollado luego de la fecundación*) contiene las semillas hasta llegar a la madurez. En las *Angiospermas más primitivas*, el fruto se *abre* al madurar las semillas, que luego se diseminan. Posteriormente esta función pasa al *fruto*: primero *monocarpelares*, luego frutos colectivos o coricárpicos (derivados de carpelos libres) y finalmente frutos cenocárpicos. Las *induvias* son restos de la flor que contribuyen a su diseminación. Incluso la planta entera actúa como unidad de diseminación (*diáspora*).

SUB-CLASE NYMPHAEIDAE

Leñosas. Hojas persistentes, simples. Flores hermafroditas en *estróbilo*. Perigonio con 3 tépalos libres. Estambres con 4 sacos polínicos. Gineceo *dialicarpelar*.

5. 1.   Orden Nymphaeales

Herbáceas palustres y acuáticas. Con *haces vasculares dispersos* (*sin cambium*). Flores grandes *espiraladas*. Granos de polen monosulcados. Se remontan al Cretácico Inferior.

3 familias / **6** géneros / **74** especies.

Nymphaeaceae (= Ninfeáceas)

Familia del Irupé.

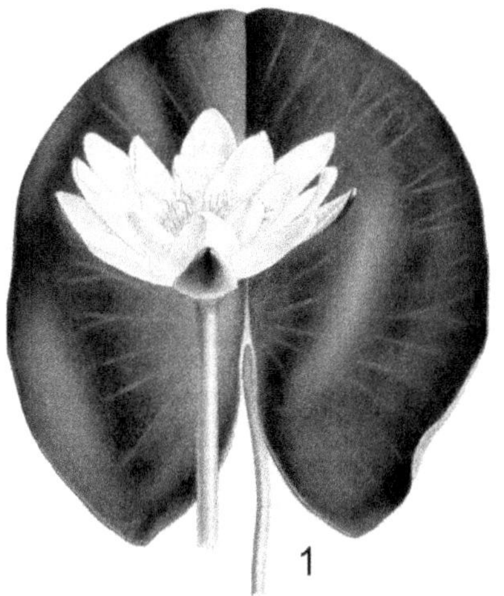
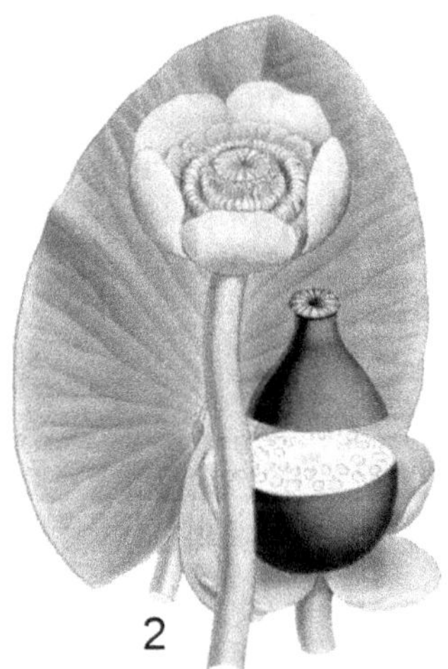

Figura 5-1. Nymphaeaceae.

– 1. Flor de **Nymphaea alba** ("Nenúfar blanco"). – 2. Flor de **Nuphar lutea** ("Nenúfar amarillo"). (Adaptados: 1-2, tras Lindman, Mentz y Ostenfeld).

Hierbas *acuáticas perennes*. Rizomas sumergidos. Hojas con *dimorfismo* según crezcan flotando o bajo la superficie del agua. Hojas *flotantes* grandes, con largo pecíolo y parénquima aerífero (*aerénquima*). *Sin* estípulas. Flor *solitaria* sobre el agua, muy grande, hermafrodita, actinomorfa. Verticilos *3-meros* o piezas *espiraladas*. Perianto doble, homoclamídeo o heteroclamídeo. Cáliz con 3-6 sépalos. Corola con *numerosos* pétalos en varias series. Androceo con numerosos estambres. Granos de polen *monocolpados*. Gineceo con 1 a infinitos carpelos, libres. Ovario súpero o ínfero (con numerosos óvulos). Estigmas *radiados*. Fruto agregado de núculas, baya o cápsula (loculicida).

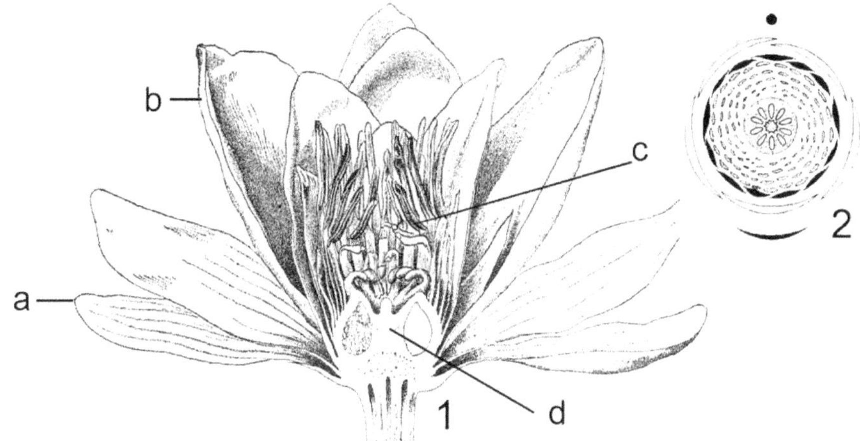

Figura 5-2. Nymphaeaceae. Nymphaea lotus.

– **1.** Flor (en corte longitudinal): – *a)* Sépalos. – *b)* Pétalos. – *c)* Estambres. – *d)* Carpelos numerosos, concrescentes en un ovario ínfero incluido dentro del receptáculo. – **2.** Diagrama floral. (Adaptados: 1, tras R. Wettstein; 2, tras A. W. Eichler).

Hábitat: cosmopolitas. En aguas eutróficas.

Principales especies:

Nymphaea alba "Nenúfar blanco". Hoja *acorazonada*. Corola *blanca*. Baya *esponjosa*.

Nymphaea lotus. "Loto". Hojas *orbiculares*. Flores *blancas*. Egipto.

Nuphar lutea "Nenúfar amarillo". Flores *espiraladas*. Cáliz *amarillo* y *corola reducida* a nectarios. Cápsula llena de mucílago, al hidratarse se hincha y expulsa las semillas.

Victoria amazonica. Hojas *flotantes* (2 m de diámetro), con pestaña periférica de *10 cm en el borde*. Flores *blancas*, grandes. Sudamérica tropical, Amazonas. Ornamental.

Victoria cruziana "Irupé". Hojas flotantes, con *pestaña de 20 cm*. Flores *blancas*. Sudamérica tropical y NE de Argentina. Ornamental.

5. 2.   *Orden Austrobaileyales (=Illiciales)*

Leñosas. *Vasos solitarios*. Flores con más de 10 tépalos. Androceo con infinitos estambres. Gineceo con *hasta 9 carpelos*. Aceites esenciales. Esclereidas ramificadas.

3 familias / **5** géneros / **100** especies.

Schisandraceae (incluye ex Illiciaceae)

Familia del Anís Estrellado.

Figura 5-3. Schisandraceae. Illicium verum.

– **1.** Ramita con hojas oblongas alternas y flores amarillas. – **2.** Flor (en corte longitudinal). – **3.** Estambres numerosos, en varias series, rodeando a los carpelos y alrededor del eje floral. – **4.** Diagrama floral. – **5.** Fruto compuesto por 8 folículos, dehiscentes superiormente, conteniendo una semilla lustrosa. (Adaptados: 1-3 y 5, tras Köhler; 4, tras Baillon).

Árboles o arbustos. Hojas *perennes aromáticas*. Con glándulas *pelúcidas puntiformes*.

Flores *bisexuales* (hermafroditas), actinomorfas. Cáliz con sépalos petaloides *caducos*. Corola con 9 pétalos. Androceo con numerosos estambres. Gineceo con carpelos libres *uniovulados en un verticilo* (multipistilado apocárpico). Fruto polifolículo (8 folículos *monospermos*) dehiscentes y en disposición estrellada.

Hábitat: originario del Sur de China y norte de Vietnam.

Principales especies:

Illicium verum "Anís estrellado". Arbusto de hoja perenne aromática. Fruto *8 carpelos en estrella*. Medicinal, tóxico. Con anetol (sabor a anís). Sur de China y Vietnam.

Illicium religiosum "Falso anís estrellado". Tóxico. Su corteza se usa como incienso.

Capítulo.6.   SUB-CLASE MAGNOLIIDAE

COMPLEJO ANGIOSPERMAS TEMPRANAS

Grupo monofilético. Flores con el *verticilo externo 3-mero*. Androceo con *estambres libres*. Gineceo con *carpelos libres espiralados*. Ovario súpero. Semillas con arilo.

6. 1.   Orden Piperales

Hierbas o arbustos, con crecimiento simpodial. Hoja acorazonada *palmatinervada*, entera. Nudos hinchados. Flores trímeras.

4 familias / **17** géneros / **4170** especies.

Piperaceae (= Piperáceas)

Familia de la Pimienta

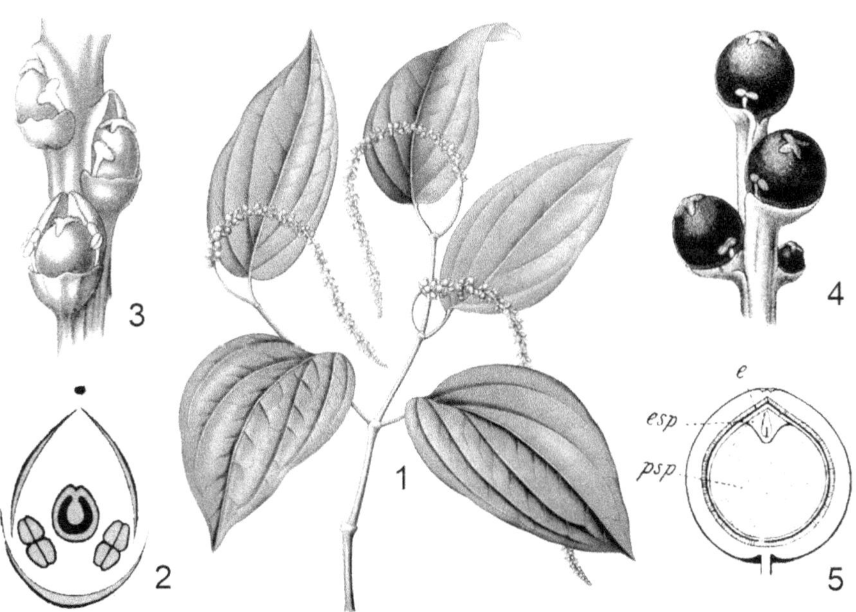

Figura 6-1. Piperaceae. Piper nigrum.

– **1.** Rama en flor, con espigas densas y hojas alternas. – **2.** Diagrama floral. – **3.** Espiga densa con tres flores (fragmento). – **4.** Espiga con drupas maduras (fragmento). – **5.** Drupa monosperma (corte longitudinal): *e)* Embrión; *esp)* Endosperma; *psp)* Perisperma. (Adaptados: 1, 3 y 4, tras Köhler; 2, tras Warming; 5, tras Wettstein).

Hierbas *trepadoras*, lianas. Células con esencias. Hojas simples, enteras, con *nervaduras longitudinales*. Inflorescencias espigas densas. Flores hermafroditas o diclino-dioicas, diminutas, *aperiantadas* (desnudas). Androceo dos ciclos de 3 estambres.

Gineceo *3 carpelar*. Ovario súpero unilocular. Fruto drupa monosperma (*Piper*) o *baya* (*Peperomia*). Semilla con endosperma y abundante *perisperma*.

Hábitat: en las regiones tropicales.

Principales especies:

Piper nigrum. "Pimienta". *Trepadora* por raíces adventicias. Androceo con *2 estambres*. El fruto inmaduro se vuelve negro al secarse, es la "pimienta negra" (con epicarpo y mesocarpo). El fruto con sólo endocarpo leñoso es la "pimienta blanca". Asia.

Peperomia argyreia. "Peperomia" Hierba. Hojas arrosetadas, asimétricamente *peltadas*. Flores con 2 estambres. América del Sur.

6. 2.   Orden Laurales.

Árboles. Hojas *opuestas*. Flores pequeñas, con *hipantio* (receptáculo *cóncavo acopado*). Perianto homoclamídeo. Anteras con *apertura valvar*. Aceites esenciales.

7 familias **/ 91** géneros **/ 2858** especies.

Lauraceae (= Lauráceas)

Familia del Laurel.

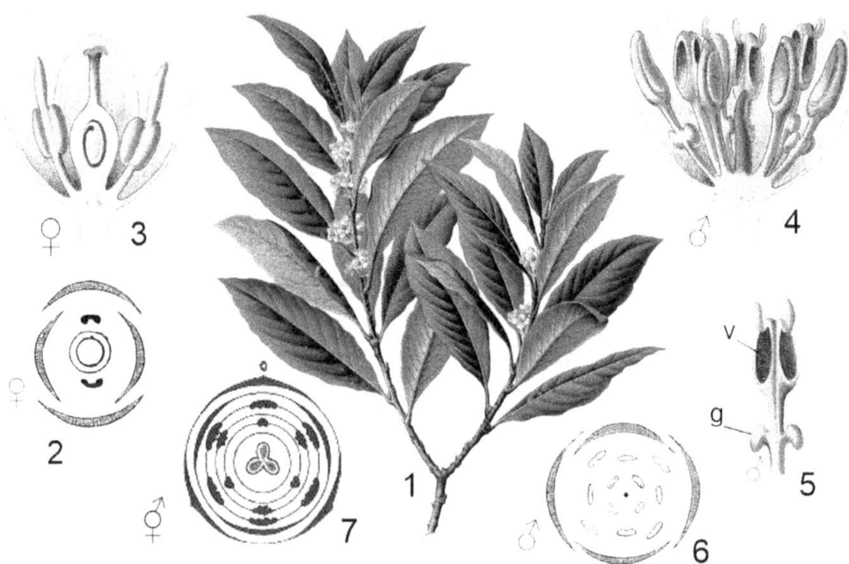

Figura 6-2. Lauraceae. Laurus nobilis. Cinnamomum camphora.

Laurus nobilis: - **1.** Ramita en flor. – **2.** Diagrama floral de la flor femenina. – **3.** Flor femenina (en corte longitudinal). – **4.** Flor masculina (en corte longitudinal). – **5.** Estambre: antera con sus ventanillas abiertas *(v)* y dos glándulas *(g)*. – **6.** Diagrama de una flor masculina. **Cinnamomum camphora**: – **7.** Diagrama de una flor hermafrodita. (Adaptados: 1 y 3-5, tras Köhler; 2 y 6, tras Bessey; 7, tras Bollman, Zippel y Thomé).

Árboles o arbustos. Con *aceites esenciales*. Hojas simples *persistentes*, pinatinervadas, coriáceas. Flores *3-meras*, pequeñas, actinomorfas, *polígamas* (unisexuales y hermafroditas en mismo pie) o diclino-dioicas (flores unisexuales en distinto pie).

Perianto *homoclamídeo*, dos ciclos de *3 tépalos* blanquecinos. Androceo con varios ciclos de estambres, con *dos glándulas* basales. Anteras se abren *por valvas o ventanillas*. Gineceo *unicarpelar*, ovario *uniovulado*, súpero. Fruto baya o drupa.

Hábitat: en las regiones tropicales (Australia y América) y Mediterráneo (*Laurus*).

Principales especies:

Laurus nobilis "Laurel". Arbolito. Umbelas amarillas. Mediterráneo. Condimento.

Cinnamomum camphora. "Alcanforero". Árbol. Hojas aovadas *triplinervadas* (con 3 nervios curvilíneos que se unen en el ápice). China.

C. zeylanicum "Canela". Hojas persistentes *triplinervadas*. Aromática. India y Ceilán.

C. glanduliferum. "Falso alcanforero". Hojas pinatinervadas con *depresiones pestañosas* en sus axilas. Ornamental. Himalaya.

Nectandra saligna. "Laurel negro". Árbol. Selva Misionera. Forestal.

Ocotea puberula. "Guaicá". Árbol. Selva Misionera. Forestal.

Persea americana "Palto" o "Aguacate". Baya piriforme, epicarpo verde oscuro muy coriáceo y pulpa *comestible rica en aceite*. América tropical. Frutal.

Phoebe porphyria "Laurel de la falda". Forestal de la selva tucumano-oranense.

Umbellularia califórnica. "Laurel de la montaña". Árbol. Hojas *fragantes*. California.

6. 3.   Orden Magnoliales

Árboles o arbustos *aromáticos*, con *aceites esenciales*. Hojas alternas. Nudos *trilacunares*. Flores *espiraladas*. Semillas con *sarcotesta* (cubierta carnosa) o con arilo.

6 familias / **128** géneros / **3140** especies.

Myristicaceae (=Myristicáceas)

Familia de la nuez moscada

Árboles o arbustos *dioicos*. Hojas alternas, enteras. Inflorescencia en *umbela*. Flores *muy pequeñas*, diclino-dioicas. Perigonio con 3 piezas *sepaloides pequeñas*. (Corola *ausente*). Flores masculinas con *androceo* de 2 a 30 estambres con filamentos y anteras *soldados* (monadelfos). Flores femeninas con *gineceo 1-carpelar, uniovulado*.

Fruto drupa *dehiscente*, con pericarpio carnoso que se abre por 2 valvas. Con una semilla *arrugada* voluminosa. Arilo *coloreado*. Endosperma *ruminado*. Embrión pequeño.

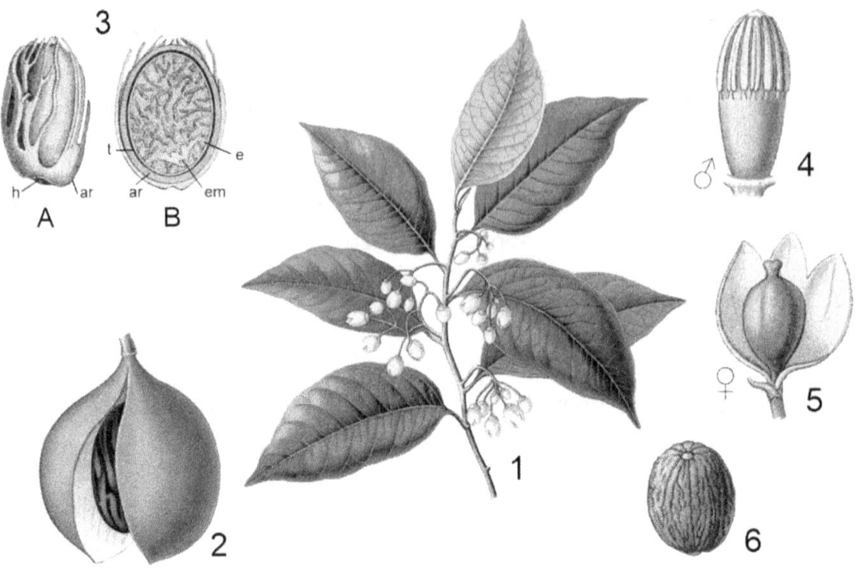

Figura 6-3. Myristicaceae. Myristica fragrans.

– **1. Ramita** con flores pequeñas. – **2. Fruto** carnoso dehiscente por 2 valvas. – **3-A. Semilla** (vista de frente): *ar)* arilo, *h)* hilo. – **3-B. Semilla** (vista en corte longitudinal): *ar)* arilo, *t)* testa, *e)* endosperma, *em)* embrión. – **4. Flor masculina**: estambres con los filamentos unidos. – **5. Flor femenina**: perigonio con tépalos sepaloides soldados. – **6. Semilla** (sin arilo). (Adaptados: 1-2 y 4-6, tras Köhler; 3, tras Velenovský, J.).

Hábitat: en regiones tropicales de Asia.

Principales especies: un solo género.

Myristica fragrans. "Nuez moscada". Árbol aromático. Su semilla es la *"nuez moscada"*, de albumen oleaginoso. El *tegmen* (tegumento interno) penetra profundamente en el endosperma (*ruminación*). Rodeada por un *arilo carnoso* desgarrado color rojo brillante; luego de secado, se conoce como *"macis"* (aromático).

Magnoliaceae (= Magnoliáceas)

Familia de la Magnolia.

Árboles o arbustos *aromáticos* (con aceites esenciales). Hojas *perennes*, simples, con estípulas. Flores solitarias grandes, *trímeras*, *espiraladas*. Perigonio con tépalos: 3 externos verdosos (*sepaloideos*), 6 tépalos internos coloreados (*corolinos*).

Androceo con numerosos estambres *en espiral*. Gineceo con *numerosos carpelos libres, espiralados* sobre el receptáculo cónico. Cada carpelo da un *folículo*. El agregado de folículos es el "polifolículo". Semillas con embrión pequeño y endosperma abundante.

Hábitat: regiones tropicales y subtropicales del este de Asia y América.

Principales especies:

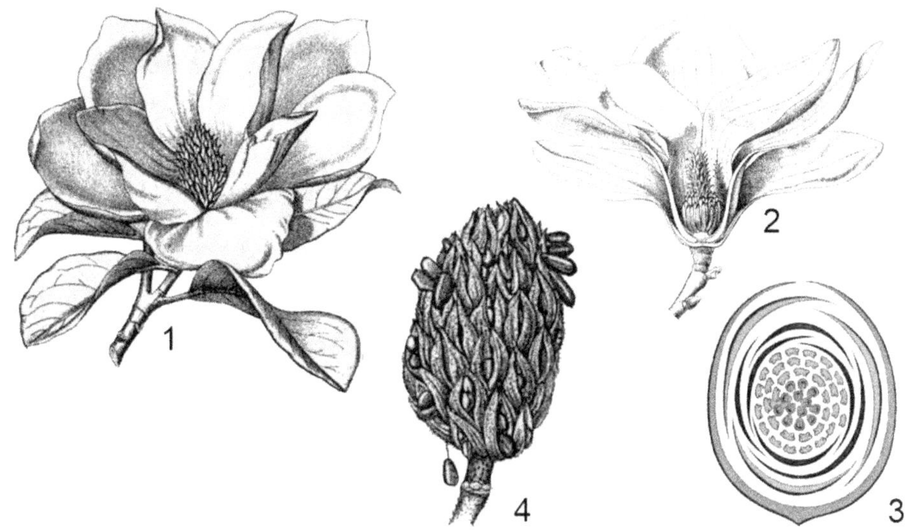

Figura 6-4. Magnoliaceae. Magnolia grandiflora.

– **1. <u>Ramita</u>** con una flor. – **2. <u>Flor</u>** en corte longitudinal. – **3.** Diagrama floral. – **4. <u>Polifolículo</u>**: conjunto de folículos, con semillas suspendidas fuera del pericarpo. (Adaptados: 1 y 4, tras Schneider, C. K; 2, tras Wettstein; 3, tras Baillon).

Magnolia grandiflora. "Magnolia". Árbol. Hojas *persistentes*. Flores grandes, *blancas*, perfumadas. Semillas rojas. América del Norte

M. liliflora. "Magnolia japonesa". Árbolito *caducifolio*. Flores *púrpura*. Japón y China.

Liriodendron tulipifera. "Tulipanero de Virginia". Árbol de hojas *caducas, 4-lobuladas* y largamente pecioladas. América del Norte.

Annonaceae (=Annonáceas)

Familia de la Chirimoya.

Árboles, arbustos o lianas leñosas. Madera dura. Células con terpenoides aromáticos. Hojas alternas, simples, enteras. Inflorescencia terminal. Flores bisexuales, actinomorfas, con verticilos 3-meros. Cáliz 3 sépalos libres. Corola con dos series de 3 pétalos.

Androceo con numerosos estambres. Anteras con el tejido conectivo ancho y truncado, que se extiende más allá del ápice.

Gineceo dialicarpelar, con 3 a numerosos carpelos dispuestos en espiral. Fruto carnoso, un agregado de bayas *(Annona)*. Semillas con embrión diminuto y endosperma ruminado (el tegumento invade el endosperma en forma de laminillas).

Hábitat: en las regiones intertropicales de Europa y América.

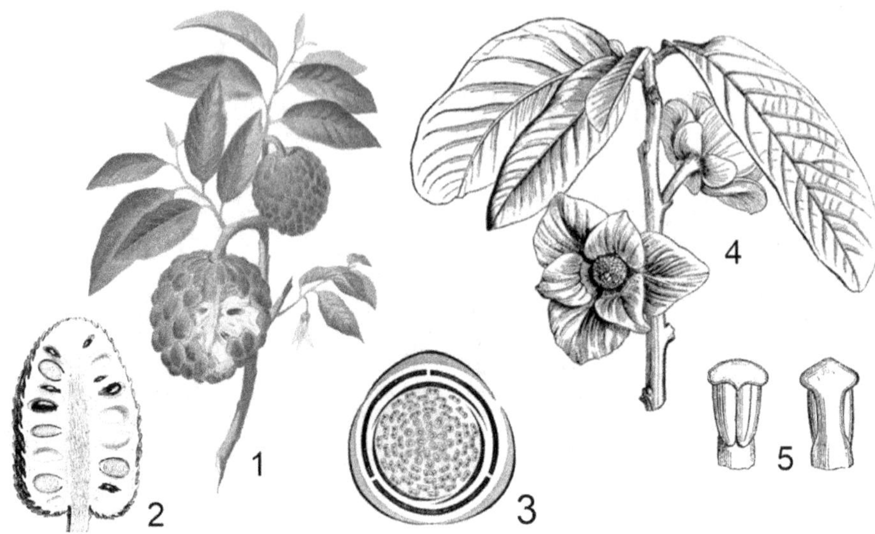

Figura 6-5. Annonaceae.

– **1.** ***Annona squamosa***. Rama con frutos. – **2.** ***Annona sp.*** Fruto agregado de bayas (corte longitudinal). – **3.** ***Annona sp.*** Diagrama floral. – ***Asimina triloba:*** – **4.** Rama con flores. – **5.** Anteras adnatas con conectivo ancho truncado (vista dorsal y ventral). (Adaptados: 1, tras Blanco; 2-3, tras Baillon; 4-5, tras Le Maout y Decaisne).

Principales especies:

Annona cherimolia "Chirimoya". Árbolito. Hojas pubescentes en la cara abaxial. Gineceo con pistilos libres, al madurar connados y adherentes al eje floral, para formar un "fruto agregado carnoso". Frutos grandes, lisos, muy sabrosos. América tropical.

Annona squamosa. Arbusto. hojas aovadas agudas. Flores amarillentas. Fruto ovoide.

Asimina triloba. "Chirimoya de Florida". Árbolito. Hojas oblongas. Flores de pétalos púrpura vinosos. Fruto ovoide comestible. Semillas tóxicas. Este de Estados Unidos.

Capítulo.7. ANGIOSPERMAS MONOCOTILEDÓNEAS.

Plántulas con _un cotiledón_. Radícula _no persistente_. Raíces _adventicias uniformes, caulógenas_, en _sistema fasciculado_. Hierbas con ramificación simpodial. Tallo herbáceo y flexible, con _haces vasculares dispersos cerrados_ (atactostela). _No hay cambium_. Hojas _envainadoras_, linear-lanceoladas, paralelinervadas. Flores pentacíclicas, trímeras. Perigonio con _tépalos_. Granos de polen monosulcados. Nectarios _extraflorales_ y _septales_.

SUB-CLASE LILIIDAE - MONOCOTILEDÓNEAS BASALES

7. 1. Orden Alismatales

Hierbas acuáticas, palustres, rizomatosas. Inflorescencia escapo. _Gineceo_ apocárpico.

14 familias **/ 166** géneros **/ 4660** especies.

Araceae (= Aráceas)

Familia de la Cala.

Sub-Familia Aroideae.

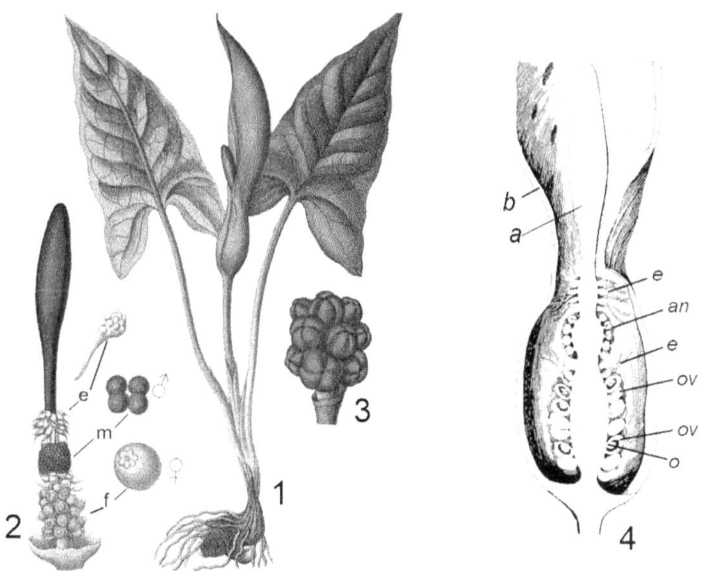

Figura 7-1. Araceae. Aroideae. Arum maculatum

– **1. <u>Planta</u>**. Rizoma, raíces adventicias y espádice. – **2. <u>Espádice</u>** (después de separar la espata): – **f)**. Flores femeninas. – **m)**. Flores masculinas. – **e)**. Flores estériles. – **3. <u>Infrutescencia.</u>** – **4. <u>Inflorescencia:</u>** _a)_ Espádice; _b)_ Espata; _ov)_ Ovario de flor femenina; _o)_ Óvulo; _an)_ Antera de una flor masculina; _e)_ Flor estéril. (<u>Adaptados</u>: 1-3, tras Sturm, J.; 4, tras Percy Groom, M. A.).

Hierbas *perennes* de zonas húmedas, lianas o acuáticas minúsculas (*Pistia*). Vivaces (perennes). Rizomas *tuberosos* o *bulbosos*. Raíces aéreas (absorben vapor). Tallo trepador. Hojas lobuladas a compuestas, con estípulas. Rafidios de *oxalato de calcio*. Inflorescencia espádice: una espiga con el *eje cilíndrico carnoso*, con flores, protegida por una *espata* herbácea petaloidea. Flores *diminutas*, hermafroditas o diclino-monoicas, con perianto o desnudas. Cuando las flores son unisexuales, las masculinas se ubican en la porción superior del espádice. Androceo con *2 ciclos de estambres*. Ovario súpero. Fruto baya. Semilla con albumen.

Hábitat: Regiones cálidas de América del sur y sudeste asiático. Típicos de la pluvisilva.

Principales especies:

Arum maculatum "Aro manchado". Perenne. Tubérculo. Hojas en roseta, limbo con manchas oscuras. *Espadice cilíndrico*. Cuenca del Mediterráneo. Ornamental.

Alocasia odora "Oreja de elefante". Perenne. Asia y Australia. Ornamental.

Zantedeschia aethiopica "Cala". Con hojas verdes y espata blanca. Ornamental.

Pistia stratiotes "Repollito de agua". Hierba acuática flotante, estolonífera, con numerosas raíces fibrosas. Hojas *arrosetadas*, *espatuladas*. América tropical.

Sub-Familia Lemnoideae (= Lemnoideas)

Lentejas de Agua.

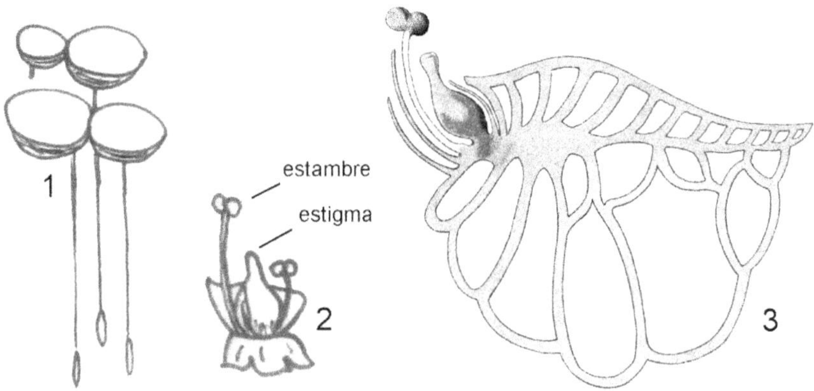

Figura 7-2. Araceae. Lemnoideae. Lemna gibba.

– **1.** Colonia con plantas enteras lenticulares (frondes). – **2.** Espata abierta, con 2 flores masculinas y 1 flor femenina. – **3.** Fronde con inflorescencia (vista en corte longitudinal). (1-2, Original). (3, tras Thomé, modificado).

Hierbas acuáticas muy pequeñas. Natantes, *flotantes* o sumergidas. *Tallo* en cadenas, simula un "*talo*" o *cuerpo diminuto* ("*fronde*"); por *gemación* da jóvenes frondes similares, a través de 2 rendijas laterales o por una hendidura basal. *Flores muy pequeñas, sin perianto* (aclamídeas), en *bolsas prolíferas*: una espata urceolada envuelve a 1 flor femenina y 2 flores masculinas (con un estambre cada una). *Ovario unilocular*, unicarpelar. Fruto aquenio. Semillas con albumen harinoso.

Hábitat: cosmopolitas.

Principales especies:

Lemna gibba. "Lenteja de agua". Fronde _lenticular_ con una raíz. Alimento de peces.

Wolffia sp. Flotantes sin raíces, con hojas globosas, de 1,5 mm de longitud.

Hydrocharitaceae (= Hidrocaritáceas)

Familia de la Elodea.

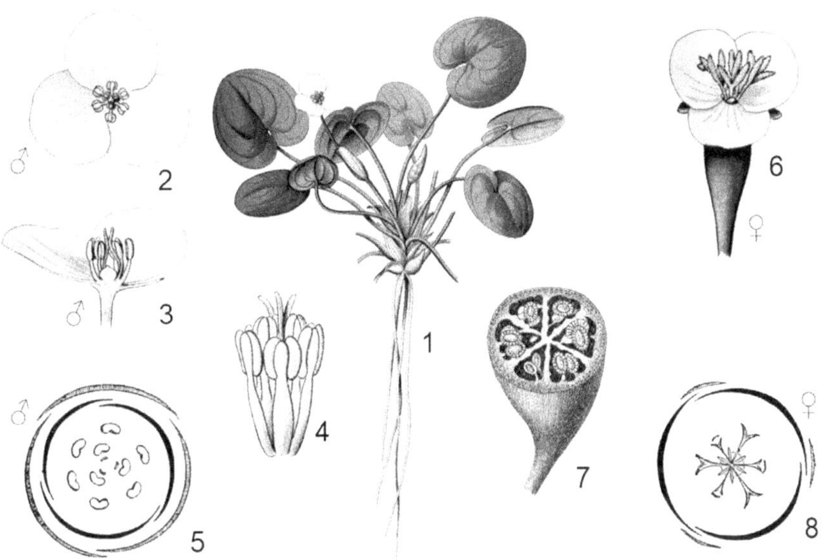

Figura 7-3. Hydrocharitaceae. Hydrocharis morsus-ranae.

– **1.** <u>Planta</u> con inflorescencias masculinas. – **Flor masculina**: – **2.** Vista superior. – **3.** Vista en corte longitudinal. – **4.** Androceo con 9 estambres fértiles y 3 reducidos a estaminodios. – **5.** Diagrama floral. – **Flor femenina**: – **6.** Vista superior. – **7.** Ovario en corte transversal. – **8.** Diagrama floral. (<u>Adaptados</u>: 1-4 y 6, tras Thomé; 7, tras Sturm; 5 y 8, tras Eichler A.W.)

Hierbas _acuáticas rizomatosas, enraizadas,_ sumergidas o _flotando_ libremente. Hojas simples, con aerénquima. Flores _unisexuales_ solitarias, actinomorfas, con cáliz y corola. Flor _masculina_ con 3-15 estambres. Flor _femenina_ con 3-15 carpelos unidos. Ovario ínfero. Estilo corto, estigmas ramificados. Fruto baya (carnoso).

Hábitat: cosmopolitas, en aguas dulces o ambientes marinos.

Principales especies:

Hydrocharis morsus-ranae. Herbácea perenne, _flotante_. Raíces largas. Tallos sumergidos estoloníferos. Hojas pecioladas. Flores _unisexuales dioicas_. Europa y Asia.

Stratiotes aloides. Flota en floración, se hunde al madurar sus frutos. En acuarios.

Vallisneria spiralis. _Dioicas sumergidas_. América. Ornamental. En acuarios.

Alismataceae (= Alismatáceas)

Familia de la Flecha de agua.

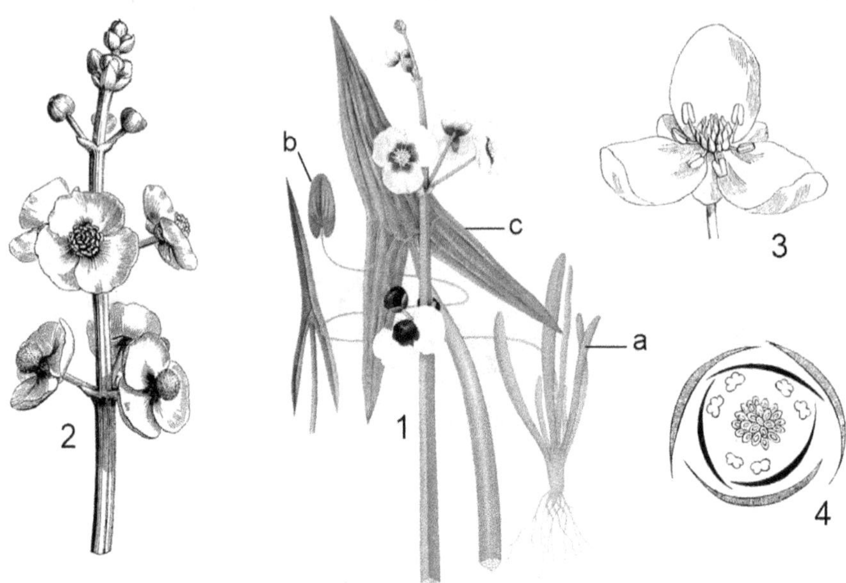

Figura 7-4. Alismataceae. Sagittaria sagittifolia. Alisma plantago.

Sagittaria sagittifolia: – **1**. Planta con hojas: *a)* acintadas, *b)* acorazonadas y *c)* sagitadas. – **2**. Inflorescencia con verticilos de flores unisexuales, masculinas en el ápice y femeninas en la base. **Alisma plantago**: – **3**. Flor hermafrodita, con numerosos estambres y gineceo dialicarpelar con numerosos ovarios libres. – **4**. Diagrama floral: flor trímera hermafrodita, con sépalos y pétalos diferenciados. (Adaptados: 1, tras Lindman, C. A. M.; 2-4, tras Le Maout y Decaisne).

Hierbas *palustres* o *acuáticas*. *Rizoma* con raíces fasciculadas. *Tallos* erectos. *Hojas* flotantes, *pecíolo largo* con una bráctea en su base. Panícula umbeliforme.

Flores hermafroditas heteroclamídeas (con cáliz y corola). *Androceo* con numerosos estambres. *Gineceo dialicarpelar, pluricarpelar*. Ovario súpero. Fruto aquenio.

Hábitat: en regiones cálidas y templadas. En las marismas de Argentina y California.

Principales especies:

Alisma plantago-aquatica. "Llantén de agua". Herbácea palustre, perenne. Hojas *sumergidas* acintadas; las hojas *aéreas* de limbo lanceolado. Flores blancas. Ornamental.

Echinodorus grandiflorus. "Cucharero". Hierba. Hojas *palmatinervadas*. Argentina.

Sagittaria sagittifolia. "Sagitaria". Perenne. Hojas *sumergidas* en forma de cinta, *flotantes* acorazonadas y *aéreas* en punta de flecha. Eurasia y Gran Bretaña.

Capítulo.8. **SUB-CLASE LILIIDAE.**

MONOCOTILEDÓNEAS PETALOIDEAS.

8. 1. *Orden Liliales*

Hierbas, lianas o subarbustos. Geófitos (con bulbos, tubérculos, rizomas). Con rafidios de oxalato de calcio. Flores trímeras, actinomorfas, bisexuales. *Homoclamídeas*: Perigonio con 2 ciclos de 3 tépalos *corolinos*. Nectarios en la base de *tépalos* o *estambres*. Androceo isostémono, con dos ciclos de 3 estambres. Gineceo 3 carpelos *unidos*. Ovario 3-locular, súpero o ínfero. Polinización entomófila. Fruto cápsula o baya. Semillas numerosas.

10 familias **/ 67** géneros **/ 1558** especies.

Colchicaceae (= Colchicáceas)

Familia del Cólquito.

Figura 8-1. Colchicaceae. Colchicum autumnale.

– **1. Planta** (parte apical) con flor trímera de 6 estambres. – **2. Bulbo sólido** con raíces adventicias. – **3. Diagrama floral.** – **4. Flor**, con androceo y limbo del perianto abiertos. – **5. Flor** (corte longitudinal). – **6. Cápsula.** Fruto dehiscente. – **7. Cápsula.** (en corte transversal). (Adaptados: 1, tras Thomé, O. W.; 2-7, tras Le Maout y Decaisne).

Hierbas perennes con tubérculo bulboso (tuberobulbo). Hojas arrosetadas, *paralelinervadas, con vaina*. Inflorescencia solitaria. Flor hermafrodita actinomorfa, verticilos 3-meros, pentacíclica (*5 verticilos*). Perianto *petaloideo* (Perigonio): *2 ciclos de 3 tépalos* soldados en tubo angosto. Androceo con 6 estambres (*2 ciclos*) insertos en la garganta del perigonio. Gineceo 3 carpelos unidos. Ovario súpero. Fruto cápsula.

Hábitat: Europa, África, cuenca del Mediterráneo y Sudoeste de Asia.

Principales especies:

Colchicum autumnale. "Cólquito". Con *tubérculo caulinar* (tuberobulbo): en otoño florece, en primavera da hojas y fruto. Europa. Medicinal. Tóxica (con colchicina).

Liliaceae (= Liliáceas)

Familia de la Azucena.

Figura 8-2. Liliaceae. Lilium sp. Tulipa sp.

– **Lilium speciosum:** – **1.** Ramita con hojas alternas y flor lila. – **2.** Diagrama floral. – **Lilium candidum:** – **3.** Bulbo con raíces adventicias y escapo floral. – **4.** Flor blanca. – **Tulipa sp.:** – **5.** Flor (vista de frente). – **6.** Planta: bulbo, escapo con flor terminal y hojas paralelinervadas. – **7.** Órganos sexuales: – **a+g)** Androceo con 6 estambres y gineceo con ovario, estilo y 3 estigmas. – **g)** *Gineceo*. (Original: 5-6). (Adaptados: 1, tras Siebold y Zuccarini; 2, tras Eichler; 3-4 y 7, tras Bollmann).

Hierbas perennes. Bulbos *subterráneos*, tunicados. Raíces contráctiles. Hojas basales en *roseta*, *linear-lanceoladas*, con *vaina* y nervaduras *paralelas*. Inflorescencias solitarias, racimos o cimas. Flor *trímera bisexuale, actinomorfa*. Perigonio 6 tépalos petaloides libres, nectarios en su base. Androceo 6 estambres en *2 verticilos*. Gineceo 3-carpelar, gamocarpelar. Ovario súpero. Placentación *axilar*. Fruto cápsula o baya.

Hábitat: cosmopolitas, en regiones templadas, cálidas y tropicales.

Principales especies:

Lilium sp. "Azucenas". Flores grandes en racimo. Hojas alternas, *paralelinervadas*. Perigonio en *trompeta*, con 6 tépalos *conniventes en la base*.

Lilium candidum. "Azucena". Flores blancas. Tubo del perigonio ancho. Ornamental.

L. longiflorum. "Azucena de trompeta". Flores blancas. Tubo perigonial largo. Japón.

Tulipa gesneriana. "Tulipán". *Bulbosa*. Flor solitaria. Tépalos anchos, mucronados.

8. 2.   Orden Asparagales

Geófitos (con rizoma, tubérculo o bulbo). Crecimiento secundario anómalo (con *cambium extrafascicular*). Rafidios de oxalato de calcio. Flores *bisexuales*. Pedicelo floral con *articulación* y pericladio (zona superior a la articulación). Perigonio petaloide o sepaloide. Androceo 6 estambres. Gineceo *3 carpelos unidos*. Ovario 3-locular. *Nectarios septales*. Fruto cápsula o baya. Semillas negras. Endosperma carnoso o cartilaginoso.

14 familias **/ 1122** géneros **/ 36205** especies.

Orchidaceae (= Orquidáceas)

Familia de las Orquídeas.

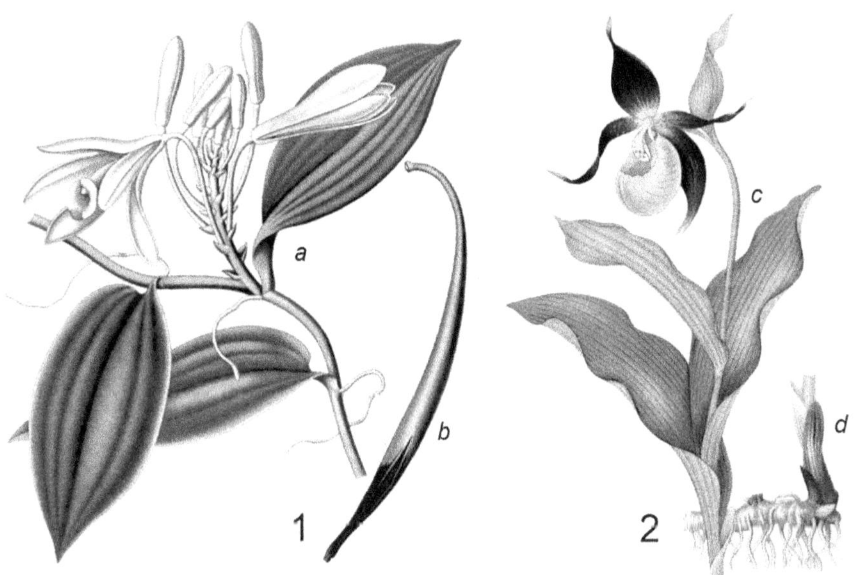

Figura 8-3. Orchidaceae. Vanilla planifolia. Cypripedium calceolus

– **1. *Vanilla planifolia***: ***a)*** Rama en flor, con hojas alternas lanceoladas, paralelinervias y raíces aéreas. ***b)*** Fruto. – **2. *Cypripedium calceolus***: ***c)*** Tallo hojas alternas paralelinervadas y flor terminal. ***d)*** Tallo (parte inferior) con hojas escamiformes, rizoma y raíces adventicias. (<u>Adaptados</u>: 1, tras Köhler; 2, Lindman).

Hierbas *vivaces* (rizoma ramificado o tubérculo subterráneo); *terrestres* (en zonas templadas); lianas (tropicales); epífitas (sobre otras plantas) o *saprófitas* (sobre materia orgánica en descomposición). Con *tubérculo*, conjunto de raíces adventicias *fasciculadas fusiformes*, adheridas en forma maciza entre sí (*Orchis, Ophryis, etc*). Las *epífitas* con raíces aéreas *verdes* (fotosintéticas), rodeadas por un *velamen* (tejido con varias capas de células muertas que absorben el agua a modo de esponja). En *simbiosis* con micorrizas endótrofas, o *parasitando* a hongos (pierden su color verde). Cada orquídea posee su especie de hongo que proporciona a la semilla materias nutritivas para su germinación. La plántula es una *laminilla* (*protocormo*), produce yemas, pero *no forma cotiledón ni radícula*. Tallos foliosos con engrosamiento basal (pseudobulbo). Hojas *paralelinervadas*, *envainadoras*; si son escamiformes, con raíces aéreas fotosintéticas.

Inflorescencia solitaria, racimo, espiga, corimbo o cima. Flor bisexual *muy cigomorfa*, con perigonio. *Labio superior* formado por 3 tépalos sepaloideos externos y 2 tépalos petaloideos internos. El *tercer tépalo interno,* de mayor tamaño, es el *labelo*, labio inferior prolongado en un largo *espolón* con un *nectario* en su interior. Es la pieza más atractiva del perigonio, plataforma de aterrizaje para insectos polinizadores. La flor realiza un giro de 180° (*resupinación*), quedando el labelo en posición inferior.

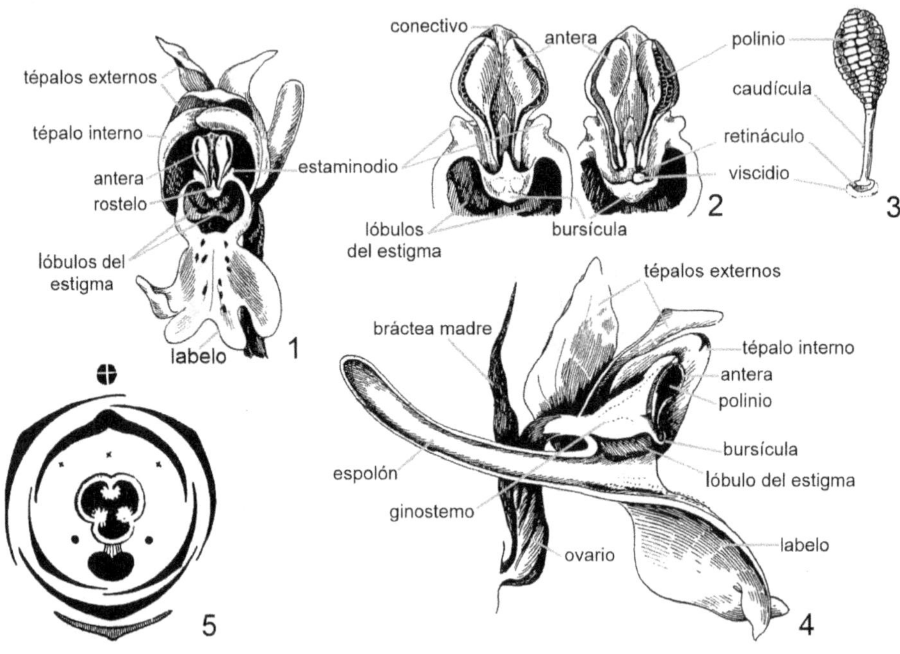

Figura 8-4. Orchidaceae. Orchis mascula

– **1. Flor** (vista de frente). – **2. Estambres y estigmas** (vista de frente): antes de remover un polinio (figura izquierda); luego de quitar un polinio y romper el rostelo (derecha). – **3.** Un **Polinio** y su caudícula. – **4. Flor** (vista en corte vertical), **ginostemo**, ovario ínfero y bráctea de la flor (vista externa). – **5. Diagrama floral**. (Adaptados: 1-5, tras Percy Groom).

Flor con *concrescencia* de androceo y gineceo: *estilo* soldado al único *estambre fértil* formando una columna o ginostemo: masa corta y gruesa en el centro de la flor, inserta sobre el *ovario* ínfero, formada por la unión de los *filamentos estaminales con el estilo*. El estigma (delante y debajo de la antera), posee 2 lóbulos *fértiles* y un lóbulo *estéril*: el *rostelo*, un pico con una *bursícula* (bolsita) que contiene una sustancia gomosa o *viscidio*.

Androceo reducido a *un solo estambre fértil* sin filamento (encima y detrás del rostelo), con *una antera* formada por 2 *tecas* separadas por el *conectivo*, que se mantiene erguida y se abre hacia el rostelo. Cada lóbulo de la antera es unicameral y contiene una masa piriforme de granos de polen, el *polinio*, con un pedúnculo corto, la *caudícula*. Las 2 caudículas están unidas por sus bases a dos pequeñas esferas de *viscidio*. Los otros 2 estambres del ciclo externo son *estaminodios* y están *unidos a la columna*.

Gineceo *3-carpelar. Ovario ínfero, unilocular. Numerosos óvulos*. Polinización por *insectos* (*entomofilia*), atraídos por las formas de las flores, similares a un insecto, o bien por el olor que desprenden, atrayendo a los machos que intentan aparearse.

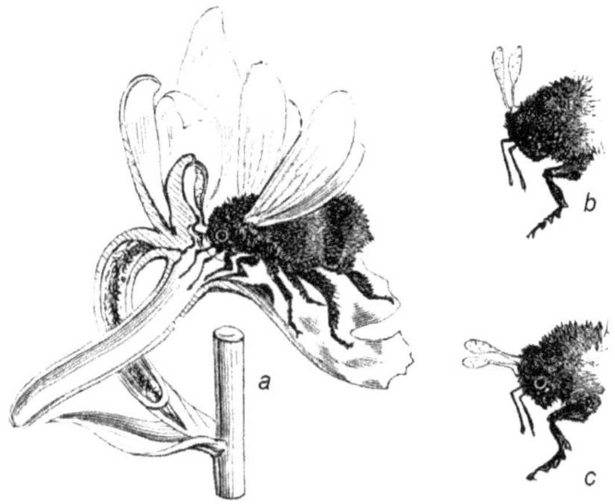

Figura 8-5. Orchis mascula. Polinización.

– *a)*. <u>**Flor de Orchis mascula**</u> (corte): Abeja de pie sobre el labelo, con la cabeza tocando la *bursícula*, glándula pegajosa con las polinias adheridas. – *b)*. Cabeza de la abeja con las polinias erectas. – *c)*. Las polinias se han movido hacia adelante, listas para tocar el lóbulo estigmático fértil de la próxima flor a visitar y producir la polinización. (<u>Adaptados</u>: a-c, tras Hooker).

Polinización. El labelo sirve de pista de aterrizaje. El insecto se posa sobre el labelo y trata de llegar al néctar acumulado en el fondo del espolón, junto al *ginostemo*. Toca con su cabeza los *viscidios* (*sustancias gomosas*) de los polinarios, desengancha las dos polinias, adheridas a su cabeza por medio del retináculo y se las lleva. Las caudículas se secan durante el vuelo del insecto y las polinias se inclinan como cuernos hacia adelante. Al visitar otra flor, las caudículas con las masas de polen chocan con la *superficie viscosa* del *lóbulo estigmático fértil*. El polen contacta con el estigma y se produce la *polinización*. Fruto cápsula. Semillas numerosas y diminutas, sin endosperma.

<u>*Hábitat*</u>: cosmopolitas, en todas las regiones del globo, en condiciones muy diversas.

<u>Principales especies</u>:

Gomesa bifolia (Oncidum bifolium). "Flor de patito". *Epífita*. Flor amarilla. América.

Vanilla planifolia. "Vainilla". *Trepadora*. Centroamérica. Su cápsula da la "vainillina".

Orchis mascula. Hierba con *nódulos subterráneos*. Flores blancas. Europa y África.

Ophrys apifera. "Flor abeja". *Hierba*. Labelo similar a una abeja. Mediterráneo.

Cypripedium calceolus. "Calzado de Venus". Labelo amarillo en forma de *escarpín*.

Iridaceae (= Iridáceas)

Familia del Azafrán.

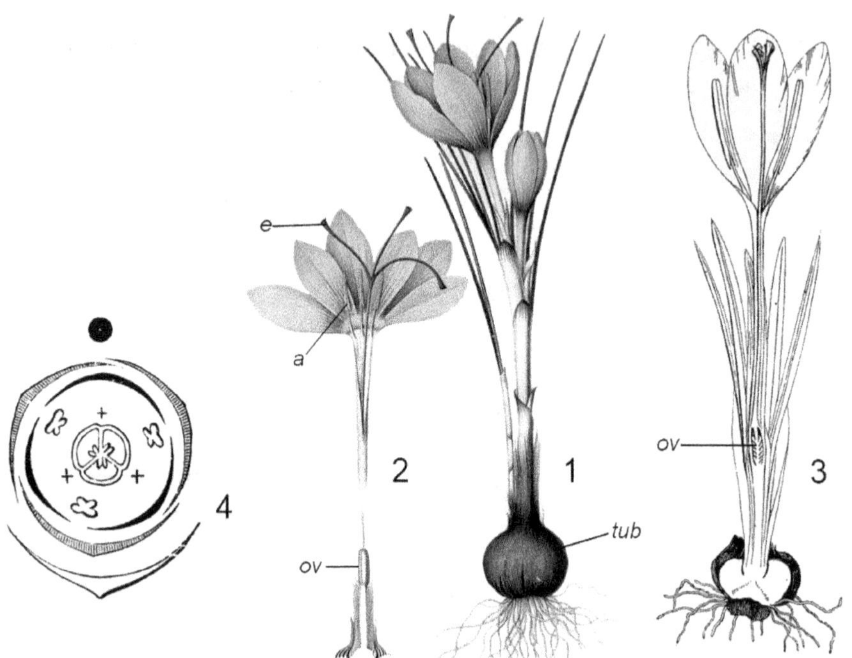

Figura 8-6. Iridaceae. Crocus sativus.

– **1. <u>Planta</u>:** con hojas lineares y flores solitarias terminales; ***tub)*** tuberobulbo. – **2. <u>Flor</u>** (vista en corte longitudinal): ***ov)*** ovario ínfero; ***a)*** androceo con 3 estambres; ***e)*** estigma con 3 ramas. – **3. <u>Planta</u>:** (en corte longitudinal): ***ov)*** ovario ínfero en la base del tubo del perigonio. – **4. <u>Diagrama floral</u>.** (<u>Adaptados</u>: 1-2, tras Köhler; 3, tras Le Maout y Decaisne; 4, tras Strasburger).

Hierbas. Rizomas, cormos o bulbos. Hojas lineares a ensiformes. Flores *actinomorfas*, solitarias, en racimos o panículas. Perigonio *actinomorfo 6* tépalos *petaloideos*, en tubo basal angosto. Androceo *3 estambres*. Ovario ínfero, *gamocarpelar*, placentación *axilar*. Estilo *3 estigmas*. Polinización entomófila. Fruto cápsula. Semilla con arilo.

Hábitat: cosmopolitas, de climas templados, en África del sur y América tropical.

<u>Principales especies</u>:

Crocus sativus. "Azafrán". Hierba con tuberobulbo. Flores solitarias. Tépalos liláceos. Estigmas 3 *anaranjado-rojizos ramificados* (son el "Azafrán" comercial).

Iris germanica. "Lirio común". Rizoma rastrero. Hoja ensiforme. Flor actinomorfa.

Tigridia pavonia. Flores rojas con numerosas manchas oscuras. Ornamental.

Gladiolus communis. "Gladiolo". Tuberobulbos, tallos planos. Flores cigomorfas.

Asphodelaceae (= Asfodeláceas)

Familia del Áloe.

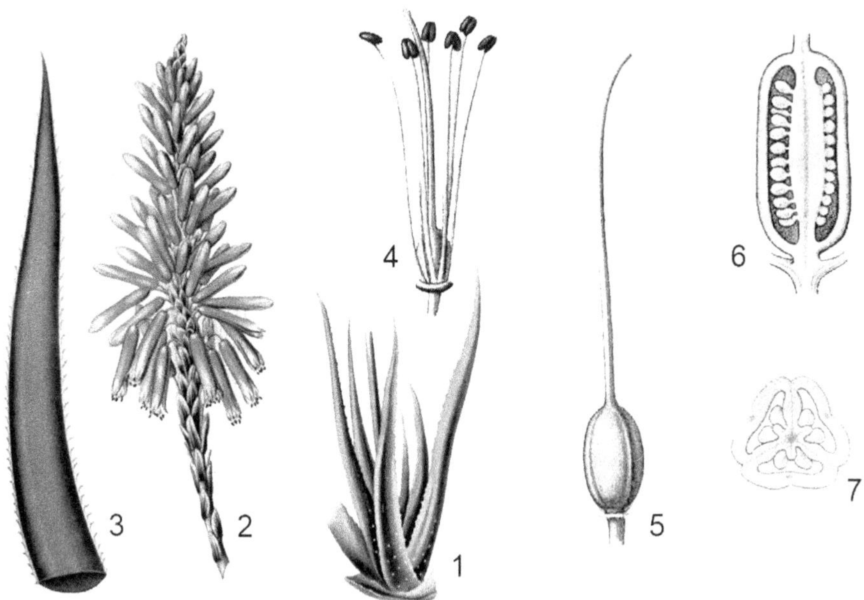

Figura 8-7. Asphodelaceae. Aloe succotrina.

– **1. Planta**. – **2. Inflorescencia**. – **3. Hoja**. – **4. Gineceo y Androceo**. – **5. Gineceo** (ovario súpero). – **6. Ovario** (vista en corte longitudinal). – **7. Ovario** (vista en corte transversal). (Adaptados: 1, tras Losch; 2-7, tras Köhler).

Hierbas acaules (sin tallo), *crasas*. Crecimiento secundario anómalo. Hojas *arrosetadas*, *paralelinervadas*, con vaina, *espinoso-dentadas en el margen*. Inflorescencia *racimo o umbela*. Flor actinomorfa, hermafrodita. Perigonio *6 tépalos* unidos en *tubo*. Androceo 6 estambres. Gineceo *3-carpelar*. Ovario súpero, trilocular. Cápsula.

Hábitat: en regiones templadas y tropicales de Europa y África.

Principales especies:

Aloe succotrina. "Acíbar". Hojas arrosetadas. Flores *rojas*. Sudáfrica.

Aloe arborescens. "Áloe candelabro". Arbusto. Flores rojas. África Sur Oriental.

Aloe vera. "Áloe". Hoja curvada con dientes retrorsos. Medicinal (mucílago foliar).

Kniphofia uvaria. "Bandera española". Flor cilíndrica *roja y amarilla*. Ornamental.

Amaryllidaceae (= Amarilidáceas)

Familia del Narciso.

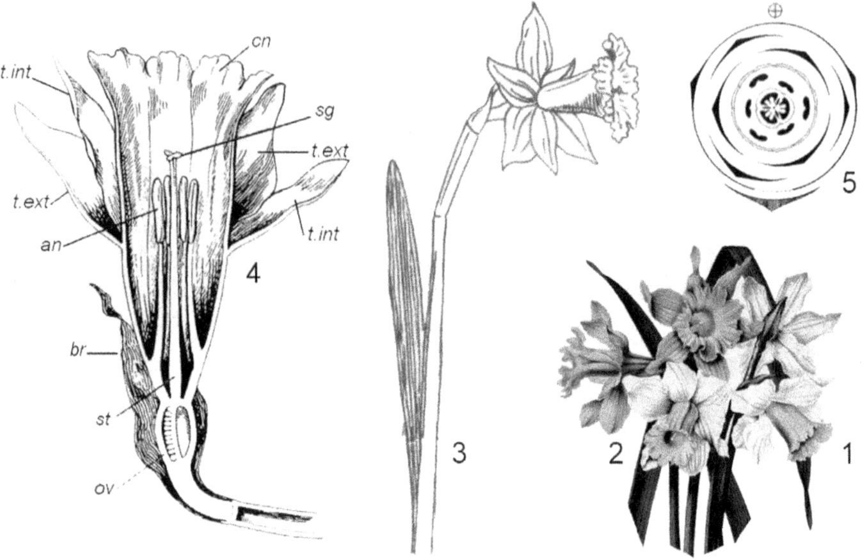

Figura 8-8. Amaryllidaceae. Narcissus sp.

– **1. *Narcissus pseudonarcissus* subsp. *bicolor*.** – **2. *N. hispanicus*.** – **3. *N. pseudonarcissus*:** Escapo. Flor terminal. – **4. Flor** (corte): – Bráctea *(br)*; – Tépalo externo *(t.ext)*; – Tépalo interno *(t.int)*; – Corona *(cn)*; – Ovario ínfero *(ov)*; – Estilo *(st)*; – Estigma *(sg)*; – Antera *(an)*; – **5. Diagrama floral.** Original: 3. (Adaptados: 1-2, tras Witte y Wendell; 4, tras Percy Groom; 5, tras Church).

Hierbas. *Rizomas* o bulbos. Raíces *contráctiles*. Hojas en *roseta*, envainadoras, lineares, paralelinervadas. Inflorescencia *umbela con escapo* y brácteas con forma de espata. Flor hermafrodita, actinomorfa. Perigonio 6 tépalos *petaloideos* unidos en tubo corto. Con *paracorola* (paraperigonio petaloide): *corona interna* formada por *apéndices ligulares* de los tépalos. Androceo 6 estambres, libres o insertos en la garganta del tubo del perigonio. Gineceo 3 carpelos unidos. Ovario ínfero. Fruto cápsula o baya. Semillas con endosperma.

Hábitat: cosmopolitas.

Principales especies:

***Narcissus pseudonarcissus*.** "Narciso". Perenne bulbosa. Hojas lineares. Flor solitaria con 6 tépalos blancos. *Paraperigonio petaloide amarillo*. Ornamental. Medicinal.

***Amaryllis belladonna*.** "Belladona". Estolonífera. Flores en umbela. Con alcaloides.

***Rhodophiala chilensis*.** "Amancay". Bulbo globoso. Hojas lineares. Flor amarilla. Chile.

***Clivia miniata*.** Raíces *contráctiles*. Hojas gruesas. Flor rojo minio. *Baya rojiza*.

***Crinum moorei*.** Bulbo estolonífero. Hojas de 1m. Umbela. Flores blancas. Sud-África.

Sub-Familia Allioideae (= Allioideas)

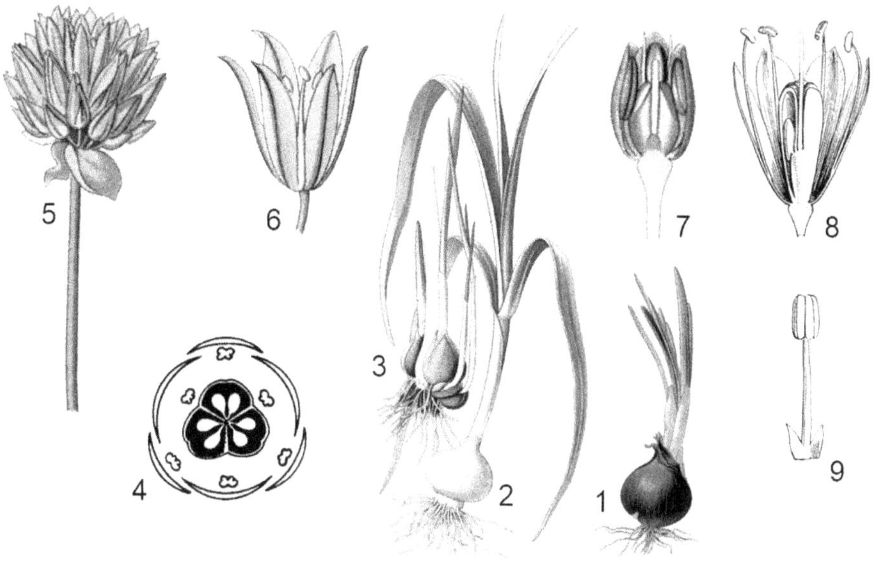

Figura 8-9. Allioideae. Allium cepa, A. porrum, A. ascalonicum.

– **1. *Allium cepa.*** – **2. *Allium porrum.*** — **3. *Allium ascalonicum.*** – **4.** Diagrama floral. – **5.** Inflorescencia en umbela. – **6.** Flor (vista lateral). – **7.** Capullo floral (corte longitudinal): ovario súpero y estilo ginobásico. – **8.** Flor (corte longitudinal). – **9.** <u>Estambre</u>: filamento provisto de 2 dientes cortos subulados. (<u>Adaptados</u>: 1-3 y 5-7, tras Thomé;4, tras Eichler; 8-9, tras Percy Groom).

Con bulbos y raíces *contráctiles*. Tallo escapiforme. Hojas simples *envainadoras*, lineares, paralelinervadas. Inflorescencia *umbela*, *sin brácteas*. Tubos con *látex claro*. Olor a *sulfuro de alilo*). Con inulina. Flor bisexual, actinomorfa. Perigonio *6 tépalos* libres o unidos. Androceo *6 estambres*. Gineceo 3 carpelos unidos. Ovario súpero, trilocular, con *nectarios septales*. Estilo ginobásico. Fruto cápsula. Semillas con endosperma oleaginoso.

<u>Hábitat</u>: hemisferio norte y Sudamérica.

<u>Principales especies</u>:

Allium cepa. "Cebolla". Bulbo *simple*. Hoja *cilíndrica*, *fistulosa*. Escapo floral *abruptamente inflado* en la mitad inferior. Medicinal, condimento, antiséptico (alicina).

A. sativum. "Ajo". Bulbo *compuesto* por dientes tunicados, rodeados por una envoltura común. Hoja *plana* aguda. Escapo floral *cilíndrico*. Condimento y antiséptico.

A. porrum. "Puerro". Bulbo *simple cilíndrico*. Hoja linear. Escapo cilíndrico *macizo*.

A. ascalonicum. "Chalote" o "Echalote". *Bulbo compuesto* por *bulbos ovoides*.

A. fistulosum. "Cebollino inglés". *Bulbos fasciculados*. Hojas dísticas, huecas, glaucas.

A. schoenoprasum. "Ajo cebollino francés". *Bulbos fasciculados*. Hojas *cilíndricas*.

A. ampeloprasum. "Ajo macho". *Bulbo cilíndrico, prolífero* (provisto de bulbillos).

Asparagaceae (= Asparagáceas)

Familia del Espárrago.

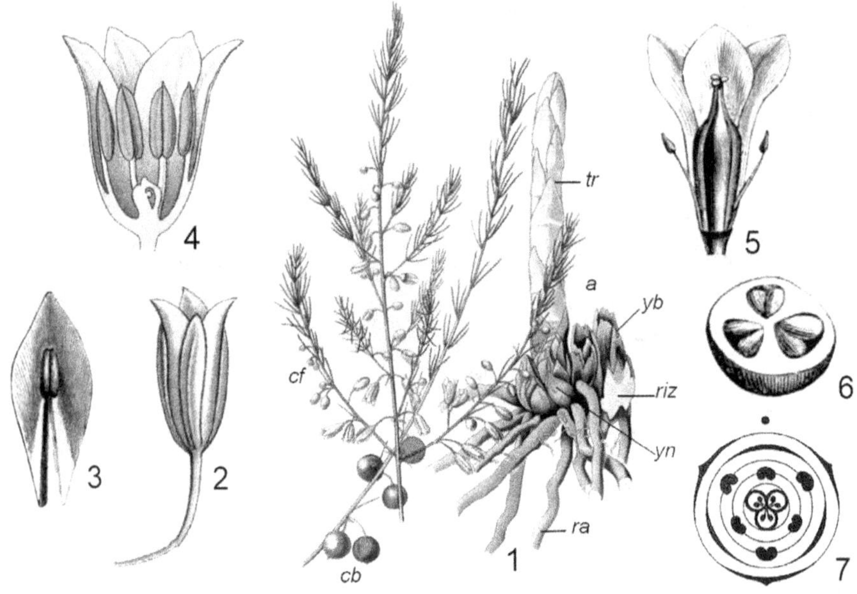

Figura 8-10. Asparagaceae. Asparagus officinalis.

– **1.** <u>Planta</u>: – <u>Rizoma</u> *(riz)*, con un turión *(tr)*, con yemas ya brotadas *(yb)*, yemas nuevas del año siguiente *(yn)* y raíces adventicias *(ra)*. – <u>Tallo</u> con cladodios filiformes *(cf)* y flores. – <u>Tallo</u> con cladodios filiformes y bayas *(cb)*. – **2.** <u>Flor</u>. – **3.** <u>Tépalo</u> con estambre opuesto. – **4.** <u>Flor masculina</u> (corte longitudinal). – **5.** <u>Flor femenina</u> (corte longitudinal). – **6.** <u>Baya</u> (corte transversal). – **7.** <u>Diagrama floral</u>. (<u>Adaptados</u>: 1-2 y 4, tras Thomé; 3 y 5, tras Engler; 7, tras Bollmann).

Hierbas o arbustos con *rizomas*. Tallo *verde anual*. Hojas reducidas a *escamas*. De sus axilas brotan filóclados o cladodios *foliiformes* (vástagos con aspecto de hoja). Los tallos jóvenes crecen bajo tierra, *sin clorofila* y de ellos brotan los *turiones* verdes y aéreos. Polígamos o dioicos. Inflorescencia solitaria, racimo o umbela. Flor trímera actinomorfa, *bisexual* o unisexual. Perigonio *6 tépalos libres*. Androceo 6 estambres. Gineceo 3 carpelos unidos. Ovario súpero o ínfero. *Nectarios septales.* Fruto baya.

<u>Principales especies</u>:

Asparagus officinalis. "Espárrago". *Dioico. Turiones* comestibles. Fruto *baya* azul.

Agave americana. "Pita". Acaule. Hojas con *espina terminal*. Ovario *ínfero*. América.

Aspidistra elatior. Rizomatosa. Hojas lanceoladas. Flores acampanadas. China.

Hyacinthus orientalis. "Jacinto". Bulbo. Racimo cilíndrico. Perigonio tubular azul.

Ruscus hypoglossum. "Helecho mosquito". *Filóclados* lanceolados, no punzantes.

Yucca filamentosa. "Yuca". Hojas *espinosas*. Flores blancas *péndulas*. América boreal.

Capítulo.9.   **SUB-CLASE LILIIDAE.**

Mᴏɴᴏᴄᴏᴛɪʟᴇᴅóɴᴇᴀs Cᴏᴍᴍᴇʟíɴɪᴅᴀs (I)

9. 1.   Orden Arecales

1 familia **/ 188** géneros **/ 2585** especies.

Arecaceae (= Arecáceas)

Familia de las Palmeras.

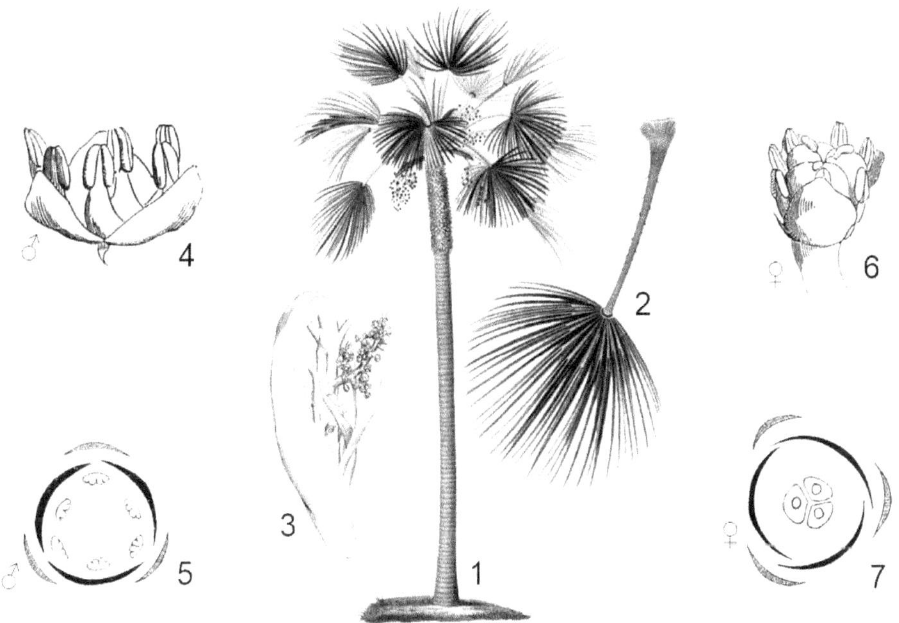

Figura 9-1. Arecaceae. Chamaerops humilis.

– **1.** Estípite. Penacho apical de hojas. – **2.** Hoja palmada con largo pecíolo. – **3.** Inflorescencia polígama. – **4.** Flor masculina. – **5.** Diagrama flor masculina. – **6.** Flor femenina. – **7.** Diagrama flor femenina. (<u>Adaptados</u>: 1y2, tras Duhamel du Monceau; 3-7, tras Le Maout and Decaisne).

Tallo muy alto *"estípite"* monopodial (no ramificado), grueso. Crecimiento secundario difuso. *Meristema apical* en el ápice (30 cm), origina un grueso tallo *columnar* con haces vasculares hacia la periferia, dándole *dureza* y *resistencia*. Estípite a veces corto y bulboso. Rizomas subterráneos. Hay trepadoras o *lianas* (*Calamus sp.*). Con *raíces aéreas "zancos"* o neumatóforos en zonas pantanosas. *Hojas* grandes *espiraladas* en *roseta en el ápice* del estípite (cubierto por cicatrices de las hojas caídas). *Pecíolo largo* y *vaina cerrada* en su base. Limbo entero muy largo, con *nervaduras pinadas o palmadas*, plegado a lo largo de sus nervaduras en la yema,y al expandirse se desgarra dando una hoja *pseudo-compuesta*.

Monoicas o dioicas. Inflorescencia *"régimen"*, panícula (racimo de racimo); rodeada por la *"espata"*: *bráctea leñosa* navicular (profilo basal bicarinado). Cada racimo individual envuelto en una espata menor. Flores trímeras, *unisexuales*, o polígamas. Perianto con 2 ciclos *distintos* de 3 piezas. Androceo 2 ciclos de 3 estambres. Gineceo 3 carpelos libres. Ovario súpero, *trilocular* (2 carpelos abortan). Fruto *unicarpelar*, con *una semilla*. Fruto baya o drupa. Semilla con un *poro*, "tapón" u *"obturador"* (*embriotegio*). Albumen oleaginoso o córneo. Con nectarios. Polinización por coleópteros.

Hábitat: cosmopolitas, en regiones cálidas y templadas. Trópicos y subtrópicos.

Principales especies:

a) Con hojas pinadas:

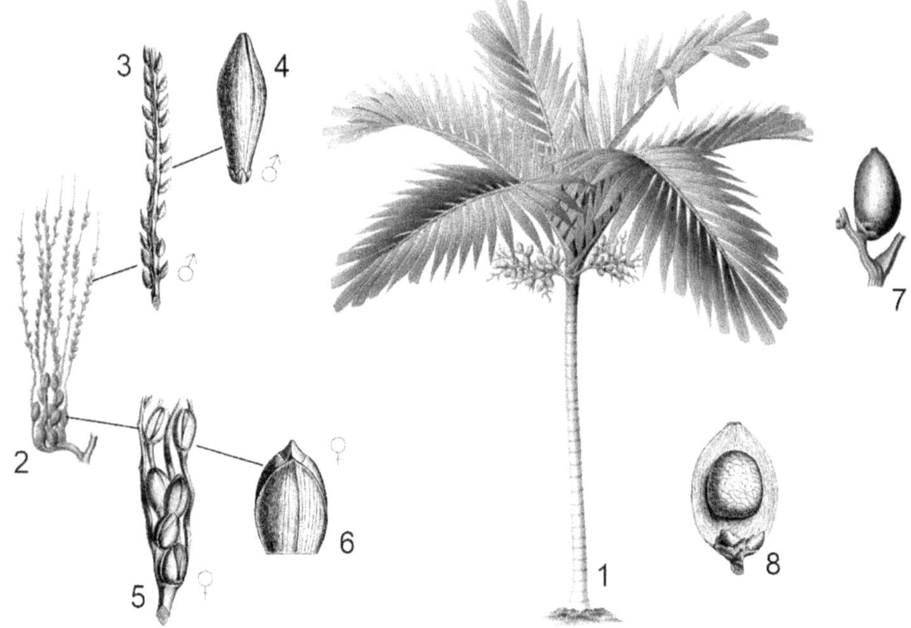

Figura 9-2. Arecaceae. Areca catechu.

– **1.** Planta con estípite largo estilizado y penacho apical de hojas pinadas. – **2.** Inflorescencia diclino-dioica (flores unisexuales en el mismo pie): femeninas en la parte inferior y masculinas en la parte superior. – **3.** Racimo de flores masculinas. – **4.** Flor masculina. – **5.** Racimo de flores femeninas. – **6.** Flor femenina. – **7.** Fruto drupa "Nuez de Areca". – **8.** Fruto (corte longitudinal): con la pulpa fibrosa partida por la mitad. (Adaptados: 1-2 y 7, tras Köhler; 3-6 y 8, tras Engler).

Areca catechu. "Palma de betel". Estípite esbelto. Hojas pinadas con el raquis recurvado. Su fruto es la "nuez de areca". Sudeste Asiático.

Acrocomia totai. "Mbocayá". Estípite con grandes espinas. Hojas pinadas. Argentina.

Butia yatay. "Yatay". Estípite con vainas en *espirales muy ordenadas.* Argentina.

B. capitata. "Jelly Palm". Estípite con espirales, muy apretadas y ordenadas. Uruguay.

Euterpe edulis. "Palmito". Estípite anillado. Cogollos comestibles. Misiones.

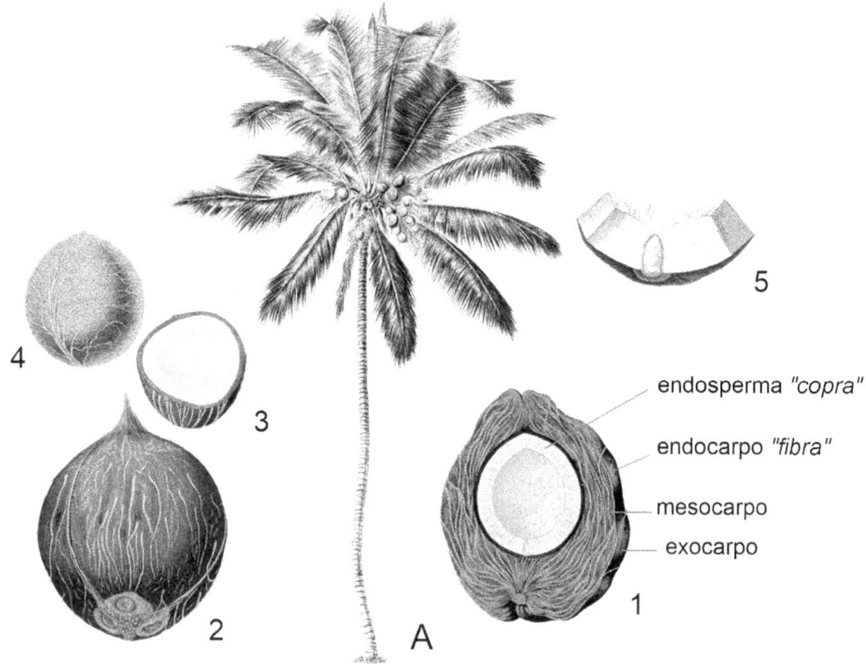

Figura 9-3. Arecaceae. Cocos nucifera.

– **A. <u>Planta</u>** con estípite alto. Penacho de hojas pinadas – **1.** <u>Drupa monosperma</u> (en sección longitudinal). – **2.** <u>Endocarpo</u>. Núcleo de hueso después de quitar <u>epicarpo</u> (cáscara externa lisa) y <u>mesocarpo</u> ("fibra"). – **3.** <u>Endocarpo</u> (en sección transversal). – **4.** <u>Endospermo o "Copra"</u>. Luego de eliminar el endocarpo leñoso. – **5.** <u>Endospermo (con el embrión)</u>. (<u>Adaptados</u>: Tras Köhler).

Cocos nucifera. "cocotero". Estípite alto. Hojas pinadas. Fruto drupa monosperma: *exocarpo* liso, un *mesocarpo* fibroso ("fibra de coco") y *endocarpo* leñoso (el "coco"). El *endosperma* es la "copra". Playas tropicales del Pacífico, Índico y Mar Caribe.

Elaeis guineensis. "Palmera aceitera africana". Africa. Se extrae "aceite de palma".

Jubaea chilensis. "Palma de Chile". Estípite engrosado en la *mitad inferior*, con las *ondulantes cicatrices* que dejan las hojas inferiores.

Metroxylon sagu. "Palma de Sagú". Palmera de múltiples estípites. Sudeste Asiático.

Phoenix canariensis. "Palmera de las Canarias". *Estípite grueso*, columnar.

Phoenix dactylifera. "Datilero". *Estípite delgado*. Con rizomas. Baya sin "hueso".

Roystonea regia. "Palma real". Hojas pinadas *plumosas*. Vainas en capitel. Caribe.

Syagrus romanzoffiana. "Pindó". Estípite liso, *base ancha*. Hoja *desflecada o plumosa*.

b) De hojas palmadas:

Chamaerops humilis. "Palmito". Multicaule con estípites bajos. Con "tallo" blanco central ("palmito"). Se obtiene "crin vegetal". Cuenca del Mediterrráneo.

Copernicia alba. "Palma colorada". Estípite con surcos longitudinales espiralados.

Copernicia prunifera (C. cerifera). "Caranday". Brasil. Da la "cera de Carnauba".

Livistona australis. "Cabbage-tree". Estípite con fisuras verticales. Australia.

Trachycarpus fortunei. "Palmera de la suerte". Estípite con fibras castañas. China.

Trithrinax campestris. "Carandá". Estípite espinoso. Argentina y Paraguay.

Washingtonia filifera. "Palmera californiana". Estípite *grueso (1m)*. Pecíolo espinoso.

W. robusta. "Palmera de abanico mejicana". Estípite *delgado (0,6 cm)*. México.

9. 2.   Orden Poales

15 familias / **997** géneros / **18875** especies.

Typhaceae (=Tifáceas)

Familia de la Totora.

Figura 9-4. Typhaceae. Typha latifolia.

– **1.** <u>Planta</u> con rizoma. – **2.** <u>Flor femenina</u> (sección longitudinal) con ginecóforo **(g)** cubierto por pelos. – **3.** <u>Flor masculina</u> con estambres con sus filamentos soldados. – **4.** Fruto. – **5.** Diagrama floral de la flor femenina. (<u>Adaptados</u>: 1. Tras Thomé; 2-4, tras Graebner y Engler; 5, tras Eichler).

Hierbas perennes rizomatosas, acuáticas o palustres. Tallo cilíndrico sin nudos. Hojas *lineares*, *dísticas*, envainadoras, con la base sumergida y tejido aerífero.

Inflorescencia en espiga *cilíndrica* densa. Flores *desnudas, unisexuales* (diclino-monoicas), pequeñas (3 mm). _Flores masculinas_ en la parte *superior* de la espiga. Androceo 1-8 estambres, *monadelfo* (filamentos *soldados*) con involucro basal de *pelos*. _Flores femeninas_ en la parte *inferior* de la espiga. Gineceo 1-carpelar, sobre un ginecóforo con pelos. Ovario súpero uniovulado. Fruto drupáceo indehiscente. Albumen amiláceo.

Hábitat: cosmopolitas, en regiones templadas y cálidas.

Principales especies:

Typha sp. "Totora" o "Espadaña". Rizoma comestible. Espiga cilindrica ornamental.

Typha latifolia. "Totora". Perenne rizomatosa. Hojas 2 cm de ancho. Cosmopolita.

T. dominguensis. "Totora". Inflorescencias separadas por una *porción* del raquis.

T. angustifolia "Totora". Hojas angostas e inflorescencia similar a *T. dominguensis.*

Sparganium neglectum. "Platanaria". Hierba palustre. Hojas *graminiiformes*, envainadoras. Inflorescencias en *glomérulos globulosos*. Australia, Nueva Zelandia.

Bromeliaceae (=Bromeliáceas)

Familia del Ananá.

Figura 9-5. Bromeliaceae. Ananas comosus.

– **1.** Espiga terminada en una corona de hojas. – **2.** Flor. – **3.** Flor hermafrodita de ovario ínfero (en sección longitudinal). – **4.** Cáliz (con 3 sépalos) y pistilo (con estilo terminado en 3 estigmas). – **5.** Pétalo con estambre (opositipétalo). – **6.** Androceo (6 estambres) y pistilo (estilo y estigmas). – **7.** Diagrama floral. (Adaptados: 1-2 y 6, tras Bollmann; 3-5 y 7, tras Le Maout y Decaisne).

Hierbas epífitas. Tallo corto. *Roseta de hojas rígidas* gruesas, *espinosas,* dentadas.

Acumulación de agua en la *axila* de las hojas, con absorción por pelos escamosos (o raíces adventicias) surgidas en las bases foliares. Inflorescencia *terminal* espiga, racimo o panícula. Flor 3-mera, hermafrodita, actinomorfa, con brácteas coloreadas. Perianto en 2 series (externa *calicina* e interna *petaloidea*). Androceo *6 estambres*. Gineceo *3 carpelos* unidos. Ovario súpero o ínfero. Fruto baya o cápsula. Semilla alada o pilosa. *Ornitocoria*.

Hábitat: en América tropical y O de África.

Principales especies:

Ananas comosus. "Ananá". Roseta de hojas rígidas con bordes espinosos. Flores de *ovario ínfero*. Fruto *compuesto* sorosio *sin semillas*. Sudamérica. Comestible. Textil.

Aechmea sp. Roseta de hojas con cavidades donde crecen algas. Pelos absorbentes que aprovechan agua y sustancias disueltas (similitud con plantas insectívoras).

Bromelia serra. y ***B. balansae.*** "Chaguar". Planta textil. Ornamental.

Tillandsia usneoides. "Clavel del aire". Epífito, sobre ramas de árboles. *No posee raíces*. Pelos escamosos absorben polvo y agua de lluvia o rocío en las axilas foliares.

Juncaceae (= Juncáceas)

Familia de los Juncos.

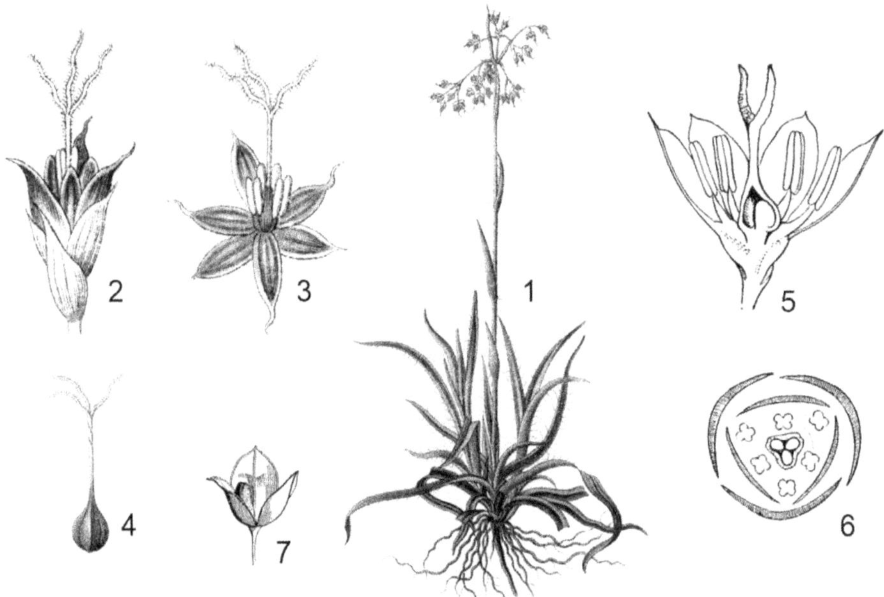

Figura 9-6. Juncaceae. Luzula sylvatica.

– **1.** Planta en flor. – **2.** Flor (vista lateral). – **3.** Flor (vista superior de androceo y gineceo). – **4.** Gineceo: ovario, estilo y estigma trífido. – **5.** Flor (vista en corte longitudinal). – **6.** Diagrama floral. – **7.** Fruto: cápsula dehiscente. (Adaptados: 1-4, tras Sturm; 5-7, tras Le Maout y Decaisne).

Hierbas de lugares húmedos. Anuales o vivaces rizomatosas. Tallos graminiformes.

Hojas *trísticas* (en 3 hileras), láminas alargadas estrechas. Con *vaina foliar*, pero <u>*sin ligula*</u> (diferencia con las *Poáceas*). Inflorescencia en espículas aglomeradas.

Flores inconspicuas, trímeras, *bisexuales*, actinomorfas. Perigonio *calicoide*, con 6 *tépalos* papiráceos. Androceo *2 ciclos de 3 estambres*. Gineceo 3 carpelos unidos. Ovario súpero. Fruto cápsula loculicida. Polinización anemófila. Endosperma *amiláceo*.

<u>*Hábitat*</u>: cosmopolitas, especialmente en las regiones cálidas templadas y húmedas.

<u>Principales especies</u>:

Juncus spp. "Juncos". Hojas con *disposición* y *trística vaina abierta*. Europa Central.

Juncus acutus. "Junco". Perenne, rizomatosa. Hojas cilíndricas rígidas y punzantes.

Luzula excelsa. Cespitosa. Panoja de espiguillas. Flores de 3 mm. Argentina.

Cyperaceae (= Ciperáceas)

Familia del papiro.

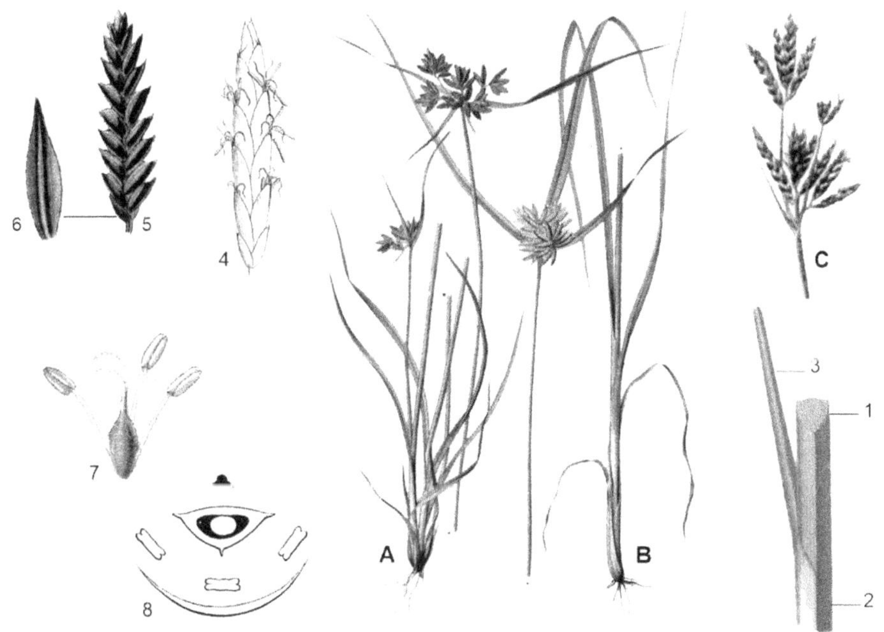

Figura 9-7. Cyperaceae. Cyperus fuscus. C. glomeratus. C. rotundus.

– **A. <u>*Cyperus fuscus*</u>**: – *1)* Tallo macizo, de sección triangular, sin nudos. – *2)* Vaina cerrada. – *3)* Lámina linear paralelinervada. – *4)* Esquema de espiguilla dística en floración. – *5)* Espiguilla dística. – *6)* Gluma basal única. – **B. <u>*Cyperus glomeratus*</u>**. – **C. <u>*Cyperus rotundus*</u>**: Antela con espiguillas cilíndricas. – *7)* <u>Flor</u>; <u>gineceo</u> 3-carpelar, 3 estigmas; <u>estambres</u> con anteras basifijas. – *8)* Diagrama floral. (<u>Adaptados</u>: A-B, 1-3, 5-7, tras Thomé; C, tras Sturm; 4 y 8, tras Baillon).

Hierbas *graminoides, perennes* con rizomas. Tallo *triangular, macizo, sin nudos*. Hojas *trísticas* (3 hileras). Lámina linear, paralelinervada. Vaina *entera, cerrada*. Inflorescencia mayor *umbela*. Inflorescencia elemental *espiguilla* dística con *una sola gluma*. Flores hermafroditas o unisexuales, *actinomorfas*, en la axila de *una sola bráctea*. Perianto *ausente (desnuda)*. *Androceo* 3 estambres, anteras *basifijas*. Gineceo con 2-3 carpelos soldados. Ovario súpero, *un óvulo*. Fruto aquenio *triangular*. Albumen amiláceo.

<u>Hábitat</u>: cosmopolitas, regiones húmedas frías, pantanosas. En turberas (pH neutro).

<u>Principales especies</u>:

Cyperus papyrus. "Papiro". Se obtiene papiro de la médula. Cuenca Mediterránea.

Cyperus esculentus var. sativus. "Chufa". Rizomas y tubérculos comestibles. Egipto.

C. esculentus. Perenne. Rizomatosa. América. Maleza, grave plaga de los cultivos.

C. rotundus. "Tamascán". Rizomas y tubérculos encadenados. Maleza perenne.

Carex sp. Flor masculina con 3 estambres. Ovario triangular, encerrado en un utrículo.

Poaceae (=Poáceas o Gramíneas)

Familia de los Pastos o Cereales

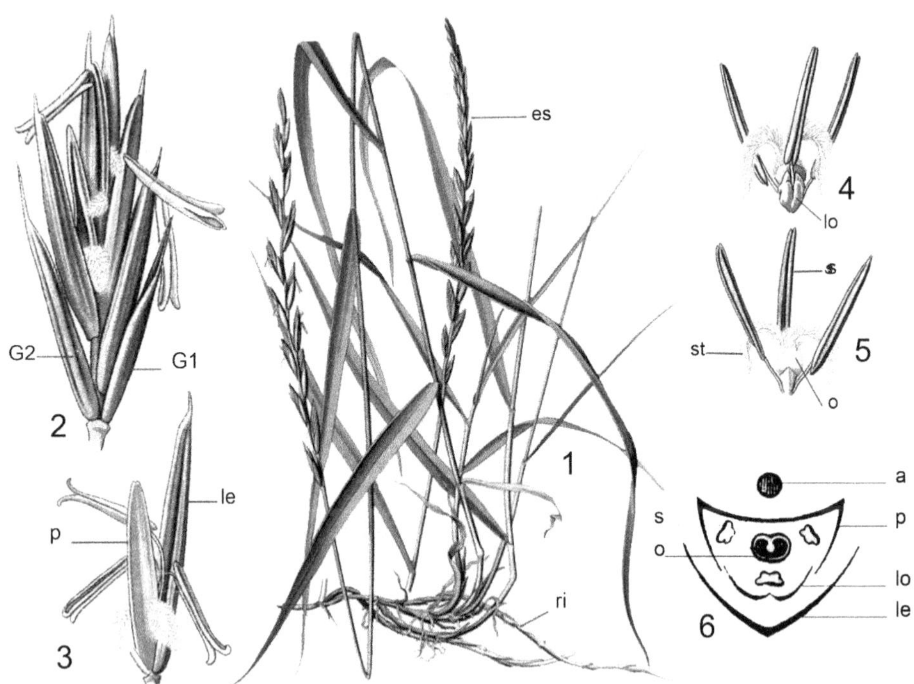

Figura 9-8. Poaceae. Agropyron repens.

– **1.** <u>Planta</u>: <u>Espiga</u> *(es)*. <u>Rizomas</u> *(ri)*. – **2.** <u>Espiguilla</u> pluriflora: G_1*)* gluma inferior; G_2*)* gluma superior. – **3.** <u>Antecio</u>: *le)* <u>lemma</u> (glumela inferior aquillada); *p)* <u>pálea</u> (glumela superior biaquillada). – **4.** <u>Flor</u>: 2 <u>lodículas</u> *(lo)*. – **5.** <u>Flor</u> (sin lodículas): gineceo bicarpelar con 2 estigmas; androceo con 3 estambres de anteras dorsifijas. – **6.** <u>Diagrama floral</u>: *a)* eje; *p)* pálea; *lo)* lodículas; *a)* eje de la espiguilla; *le)* lemma; *s)* estambre; *o)* ovario. (<u>Adaptados</u>: 1-5, tras Köhler, 6, tras Sturm).

Son el 20% de la vegetación terrestre. En sabanas, estepas y praderas. *Cultivadas* por sus *granos*: trigo, arroz, maíz, cebada, centeno y sorgo. *Forrajeras* naturales o cultivadas. *Industriales*: oleaginosas, papel, construcción, etc. *Ornamentales*: césped, parques, etc. Hierbas anuales o perennes (con rizomas, estolones) o leñosas ("bambúes").Raíces *adventicias* (soportan al tallo). Tallo *"caña"* o *"culmo"*, *cilíndrico no ramificado*. Nudos *engrosados* (tabicados por entrecruzamiento de haces vasculares). Entrenudos *huecos*, fistulosos (sin médula). Entrenudos basales con meristemas *intercalares*.

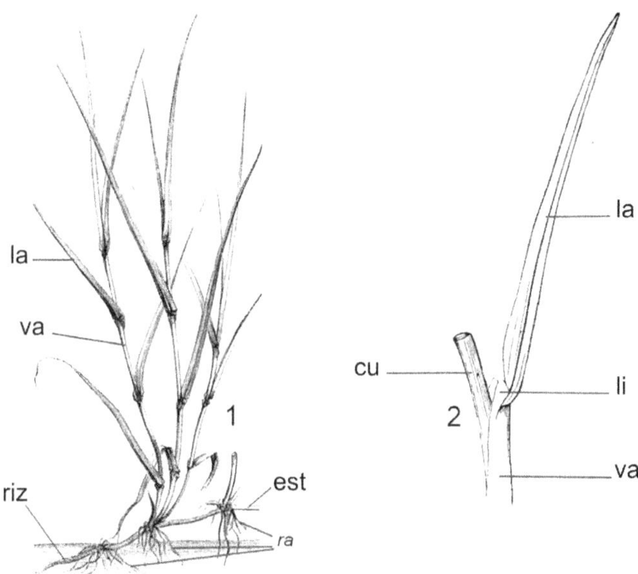

Figura 9-9. Poaceae. Planta con hojas, rizoma y estolón.

– **1. <u>Planta</u>.** Culmo con <u>hojas</u>: – **va)** vaina, **la)** lámina; – **riz)** <u>Rizoma</u> (subterráneo); – **est)** estolón (superficial); – **ra)** raíces adventicias. – **2. <u>Hoja</u>:** – **va)** <u>vaina</u> que envuelve al culmo **(cu)** fistuloso; – **li)** lígula membranosa; – **la)**; lámina paralelinervada. (<u>Adaptados</u>: 1, tras Baillon; 2, tras Thomé).

Hojas *linear lanceoladas*, *alternas* y dísticas en dos hileras a lo largo del tallo. *Sin pecíolo* (presente en "bambúes"). *Vaina hendida* que abraza al tallo. *Lámina* larga angosta, *paralelinervada*. En la línea de unión entre lámina y vaina hay una *lígula* (membrana o pelos). Epidermis con células largas y cortas. Nervadura media con *células buliformes* (a fin de plegar o desplegar la lámina) y con *litocistes* (células con *cistolitos*, cuerpos de SiO2). *<u>Inflorescencia mayor</u>*: espiga, *racimo*, o *panoja de espiguillas* (*panícula*).

<u>Inflorescencia básica</u>: *espiguilla*, con *flores sin pedicelo* insertas a lo largo del raquis articulado o *raquilla*. Cada *<u>espiguilla</u>* está envuelta por *dos* brácteas estériles, las *glumas*. Les suceden las *glumelas*, brácteas que envuelven a la flor individual. <u>Inflorescencia básica</u>: *espiguilla*, con *flores sin pedicelo* insertas a lo largo del raquis articulado o *raquilla*. Cada *<u>espiguilla</u>* está envuelta por *dos* brácteas estériles, las *glumas*. Les suceden las *glumelas*, brácteas que envuelven a cada flor individual o *<u>antecio</u>*. La espiguilla puede interpretarse como una *rama floral altamente modificada*.

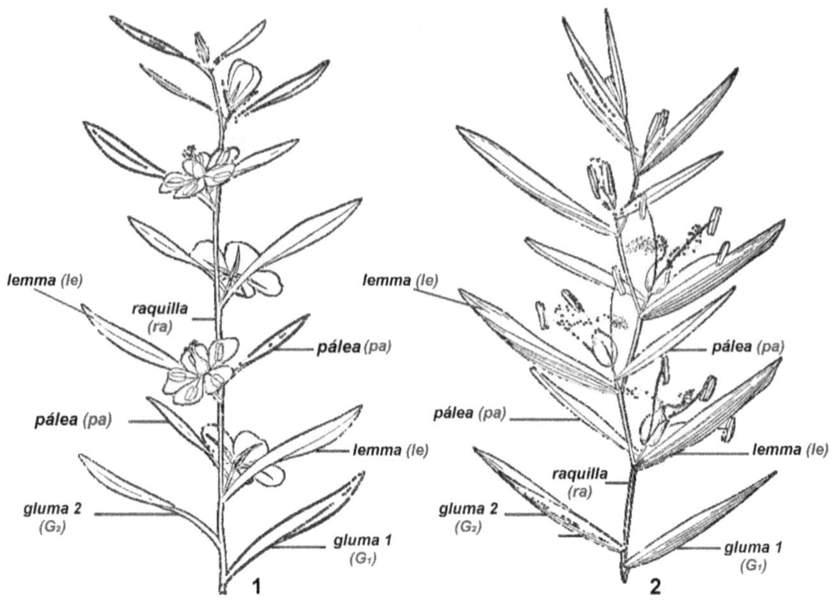

Figura 9-10. Rama floral versus Espiguilla de Poaceae

– **A. <u>Rama floral</u>.** – **B. <u>Espiguilla elemental de *Poaceae*</u>. –. *Gluma 1*** (inferior). – . *Gluma 2* (superior). – . *Lemma* (glumela inferior). – . *Pálea* (glumela superior). Con una flor en su axila. – *Raquilla* (eje de la espiguilla dística). (<u>Adaptados</u>: A y B, tras Chase).

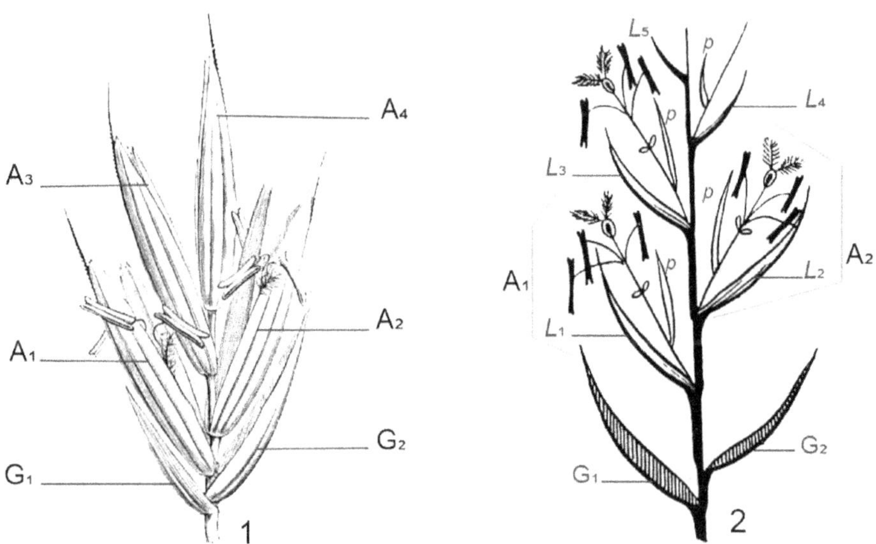

Figura 9-11. Poaceae. Espiguilla de Festuca pratensis.

– **1. <u>Espiguilla</u>: G₁.** Gluma inferior. – **G₂.** Gluma superior. – **<u>Antecios</u>** (flores): **A₁.** Primer antecio de la espiguilla. – **A₂) – A₃) – A₄).** Antecios sucesivos. – **2. <u>Esquema de la espiguilla</u>: G₁.** Gluma inferior. – **G₂.** Gluma superior. – **<u>Antecios</u>** (flores): – **A₁)** Primer antecio de la espiguilla. – **A₂) – A₃) – A₄)** Antecios sucesivos. – **L)** Lemma. – **p)** Pálea. (<u>Adaptados</u>: 1, tras Baillon; 2, tras Percy Groom).

Flor hermadrodita o unisexual, anemófila *desnuda*. Perianto 2 *lodículas* escamiformes. *Flósculo* o *antecio* (flor) delimitado por *2 glumelas*: la inferior o *lemma* unicarinada (bráctea floral con arista apical o dorsal) y la superior o *pálea* bicarinada (cáliz atrofiado). Entre ambas están los *órganos sexuales*: *Androceo* con *3 estambres* grandes (raro 6). Anteras *dorsifijas* (unidas al filamento por su parte media) y *versátiles* (oscilan por el viento). Granos de polen *monocolpados*. Fecundación cruzada. *Gineceo 2 carpelos unidos*. *Ovario* súpero *unilocular*, con *un óvulo anátropo* inserto en la pared (placentación *parietal*). Con 2 estilos cortos y 2 estigmas plumosos. Dos o tres escamitas en la base del ovario: las *"lodículas"* o *glumelulas* (corola atrofiada). Al hidratarse se dilatan y abren el *antecio* para la polinización. En los cereales cultivados las flores no se abren, son *"cleistógamas"*. *Fruto* cariopse (seco indehiscente, con pericarpo delgado). *Semilla* soldada al pericarpo. Endosperma abundante. Granos de *aleurona* (proteina). Hilo *alargado*. Embrión lateral al endosperma. Vaina del *cotiledón* en escudo (*escutelo*), su lámina (*coleoptile*) envuelve el cono vegetativo. Radícula protegida por vaina (*coleorriza*).

Sub-Familia Aristidoideae

Lámina *linear*. Espiguilla *uniflora*. Antecio cilíndrico, con *antopodio* (pie basal). *Lemma con arista apical trífida,* con columna basal (3 nervios unidos que se dividen en 3 ramas).

Tribu Aristideae.

Figura 9-12. Poaceae. Aristida adscensionis.

– **1. Culmos**: con láminas lineales y panículas apicales densas. – **2. Espiguilla uniflora**: gluma inferior *(G₁)* más corta que la gluma superior *(G₂)*; **Flor**: la lemma *(le)* con arista apical trífida *(ar)*. – **3. Cariopse** *(ca)* con arista apical trífida. (Adaptados: 1-3, tras Cavanilles, A. J.).

Aristida adscensionis. *Anual*. Gluma *inferior más corta* (5mm) que la superior (7mm).

A. mendocina. *Perenne*. Gluma *inferior más larga* (de 8mm) que la superior (4mm).

CLADO PAC (PANICOIDEAS, ARUNDINOIDEAS, CLORIDOIDEAS).

Sub-Familia Panicoideae

Caña *sólida*. Espiguilla *biflora dorsiventralmente comprimida*. *Raquilla articulada por* <u>*debajo*</u> *de las glumas*. *Flor terminal fértil,* la inferior estéril. Fotosíntesis C$_4$ frecuente.

<u>*Tribu Paniceae.*</u>

Lemma de la flor fructífera *más endurecida* que las *glumas. Gluma inferior menor*.

<u>*Hábitat*</u>: en las regiones tropicales: sabanas, estepas y selvas higrófilas.

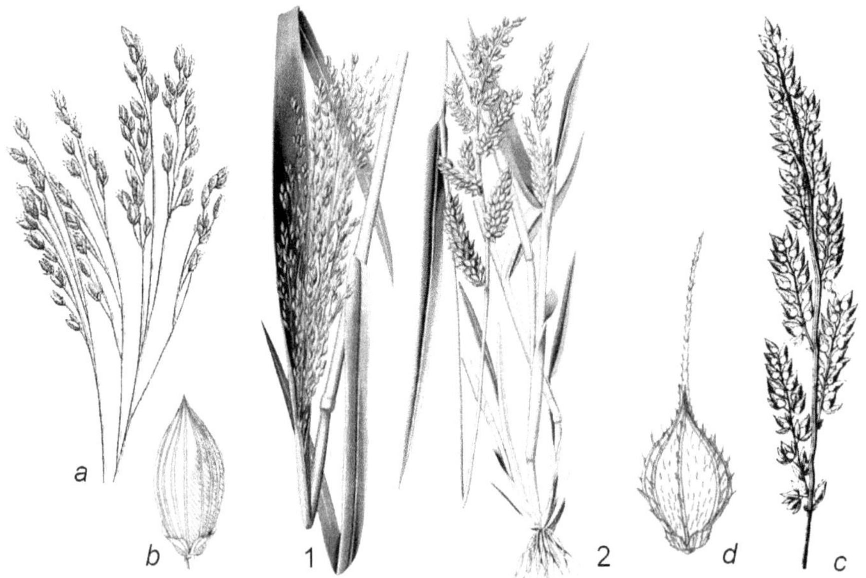

Figura 9-13. Poaceae. Paniceae. Panicum miliaceum. Echinochloa crus-galli.

– **1.** <u>***Panicum miliaceum***</u>. Culmo con hoja linear lanceolada y panoja. – ***a)*** Panoja laxa. – ***b)*** Espiguilla ovoide, dorsiventralmente comprimida. – **2.** <u>***Echinochloa crus-galli***</u>. Planta con raíces adventicias. – ***c)*** Panoja con espiguillas unilaterales alternas. – ***d)*** Espiguilla aovada, dorsiventralmente comprimida, con arista apical, equinulada (con espínulas). (<u>Originales</u>: a y d. <u>Adaptados</u>: 1-2, tras Köhler; a y c, tras Sturm).

<u>Principales especies</u>:

Panicum miliaceum. "Mijo". *Anual*. Panoja laxa. Asia Oriental. Cereal y forrajera.

Echinochloa crus-galli. Anual. Panoja con *espiguillas unilaterales aristadas*. Europa.

E. colonum. "Pasto overito". Forrajera. *Lámina foliar con "V" rojiza* típica. Europa.

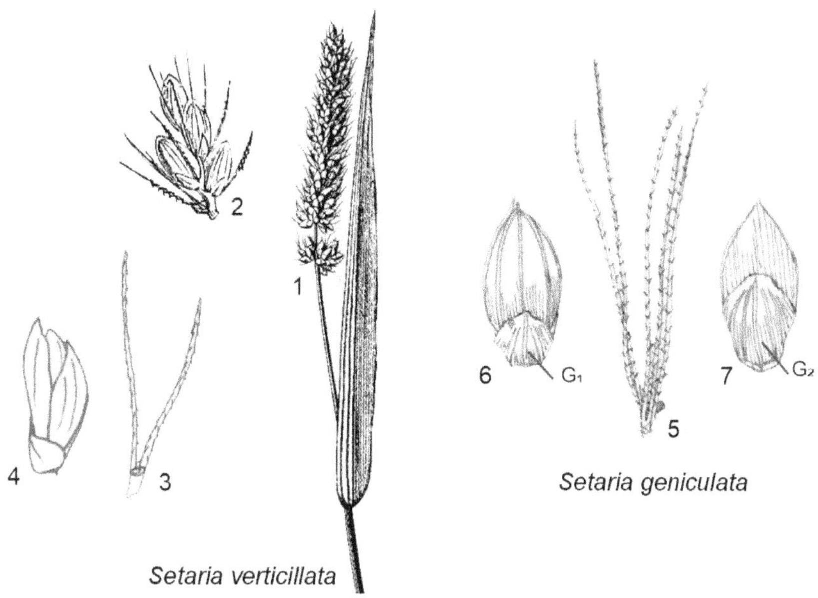

Figura 9-14. Poaceae. Setaria verticillata. S. geniculata.

Setaria verticillata: – **1.** Panoja contraída. – **2.** Espiguillas con 2 setas cada una. – **3.** Setas involucrales. – **4.** Espiguilla (vista lateral). ***Setaria geniculata***: – **5.** Espiguillas con 5 setas involucrales. – **6.** Gluma 1 (vista ventral de la espiguilla). – **7.** Espiguilla. Gluma 2 (vista dorsal). (<u>Originales</u>: 3-4 y 5-7. <u>Adaptados</u>: 1, tras Sturm; 2, tras Fitch, W.H y Smith, W.G.).

Setaria verticillata "Cola de zorro". Anual. *Panoja cilíndrica.* Ramas de la panícula reducidas a "setas". Espiguillas con *involucro de 2-3 setas con pelos ganchudos*.

S. geniculata. Perenne. *Panoja no adherente.* Espiguilla con 5-8 setas. Maleza.

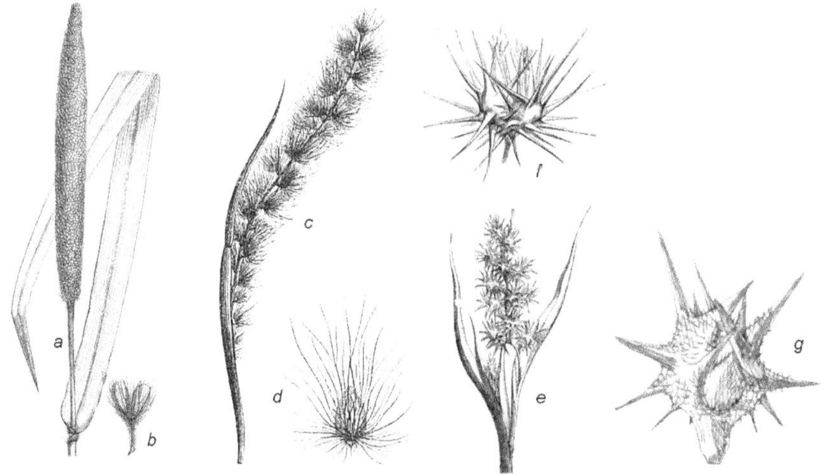

Figura 9-15. Poaceae. Pennisetum glaucum. Cenchrus prieurii. C. pauciflorus.

Pennisetum glaucum: – *a).* Panoja espiciforme. – *b).* Involucro de setas plumosas. ***Cenchrus prieurii***: – *c).* Panoja cilíndrica. – *d).* Involucro de setas. ***Cenchrus pauciflorus***: – *e).* Racimo espiciforme. – *b).* Involucro de espinas concrescentes. (<u>Original</u>: g. <u>Adaptados</u>: a-f, tras Baillon.)

Cenchrus prieurii. Anual. Involucro de setas concrescentes en un *disco basal*.

Cenchrus spinifex (C. pauciflorus). "Roseta". Anual. Espiguillas con *involucro de espinas duras*, escabrosas, soldadas entre sí. Maleza molesta.

Pennisetum glaucum. "Mijo perla". Anual. *Panoja espiciforme compacta*. Setas involucrales *plumosas* libres hasta la base y tan largas como la espiguilla.

Digitaria californica. *Panoja* de racimos espiciformes *unilaterales*. Estados Unidos.

Paspalum dilatatum "Pasto miel". Espiguillas en *dos hileras* en *un lado del raqui*s.

Paspalum notatum. "Pasto miel". *Panoja* con *2 racimos espiciformes unilaterales*.

Tribu Andropogoneae

Espiguillas *apareadas*, una *sésil hermafrodita mayor*, otra *pedicelada reducida*. *Glumas coriáceas*, más duras que la lemma y la pálea cubiertas. Lemma fructífera *hialina*.

Principales especies:

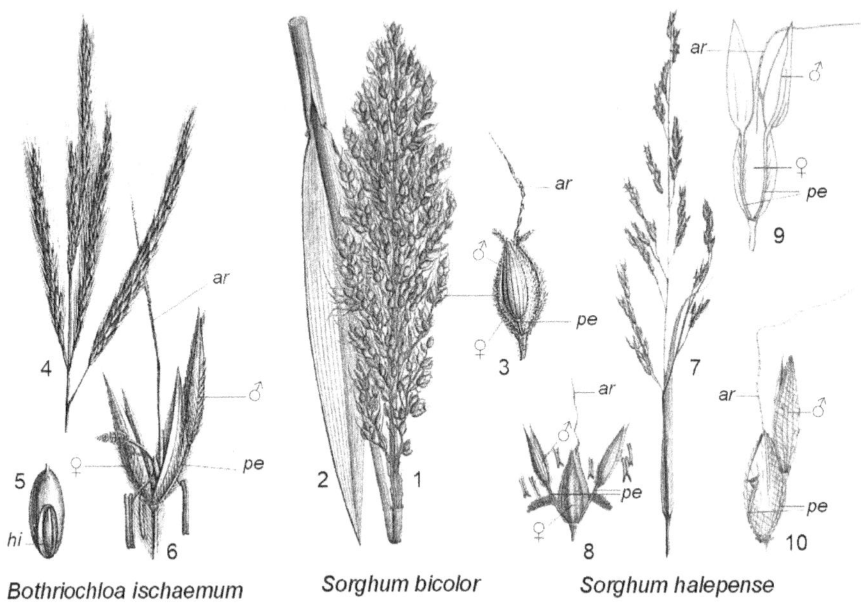

Figura 9-16. Poaceae. Andropogoneae. Bothriochloa ischaemum. Sorghum bicolor.

– **Sorghum bicolor**: – **1**. Panoja compacta. – **2**. Lámina ancha. – **3**. Espiguillas apareadas: – (♀) femenina sésil; – (♂) masculina pedicelada; *(ar)* lemma fértil aristada. – ***Bothriochloa ischaemum***. – **4**. Racimos espiciformes subdigitados. – **5**. Cariopse con hilo puntiforme *(hi)*. – **6**. Espiguillas apareadas (idem). – ***Sorghum halepense***: – **7**. Panoja piramidal. Racimos pseudoverticilados. Hoja lineal. – **8**. Espiguillas apareadas (idem). <u>Originales</u>: 9-10. (<u>Adaptados</u>: 1-8, tras Engler y Hackel).

Bothriochloa barbinodis. Perenne. Cañas con *nudos barbados*. Panoja sedosa villosa. Espiguilla fértil mayor y sésil, con la lemma con *una larga arista geniculada*.

Sorghum bicolor. "Sorgo granífero". Espiguilla *fértil sésil*; lemma fértil con arístula.

Sorghum halepense. "Sorgo de Alepo". Perenne, rizomas *largos*. Panoja piramidal. Espiguillas apareadas castaño-rojizas. Maleza muy agresiva.

Saccharum officinarum. "Caña de azúcar". *Perenne.* Cañas de *entrenudos macizos*. Panoja oblonga. *Espiguillas con callo piloso, apareadas.* De su caña se obtiene azúcar.

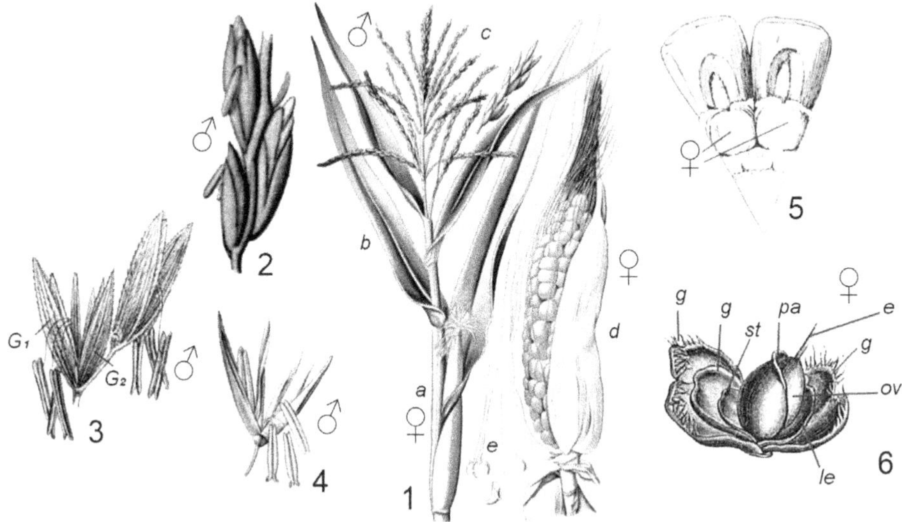

Figura 9-17. Poaceae. Andropogoneae. Zea mays.

– **1. Zea mays.** – **a)** Vaina foliar. – **b)** Lámina foliar. – **c)** Panoja terminal con racimos de flores masculinas. – **d)** Espiga femenina compuesta. – **e)** Pistilos con ovarios globosos con largos <u>estilos</u>. – **2.** Racimo de espiguillas masculinas brevemente pediceladas. – **3.** Par de espiguillas masculinas (en antesis). **G_1)** Gluma inferior. **G_2)** Gluma superior. – **4.** Espiguilla masculina con 2 flores. – **5.** Par de espiguillas femeninas, en ángulo recto con el raquis (marlo). – **6.** Espiguillas femenina. – **g)** Glumas. – **st)** Flor estéril. – **le)** Lemma. – **pa)** Pálea. – **ov)** Ovario. – **e)** Base del estilo. (<u>Adaptados</u>: 1-2 y 4, tras Köhler; 3, tras Wettstein; 5, tras Chase; 6, tras Engler y Hackel).

Zea mays. "Maíz". Anual, monoica. Caña maciza. *Panoja* masculina apical (espiguillas 2-floras). *Espiga* femenina con espiguillas (2 floras) en hileras sobre un *eje muy grueso* (*marlo*), envuelto por *brácteas foliosas* (*chala*). América.

Sub-Familia Arundinoideae (=Fragmitoideae)

Hojas con *lígula pilosa*. Espiguillas 1-plurifloras, con 2 glumas *mayores* que los antecios (flor apical estéril). Raquilla articulada por <u>encima</u> de las glumas.

<u>Hábitat</u>: en las estepas, sabanas y regiones montañosas.

<u>Principales especies</u>:

Cortaderia selloana. "Cortadera", "Pasto de las pampas". *Perenne.* Láminas *lineares* con *bordes filosos y cortantes*. *Panoja femenina plateada*. Argentina. Ornamental.

Phragmites australis. "Carrizo". Lemma fértil glabra; callo con *largos pelos sedosos*.

Arundo donax. "Caña de Castilla". Rizomatosa. *Láminas anchas*. Entrenudos iguales.

Sub-Familia Chloridoideae (=Eragrostoideae)

Culmo sólido. Hojas lineares con *lígula pestañosa.* Glumas 2, *múticas* y persistentes.

<u>Hábitat</u>: Regiones tropicales a templadas: sabanas, suelos salitrosos, costas marinas.

Tribu Sporoboleae

Glumas <u>menores</u> que el antecio. Espiguillas *unifloras* (con 1 antecio fértil).

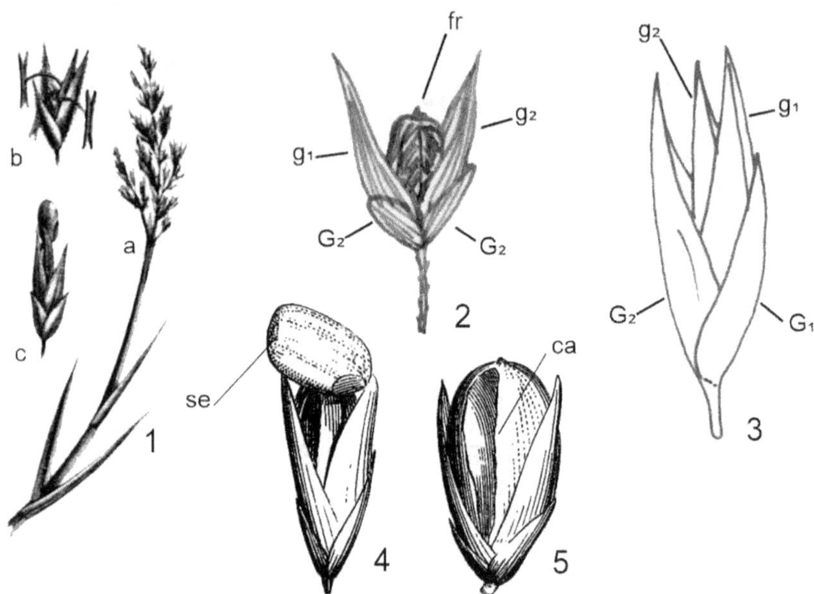

Figura 9-18. Poaceae. Sporobolus sp.

– **1. <u>Sporobolus pungens.</u>** – *a)* Panoja difusa. – *b)* Espiguilla uniflora en antesis. – *c)* Espiguila con el fruto abriéndose. – **2. <u>Sporobolus pyramidatus:</u>** – *fr)* Cariopse mucilaginoso (utrículo). – *G₁)* Gluma inferior. – *G₂)* Gluma superior. – *g₁)* Lemma uninervada. – *g₂)* Pálea bicarinada. – **3. <u>Sporobolus rigens.</u>** Espiguilla uniflora brevemente pedicelada. – **<u>Sporobolus sp.</u>:** – **4.** Detalle del cariopse expulsando su semilla *(se).* – **5.** Cariopse *(ca)* luego de la expulsión de la semilla. <u>Originales</u>: 2 y 3. (<u>Adaptados</u>: 1, tras Engler y Hackel; 4-5, tras Le Maout and Descaine).

<u>Principales especies</u>:

Sporobolus pyramidatus. Lemma *uninervia mútica.* Los 2 nervios de la *pálea* están muy separados y dejan un espacio entre ellos (*internervio*), que se *abre* y deja ver el grano maduro. Cariopse con *pericarpo mucilaginoso* o *delicuescente* (utrículo). Argentina.

Muhlenbergia asperifolia. "Pasto tul". Perenne. *Panoja difusa.* Lemma *trinervia mútica.* Fruto caedizo con las glumelas.

Tribu Pappophoreae

Perennes. Panoja *contraída espiciforme.* Espiguilla *pauciflora.* Glumas *membranosas. Lemma* con dorso redondeado y *numerosos dientes* terminados en *aristas apicales.*

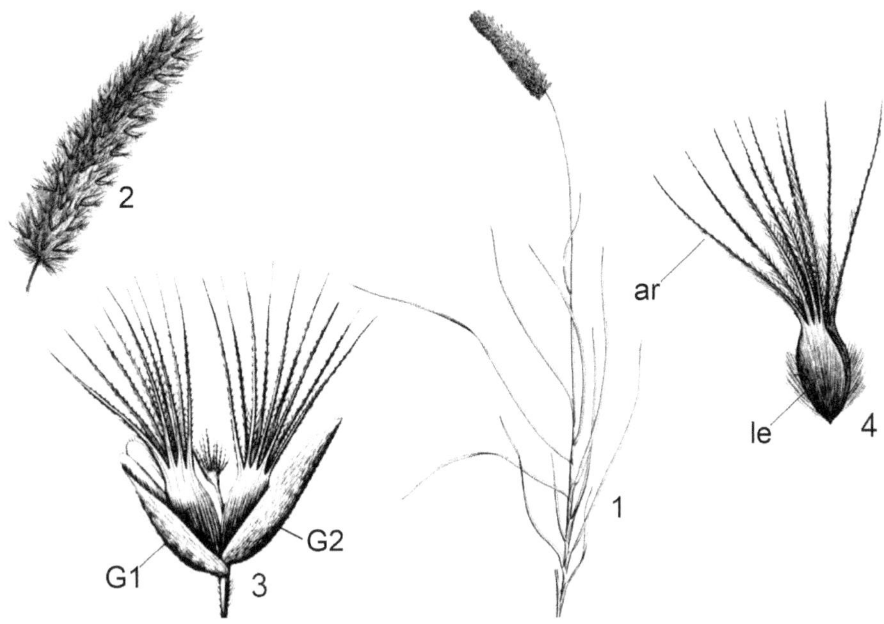

Figura 9-19. Poaceae. Pappophorum pallidum.

– **1. Planta.** Mata erecta, hojas estrechas. – **2. Panoja.** Contraída. – **3. Espiguilla.** Pauciflora. *(G₁ y G₂):* Glumas aquilladas uninervias. – **4. Antecio (flor) hermafrodita.** *(le):* Lemma redondeada, plurinervada; *(ar):* 9 aristas apicales ásperas con cerdas. (Adaptados: 1-4, tras Kunth, K. S.).

Pappophorum sp. Glumas *1-nervias*. Lemma con *más de 13 aristas apicales.*

Pappophorum caespitosum. "Cola de liebre". Panícula de 20 cm. Lemma de 3 mm.

P. phillipianum. "Pasto liebre". Panícula de 10 cm. Lemma *mayor de 4 mm.* Argentina.

Cottea pappophoroides. Glumas *3-nervias.* Lemma con *menos de 13 aristas apicales.*

Tribu Eragrostideae

Lámina *linear*. Lígula *pestañosa. Lemma 3-nervada*, mútica o aristulada en el ápice.

Principales especies:

Distichlis spicata. "Pasto salado". Perenne dioica. Lámina *plana*. Panoja densa.

D. scoparia. "Pasto salado". Perenne dioica. Lámina *convoluta*. En suelos salobres.

Eleusine coracana. "Mijo africano". Anual. Panoja *subdigitada, racimos incurvados.*

Eleusine indica. "Pata de gallina". Anual. Vaina foliar *ciliada en el margen*. Maleza.

Eleusine tristachya. "Pata de gallo". Perenne. Inflorescencia de *espigas fasciculadas.*

Eragrostis sp. Lemma con *3 nervios*, acuminada, *aquillada en el dorso.*

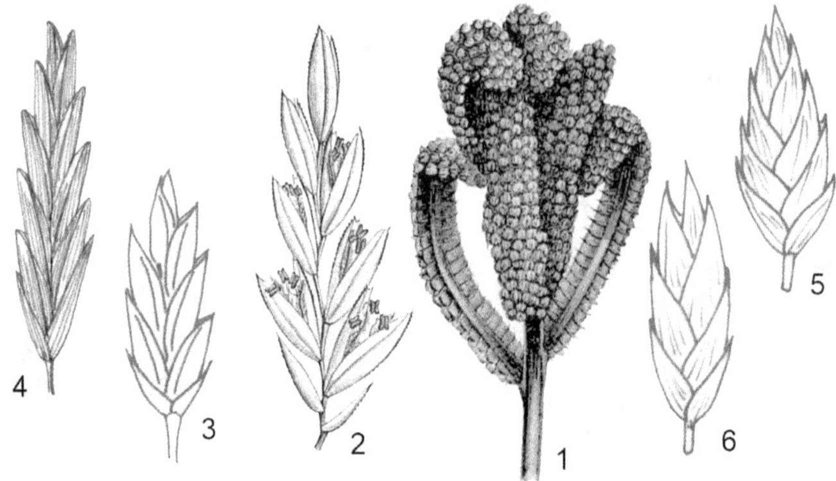

Figura 9-20. Poaceae. Eragrostideae.

– **1.** *__Eleusine coracana__.* Inflorescencia con racimos curvos. – **2.** *__Eragrostis abyssinica__.* Espiguilla pluriflora. – **3.** *__Eragrostis virescens__.* *Idem.* – **4.** *__Eragrostis curvula__.* *Idem.* – **5.** *__Distichlis spicata__.* *Idem.* **6.** *__Distichlis scoparia__.* *Idem.* Originales: 3-6. (Adaptados: 1-2, tras Engler, Hackel y Baillon).

Tribu Chlorideae

Espiga *unilateral* solitaria. Perennes cespitosas (*rizomas* y *estolones*). *lígula pestañosa*.

Principales especies:

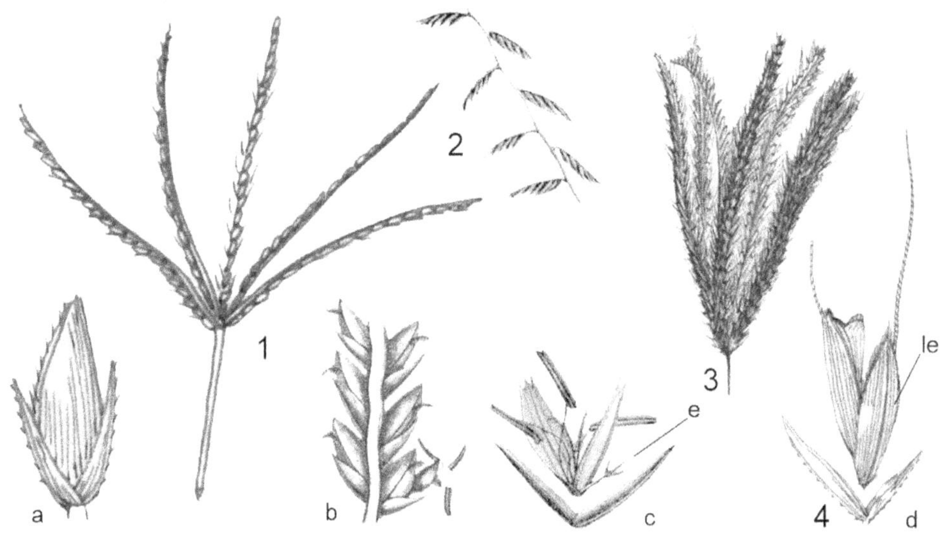

Figura 9-21. Poaceae. Chlorideae.

– *__Cynodon dactylon__.* – **1.** Inflorescencia con racimos unilaterales digitados. *(a):* Espiguilla uniflora. *(b):* Raquis con espiguillas unilaterales. – *__Bouteloua racemosa__.* – **2.** Racimos con espiguillas unilaterales. *(c):* espiguilla biflora, con un antecio basal fértil y el apical estéril *(e).* – *__Chloris barbata__.* – **3.** Inflorescencia. – *__Chloris gayana__.* – **4.** Espiguilla uniflora, *(d) glumas; (le)* lemma aristada en el ápice. Originales: 1, a y 4. (Adaptados: 2-3 y b, tras Engler y Hackel).

Bouteloua megapotamica. *Racimo espiciforme pectinado unilateral* (curvados).

Cynodon dactylon "chepica", "Bermuda grass". Perenne, rastrera, *rizomatosa* y *estolonífera*. *Espigas unilaterales digitadas.* espiguilla *uniflora comprimida lateralmente*.

Chloris gayana "Grama de Rhodes". Con *racimos unilaterales verticilados*. África.

Trichloris crinita. "Plumerillo". Inflorescencia con *racimos espiciformes unilaterales* reunidos en un *fascículo apical* de la caña. Lemma fértil con 3 aristas.

CLADO BOP (BAMBUSOIDEAS, ORYZOIDEAS Y POOIDEAS)

Sub-Familia *Ehrhartoideae (=Orizoideae)*

Palustres, acuáticas, hidrófilas, mega y mesotérmicas. Lígula membranosa.

Tribu Oryzeae.

Monoicas. Lámina *linear*. *Lígula membranácea*, con un *anillo de pelos*. Inflorescencia *panoja*. *Espiguillas 1-floras, sin glumas*. Lemma y pálea *endurecidas. Estambres 6-9*.

<u>Hábitat</u>: en las regiones cálidas y tropicales.

<u>Principales especies:</u>

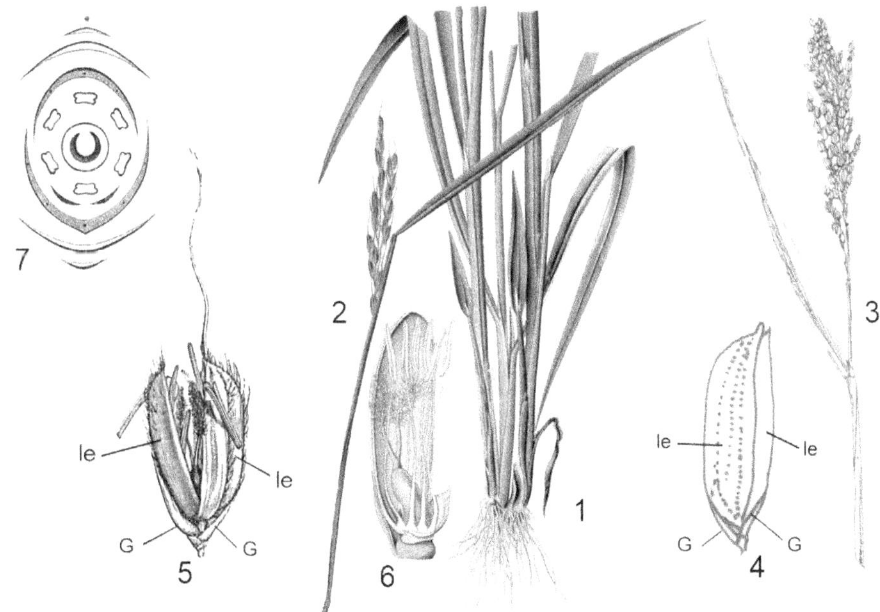

Figura 9-22. Poaceae. Oryzoideae. Oryza sativa.

– **1. <u>Planta</u>.** Palustre. – **2. <u>Panoja</u>.** Lemmas fértiles aristadas. – **3. <u>Caña florífera</u>.** Una sola panoja. – **4. <u>Espiguilla uniflora</u>.** Con 2 glumas rudimentarias *(G)* y un antecio fértil con 2 lemmas fértiles múticas *(le)* que encierran una sola flor. – **5. <u>Espiguilla uniflora</u>.** *Idem* al anterior, pero con una lemma mucronada y otra aristada. – **6. <u>Flor</u>** con 6 estambres y gineceo (se han quitado las glumelas). – **7. <u>Diagrama floral.</u>** <u>Originales</u>: 3-4 (<u>Adaptados</u>: 1-2 y 6, tras Köhler, 5 y 7, tras Baillon).

Oryza sativa. "Arroz". Anual. Caña con *una sola panoja terminal*. Espiguilla *uniflora*. Glumas *diminutas*. *Lemma fértil inferior mútica*, lemma superior *aristada*. Asia Tropical.

O. latifolia "arrocillo". Perenne, rizomatosa, erecta formando matas. América.

Sub-Familia Bambusoideae ("Bambúes")

Plantas *leñosas perennes*, mega y mesotérmicas, *palustres*. Rizomas paquimorfos. Cañas *leñosas gigantescas* ramificadas. Hojas *pecioladas*. Lámina *lanceolada* ancha. Lígula *externa*. <u>*Pseudopecíolo*</u> <u>*articulado*</u>: *láminas caen, vainas persisten*. Inflorescencia *panoja*. Flor *6 estambres*. Lodículas 3. Futo cariopse, aquenio o baya. <u>*Sincrónicas*</u>: florecen a los 15 a 75 años y *mueren los diferentes pies en forma simultánea*.

<u>*Hábitat*</u>: regiones tropicales y subtropicales: de la selva higrófila y del sotobosque.

Tribu Bambuseae.

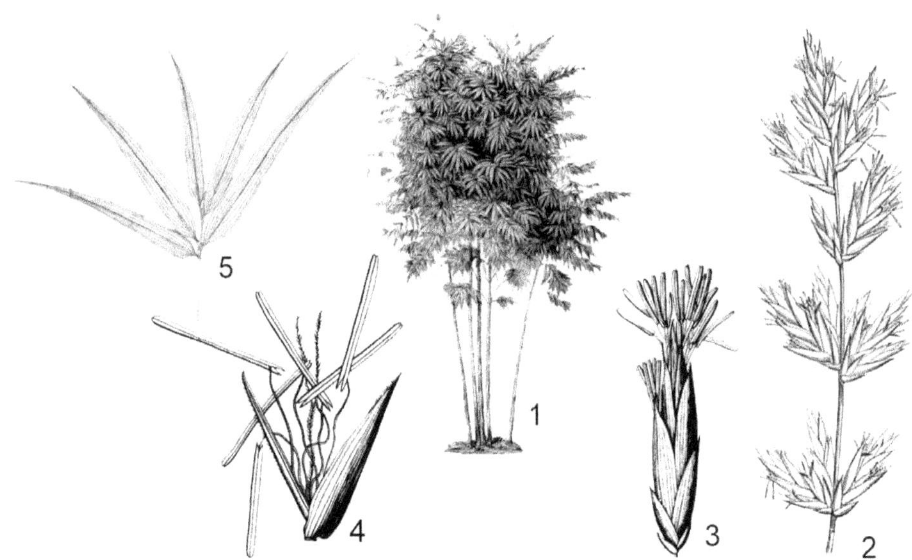

Figura 9-23. Poaceae. Bambuseae.

– ***Bambusa bambos***. – **1.** Planta con cañas leñosas gigantescas. – **2.** Panoja con racimos de espiguillas. – ***Bambusa vulgaris***. – **3.** Espiguilla. – **4.** Flor hermafrodita hexandra (con 6 estambres). – ***Pseudosasa japonica***. – **5.** Hojas con corto pecíolo. <u>Original</u>: 5 (<u>Adaptados</u>: 1, tras Hoffmann; 2, tras Baillon; 3-4, tras Kunth).

Arbustos leñosos, altos. *Cañas perennes* floreciendo y secándose luego de fructificar. Hojas con *breve pecíolo articulado* entre la vaina y la lámina lanceolada. Estambres 6.

<u>Hábitat</u>: En trópicos y sub-trópicos húmedos, en zonas montañosas.

<u>*Principales especies:*</u>

Bambusa bambos (B. arundinacea). "Bambú espinoso". Ramas *espinosas*. India.

Bambusa vulgaris. "Bambú". Entrenudos con *bandas longitudinales amarillas*. Asia.

Chusquea coleou "Colihue". *Cañas macizas, lisas*. Nudos en la parte media de la caña con una *yema mayor central.* Inflorescencia panoja. Sotobosque Andino Patagónico.

Tribu Arundinarieae

Mesotérmicas o microtérmicas. Rizomas leptomórficos. Culmos *huecos*, cada nudo con *3 a varias ramificaciones*. Hojas con *lígula pilosa*.

Principales especies:

Arundinaria verticillata. Ramificaciones fasciculado-*verticiladas*. Brasil.

Phyllostachys aurea. "Bambú amarillo". Nudos basales juntos. Entrenudos *aplanados*.

Sub-Familia Pooideae (= Festucoideae)

Meso a microtérmicas. Lígula *membranácea*. Raquilla articulada *sobre las glumas*.

Tribu Agrosteae

Espiguilla *uniflora*. Lemma *aguda* o con *arístula dorsal simple*.

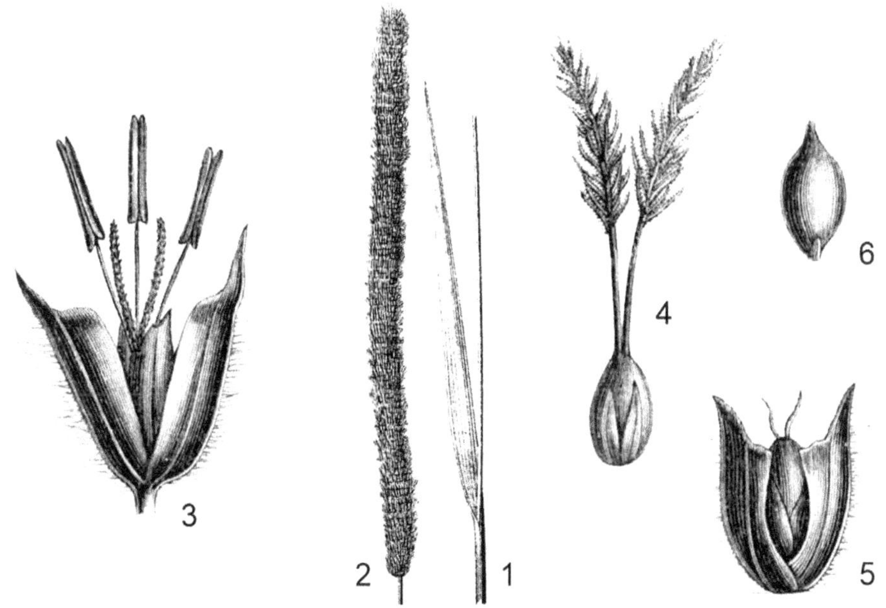

Figura 9-24. Poaceae. Phleum pratense.

– **1. Hoja**. Plana, linear lanceolada. – **2. Panoja**. Compacta espiciforme. – **3. Espiguilla**. 1-flora, lateralmente comprimida. Glumas truncadas, con quilla ciliada, y nervadura media prolongada en arístula. – **4. Gineceo**. – **5. Espiguilla**. Con el cariopse libre entre las glumelas. – **6. Cariopse**. (Adaptados: 1-2, tras Sturm, J.; 3-6, tras Engler y Hackel).

Hábitat: en las regiones templadas y frías, praderas, estepas y altas montañas.

Principales especies:

Phleum pratense. "Timotí". Perenne. Panícula *espiciforme*. Glumas *mayores* que el antecio, quilla *ciliada* y ápice *truncado* abruptamente terminado en *arista o mucrón*.

Agrostis stolonifera. Panícula laxa *Espiguilla 1-flora*. Exótica. Para canchas de golf.

Tribu Stipeae

Perennes cespitosas, *pastos duros*. Hojas *lineales*. Panoja *laxa*. Espiguilla *1-flora*, pedicelada, *no comprimida*. Glumas 2. Antecio fértil con *lemma rígida* y *arista apical retorcida*. Lemma envolvente con márgenes superpuestos, *con cuerpo cilindroide* (Stipa) u *obovoide* (Piptochaetium), rígida, con *callo basal pubescente* ("pie" o "antopodio") de *punta aguda punzante*, con *mechón de pelos*. Pálea encerrada en el interior de la lemma.

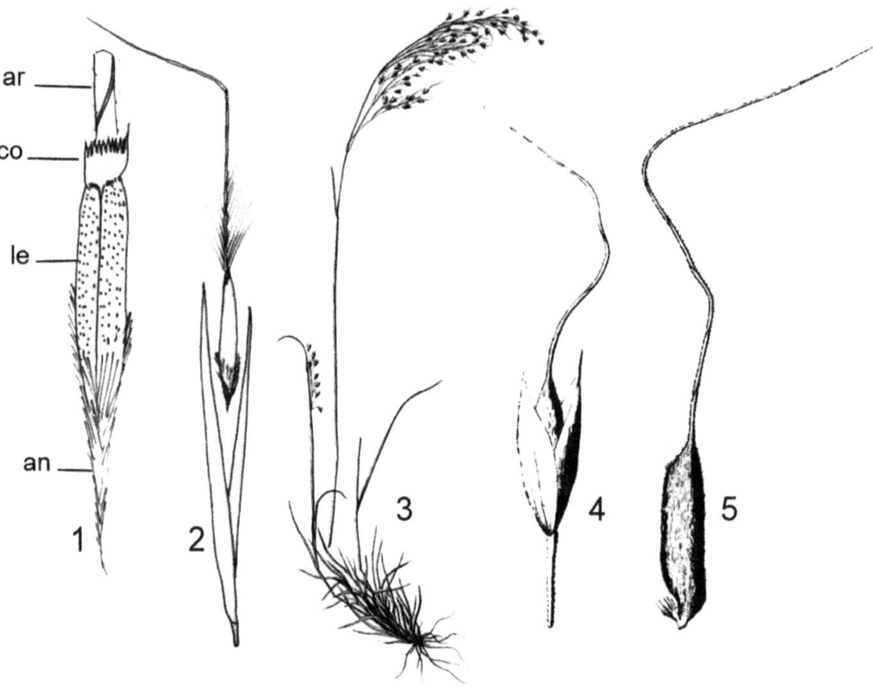

Figura 9-25. Poaceae. Stipeae.

– ***Stipa sp.*** – **1. Antecio**. Cuerpo cilindroide la lemma convolutada: *(le)* lemma; *(an)* antopodio punzante; *(co)* corona de pelos; *(ar)* arista punzante geniculada. – ***Stipa neesiana.*** – **2. Espiguilla**. Glumas y antecio fusiforme. – ***Piptochaetium fimbriatum.*** – **3. Planta**. Raíces adventicias, hojas lineares y panoja laxa. – **4. Espiguilla**. Glumas cóncavas y antecio. – **5. Antecio**. Lemma con cuerpo grueso y arista bigeniculada. Originales: 1-2. (Adaptados: 3-5, tras Kunth).

Principales especies:

Stipa sp. Antecio *cilíndrico* o elíptico *fusiforme*. Arista *central* persistente.

Stipa neesiana. "Flechilla". Hojas *lineares*. Antecio *fusiforme*. Antopodio *punzante*.

S. ichu. "Ichú". Espiguilla con glumas casi iguales. Centro y NO argentino.

S. tenacissima. "Esparto". Mediterráneo. Hojas utilizadas para hacer papel biblia.

Piptochaetium sp. Antecio *ancho piriforme*. Arista *caduca,* de inserción *excéntrica*.

Piptochaetium bicolor. Antecio *muy ventrudo*. Arista *excéntrica*. Argentina, Uruguay.

Tribu Phalarideae

Inflorescencia en panoja *contraída espiciforme*. Glumas *mayores* que el antecio, múticas. Espiguilla *comprimida*. Antecio hermafrodita *terminal*, con *2 lemmas rudimentarias* en la base (antecios reducidos a escamas).

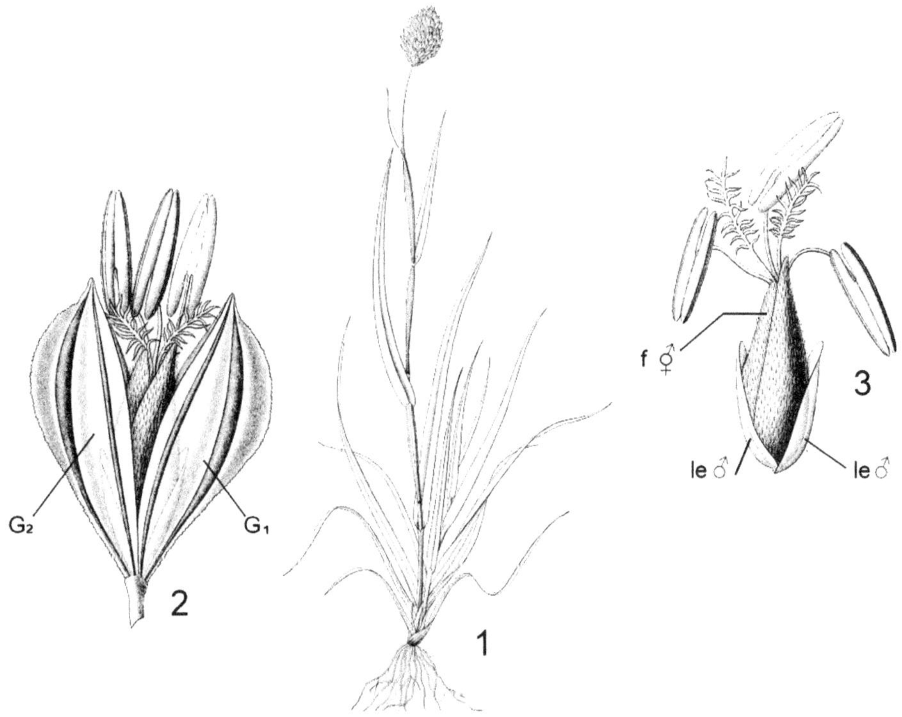

Figura 9-26. Phalarideae. Phalaris canariensis.

– **1. <u>Planta</u>**. Láminas planas. Panoja aovada. – **2. <u>Espiguilla</u>**. Uniflora. – Glumas naviculares *(G)*, con carena alada y 2 estrías verdes longitudinales. – **3. <u>Antecio fértil</u> *(fe)***. Con 2 lemmas rudimentarias basales *(le)*. (Adaptados: 1-3, tras Webb, P. B.y Berthelot, S.)

<u>Principales especies:</u>

Phalaris canariensis, "Alpiste común". Anual. Espiguillas unifloras *comprimidas*. Glumas grandes, *naviculares*, con carena *alada* y dos estrías *verdes longitudinales*.

Ph. arundinacea. "Alpiste palustre". Perenne. Glumas estériles *lanosas* y reducidas.

Ph. minor. "Pasto romano". Anual. Panoja *ovoide*. Forrajera invernal.

Tribu Aveneae

Anuales. Inflorescencia en *panoja laxa*. Espiguillas con glumas *mayores* que los antecios (2 o más flores). Lemma con *arista dorsal geniculada*: la *arista* (prolongación del nervio medio) se inserta en el *dorso* de la lemma, es *retorcida*, tiene una *genícula* (rodilla) y una parte inferior denominada *columna*. Cariopse *piloso*.

Principales especies:

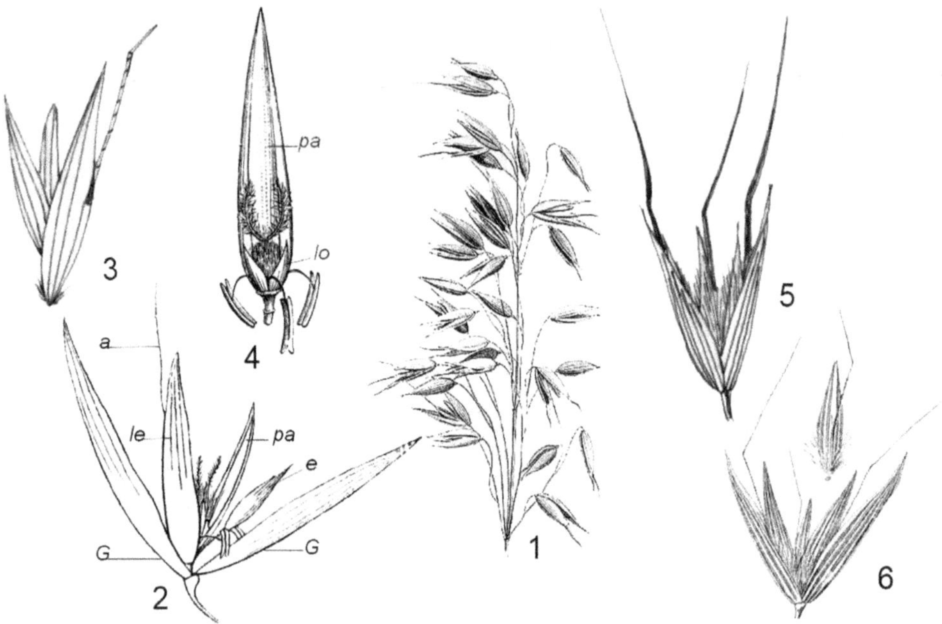

Figura 9-27. Poaceae. Avena sativa. A. fatua.

– *Avena sativa.* – **1.** Panoja laxa. – **2.** Espiguilla con 1 flor fértil y 1 estéril: – *(G).* Glumas. – *(le).* Lemma fértil. – *(a).* Arista. – *(pa).* Pálea fértil. – *(e).* Flor estéril. – **3.** Lemma con dorso redondeado y arista dorsal geniculada. – **4.** Flor fértil (la lemma removida). – *(lo).* Lodículas. – *Avena fatua.* – **5.** Espiguilla pluriflora. – **6.** Espiguilla (expandida). Glumas muy grandes. Flósculos muy próximos. Originales: 3 y 5. (Adaptados: 1, tras Bollmann; 2 y 4, tras Thomé; 6, tras Chase, A.).

Avena sativa. "Avena blanca". Antecios persistentes, sólo el *inferior es aristado*. *Lemma glabra*. Cultivada como cereal.

A. fatua. "Avena salvaje". Glumas *grandes*. Lemma *hirsuta*, con arista *dorsal* y es *retorcida* en casi la mitad de su largo. Maleza anual (estival).

Avena byzantina. "Avena amarilla". Antecio inferior *persistente*. Forrajera.

Arrhenatherum elatius. "Fromental". Espiguilla 2-flora. Antecio inferior *estaminado* (♂) con lemma *aristada*. Antecio superior *perfecto (♀♂,ñl) sin arista*. Forrajera. Patagonia.

Deschampsia antarctica. "Pasto antártico". Espiguillas *menores de 1 cm*. Una de las dos Fanerógamas nativas de *Antártida* (con bancos de semillas y plantas hijas).

NÚCLEO DE LA SUB-FAMILIA POOIDEAE

Inflorescencia primaria con ramificaciones en *dos rangos.*

Tribu Triticeae (= Hordeae)

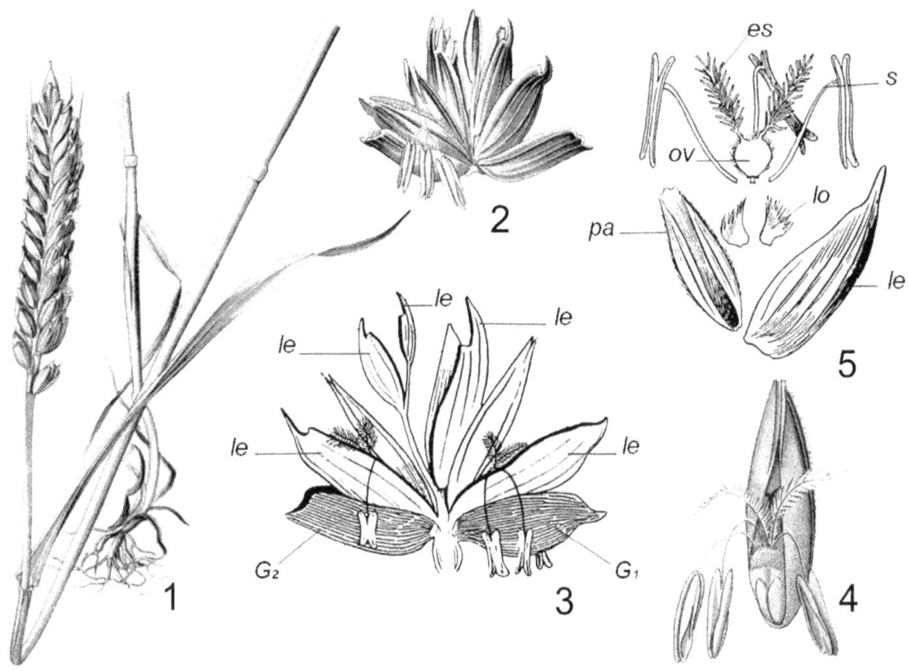

Figura 9-28. Poaceae. Triticum aestivum.

— **1. Planta**. Espiga de espiguillas terminal. — **2. Espiguilla**. Sésil. — **3. Espiguilla** (expandida) con 5 antecios (flores): — *(G₁)*. Gluma inferior. — *(G₂)*. Gluma superior — *(le)*. — Lemma (de cada antecio). — **4. Antecio (Flor)**. (Se ha quitado la lemma). — **5. Antecio**. (expandido): *(le)*. — Lemma uninervada con mucrón. *(pa)*. – Pálea bicarinada truncada. – *(s)*. – Tres estambres. – *(lo)*. Dos lodículas. – *(ov)*. Ovario. *(es)*. – Dos estigmas plumosos. (<u>Adaptados</u>: 1, 2, 4, tras Thomé; 3 y 5, tras Percy Groom).

Inflorescencia en espiga dística de *raquis articulado*, única en el ápice de cada caña. Espiguillas *sésiles* con *2 glumas*, unifloras o plurifloras, insertas sobre los *dientes alternos* del raquis de la espiga, con una *cara lateral contra el raquis*. Glumas naviculares o lineales. Hilo lineal. *Cereales ricos en gluten*, proteína que se encuentra en trigo, cebada y centeno, y ayuda a la calidad panadera de los trigos blandos.

<u>Principales especies</u>:

Triticum sp. "Trigo". Anuales. Espiga *dística.* Espiguillas *plurifloras, solitarias* en *cada artejo* del raquis. Glumas *anchas, naviculares, plurinervadas,* aristuladas. Lemma aquillada, el ápice bidentado, nervadura terminada en un mucrón o *arista escabrosa* (*sin pestañas* en la carina). Europa, Asia y África. Cultivada.

Triticum aestivum (T. vulgare). "Trigo común". Glumas *asimétricas*. Eurasia.

Triticum durum. "Trigo duro", "Trigo moruno". Rico en gluten.

Triticum polonicum. "Trigo candeal". Muy resistente, para fabricar sémola y fideos.

Figura 9-29. Poaceae. Triticum sp. Hordeum sp. Secale sp.

– ***Triticum sp***. – **1.** Espiga dística. – ***(1e).*** Espiguilla *pluriflora* con *glumas naviculares*. – ***Hordeum sp***. – **2.** Espiga dística. – ***(2e).*** Tríade (tres) espiguillas *unifloras* con *glumas lineares*. – ***Secale sp***. – **3.** Espiga dística. – ***(3e).*** Espiguilla *pluriflora* con *glumas lineares*. Originales: 1e, 2e y 3e. (Adaptados: 1, 2, tras Thomé; 3; tras Engler y Hackel).

Hordeum sp. "Cebada". Espiga *dística*. Espiguillas *unifloras de a tres* (*tríade*) en cada *artejo* del raquis. Glumas *dos, lineares, uninervadas*. Lemma lanceolada.

Hordeum distichum. "Cebada de 2 carreras". "Cebada cervecera". Sólo las espiguillas *centrales son fértiles*. Un grano por artejo del raquis. Cereal. Para elaborar cerveza.

Hordeum vulgare. "Cebada de 6 carreras". Espigas con *tres espiguillas fértiles* y *aristadas en cada artejo del raquis*.

Secale cereale. "Centeno". Espiga *dística*. Espiguilla *solitaria 2-3-flora* en cada *artejo* del raquis. Glumas *lineares, uninervadas*. Lemma *pestañosa en su quilla*.

Agropyron repens. Espiga *dística*. Espiguillas *plurifloras, solitarias* en cada *artejo*, con el *lado plano contra el raquis* continuo (no articulado) de la espiga.

Tribu: Poeae (= Festuceae)

Hojas con lígula *membranosa*. Panoja *laxa*. Espiguillas *pediceladas*. Lemma *aguda*, 5-9-nervada, con una *arista apical o subapical*.

Principales especies:

Poa sp. Lemma *aquillada* en el dorso, con *5 nervios* que *convergen en el ápice agudo.*

Poa pratensis "Poa de los prados". Perenne. Flores bisexuales. Forrajera.

Poa annua. "Pastito de invierno". Anual. *Panoja delicada.* Lemmas múticas.

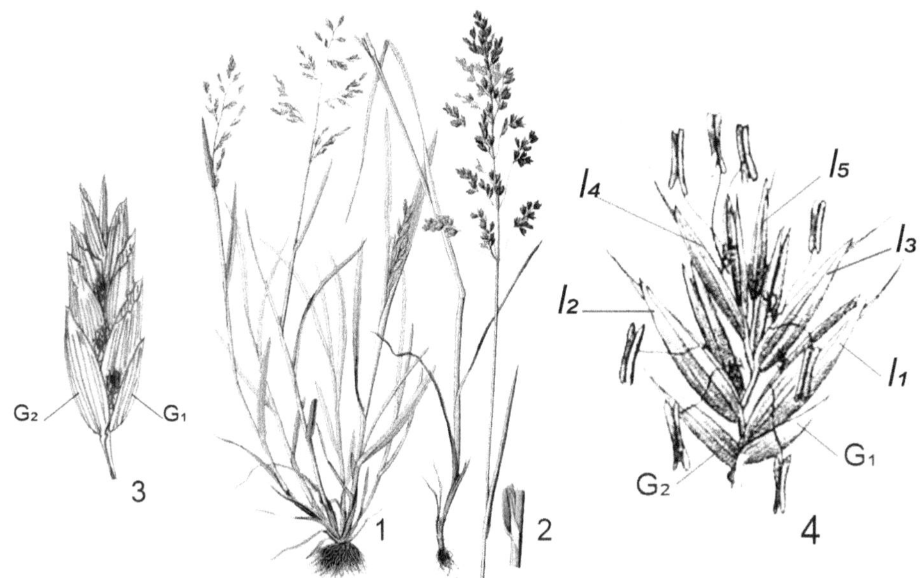

Figura 9-30. Poaceae. Poa annua. P. trivialis. P. pratensis.

– **Poa annua**. – **1**. Planta con panojas piramidales abiertas. – **3**. Espiguilla pluriflora pedicelada. – **Poa trivialis**. – **2**. Planta con panoja piramidal. – **Poa pratensis**. – **4**. Espiguilla (expandida) con 5 antecios (flores): – **(G₁)**. Gluma inferior. – **(G₂)**. Gluma superior – **(l)**. – Lemma (1-5, según cada antecio). Original: 3. (Adaptados: 1-2, tras Thomé; 4, tras Wettstein).

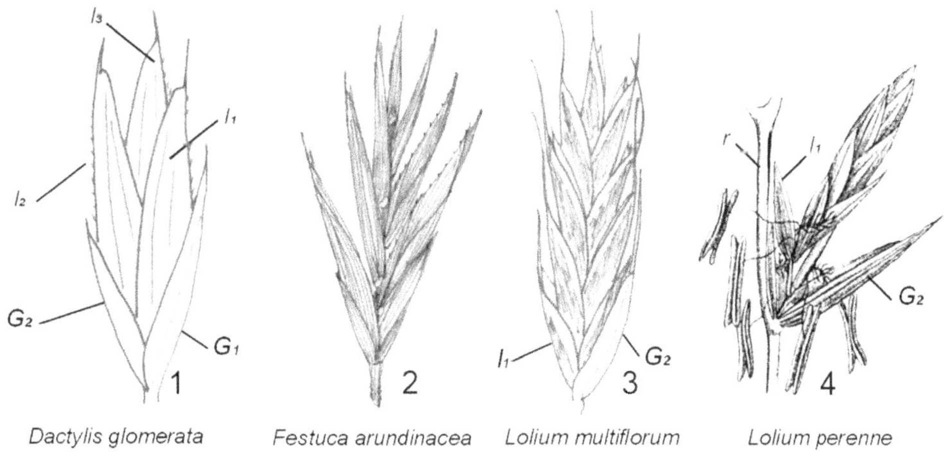

Dactylis glomerata   Festuca arundinacea   Lolium multiflorum   Lolium perenne

Figura 9-31. Poaceae. Dactylis sp. Festuca sp. Lolium sp.

Espiguillas de: – **1**. **Dactylis glomerata**. – **2**. **Festuca arundinacea**. – **3**. **Lolium multiflorum**. – **4**. **Lolium perenne.** – **(G₁)**. Gluma inferior. – **(G₂)**. Gluma superior. – **(l)**. – Lemma. – **(r)**. Raquis de la espiga. Originales: 1-3. (Adaptado: 4, tras Wettstein).

Dactylis glomerata. "Pasto ovillo". Perenne cespitosa. Espiguillas *aglomeradas* sobre la panoja laxa. Glumas lanceoladas *agudas*, *menores* que la espiguilla.

Festuca arundinacea. "Festuca alta". *Lemma 5-nervada,* con *arista breve.* Europa.

Lolium multiflorum. "Raigrás criollo". *Anual.* Prefoliación *convoluta.* Espiga erecta. Espiguillas *aristadas*, el dorso de la lemma contra el raquis. Gluma inferior *ausente.*

L. perenne. *Perenne.* Prefoliación *conduplicada* (plegada). Espiguillas *múticas* (dorso de la lemma contra el raquis). Gluma sólo *una*, la inferior *ausente.*

Tribu Bromeae.

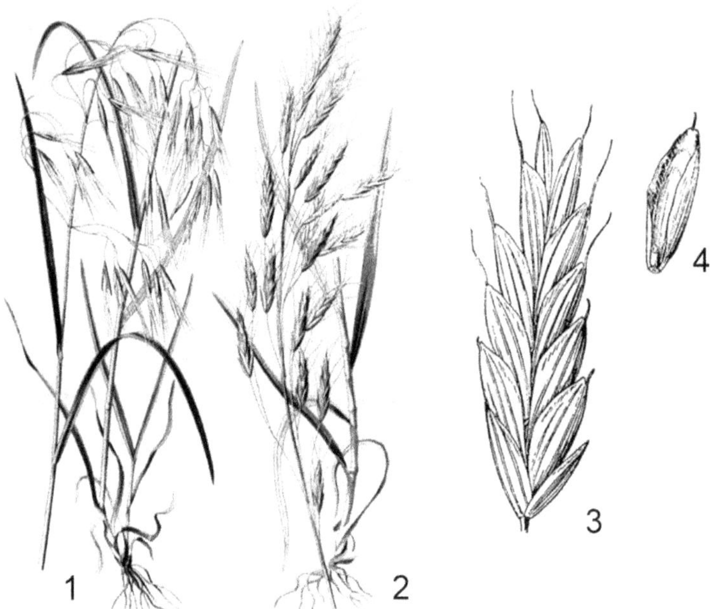

Figura 9-32. Poaceae. Bromus tectorum. B. arvensis. B. secalinus.

– **1. _Bromus tectorum_.** Planta con panícula. **–2. _B. arvensis_.** Idem. – **_Bromus secalinus_. – 3.** Espiguilla pluriflora. Lemmas aristadas. – **4.** Antecio. (Adaptados: 1-2, tras Thomé; 3-4, tras A. Chase).

Plantas *cespitosas, rizomatosas*, anuales o perennes. Lígula *membranosa*. Panoja *laxa*. Espiguillas *plurifloras*, desarticuladas a la madurez en antecios uniseminados. Glumas 2, persistentes, *menores que la espiguilla*. Lemma lanceolada.

Hábitat: En regiones templadas de todo el mundo.

Principales especies:

Bromus catharticus. "Cebadilla criolla". Anual. Lámina *plana*. Espiguilla *comprimida*. Lemma *carinada* con *arista* entre los dientes del ápice (es el nervio medio extendido).

B. brevis. "Cebadilla pampeana". Lámina *conduplicada*. Lemma *mútica*. Forrajera.

9. 3.   Orden Commelinales

Hierbas. Tallo con *nudos engrosados*. Hojas alternas *envainadoras*. Flores trímeras.

5 familias **/ 68** géneros **/ 812** especies.

Commelinaceae (= Commelináceas)

Familia de la Flor de Santa Lucía.

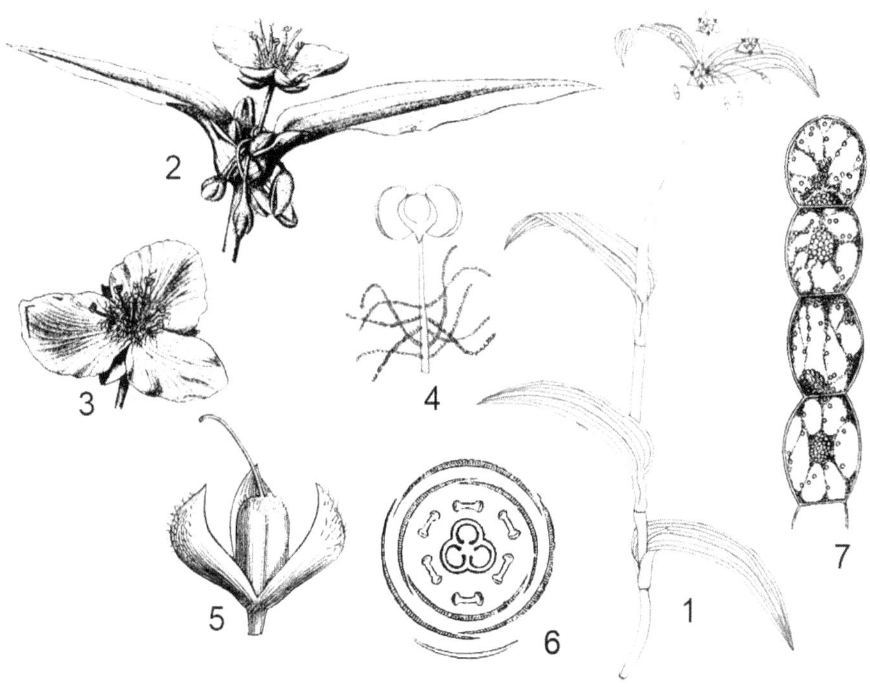

Figura 9-33. Commelinaceae. Commelina virginica.

– **1.** Rama en flor. – **2.** Inflorescencia cimosa. – **3.** Flor. – **4.** Estambre con largos tricomas en el filamento. – **5.** Cáliz y pistilo. – **6.** Diagrama floral. – **7.** Tricoma pluricelular (del filamento estaminal). <u>Originales</u>: 1 y 4. (<u>Adaptados</u>: 2-3 y 7, tras Wettstein; 5-6, tras Le Maout y Decaisne).

Hierbas algo *carnosas*. Tallo *nudoso* y *folioso*. Hojas simples, alternas, *envainadoras*. Inflorescencia uniflora o cima. Flores trímeras, bisexuales. Con *cáliz* (3 sépalos) y *corola* (3 pétalos efímeros). Androceo 2 ciclos de 3 estambres. Filamentos estaminales *pubescentes (con tricomas).* Gineceo con 3 carpelos. Ovario súpero. Fruto cápsula.

<u>Hábitat</u>: en las regiones tropicales y templadas.

<u>Principales especies</u>:

Commelina virginica. *Caulescente*. Vainas con pelos blancos. *Flor azul*. Ornamental.

Tradescantia pallida (Setcreasea purpurea). Tallos, hojas y flores de color *púrpura*.

Pontederiaceae (= Pontederiáceas)

Familia del Camalote.

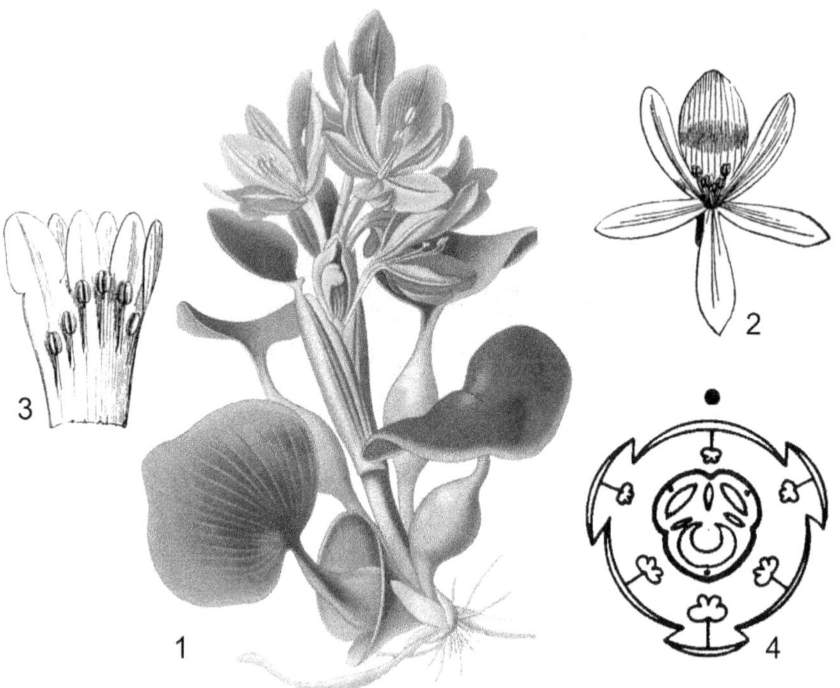

Figura 9-34. Pontederiaceae. Eichhornia crassipes.

– **1.** Planta en flor. Hojas con pecíolos vesiculares. – **2.** Flor cigomorfa. – **3.** Tubo del perigonio (abierto) con estambres adnatos. – **4.** Diagrama floral. (Adaptados: **1**, tras Step y Bois; **2-3**, tras Le Maout y Decaisne; **4,** tras Eichler).

Hierbas acuáticas, flotantes o palustres. Tallos o ramas con *una sola hoja envainadora*. Inflorescencia subtendida por una *espata*. Flores *cigomorfas* hermafroditas. Perigonio *corolino* (6 tépalos *soldados*). Androceo con 6 estambres. Gineceo 3 carpelar. Ovario súpero. Fruto *cápsula* polisperma (Eichhornia) o *utrículo* monospermo (Pontederia).

Hábitat: en las regiones tropicales de América.

Principales especies:

Eichhornia crassipes. "Camalote". Hierba. Pecíolos *vesiculares* (*inflados*) *flotantes*. Con 3 tipos de flores. Androceo 6 estambres. Gineceo en *tres niveles* ("*tristilia*").

9. 4.   Orden Zingiberales

Hierbas grandes. Hojas en dos hileras. Lámina pinatinervada. Vaina *persistente*. Flores trímeras, bisexuales, *cigomorfas* o *asimétricas*. Perianto con *cáliz y corola*. Estambre con una parte *estaminodial* y otra *petaloidea*. Estilo *petalomorfo* (simula un pétalo).

8 familias / **92** géneros / **2500** especies.

Musaceae (= Musáceas)

Familia del Bananero.

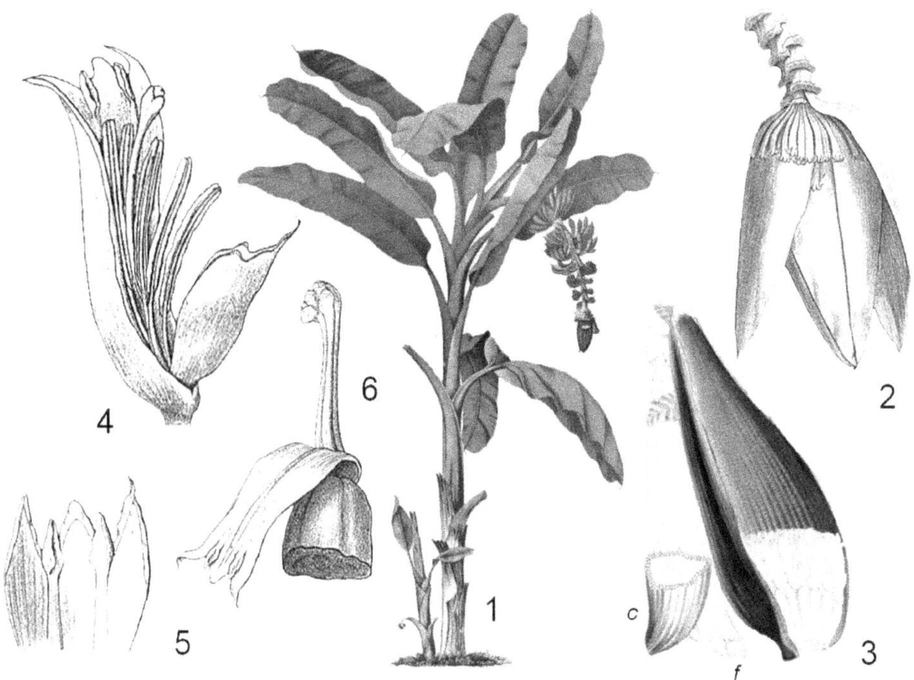

Figura 9-35. Musaceae. Musa paradisiaca.

– *Musa paradisiaca.* – **1.** Pseudotallo formado por vainas foliares, con espiga terminal *péndula*. – **2.** Inflorescencia en antesis. – **3.** Bráctea rojiza con flores hermafroditas. – *(f).* Fruto inmaduro. – *(c).* Idem en corte. – **4.** Flor hermafrodita – **5.** Perigonio (ápice). – **6.** Estilo de una flor femenina con el perigonio recurvado. (<u>Adaptados</u>: 1, tras Zippel y Bollmann; 3, tras Fitch en Curtis's, W.; 2 y 4-6, tras Engler y Schumann).

Hierbas *arborescentes*, rizomatosas. *Pseudotallo* de *vainas* basales *imbricadas* de hojas *espiraladas*. Lámina *pinatinervada*. Inflorescencia espiga péndula, con millares de flores. Bráctea espatiforme con flores axilares en *hileras dobles transversales*. Flores *unisexuales cigomorfas*. Perianto *homoclamídeo*: con 5 tépalos *petaloides soldados en un tubo* (hendido en un lado) y 1 tépalo del ciclo interno. Androceo 6 estambres: uno aborta (*estaminodio*) y 5 son fértiles. Gineceo 3 carpelos. Ovario ínfero. Fruto baya o cápsula.

<u>Hábitat</u>: en las regiones cálidas del Viejo Mundo: África, Asia y Australasia.

<u>Principales especies</u>:

Musa sp. "Bananero". Perennes. Inflorescencia marzorca *colgante*, con *bráctea roja*. Flores en hileras dobles transversales: *masculinas* en parte superior y *femeninas* debajo.

Musa paradisiaca. "Bananero". Planta rizomatosa. Hojas de 6m. India. Frutal.

M. textilis. "Cáñamo de Manila". Frutos verdes, *no comestibles*.

Strelitziaceae (= Strelitziáceas)

Familia del Ave del paraíso.

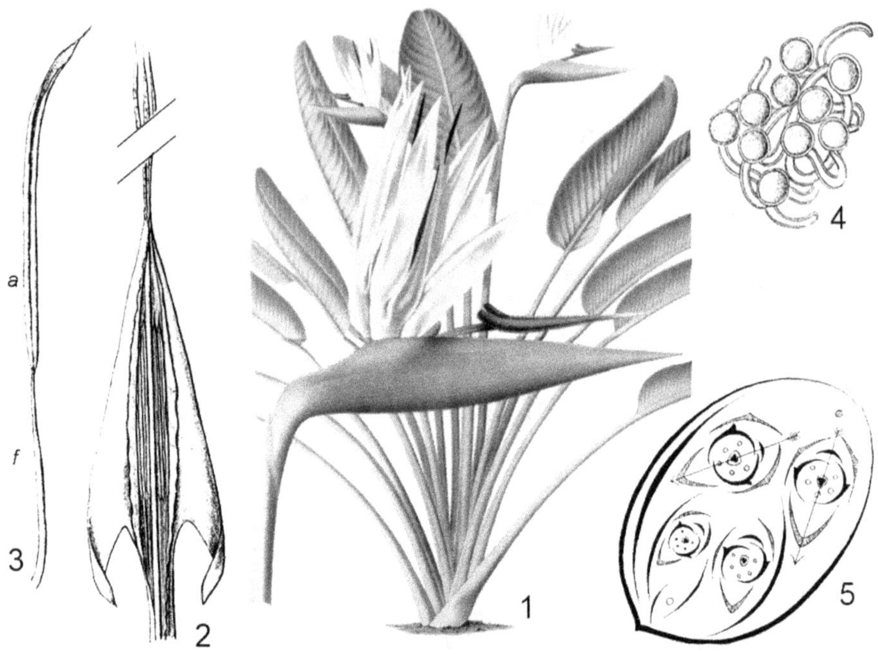

Figura 9-36. Strelitziaceae. Strelitzia reginae.

– **_Strelitzia reginae_**. – **1**. Pseudotallo. Hojas dísticas. Inflorescencia con bráctea rojiza. – **2**. Pétalo flecha, rodeando al estilo. Ramas del estigma en el ápice. – **3**. Estambre: – **(f)**. Filamento. – **(a)**. Antera linear. – **4**. Gránulos de polen. – **5**. Diagrama de la inflorescencia. (Adaptados: 1, tras Van Houte; 2-5, tras Engler y Schumann).

Hierbas rizomatosas. Vainas foliares *imbricadas* formando *pseudotallos*. Hojas grandes, alternas, *dísticas* (en 2 rangos). Láminas pinatinervadas. Inflorescencias protegidas por grandes brácteas. Flores bisexuales, *cigomorfas*, muy vistosas. Androceo con 5 estambres. Ovario ínfero con 3 carpelos unidos. Fruto cápsula.

Hábitat: en zonas tropicales de América del Sur, África y Madagascar.

Principales especies:

Strelitzia reginae. "Ave del paraíso". Perigonio con 6 tépalos: 3 externos *petaloides anaranjados*, 3 internos *azules*, el mayor con forma de flecha. Ornamental. Sudáfrica.

Cannaceae (= Cannáceas).

Familia de la Achira.

Hierbas perennes. Rizomas tuberculosos. Hojas *pinatinervadas*, *espiraladas*. Pecíolo *envainador*. Inflorescencia racimo. Flor *muy asimétrica*, vistosa. Cáliz con 3 *sépalos libres*, verde o púrpura. Corola 3 pétalos *soldados*, a la *columna estaminal* (*estambre* y estilo). Androceo *medio estambre fértil* (antera con 1 sola teca *fértil*, la otra mitad es *petaloide*). Estambres restantes *estaminodios petaloideos*. Gineceo 3 carpelos. Ovario ínfero. Estilo: *un labelo y dos alas petaloides.* Fruto cápsula *verrugosa*. Cáliz persistente (parte superior).

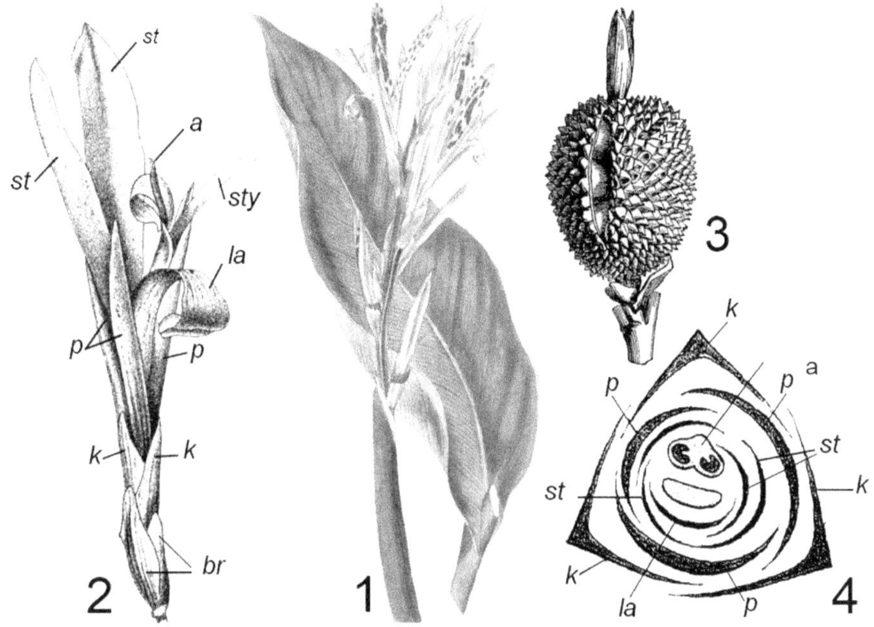

Figura 9-37. Cannaceae. Canna indica.

– *Canna indica*. – **1**. Rama con flores. – **2**. Flor: – *(st).* Estaminodio. – *(a).* Antera. – *(sty).* Estilo. – *(la).* Labelo. – *(p).* Pétalo (lóbulo de la corola). – *(k).* Cáliz. – **3**. Fruto: cápsula verrugosa. – **4**. Diagrama floral. (Adaptados: 1, tras Curtis; 3, tras Le Maout y Decaisne; 2 y 4, tras Wettstein).

Hábitat: neotropical, en América del Sur y tropical.

Principales especies:

Canna indica. "Achira". Flor con labelo linear y manchas rojas. Cápsula *espinulosa*.

Canna edulis. Tallos y hojas purpúreos. Tubérculos ricos en almidón, comestibles.

Zingiberaceae (= Zingiberáceas)

Familia del Jengibre.

Hierbas perennes con rizomas voluminosos. Raíces tuberculosas. Hojas *dísticas envainadoras* con lígula. Lámina pinatinervada. Inflorescencia cimosa. Flores bisexuales, *cigomorfas o asimétricas*. Cáliz 3 sépalos unidos en *tubo espatáceo*. Corola 3 pétalos unidos en tubo *con 3 lóbulos agudos*. Androceo sólo *1 estambre fértil*, antera bilocular, filamento inserto en el tubo corolino. Con *5 estaminodios petaloides* desiguales en tubo *bilabiado*, el *labio inferior* o *labelo* (2 estaminodios internos) más desarrollado. Gineceo 3-carpelar. Ovario ínfero. Dos nectarios en la base del estilo. Cápsula o baya.

Figura 9-38. Zingiberaceae. Zingiber officinale. Curcuma sp.

– *__Zingiber officinale__*. – **1**. Planta. – **2**. Flor. – *__Curcuma sp.__* – **3**. <u>Flor</u>: – **4**. <u>D. floral</u>. – *(k)*. Cáliz. – *(p)*. Pétalo. – *(st)*. Estaminodio. – *(la)*. Labelo. – *(br)*. Bráctea. (<u>Adaptados</u>: 1-4, de Köhler y Eichler).

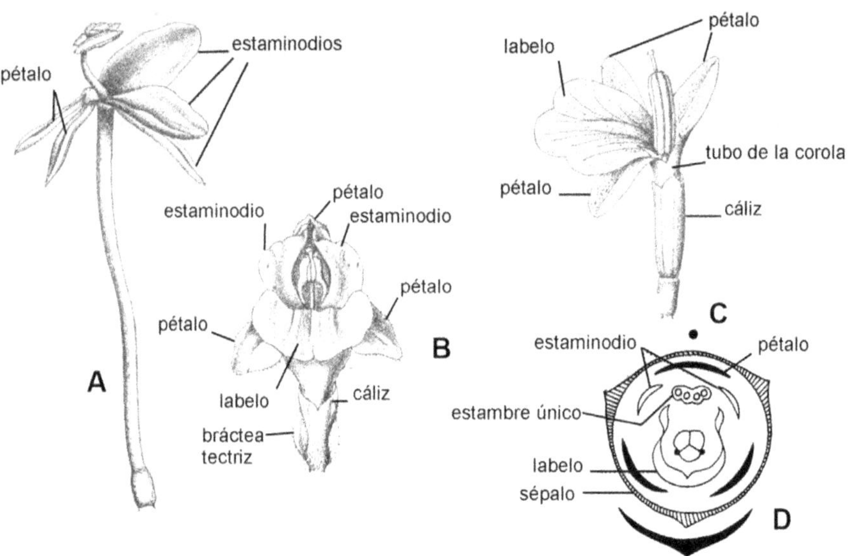

Figura 9-39. Zingiberaceae.

– *Brachychilum Horsfieldii*. – **(A)** <u>Flor</u> (sin el cáliz). – *Curcuma aromatica*. – **(B)** <u>Flor</u>. – *Elettaria cardamonum*. – **(C)** <u>Flor</u>, (D) <u>Diagrama floral</u>. (<u>Adaptados</u>: A-C, tras Wettstein; D, tras A.W. Eichler).

<u>Principales especies:</u>

Zingiber officinale. "Jengibre". Rizomas digitados, con aceites esenciales Medicinal.

Curcuma longa y *C. angustifolia*. "Cúrcuma". Rizomatosa. Especia picante. India

Capítulo.10. EUDICOTILEDÓNEAS.

EUDICOTILEDÓNEAS (ANGIOSPERMAS TRICOLPADAS) BASALES

Leñosas o herbáceas. *Alorrizia* (raíz principal). Haces vasculares *abiertos* en *un ciclo* (eustela) y *radios de parénquima*. Crecimiento secundario por <u>cambium</u>. *Dos cotiledones*. Hoja *peciolada*. Flores con verticilos *pentámeros alternos*. Estambres con *filamentos delgados*. Grano de polen tricolpado (*3 surcos* germinales meridianos con *poros*).

10. 1. Orden Ranunculales

Leñosas o hierbas. Hojas *compuestas divididas*. Flores verticiladas *hipóginas*. Gineceo apocárpico (carpelos libres) o *paracárpico* (unidos sólo por sus *bordes*). Ovario súpero.

7 familias / **199** géneros / **4510** especies.

Berberidaceae (= Berberidáceas)

Familia del Calafate.

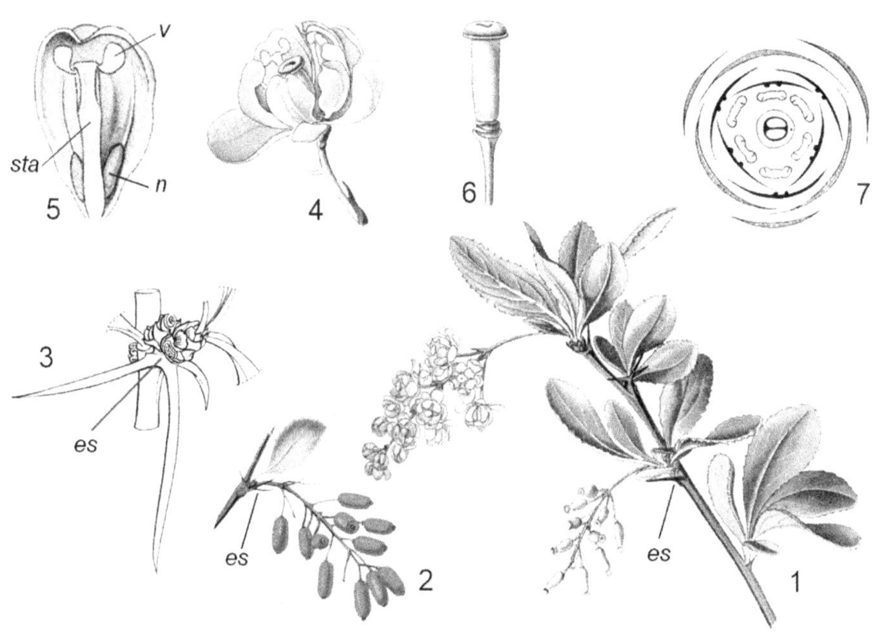

Figura 10-1. Berberidaceae. Berberis vulgaris.

– **1.** <u>Rama en flor</u>. Espinas trífidas *(es)* y *braquiblastos* en su axila. – **2.** Racimo de bayas rojas. – **3.** <u>Espina trífida *(es)*</u> de origen foliar. – **4.** <u>Flor hermafrodita</u>. – **5.** <u>Pétalo</u> con 2 nectarios basales *(n)*. Estambre opositipétalo *(sta)*. Antera de dehiscencia valvar *(v)*. – **6.** <u>Gineceo</u>. Estigma capitado. – **7.** Diagrama floral. <u>Original</u>: 3. (<u>Adaptados</u>: 1-2 y 4-6, tras Thomé; 7, tras Le Maout y Decaisne).

Arbustos *espinosos*, con macroblastos (*entrenudos largos*) y braquiblastos (*cortos*).

Hojas *alternas espiraladas*, simples *lobuladas* o compuestas *pinadas*. Márgenes *espinosos* o *espinas*. Flor *cíclica* hermafrodita. Perianto *heteroclamídeo*, con 3-6 sépalos *petaloideos* y 6 pétalos *libres*. *Estaminodios nectaríferos petaloideos* (nectarios corolinos con 2 glándulas en su base). Androceo con estambres en verticilos *3-meros*. Anteras que se abren *por valvas*. Gineceo *unicarpelar*. Ovario súpero. Fruto baya.

<u>Hábitat</u>: en las regiones templadas del hemisferio norte.

<u>Principales especies:</u>

Berberis vulgaris. "Agracejo". Hojas *espatuladas*. Espinas *trífidas* de origen *foliar* (con braquiblastos axilares). *Racimos* de *flores amarillas*. Estambres *oppositipétalos*. Baya *roja*.

Berberis buxifolia. "Calafate". Espinas *trífidas,* hojas *fasciculadas*. Fruto azulado.

Mahonia aquifolium. Hojas *pinadas*, folíolos *espinoso-dentados* y flores *amarillas*.

Nandina domestica. Con hojas *pinadas*, flores *blancas* y frutos rojos.

Ranunculaceae (= Ranunculáceas)

Familia de la Marimoña.

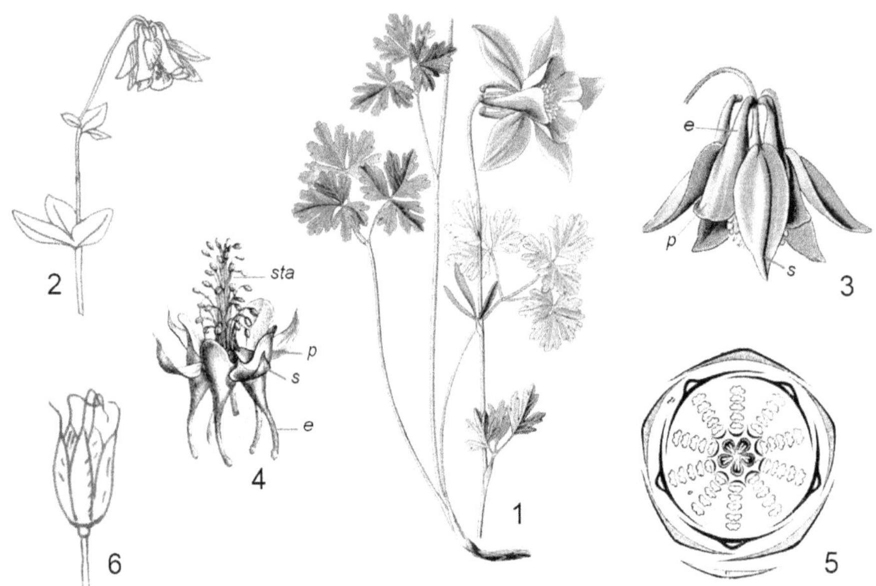

Figura 10-2. Ranunculaceae. Aquilegia alpina.

– **1.** <u>Planta en flor</u>. Hojas biternadas lobuladas. Flor terminal. – **2.** Rama con flor nutante. – **3.** Flor hermafrodita, actinomorfa. Con 5 sépalos *(s)* alternos con 5 pétalos *(p)* con un espolón basal *(e)*. – **4.** Flor (en antesis), mostrando el androceo con 50 estambres *(sta)*. – **5.** <u>Diagrama floral</u>. – **6.** Folículos unidos en la base y dehiscentes en el ápice. <u>Originales</u>: 2 y 6. (<u>Adaptados</u>: 1 y 3, tras Thomé; 4, tras Engler; 5, tras Baillon).

Hierbas vivaces o lianas *leñosas*. Raíces *fusiformes engrosadas*. Hojas *compuestas*. Inflorescencia uniflora. Flor bisexual. Receptáculo *convexo*. Perigonio *petaloide.*

Androceo con numerosos estambres *espiralados*. A veces modificados en *nectarios petaloides* con néctar en un *espolón* (*Aquilegia*). Gineceo con carpelos *libres espiralados*. Ovario súpero *1-carpelar*. Frutos folículos pluriseminados agregados, o fruto *indehiscente monospermo* (aquenio o núcula). Con *estilos pubescentes* (*Clematis*) o apéndices con forma de *gancho* (*Ranunculus*) para facilitar su diseminación.

Hábitat: cosmopolita, en las regiones templadas y frías del hemisferio norte.

Principales especies:

Aquilegia alpina. Hojas biternadas. Flores *nutantes* violeta. Cáliz 5 *sépalos petaloides.* Pétalos 5 con un *espolón* hueco curvado en su base. Estambres convertidos en *estaminodios*. Fruto con 5 folículos. Ornamental.

Aquilegia vulgaris. "Aguileña". Perenne. Hoja biternada. Flor azul, péndula. Pirineos.

Figura 10-3. Ranunculaceae. Ranunculus asiaticus.

– **1.** Planta en flor. – **2.** Esquema floral. – **3.** Diagrama floral. (Adaptados: 1, tras Step y Bois, 2 y 3, tras Le Maout y Decaisne).

Ranunculus asiaticus. "Marimoña". Pétalos rojos con nectario basal. Europa y Asia.

Aconitum napellus. "Acónito". Flores *cigomorfas*. Europa y Asia. Medicinal. Tóxica.

Anemone coronaria. "Anémona". Flores apétalas con *cáliz corolino*. Mediterráneo.

Anemone nemorosa. "Anémona del bosque". Flores con 7 *tépalos blancos*. Tóxica.

Clematis montevidensis. *Liana*. Hojas *compuestas*. Pecíolos foliares transformados en zarcillos. Frutos con apéndices plumosos. Argentina y Uruguay.

Delphinium ajacis. Hojas bipinatífidas. S*épalos petaloideos* con *espolón*. Europa.

Helleborus niger. "Heléboro". Medicinal, tóxico (con heleborina).

Papaveraceae (= Papaveráceas)

Familia de la Amapola.

Sub-Familia Papaveroideae.

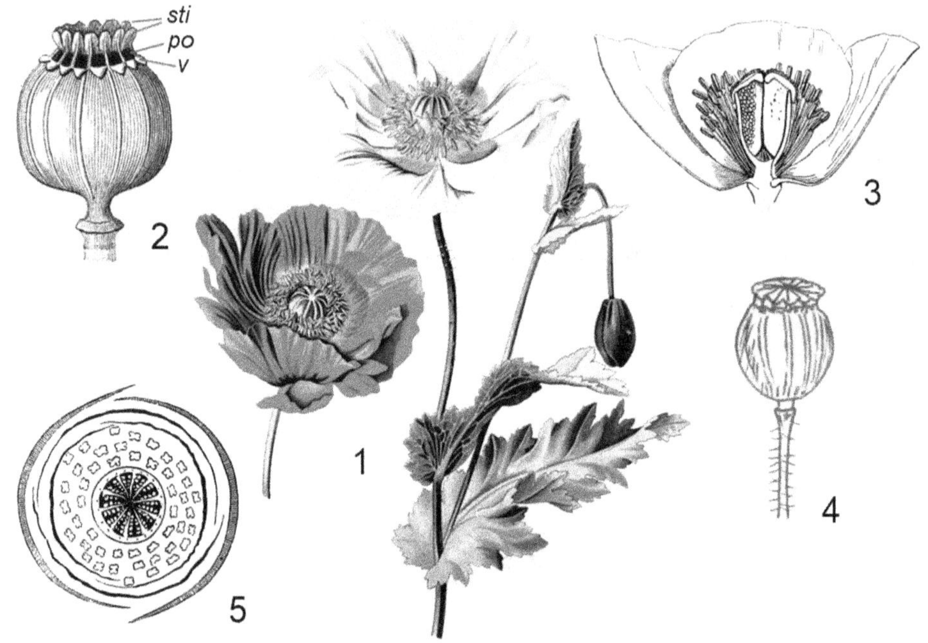

Figura 10-4. Papaveraceae. Papaver somniferum. P. rhoeas.

– ***Papaver somniferum***. – **1.** Rama en flor. Hojas abrazadoras al tallo. – **2.** Cápsula globosa dehiscente por poros apicales: – *(sti)*. Estigma sésil. – *(po)*. Poro apical. – *(v)*. Valva. – ***Papaver rhoeas***. – **3.** Flor (sección vertical). – **4.** Cápsula. Pedúnculo con pelos hirsutos. – **5.** Diagrama floral. Original: 4. (Adaptados: 1, tras Köhler; 2, tras Warming; 3 y 5, tras Le Maout y Decaisne).

Hierbas *anuales*. Tallo con *tubos laticíferos articulados* y *células secretoras utriculares*, con látex *coloreado* rico en alcaloides. Hojas simples, alternas, con nervaduras pinadas o digitadas, borde aserrado. Inflorescencia solitaria o cimosa. Flor *actinomorfa* bisexual. Cáliz 2 sépalos *caducos*. Corola 4 pétalos (*arrugados* en el capullo). Estambres *numerosos* en *verticilos*. Ovario súpero *unilocular*. Placenta *parietal*. Fruto *cápsula poricida*.

<u>Hábitat</u>: en las regiones templadas y frías del hemisferio norte

<u>Principales especies</u>:

P. somniferum variedad album. "Adormidera". Anual. Hoja *abrazadora dentada lobulada*. Flor blanca o roja. *Cápsula globosa*, *sin estilo, estigma sentado*, dehiscente por *poros apicales* (se extrae látex blanco por incisiones cuando inmaduras). *Medicinal*.

P. rhoeas. "Amapola de jardín". Hoja *no* abrazadora. Europa y Asia. Ornamental.

Argemone subfusiformis. Hoja *sinuado-pinatífida*, espinosa. Flor amarilla.

Chelidonium majus. "Celidonia". Hoja pinada. Flor amarilla. Cápsula *lineal*. Medicinal.

Eschscholtzia californica. Perenne. Hoja *tripinatífida*. Flor amarilla. Cápsula *lineal*.

Sub-Familia Fumarioideae

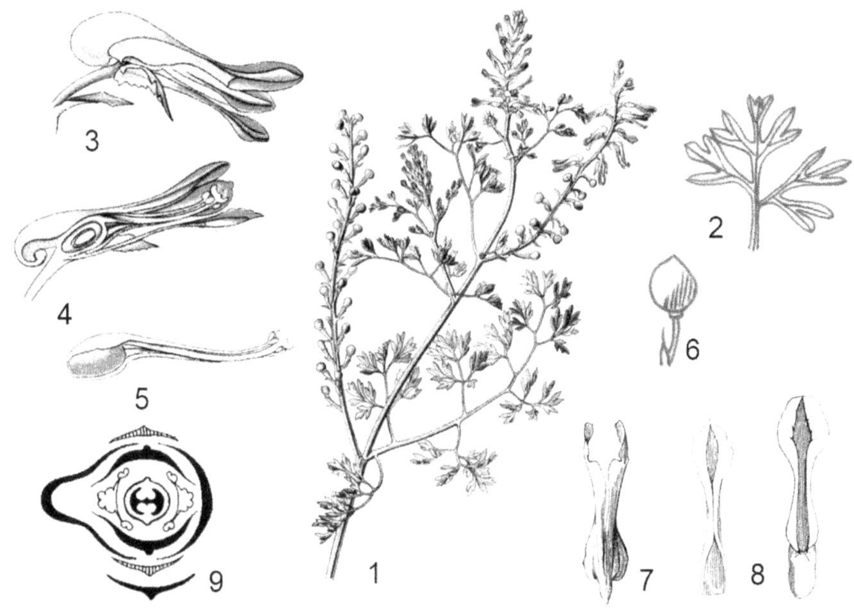

Figura 10-5. Fumariaceae. Fumaria officinalis.

– **1.** Rama en flor. – **2.** Hojas con segmentos lineares. – **3.** Flor cigomorfa espolonada. – **4.** Flor (corte longitudinal). – **5.** Gineceo de ovario súpero y Androceo. – **6.** Fruto aquenio uniseminado. – **7.** Dos pétalos externos. – **8.** Dos pétalos internos. – **9.** Diagrama floral. <u>Originales</u>: 2 y 6. (<u>Adaptados</u>: 1 y 3-5, tras Thomé; 7-8, tras Le Maout y Decaisne; 9, tras Eichler).

Hierbas volubles o *trepadoras*. *Látex incoloro* en *células utriculares*. Inflorescencias *opuestas* a las hojas o *solitarias terminales*. Flor bisexual, *muy cigomorfa*. Cáliz *2 sépalos caedizos*. Corola 4 pétalos *desiguales* (en 2 verticilos), siendo *1-2 gibosos o espolonados*.

Androceo con 6 estambres unidos en dos grupos de 3 (dos están divididos y son concrescentes con los otros 2), más o menos unidos en *2 manojos opuestos a los pétalos*. Gineceo 2-carpelar. Ovario súpero. Fruto *aquenio* uniseminado. Semillas con oleosomas.

<u>Hábitat</u>: en zonas templadas del hemisferio norte.

<u>Principales especies</u>:

Fumaria officinalis. "Palomita". Anual. Flor muy cigomorfa. Europa. Maleza.

F. capreolata. "Palomita". Hojas con segmentos *aovados,* pecíolo enroscante. Europa.

Dicentra spectabilis. Flor *disimétrica* (*2 planos de simetría*). Pétalos laterales *gibosos*.

10. 2.   Orden PROTEALES

Estambre con *apéndice apical* en el *conectivo*. Gineceo *dialicarpelar*. Óvulo *ortótropo*. **4** familias **/ 85** géneros **/ 1750** especies.

Proteaceae (= Proteáceas)

Familia del Radal.

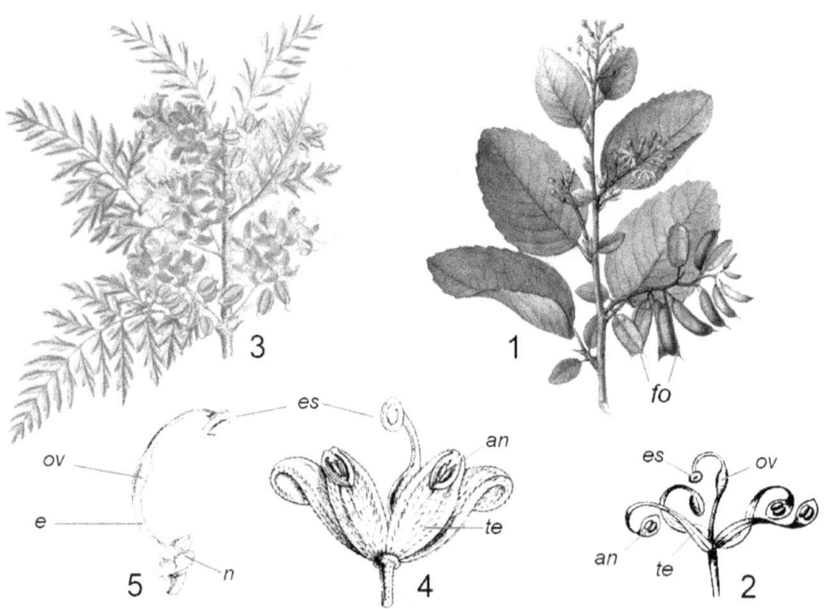

Figura 10-6. Proteaceae. Lomatia hirsuta. L. ferruginea.

– **_Lomatia hirsuta_**. – **1**. Rama con hojas simples, flores y folículos *(fo)*. – **2**. Flor hermafrodita: – *(te)*. Tépalo. – *(an)*. Antera en la concavidad superior del tépalo. – *(ov)*. Ovario estipitado. – *(es)*. Estigma dilatado. – **_Lomatia ferruginea_**. – **3**. Rama con hojas bipinadas y flores con tépalos rojos. – **4**. Flor hermafrodita. – **5**. Gineceo con nectarios basales *(n)*, ovario sobre un estípite *(e)* y estigma dilatado. (Adaptados: 1, tras Ruiz y Pavon; 2, tras Engler y Wettstein; 3-5, tras Fitch en Curtis's).

Origen anterior a la fragmentación del supercontinente *Gondwana*. Árboles o arbustos adaptados a la *aridez extrema* y a los *incendios*. Frutos muy lignificados, persisten en la inflorescencia y se abren luego del incendio. Hojas *persistentes*, alternas, *compuestas*. Inflorescencia en *cabezuela* o espigas densas. Flor *cigomorfa, apétala*.

Cáliz 4 tépalos *petaloideos unidos*. Androceo *4 estambres oposititépalos*. Filamento soldado al *tépalo*. Antera situada en su *concavidad* superior. Conectivo con prolongación apical. Gineceo *1-carpelar*. Ovario súpero. Fruto *cápsula* o *folículo*. Semilla alada.

Hábitat: Australia y África del Sur, Sur y Centro de América, SE de Asia.

Principales especies:

Lomatia hirsuta. "Radal". Árbolito. Hoja *simple aserrada*, con *tomento ferrugíneo*. Tépalos amarillos. Fruto folículo leñoso. Sur de Argentina y Chile. Forestal.

Embothrium coccineum. "Notro". Hoja *espatulada*. Tépalos *rojos*. Chile y Argentina.

Grevillea robusta. "Roble sedoso". Árbol. Hoja bipinatífida. Australia. Ornamental.

Macadamia integrifolia. "Queensland nut". Árbol. Flores *blancas*. Ornamental.

Platanaceae (= Platanáceas).

Familia del Plátano.

Figura 10-7. Platanaceae. Platanus occidentalis. Platanus x acerifolia.

– ***Platanus occidentalis***. – **1.** Rama con hojas palmatinervadas. – ***(f)*** Racimo de capítulos femeninos (de 15 mm). – ***(m)*** Racimo de capítulos masculinos (de 10 mm). – **3.** Flor femenina con 4 estilos y estaminodios. – **4.** Flor masculina. – **5.** Dos estambres fértiles. – **6.** Fruto aquenio, con papus piloso. – ***Platanus x acerifolia***. – **2.** Hoja con el lóbulo medio más largo. Original: 2. (Adaptados: 1, 3-4, tras Gilg; 5, tras Wettstein; 6, tras Le Maout y Decaisne).

Árboles monoicos. El ritidoma se separa en *placas*. Hoja caduca *3-7 palmati-lobulada*, palmatinervada. Pelos *ramificados* en las *axilas* de las nervaduras. Pecíolo *expandido* en su *base* cubriendo la yema axilar. Estípulas intrapeciolares soldadas en una vaina. Racimos de capítulos *esféricos*, masculinos (1 cm) y femeninos (3,5 cm). Flores *unisexuales* en el *mismo pie*. Flor *masculina* con sépalos soldados, pétalos agudos, 3-8 estambres (ovario abortado). Flor *femenina* con *perianto* de *escamas* pilosas, 3-4 *estaminodios* (infértiles). Gineceo dialicarpelar. Ovario súpero. Estilo largo. Fruto aquenio con *vilano* (pelos rígidos). Frutos agrupados en *infrutescencias* globosas o "*poliantocarpos*".

Hábitat: en zonas templadas de América del Norte y tropicales de América Central.

Principales especies:

Platanus orientalis. Hojas con el *lóbulo medio alargado*. Europa y Asia. Ornamental.

P. occidentalis. "Plátano de Virginia". Hojas *tan* largas *como* anchas. América Boreal.

Platanus x acerifolia. (*P. occidentalis X P. orientalis)*. Hoja *más ancha* que larga.

10. 3. Orden Buxales

Leñosas *siempreverdes*. Flores pequeñas *unisexuales*. Con pseudoalcaloides.

1 familias / **7** géneros / **120** especies.

Buxaceae (= Buxáceas)

Familia del Boj.

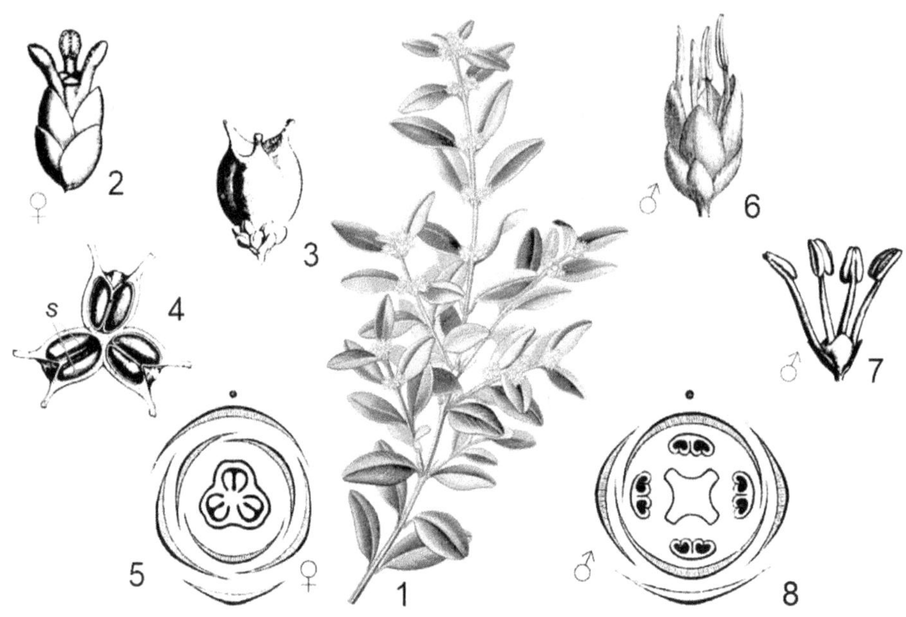

Figura 10-8. Buxaceae. Buxus sempervirens.

– **1.** Rama con hojas opuestas e inflorescencias axilares. – **2.** Flor femenina con 4 tépalos y gineceo 3-carpelar. – **3.** Cápsula madura. – **4.** Cápsula loculicida (abierta) con 2 semillas *(s)* en cada lóculo. – **5.** Diagrama de la flor femenina. – **6.** Flor masculina con 4 estambres oposititépalos. – **7.** Flor masculina (sin el perigonio). – **8.** Diagrama de la flor masculina. (<u>Adaptados</u>: 1, tras Thomé; 2-4 y 7, tras Gilg; 5-6 y 8, tras Baillon).

Leñosas *perennifolias*. Hoja simple *coriácea* tóxica. Inflorescencia espiga. Flor *dímera*. Perigonio 4 tépalos *sepaloideos* unidos en la base (*sin corola*). Flor masculina *4 estambres* opuestos a los tépalos. Flor femenina con ovario súpero 3-carpelar. Cápsula o drupa.

<u>Hábitat</u>: cosmopolitas, en zonas tropicales y templadas del Atlántico y Mediterráneo.

<u>Principales especies</u>:

Buxus balearica. "Boj Balear". Arbusto monoico. Cápsula loculicida. Islas Baleares.

Buxus sempervirens. "Boj". Arbusto. Madera muy dura. Hojas opuestas. Europa.

Capítulo.11. Eudicotiledóneas Nucleares (Angiospermas Tricolpadas)

Flores con *perianto pentámero*. Granos de polen tricolpados. Con ácido eleágico.

Clado Pentapétalas / Superrósidas / Rósidas

Super Orden Saxifraganas

11. 1. Orden Saxifragales

Leñosas arbustivas. Hojas con *glándulas* en los *dientes foliares*. Con Hipantio. Gineceo con carpelos unidos en la base. Ovario ínfero a semiínfero. Frutos *secos dehiscentes*.

15 familias **/ 112** géneros **/ 2500** especies.

Crassulaceae (= Crasuláceas).

Familia de las Siemprevivas.

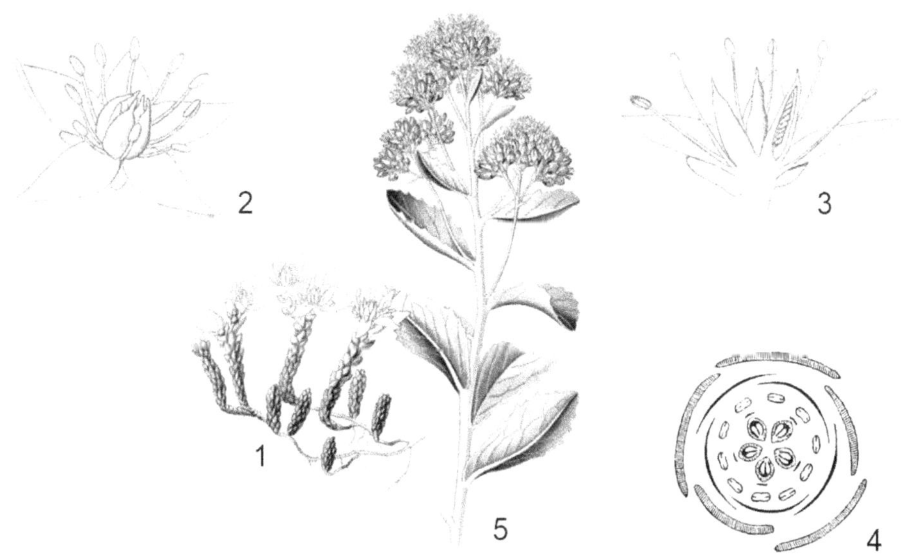

Figura 11-1. Crassulaceae. Sedum acre. S. telephium.

– **1. _Sedum acre_.** Planta con hojas crasas cilíndricas. – **2.** <u>Flor 5-mera</u>: Corola dialipétala. Androceo diplostémono. Gineceo dialicarpelar. – **3.** <u>Flor</u> (corte longitudinal). – **4.** <u>Diagrama floral</u>. – **5. _Sedum telephium_.** Hojas crasas lanceoladas. (<u>Adaptados</u>: 1-3 y 5, tras Thomé; 4 tras Eichler).

Herbáceas. Tallos y hojas suculentos. Hojas *carnosas* simples en roseta basal, con capa de cera en la epidermis y estomas hundidos. Inflorescencia cima umbeliforme o *racimo*.

Flor *bisexual*, actinomorfa, *pentámera*. Cáliz 5 sépalos. Corola 5 pétalos *libres* o en *tubo*. Androceo con *1-2 ciclos* de estambres, alternipétalos. Gineceo *dialicarpelar*, con un verticilo de 5 a numerosos pistilos. Ovario súpero. Fruto folículo (*polifolículo* derivado de ovarios libres). Multiplicación *vegetativa*: bulbillos, yemas foliares y raíces adventicias.

Hábitat: cosmopolita, en las regiones áridas, templadas y cálidas. Sudáfrica.

Principales especies:

Bryophyllum sp. Hojas crenadas. Reproducción por propágulos (en el *márgen foliar*).

Crassula falcata. Hojas opuestas. Estambres isostémonos. Sudáfrica. Ornamental.

Echeverria gibbiflora. Hojas en roseta. Androceo diplostémono. México. Ornamental.

Kalanchoë blossfeldiana. Hojas crenadas, margen rojizo. Flores rojo escarlata. África.

Sedum acre. Hojas *crasas* cilíndricas imbricadas. Pétalos amarillos. Europa y África..

Sedum telephium. Perenne erguida. Hojas lanceoladas. Flores rosadas. Europa y Asia.

Sempervivum sp. "Siemprevivas". Hojas arrosetadas. Renuevos de estolón. Europa.

Grossulariaceae (= Grosulariáceas).

Familia del grosellero.

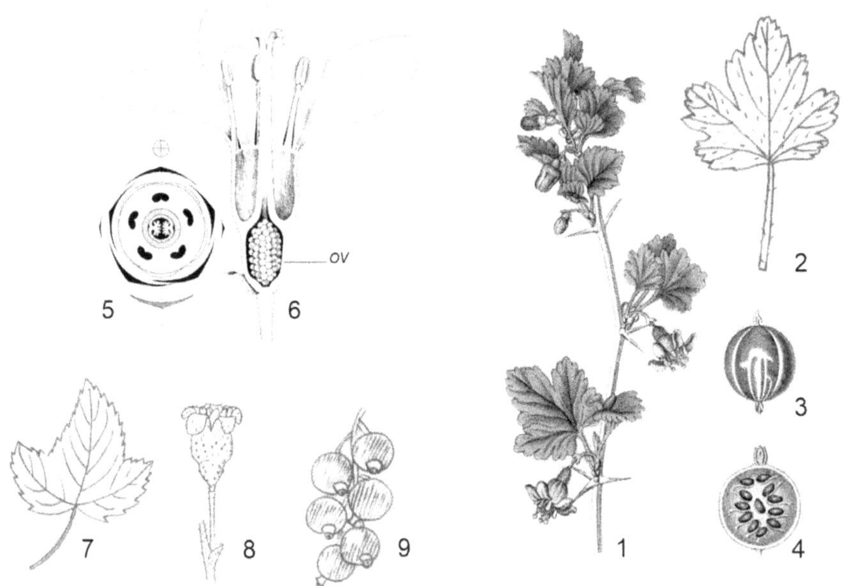

Figura 11-2. Grossulariaceae. Ribes uva-crispa. Ribes nigrum.

– **Ribes uva-crispa.** – **1.** Tallo espinoso. Flor axilar péndula – **2.** Hoja trilobulada, pubescente. – **3.** Baya pubescente. – **4.** Baya (corte longitudinal). – **5.** Diagrama floral. – **6.** Flor (esquema del corte longitudinal): Ovario ínfero *(ov)* (adherido al receptáculo). Pétalos pequeños alternisépalos. Estambres alternipétalos. – **Ribes nigrum.**: – **7.** Hoja 3-lobulada. – **8.** Flor con receptáculo floral. – **9.** Racimo de bayas negras. Originales: 2 y 7-9. (Adaptados: 1 y 3-4, tras Sturm; 5-6, tras Church).

Arbustos *espinosos*, glandulares. Hoja *palmatilobulada, palmatinervada*. Estípulas adnatas al pecíolo. Inflorescencia racimo. Flor bisexual, actinomorfa, pentámera. Hipantio (tálamo acopado). Cáliz con 4-5 sépalos. Corola con 4-5 pétalos pequeños (*alternisépalos*). Androceo 5 estambres. Gineceo 2-carpelar. Ovario ínfero. Fruto baya.

Hábitat: en el hemisferio norte.

Principales especies:

Ribes sp. "Groselleros". Sus bayas son ácidas y agridulces, ricas en vitamina C.

Ribes uva-crispa. "Uva espina". Tallo *espinoso*. Hoja *trilobulada* crenada. Frutal.

R. rubrum. "Grosellero rojo". Arbusto inerme. Hoja trilobulada. Baya roja.

R. nigrum. "Grosellero negro". Hoja trilobulada, palmatinervada. Baya negra.

Saxifragaceae (= Saxifragáceas)

Familia de la Quiebra piedras.

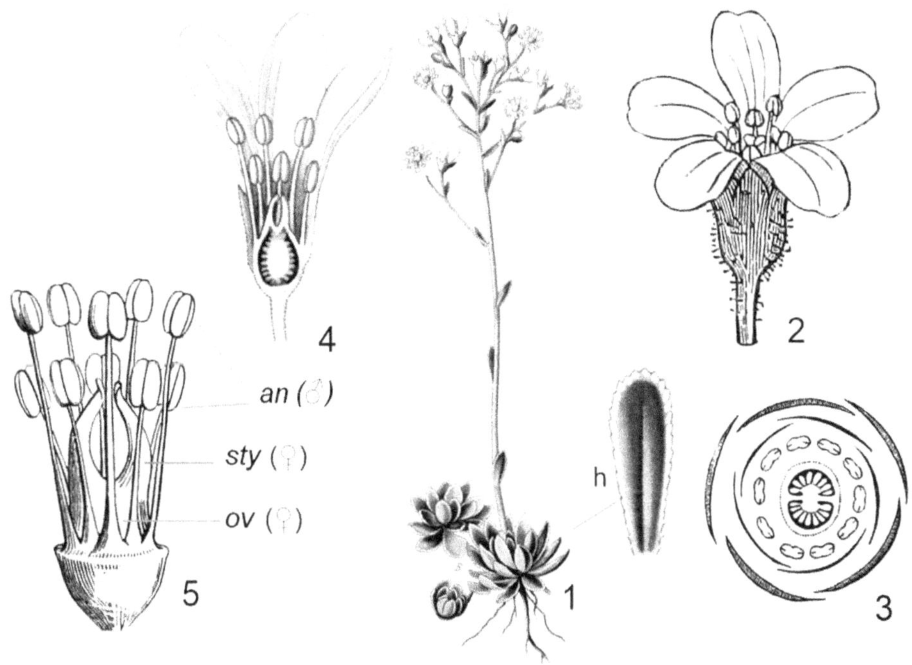

Figura 11-3. Saxifragaceae. Saxifraga Aizoon.

– **1. Planta** en flor, carnosa y estolonífera: – **(h).** Hoja espatulada de borde aserrado. – **2.** Flor actinomorfa hermafrodita. – **3.** Diagrama floral. – **4.** Flor perígina (corte longitudinal). – **5.** Androceo. Con 10 estambres: – **(an).** Anteras. – Gineceo: – **(ov).** Ovario semiínfero. – **(sty).** Dos estilos con estigmas confluentes. (Adaptados: 1 y 4; tras Thomé; 2-3 y 5, tras Le Maout y Decaisne).

Hierbas, anuales o vivaces con rizomas *perennes*. Forman *pulvínulos* o céspedes densos. Hojas glandulares *arrosetadas*, alternas. Flor *bisexual, pentámera*, actinomorfa.

Cáliz 5 sépalos imbricados. Corola 5 pétalos libres y períginos. Androceo *5-10 estambres*. Gineceo 2 carpelos soldados en la base y *hundidos* en el receptáculo (*hipantio*). Ovario súpero o ínfero (*Parnassia sp*). Fruto cápsula o baya.

Hábitat: cosmopolitas, en las regiones templadas a árticas del hemisferio norte.

Principales especies:

Saxifraga spp. "Quiebra piedras". Raíces fuertes. Hierbas *rosuladas pulviniformes*. Hojas *arrosetadas*. Región ártica alpina y áreas montañosas.

Saxifraga Aizoon. "Saxifraga". Estolonífera. Hoja *carnosa*. Panojas de flores *blancas*.

Bergenia ciliata. "Bergenia". Sépalos y pétalos rojos. Afganistán, Himalaya y China.

Parnassia palustris. "Hepática blanca". Hoja cordiforme. Pétalos *blancos con estrías*.

CLADO PENTAPÉTALAS / SUPERRÓSIDAS / RÓSIDAS.

SUPER ORDEN VITANAS

11. 2.   Orden Vitales

Enredaderas con zarcillos. Hojas con *dientes glandulares*. Androceo *epipétalo*, sólo 5 estambres *opuestos a los pétalos* (falta el verticilo *externo*). Fruto baya. Con rafidios de oxalato de calcio y *glándulas perla*.

1 familias / **14** géneros / **850** especies.

Vitaceae (= Vitáceas).

Familia de la Vid.

Arbustos *trepadores* o lianas, con zarcillos o discos adhesivos. Tallos con crecimiento *simpodial* (el zarcillo representa el eje principal que ha sido subordinado por el crecimiento más vigoroso de la rama axilar, en la axila de la hoja opuesta). *Nudos engrosados*. Hojas *alternas*, espiraladas, en dos rangos, simples, pecioladas, *palmaticompuestas* (*palmatinervadas*) o pinaticompuestas.

Inflorescencia racimo o zarcillo terminal, que *aparenta* ser opuesto a la hoja, por la brotación de la yema axilar a dicha hoja. Las yemas terminales desarrollan *zarcillos caulinares* (inflorescencias modificadas) *opuestos* a las hojas. Los zarcillos aparentan ser laterales, y representan el extremo apical de un tallo con ramificación simpodial. Existe una *transición* entre racimos y zarcillos. Las *inflorescencias* ocupan la misma posición que los *zarcillos*, opuestas a la hoja en un nudo. Estípulas presentes.

Inflorescencia *racimo compuesto*. Flor 4-5-mera. Receptáculo *cupuliforme*. Cáliz 4-5-*lobulado*. Corola con 4-5-pétalos *valvados*, que simulan ser concrescentes en el ápice (se unen a *modo de engranaje*, por papilas epidérmicas, pero *no se sueldan*). En la antesis se separan desde la base (caen como una *capucha*). Disco *nectarífero anular, lobulado*.

Androceo con 5 estambres *opuestos* a los pétalos. Gineceo *2-carpelar gamocarpelar*. Estigma *capitado*. Ovario *bilocular*, con 2 óvulos en cada lóculo. Placentación axilar. Fruto baya jugosa con 2-4 semillas duras (pepitas).

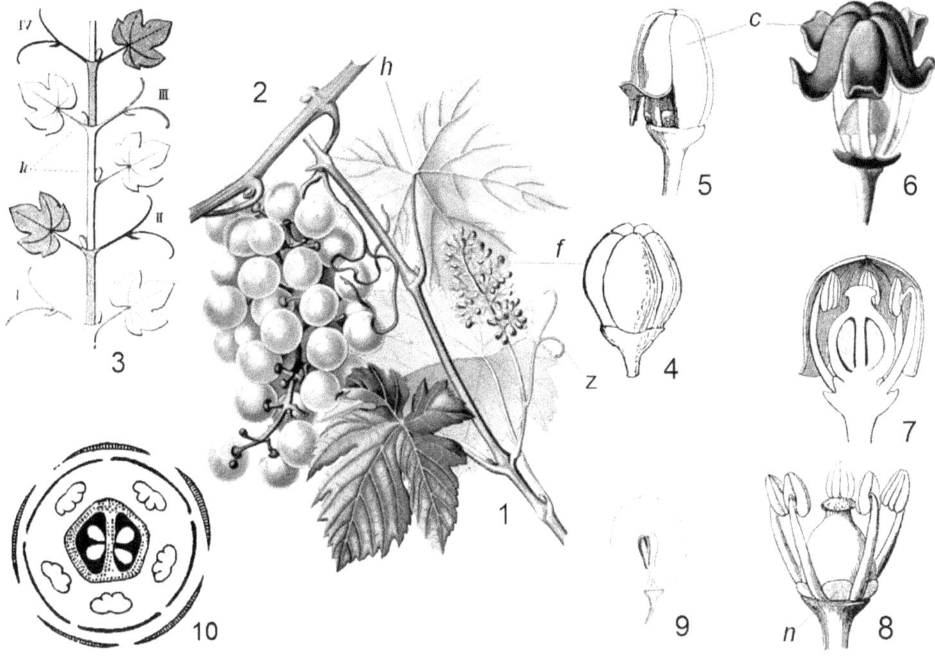

Figura 11-4. Vitaceae. Vitis vinifera.

– **1.** Tallo en flor: – *(h)*. Hoja palmatinervada, palmatilobulada. – *(f)*. Flor. – *(z)*. Zarcillo. – **2.** Tallo. Con racimo de bayas. – **3.** Teoría simpodial: Diagrama de la posición de hojas y zarcillos. I, II, III y IV son las sucesivas generaciones. – **4.** Capullo floral. – **5.** Flor joven: la caliptra comienza a separarse. – **6.** Caliptra de pétalos *(c)*. – **7.** Flor (sección vertical): Ovario súpero, 2-locular – **8.** Flor sin corola: *(n)* Nectarios. – **9.** Baya madura (sección vertical). – **10.** Diagrama floral. (Adaptados: 1-2, 6 y 9, tras Thomé; 3, tras Warming;4, tras Lindley; 5, 7-8 y 10, tras Le Maout y Decaisne).

Hábitat: en regiones cálidas y templadas, sobre todo en el hemisferio sur.

Principales especies:

Género Vitis sp. Trepadora. Hojas alternas, *palmatinervadas* y *palmatilobuladas*. Corola 5 pétalos apicalmente unidos. La corola cae tempranamente como una capucha.

Vitis vinifera. "Vid europea". Baya 2-4 semillas. Asia Menor. Se obtiene vino y aceite.

V. riparia, V. rupestris, V. berlandieri, V. labrusca, V. rotundifolia. "Vides americanas". Pie de injerto por ser resistentes a la filoxera, hongos y a las heladas.

Ampelopsis sp. "Peppervine". Zarcillos de *extremos no dilatados*. Hojas 3-lobuladas.

Cissus sp. Trepadoras. Hojas lobuladas o palmadas. Flores con 4 pétalos.

Leea sp. Arbustos *sin zarcillos. Hojas 3-pinadas*. Australia, Nueva Guinea y SE de Asia.

Parthenocissus tricuspidata. "Enamorada del muro". Enredadera. Zarcillos terminados en ventosas adhesivas. Hoja *simple trilobulada.*

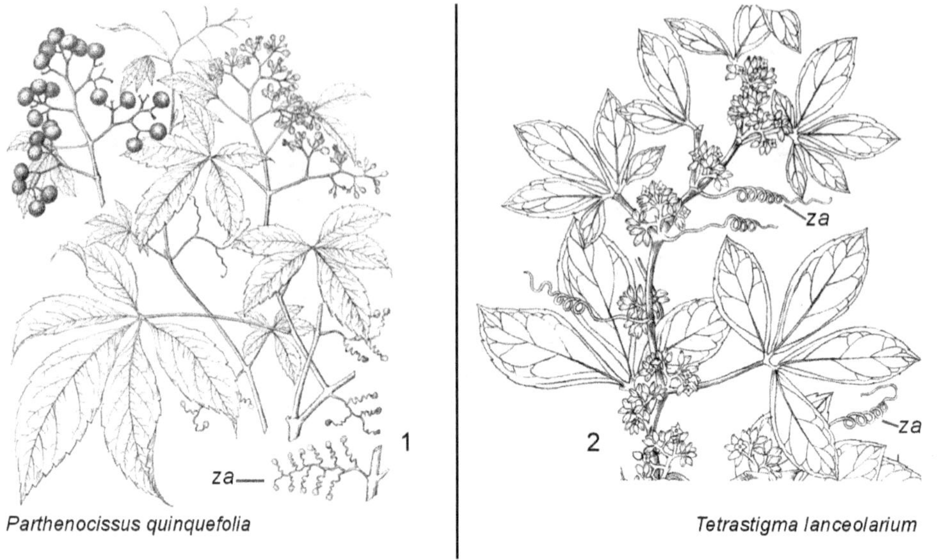

Figura 11-5. Vitaceae. Parthenocissus y Tetrastigma.

– **1.** <u>*Parthenocissus quinquefolia*</u>: Rama. Hojas digitadas con 5 folíolos. – *(za).* Zarcillos terminados en ventosas. – **1.** <u>*Tetrastigma voinierianum*</u>: Rama. Hojas digitadas con 3-5 folíolos. – *(za).* Zarcillos espiralados. (Adaptados: 1, tras Sargent; 2, tras Wight).

Parthenocissus quinquefolia. "Enamorada del muro". Enredadera. Zarcillos con extremos *dilatados* formando pequeñas *ventosas circulares*. Hojas largamente pecioladas, digitadas con *5 folíolos*. Flores con *5 pétalos libres*.

Tetrastigma voinierianum. Zarcillos *espiralados*, rectos al principio. Hojas palmadas con *5 folíolos*. Asia.

Tetrastigma lanceolarium. Zarcillos *espiralados*. Hojas palmadas con *3 a 5 folíolos*.

Capítulo.12. CLADO PENTAPÉTALAS / SUPERRÓSIDAS / RÓSIDAS / FÁBIDAS

Grupo monofilético. Flores *cíclicas*. Receptáculo floral en forma de *disco o cóncavo*. Perianto *doble*, *heteroclamídeo*. Corola *dialipétala*. Androceo 2 o más verticilos de estambres, obdiplostémono (estambres del verticilo *externo epipétalos*). Gineceo *gamocarpelar*, placentación axial. Presencia de *flavonoides* trihidroxilados y ácido elágico.

SUPER ORDEN ROSANAS - CLADO 1

12. 1. Orden Zygophyllales

Flores con *carpelos separados*. *Numerosos* estambres. *Resinosas*. *Alcaloides*. En lugares *áridos* y salobres, con fotosíntesis C4.

2 familias **/ 24** géneros **/ 345** especies.

Zygophyllaceae (= Zigofiláceas).

Familia de la Jarilla.

Figura 12-1. Zygophyllaceae. Tribulus terrestris.

– **1.** Rama en flor: Hojas paripinadas. – **2.** Flor: 5-mera, completa (con 5 ciclos), actinomorfa. – **3.** Diagrama floral. – **4.** Flor (sección vertical): Ovario súpero. – **5.** Fruto: Cápsula espinosa. (Adaptados: 1-4, tras Le Maout y Decaisne; 5, tras Wettstein).

Árboles, arbustos o hierbas. Ramas divaricadas, *articuladas* en los nudos. Hojas *opuestas 2-folioladas* o compuestas *imparipinadas*. Estípulas *apareadas*, persistentes.

Flor *5-mera*, bisexual, actinomorfa. Cáliz *5-mero dialisépalo*. Corola *5-mera dialipétala*. Androceo 10-15 estambres, en 2-3 verticilos, sobre disco nectarífero *intraestaminal*. Gineceo *5-carpelar, gamocarpelar*. Ovario súpero. Fruto cápsula o esquizocarpo con mericarpos provistos de *espinas*. Polen tricolpado.

<u>Hábitat</u>: Regiones cálidas, tropicales o subtropicales.

<u>Principales especies</u>:

Figura 12-2. Zygophyllaceae. Larrea divaricata. L. cuneifolia. L. nitida.

– **1. <u>*Larrea divaricata*</u>**. Hoja con 2 folíolos divergentes. – **2. <u>*L. cuneifolia*</u>**. Hoja con 2 folíolos soldados. – **3. <u>*L. nitida*</u>**. Hoja imparipinada, con 8 pares (o más) de folíolos. (<u>Adaptados</u>: 1-3, Anales de Historia Natural).

Larrea sp. Con ácido *nordihidroguayarético* (antioxidante).

***Larrea divaricata*.** "Jarilla". Arbusto ramoso, muy resinoso. Hojas opuestas con 2 folíolos sésiles *soldados en la base* (en el tercio inferior), divergentes. Argentina.

***L. cuneifolia*.** "Jarilla". Hoja resinosa, con *2 folíolos soldados* gran parte de su longitud.

***L. nitida*.** "Jarilla". Hojas resinosas, opuestas *imparipinadas*, con *8 pares de folíolos*.

***Bulnesia retama*.** "Retamo". Arbusto *áfilo ceroso*. Flor amarilla. Cápsula. Argentina.

***B. sarmientoi*.** "Palo santo". Árbol. Ramas rígidas *cilíndricas*, nudosas. Argentina.

***Tribulus terrestris*.** "Abrojo". Cápsula con *2 espinas dorsales* grandes y 2 menores.

SUPER ORDEN ROSANAS - CLADO 2 - "COM":

(CELASTRALES – OXALIDALES – MALPIGHIALES)

12. 2.   Orden CELASTRALES

Dicotiledóneas dialipétalas (con tendencia a gamopétalas). Inflorescencia *cimosa*. Flor con disco nectarífero *intraestaminal* (*disciflora*). Androceo 3-5 estambres, de filamentos subulados, insertos en el *margen* del disco. Gineceo 2-3 carpelar. Óvulo *apótropo*.

2 familias **/ 94** géneros **/ 1355** especies.

CELASTRACEAE (= Celastráceas)

Familia del Bonetero.

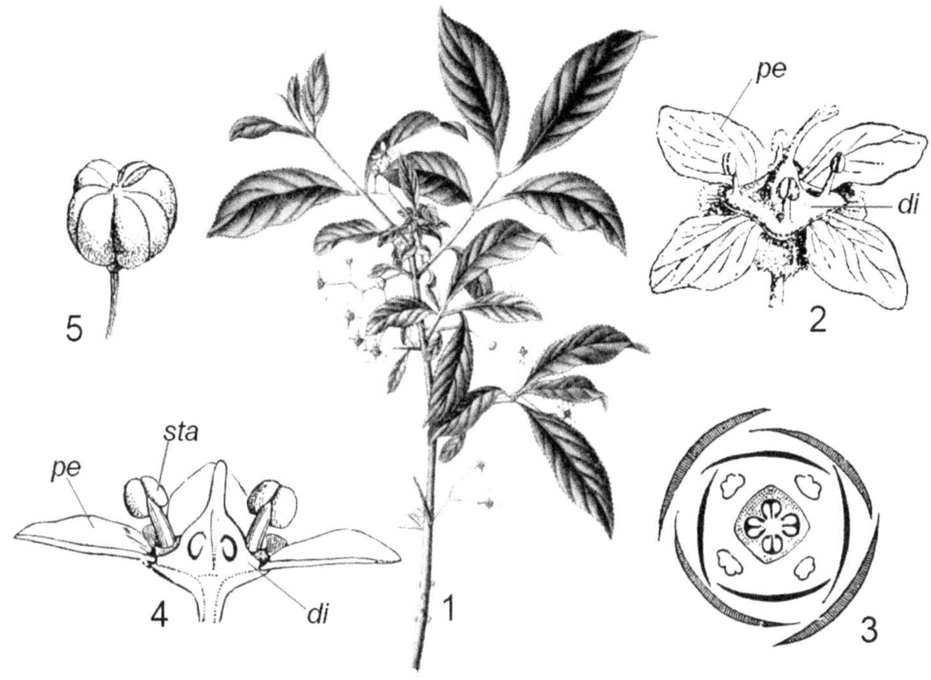

Figura 12-3. Celastraceae. Euonymus europaeus.

– **1.** Arbusto con hojas opuestas. Flores en cimas axilares. – **2.** Flor actinomorfa. Pétalos *(pe)* insertos debajo del disco *(di)* carnoso. Androceo con 4 estambres *(sta)*. Ovario 4-locular. – **3.** Diagrama floral. – **4.** Flor (sección vertical). – **5.** Fruto. Cápsula angulosa. (Adaptados: 1, tras Sturm; 2, tras Wettstein; 3-5, tras Le Maout y Decaisne).

Árboles o arbustos. Hojas simples, *opuestas*. Inflorescencia en *cima*. Flor *actinomorfa* 4-5-mera. Disco presente. Ovario súpero. Fruto cápsula. Semillas con arilo.

Hábitat: cosmopolitas, en zonas templadas.

Principales especies:

Euonymus europaeus. "Bonetero". Arbusto. Hojas opuestas. Cápsula tetralobada rosada con 4 *semillas* envueltas en un *arilo rojo anaranjado*. Europa y Asia. Ornamental.

E. japonicus. Arbusto perennifolio. Este de Asia. Ornamental utilizado para setos.

Celastrus orbiculata. Arbusto apoyante. Hojas alternas, caedizas, orbiculares. Asia.

Maytenus boaria. "Maitén". Árbol. Hojas lanceoladas. *Arilo rojo carnoso*. Argentina.

M. senegalensis. Arbusto espinoso. Con frutos negros biloculares. España.

12. 3.   Orden Oxalidales

Hoja *compuesta* con pulvínulos (movimiento diurno-nocturno). Con *plaquitas céreas epicuticulares*. Flores con *estigma seco*. Con oxalatos.

7 familias / **60** géneros / **1845** especies.

Oxalidaceae (= Oxalidáceas).

Familia de la Acedera.

Figura 12-4. Oxalidaceae. Oxalis acetosella.

– **1.** <u>Planta</u>. Rastrera, con estolones. Hojas digitadas, 3-foliadas, emarginadas. – **2.** <u>Flor</u>. Actinomorfa, hermafrodita. Ovario súpero. – **3.** <u>Flor</u> (sección vertical). Gineceo de ovario súpero, con 5 estilos. – **4.** <u>Androceo</u>. Monadelfo, con 10 estambres en 2 ciclos. – **5.** <u>Diagrama floral</u>. – **6.** <u>Fruto</u>. Cápsula explosiva. <u>Original</u>: 6. (<u>Adaptados</u>: 1, tras Thomé; 2-4, tras Le Maout y Decaisne).

Hierbas *perennes* con rizoma *tuberoso*. Hoja *digitada* 3-foliolada, con largo pecíolo. Inflorescencia solitaria *o umbeliforme*. Flor 5-mera, actinomorfa, *bisexual*, *heterostila*. Cáliz 5 sépalos persistentes. Corola 5 pétalos libres. Androceo monadelfo (10 estambres unidos en la base). Gineceo 5 carpelos. Ovario súpero con 5 estilos. Fruto cápsula (al abrirse *expulsa* las semillas).

<u>Principales especies</u>:

Oxalis acetosella. "Acedera". Hoja *palmada trifoliada*. Cápsula *explosiva*. Europa.

O. tuberosa. "Oca". Rizomatosa. Folíolos *redondeados*. Flor *amarilla*. América.

***O. articulata*.** Rizomas tuberosos. Hoja *trifoliolada pilosa*. Flor *rosada*.

***O. corniculata*.** *Decumbente*. Hoja con 3 folíolos *obcordados*. Flor *amarilla*.

12. 4.   Orden Malpighiales

Flores con gineceo de 3 carpelos unidos. Ovario 3-espolonado. Estigma seco.

36 familias / **716** géneros / **16065** especies.

Erythroxylaceae (= Eritroxiláceas).

Familia de la Coca.

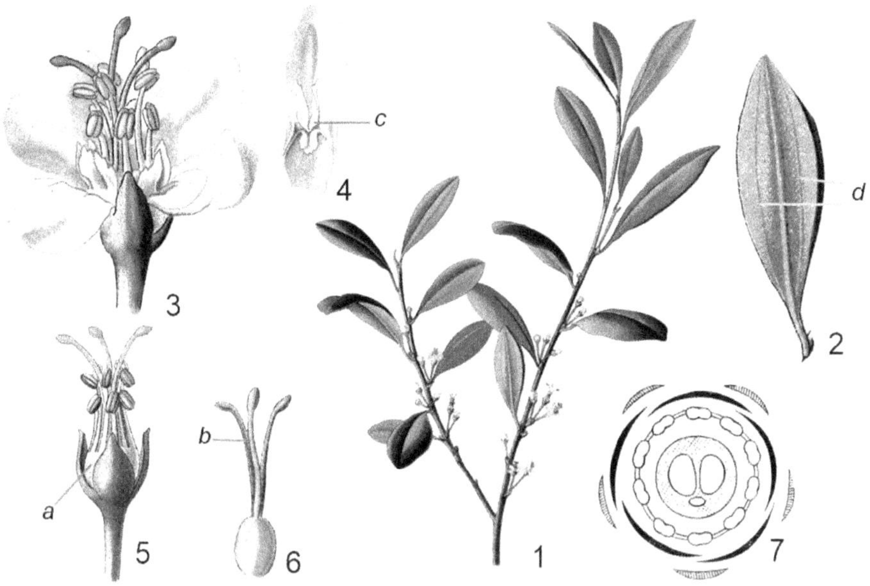

Figura 12-5. Erythroxylaceae. Erythroxylum coca.

– **1.** <u>Rama en flor</u>. Hojas alternas, elípticas. Flores pequeñas. – **2.** <u>Hoja</u>. Lámina con 2 líneas longitudinales *(d)* conniventes en el ápice. – **3.** <u>Flor</u>. Actinomorfa, hermafrodita. – **4.** <u>Pétalo</u>. Con lengüetas *(c)* en la cara adaxial. – **5.** <u>Flor</u> (sin la corola). Androceo monadelfo *(a)*. – **6.** <u>Gineceo</u>. Ovario súpero y 3 estilos *(b)*. – **7.** Androceo monadelfo. – **8.** <u>Diagrama floral</u>. (<u>Adaptados</u>: 1-2, 4 y 7, tras Hooker, W.J.; 3 y 5-6, tras Köhler; 8, tras Le Maout y Decaisne).

Árboles pequeños o arbustos. Con alcaloides tropánicos. Hojas *simples*, alternas. Estípulas intrapeciolares. Flor bisexual, *actinomorfa*, *5-mera*. Cáliz campanulado. Corola *rotácea* (tubo corto), con 5 pétalos libres *patentes* (horizontales), con apéndices *ligulares bífidos* en la base de la cara interna, formando una *corona*. Androceo con 10 estambres, en 2 series o soldados en un tubo (*monadelfo*). Gineceo 3-carpelar. Ovario súpero. Estilos 3. Estigmas 3, *capitados*. Fruto drupa. Medicinales (alcaloides, anestésico, estimulante).

<u>Hábitat</u>: pantropical, en las regiones cálidas de Sudamérica especialmente.

<u>Principales especies</u>:

Erythroxylum coca. "Coca". Arbusto. Hoja con *dos líneas longitudinales conniventes en el ápice*. Flor pequeña *amarillenta*. Pétalos libres, con *lengüetas internas*. *Drupa roja*.

Violaceae (= Violáceas)

Familia de la Violeta.

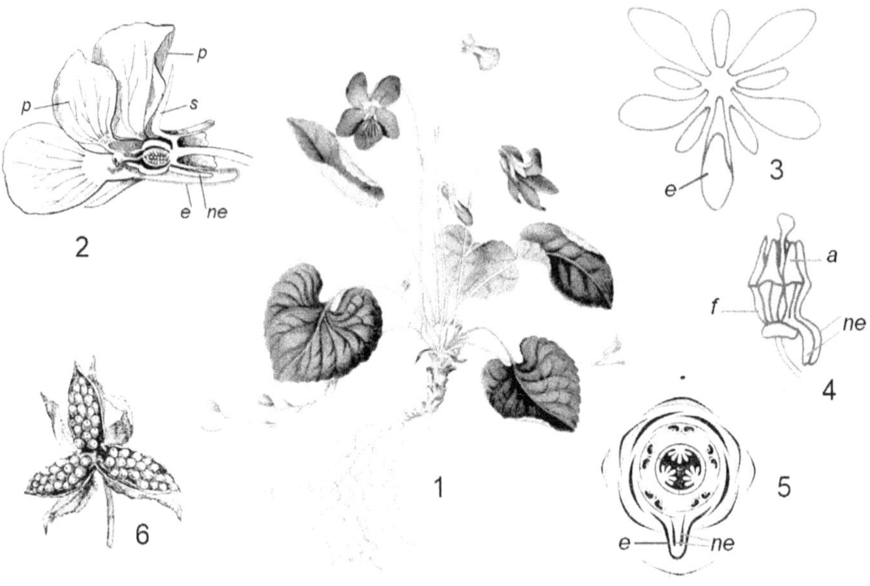

Figura 12-6. Violaceae. Viola odorata.

– **1.** <u>Planta</u>. Hierba perenne. Hojas acorazonadas. Flores lila. – **2.** <u>Flor</u> (sección longitudinal). Espolón *(e)*, con 2 nectarios *(ne)*. – **3.** <u>Diagrama del Perianto</u> (cáliz y corola). Mostrando el espolón formado a partir del pétalo inferior. – **4.** <u>Androceo</u>. Estambres con apéndice apical *(a)* y filamentos cortos *(f)*, 2 de ellos con proyecciones o nectarios *(ne)*. – **5.** <u>Diagrama floral</u>. – **6.** <u>Fruto</u>. Cápsula loculicida. <u>Originales</u>: 3-4. (<u>Adaptados</u>: 1, tras Lindman; 2, tras Percy Groom; 5-6, tras Baillon).

Hierbas. Hojas en roseta basal, *simples*, alternas, con estípulas. Flor bisexual, *cigomorfa*, *pentámera*. Cáliz con 5 sépalos. Corola con 5 pétalos, el *inferior giboso* dilatado en *espolón hueco* arqueado hacia abajo, con 2 *apéndices nectaríferos* (de 2 estambres) en su interior. Pétalos con *máculas* que guían a insectos hacia los nectarios.

Androceo con 5 estambres conniventes en un *anillo* alrededor del estilo. Filamentos cortos y *conectivo* prolongado hacia arriba. Los filamentos de los 2 estambres *inferiores* prolongados en *apéndice nectarífero* hacia el *espolón* de la corola. Gineceo 3 carpelos unidos. Ovario súpero. Placentación parietal. Cápsula loculicida. Semilla con albumen.

Hábitat: cosmopolita, en las regiones templadas y cálidas de América del Sur.

<u>Principales especies</u>:

Viola odorata. "Violeta". Con estolones. Hoja *acorazonada*. Flor *perfumada*. Europa.

Viola tricolor. "Pensamiento". Hierba trepadora. Flor lila. Europa. Ornamental.

V. atropurpurea. "Escarapela". Perenne de alta montaña. Argentina.

Passifloraceae (=Pasifloráceas).

Familia de la Pasionaria.

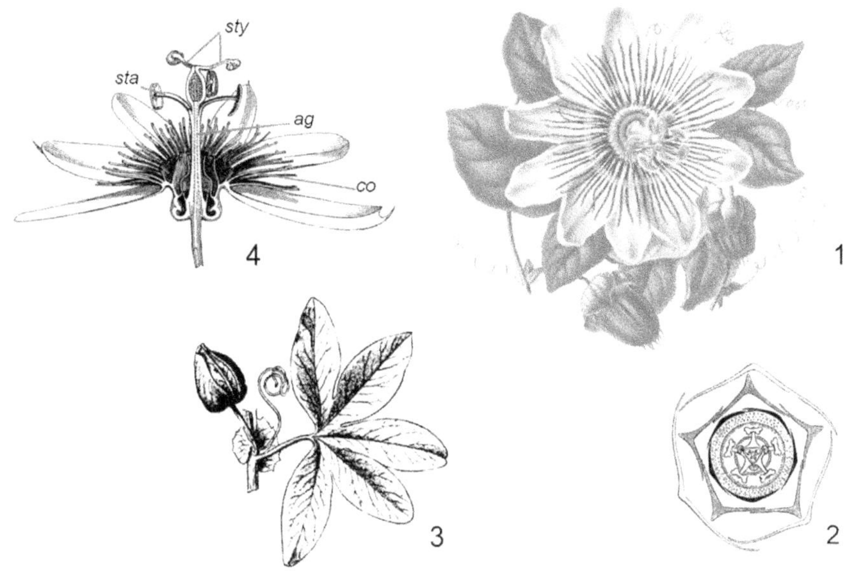

Figura 12-7. Passifloraceae. Passiflora coerulea.

– **1.** <u>Arbusto</u> <u>trepador</u> con zarcillos. **Flor** con involucro de brácteas verdes. Androceo y gineceo sobre ginecóforo. <u>Corona</u> de apéndices filamentosos liláceos. – **2.** <u>Diagrama floral</u>. – **3.** <u>Hoja</u>. Con 5 lóbulos. <u>Zarcillo</u> caulinar y <u>capullo</u> floral (en la axila de la hoja). – **4.** <u>Flor</u> (sección vertical). Androceo y gineceo sobre ginecóforo: – *(sty).* Estilos. – *(sta).* Estambres. – *(ag).* Androginecóforo. – *(co).* Corona. (<u>Adaptados</u>: 1, tras Witte *et al*; 2 y 4, tras Le Maout y Decaisne; 3, tras Wettstein).

Hierbas o arbustos trepadores (*lianas*). Zarcillos *caulinares* (vástago *axilar* a la hoja). Hojas lobuladas *palmatinervadas*. Nectarios *peciolares*. Flor *actinomorfa* con *involucro de hipsófilos* (brácteas sobre el hipantio). Cáliz 5 sépalos. Corola 5 pétalos libres. Paracorola (entre corola y androceo) o "*corona*" *membranosa*: un anillo de *apéndices filamentosos*. Androceo con 5 estambres, insertos alrededor del ovario sobre un "*androginecóforo*" o "androginóforo" (prolongación del receptáculo que soporta al androceo y al gineceo). Gineceo 3 carpelos unidos. Ovario súpero, unilocular. Tres estilos con estigmas capitados. Fruto cápsula loculicida. Semillas con arilo carnoso. Polinización por insectos y colibríes.

<u>*Hábitat*</u>: cosmopolita, zona tropical a cálido templada, en América tropical y África.

<u>Principales especies:</u>

Passiflora coerulea. "Pasionaria". Trepadora con zarcillos. Hoja *5-lobulada*. Corona de apéndices filamentosos *liláceos*. Fruto *anaranjado*. Argentina. Ornamental. Frutal.

Passiflora edulis. "Granadilla". Enredadera con zarcillos. Hoja *3-lobulada*. Flor con corona *púrpura*. Fruto *púrpura*. América. Ornamental. Frutal, el arilo da la "granadilla".

Salicaceae (= Salicáceas)

Familia del Sauce.

Figura 12-8. Salicaceae. Salix alba. Populus nigra.

– **1. _Salix alba_.** – **(a).** Hoja lanceolada, acuminada. Glauca y sedosa en la cara inferior. Pecíolo corto. – **(b).** Amento femenino erguido. – **(c).** <u>Escama</u> y <u>Flor</u> femenina desnuda. – **(d).** Amento masculino erguido. – **(e).** Escama y flor masculina. – **2. _Populus nigra_.** – **(f).** Flor masculina y su bráctea. – **(g).** Amento masculino péndulo. – **(h).** Hoja deltoidea con <u>largo</u> pecíolo. – **(i).** Amento femenino péndulo. – **(j).** <u>Bráctea</u> y <u>Flor</u> femenina desnuda. – **(ca).** Cápsula. – **(se).** Cápsula abierta. Semillas con pelos sedosos. (<u>Adaptados</u>: 1, tras Sturm; 2, tras Thomé).

Árboles y arbustos *caducifolios*. Hojas simples, alternas. Dioicos con flores *unisexuales* en *distinto* pie. Inflorescencia en amento, con flores *aperiantadas* (aclamídeas) protegidas por una bráctea entera o laciniada.

<u>Flor *masculina*</u>: 2 o más estambres. <u>Flor *femenina*</u>: Gineceo 2-carpelar. Ovario súpero, unilocular. Estilo corto, con 2 estigmas. Fruto cápsula. Semillas sin endosperma, con pelos mucilaginosos (que absorben agua, ya que tienen poder germinativo breve).

<u>*Hábitat:*</u> cosmopolita, zonas templadas a árticas del hemisferio norte.

<u>Principales especies:</u>

Salix spp. "Sauces". Yemas axilares con *una sola* escama. Hojas lanceoladas con *breve* pecíolo. *Entomófilas*. Corteza con *ácido salicílico* analgésico y antifebrífugo ("aspirina").

Salix humboldtiana. "Sauce criollo". Argentina. Crece a lo largo de los ríos. Medicinal.

Salix alba. "Sauce álamo". Árbol de copa amplia. Europa, Asia y norte de África.

Salix babilónica. "Sauce llorón". Árbol de ramas péndulas. Eurasia. Ornamental.

S. viminalis. "Mimbre". Arbolito. Hojas tomentosas en la cara inferior. Eurasia.

S. caprea. "Mimbre japonés". Ramas floríferas ornamentales. Europa y Asia.

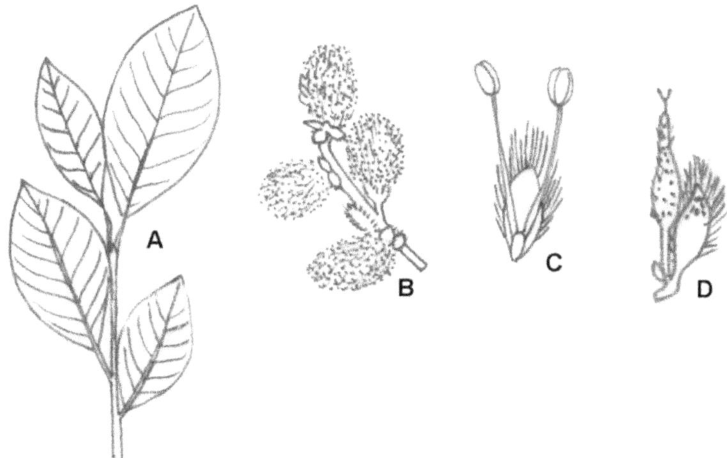

Figura 12-9. Salicaceae. Salix caprea.

– ***Salix caprea.*** – (**A**) Rama con hojas. – (**B**) Amento masculino. – (**C**) Flor masculina. – (**D**) Flor femenina. (**A-D**: Originales).

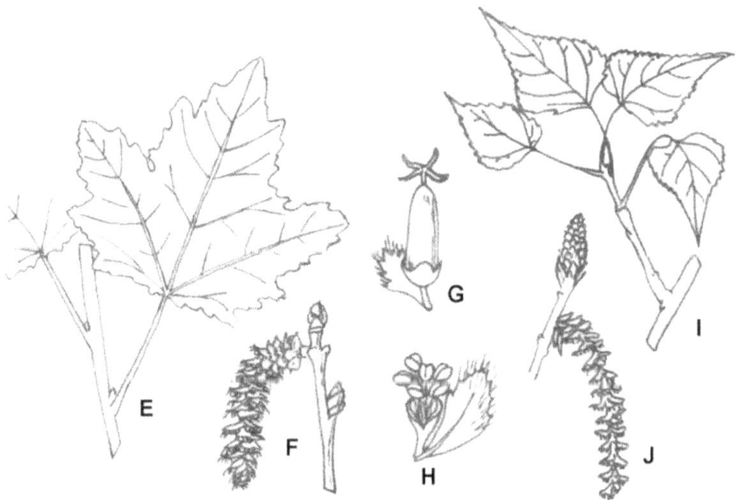

Figura 12-10. Salicaceae. Populus alba. P. nigra.

Populus alba. – (**E**) Hoja. – (**F**) Amento masculino. – (**G**) Flor femenina. – (**H**) Flor masculina. ***Populusnigra.*** – (**I**) Hojas. – (**J**) Amento masculino. (**E-J**: Originales).

Populus sp. "Álamos". Yemas axilares cubiertas por *varias* escamas imbricadas. Hojas *aovadas* o *deltoideas*, acorazonadas, con *largo* pecíolo. Flores *anemófilas*.

Populus alba. "Álamo blanco". Hoja 3-5-lobulada, blanco *tomentosa* en cara abaxial.

P. nigra. "Álamo italiano". Árbol columnar. Hoja *romboidal* de base *cuneada*. Europa.

P. nigra cv. Italica. "Álamo negro". Para cortinas forestales (rompevientos).

P. tremula. "álamo temblón". Hoja deltoidea, sinuado-crenada. Ornamental, forestal.

Euphorbiaceae (= Euforbiáceas)

Familia del Ricino.

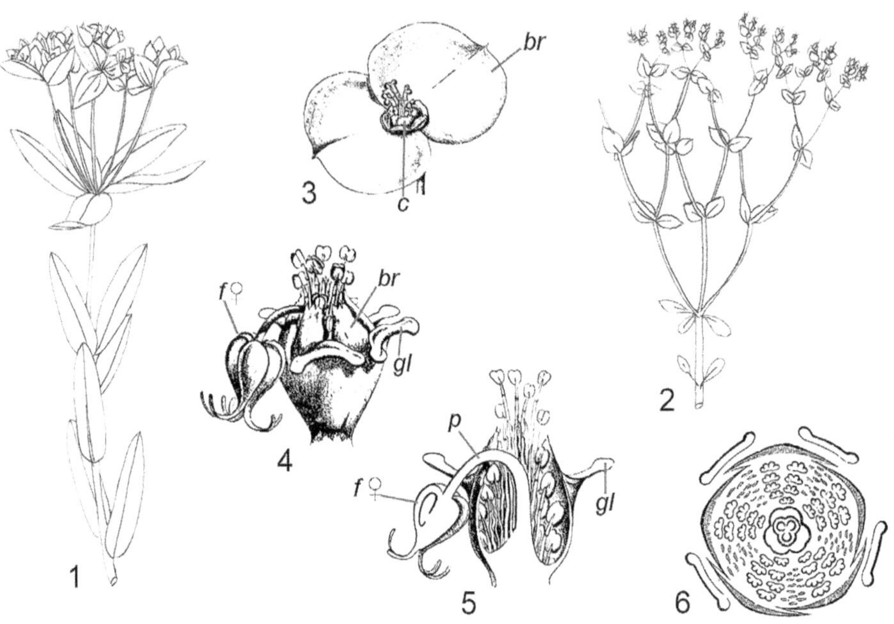

Figura 12-11. Euphorbiaceae. Euphorbia oblongata. E. peplus.

– **1.** _Euphorbia elongata._ Planta. – **2.** **E. peplus.** Planta. – **3.** **E. splendens.** Ciatio *(c)* con dos brácteas rojas *(br)*. – **4.** **E. Lathyris.** Ciatio con una flor femenina *(f)* de largo pedicelo *(p)*, envoltura de brácteas *(br)* y glándulas *(gl)*. – **5.** Flor (la misma en sección longitudinal). – **6.** Diagrama floral. Originales: 1-2. (Adaptados: 3-6, tras Baillon).

Con formas diversas. En regiones *tropicales:* árboles o arbustos, *hojas normales*. En regiones *desérticas:* tallo fotosintético espinoso con forma de cirio y hojas *reducidas*. En *Europa: hierbas. Tubos con látex* blanco o coloreado, tóxico, rico en almidón y caucho. Hojas simples palmatipartidas o compuestas, *alternas* estipuladas. *Monoicas,* con flores *unisexuales* en espigas, racimos o glomérulos. Perianto con cáliz y corola.

Flores *masculinas*: estambres multiplicados en grupos, o con sólo uno (*Euphorbia*). *Flores* *femeninas*: Gineceo con 3 carpelos unidos. Ovario súpero. Estilos ramificados. Placentación axial, con 1-2 óvulos por carpelo. Fecundación del óvulo por *"obturador"* (excrescencia micropilar, sirve de guía y nutrimento al tubo polínico). Fruto cápsula *tricoca*, que se fragmenta en 3 partes (cada una un carpelo). Semilla con carúncula.

Hábitat: cosmopolitas, en zonas tropicales y templadas de América e Indomalasia.

Principales especies:

Euphorbia sp. *Tóxicas*. En sabanas y desiertos africanos. Convergencia evolutiva. Con *aspecto de cactos* y suculencia caulinar. *Hojas reducidas* y *estípulas espinosas*. *Inflorescencia* típica en <u>ciatio</u> con flores unisexuales y glándulas en el margen (simula una "flor"). Con una <u>*única flor femenina*</u> desnuda y pedicelada (central), rodeada por *varias flores masculinas* (cada una 1 estambre de pedicelo *articulado*); todas en un órgano acopado formado por 5 brácteas soldadas (entre 2 brácteas hay una glándula).

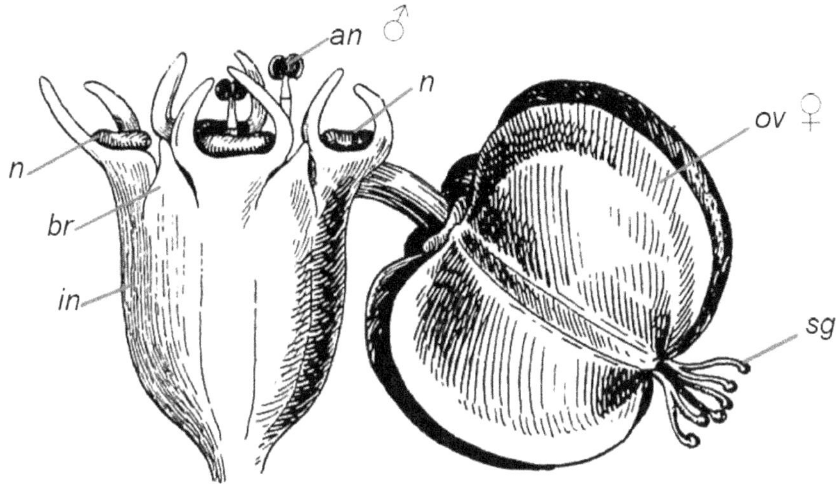

Figura 12-12. Euphorbiaceae. Ciatio de Euphorbia peplus.

– **<u>Ciatio</u>**. – *(in)*. Involucro. – *(n)*. Nectario. – *(br)*. Bráctea. – **<u>Flores masculinas</u>**. – *(an)*. Antera – **<u>Flor femenina</u>**. – *(ov)*. Ovario. – *(sg)*. Estigma. (<u>Adaptados</u>: tras Percy Groom).

E. peplus. "Albahaca venenosa". Herbácea *anual*. Hojas ovado-espatuladas. Europa.

Euphorbia collina. "Pichoa". Herbácea *perenne*. Hojas carnosas. Medicinal y tóxica.

E. pulcherrima. "Flor de pascua". Arbusto. Hojas involucrales *rojas*. Ornamental.

E. serpens. "Cola de novia". Tallos radicantes. Hojas asimétricas. Argentina.

E. splendens. "Corona de Cristo". Arbusto *perenne* ramificado, con largas espinas.

Manihot esculenta. "Mandioca". Tubérculos con almidón (tóxica).

Aleuritis fordii. "Tung". Árbol. Semillas con aceite para barnices.

Hevea brasiliensis. "Árbol del caucho". Hojas *trifolioladas*. Cápsula tricoca. Brasil.

Ricinus communis "Ricino". Hoja palmatinervada. Cápsula *trilobulada* con *espinas*. Semilla jaspeada, con aceite medicinal y proteínas venenosas (con la *toxina* "ricina").

Acalypha hispida. "Cola de zorro". Arbusto. *Espigas* colgantes con flores *rojo* intenso.

Codiaeum variegatum. "Crotón de Filipinas". Hojas variegadas. Ornamental.

Linaceae (= Lináceas)

Familia del Lino.

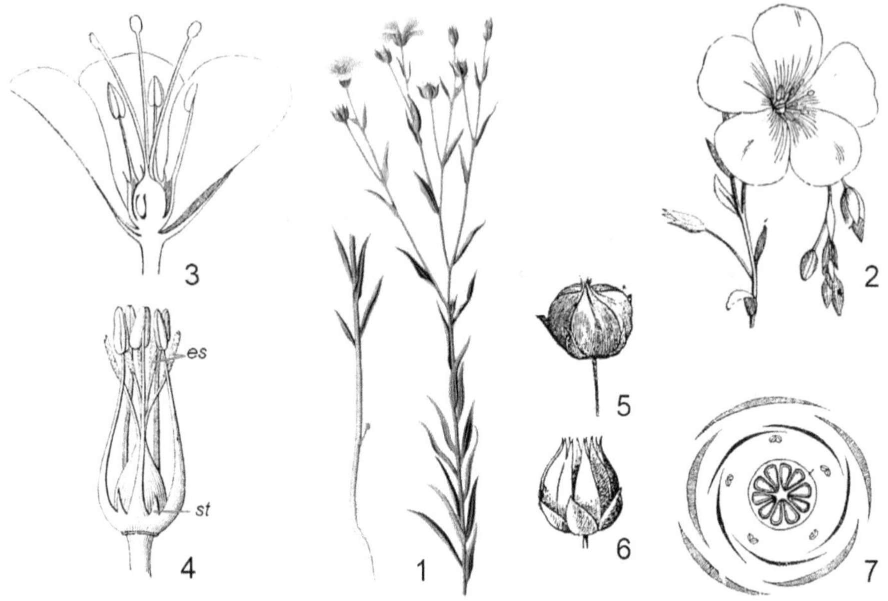

Figura 12-13. Linaceae. Linum usitatissimum.

– **1.** Planta. Anual. Raíz axonomorfa. – **2.** Flor. Actinomorfa. Hermafrodita. – **3.** Flor (sección longitudinal). Ovario súpero. Androceo monadelfo. – **4.** Flor (sin perianto). Estambres reducidos a estaminodios *(st)*. Gineceo con 5 estigmas *(es)*. – **5.** Cápsula. – **6.** Cápsula en dehiscencia. – **7.** Diagrama floral. (Adaptados: 1, tras Köhler; 2 y 4-5, tras Warming; 3 y 7, tras Le Maout y Decaisne; 6, tras Gilg).

Hierbas. Hoja simple, sésil. Inflorescencia cima o racimo espiciforme. Flor *5-mera* actinomorfa, bisexual. Cáliz 5 sépalos persistentes. Corola 5 pétalos unguiculados, libres.

Androceo con 10 estambres (5 *fértiles* alternipétalos y 5 *estaminodios* opositipétalos), monadelfo (filamentos soldados en la base). Gineceo 5 carpelos unidos. Ovario súpero. Estilos libres, con 5 estigmas capitados. Fruto cápsula septicida. Semilla albuminada.

Hábitat: cosmopolitas, en zonas templadas a subtropicales.

Principales especies:

Linum usitatissimum. "lino". Anual. Hoja *lineal*. Flor *azul*. Egipto, Asia. Textil y oleífera.

Linum grandiflorum. Anual. Hoja *lanceolada*. Flor *roja*. África. Ornamental.

Capítulo.13. CLADO PENTAPÉTALAS / SUPERRÓSIDAS / RÓSIDAS / FÁBIDAS.

13. 1. Orden Fabales

4 familias **/ 754** géneros **/ 20140** especies.

Fabaceae (= Fabáceas o Leguminosas)

Familia del Poroto.

Árboles, arbustos, hierbas. En *simbiosis* con *bacterias fijadoras de nitrógeno atmosférico* (*Rhizobium sp.*), alojadas en nódulos bacterianos o "*tuberosidades*" de sus raíces. Hojas *pinadas*, pinatinervadas, *alternas*, con *estípulas*. Inflorescencia *racimo*. Flor *pentámera* bisexual. Disco intraestaminal. Cáliz 5 sépalos. Corola 5 pétalos unguiculados. Androceo 2 ciclos de estambres. Gineceo *unicapelar* con ginecóforo. Ovario súpero. Fruto legumbre con dehiscencia *longitudinal doble* (por la *nervadura media* y la *línea de sutura*). Semilla *exalbuminada.* Embrión grande. Endosperma *reducido*.

Sub-Familia Mimosoideae (= Mimosoideas).

Figura 13-1. Mimosoideae. Mimosa pudica. Acacia retinoides.

– ***Mimosa pudica.*** – **1.** Rama. Hojas 2-folioladas muy sensibles al tacto. Capítulos globosos. – **2.** Flor. Con 8 estambres libres. – **3.** Diagrama floral. – **4.** Lomento. Articulado, con cerdas. – ***Acacia retinoides.*** – **5.** Flor. Estambres numerosos, libres, sobresaliendo de la corola. (Adaptados: 1, tras Step y Bois; 2-3 y 5, tras Taubert; 4, tras Le Maout et Decaisne).

Árboles, arbustos, o lianas. Hojas *paribipinadas*. *Filodio* (*pecíolo* dilatado). *Estípulas* y *espinas estipulares*. Nectarios *extraflorales*. Inflorescencia *capítulo* globoso o *espiga* densa. Flor 5-mera *actinomorfa*. Cáliz 5 sépalos *unidos*. Corola 5 pétalos libres *valvados*. Androceo con 10 estambres o mayor número. Gineceo *unicarpelar*. Ovario y estilo lineales. Óvulos *anátropos*. Fruto legumbre o lomento (legumbre *indehiscente*). Semilla con embrión recto y albumen córneo. Tegumento con *línea fisural* en herradura o anillo.

<u>Hábitat</u>: en regiones tropicales a subtropicales y templadas.

<u>Principales especies</u>:

Mimosa pudica. "Sensitiva". Hierba tropical. Hojas *bipinadas*, con *nastias* (rápida reacción al contacto, aire, etc). Capítulos rosados. Estambres libres. Lomento articulado.

Enterolobium contortisiliquum. "Timbó". Vaina *negra* en círculo trunco. Argentina.

Prosopis sp. "Algarrobos". Árboles *espinosos*. Hojas *bipinadas*. Espinas *biyugas*. *Lomento* (legumbre *indehiscente*). Espigas *densas*. Flores con 5-10 estambres.

P. alba. "Algarrobo blanco". Espinas apareadas. Vaina *lineal* amarillenta. Argentina.

P. alpataco. "Alpataco". Lomento amarillo, *acuminado*. Argentina.

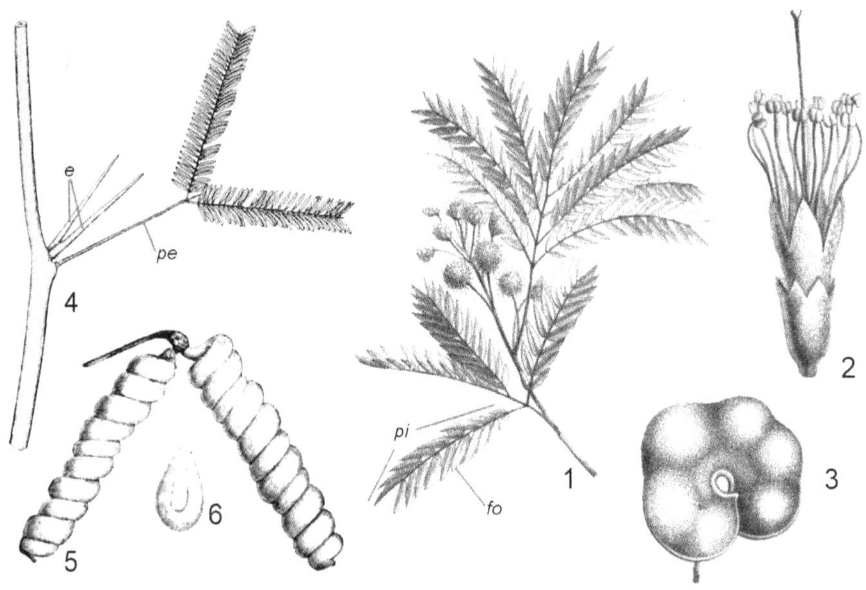

Figura 13-2. Mimosoideae. Enterolobium contortisiliquum. Prosopis strombulifera.

– <u>***Enterolobium contortisiliquum***</u>. Hojas bipinadas. <u>Pinas</u> *(pi)* con 10 pares de <u>Folíolulos</u> *(fo)* asimétricos. – **2**. <u>Flor</u>. Con estambres sobresalientes. – **3**. <u>Legumbre</u>. En círculo incompleto con un orificio central. – ***Prosopis sp***. – **4**. <u>Hoja</u>. Bipinada con largo pecíolo *(pe)*. Estípulas espinosas divergentes *(e)*. – ***Prosopis strombulifera***. – **5**. <u>Lomento</u>. En espiral apretada. 6. <u>Semilla</u> con línea fisural en herradura. (<u>Adaptados</u>: 1-3 y 5-6, tras Taubert; 4, tras Velenoský).

Prosopis caldenia. "Caldén". Vaina *falcada*, encorvada en espiral abierta. Argentina.

P. chilensis. "Algarrobo chileno". Vainas anchas retorcidas. Argentina y Chile.

P. flexuosa. "Algarrobo dulce". Espinas biyugas. Fruto moniliforme jaspeado *violáceo*.

P. nigra. "Algarrobo negro". Vainas gruesas, amarillentas *manchadas*. Argentina.

P. ruscifolia. "Vinal". Espinas de 30 cm. Hojas con folíolulos muy grandes. Argentina.

P. strombulifera. "Retortuño". Subarbusto. Lomento en *espiral* apretada.

Acacia caven. "Espinillo". Arbolito espinoso. Vaina ovoide leñosa con *pico* punzante.

A. visco. "Visco". Inerme. Hojas bipinadas, foliólulos con nervio *excéntrico*. Argentina.

Acacia dealbata. "Acacia francesa". *Inerme*. Hoja persistente. Flor dorada. Australia.

A. melanoxylon. "Acacia negra". *Filodios* lineales y nervios longitudinales. Australia.

Albizia julibrissin. "Acacia de Constantinopla". Cabezuelas vistosas rosadas. Australia.

Sub-Familia Caesalpinioideae (= Caesalpinioideas).

Figura 13-3. Caesalpinioideae. Caesalpinia spinosa.

– **1.** Ramita. Hojas <u>paribipinadas</u> con acúleos. Racimo de flores <u>cigomorfas</u>. – *(a)*. Flor. Sépalo inferior fimbriado. – *(b)*. Flor (sin el cáliz). – *(c)*. Androceo y gineceo – *(d)*. Ovario lineal y algunos estambres. – *(e)*. Ovario (sección longitudinal). – *(f)*. Vaina indehiscente (placentación marginal). – **2.** <u>Diagrama floral</u>. (<u>Adaptados</u>: tras Bonpland y Humboldt).

Árboles, arbustos, lianas. Raíces a veces *sin* nódulos bacterianos. Hoja *paripinada* (o bipinada). Flor *cigomorfa*. Cáliz con 5 sépalos libres o soldados en su base. Corola con 5 pétalos con *limbo y uña*. Prefloración *imbricada coclear* ascendente: los 2 pétalos *inferiores* cubren por sus bordes a los laterales, y éstos al *superior* (*estandarte interno*).

Androceo *10 estambres libres*. Granos de polen en *políadas* (grandes grupos). Óvulo *anátropo*. Fruto legumbre, con *lóculos*. Semillas inmersas en pulpa ácida. Embrión *recto*.

Hábitat: en regiones tropicales a subtropicales de América y África.

Principales especies:

Caesalpinia spinosa. "Tara". Arbusto *aculeado*. Hojas *bipinadas*. Flores amarillas con sépalo inferior de borde muy dividido, fimbriado. Vaina indehiscente, roja. América Sur.

Caesalpinia gilliesii. "Lagaña de perro". Inerme. Estambres largos *rojos*. Argentina.

Cassia aphylla. "Pichanilla". Arbusto ramoso *áfilo*. Ramitas verde brillante. Argentina.

Cassia corymbosa. "Rama negra". Flores amarillas. Vaina cilíndrica. Argentina.

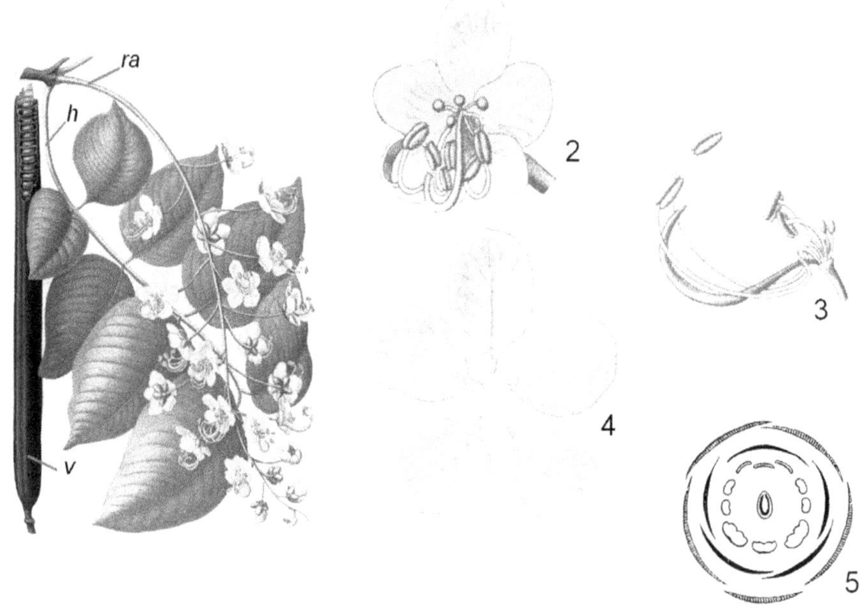

Figura 13-4. Caesalpinioideae. Cassia fistula.

– **1.** Hoja paripinada *(h)*. Racimo axilar péndulo *(ra)*. Vaina cilíndrica de 50 cm *(v)*. – **2.** Flor (vista de frente). – **3.** Androceo con 7 estambres fértiles y 3 estaminodios. – **4.** Corola. – **5.** Diagrama floral. (Adaptados: 1-4, tras Köhler; 5, tras Le Maout y Decaisne).

Cassia fistula. "Caña fístula". Árbol. Hoja grande, paripinada 4-8-yugas. Racimo péndulo. Flor amarilla. *Vaina cilíndrica de 50 cm*. Asia tropical. Medicinal, purgante.

Ceratonia siliqua. "Algarrobo europeo". *Grandes* folíolos elípticos. *Corola ausente*.

Cercidium praecox. "Chañar brea". Espinas *divergentes* en los nudos. Argentina.

Delonix regia. "Chivato". Flores rojas. Vainas *leñosas de 60 cm*. Madagascar.

Gleditsia triacanthos. "Acacia negra". Espinas *con 3 puntas*. Vaina *negra* de 40 cm.

Hoffmanseggia falcaria. "Porotillo". Perenne. Vaina *incurva* comprimida. Argentina.

Parkinsonia aculeata. "Cinacina". *Espinoso*. Hojas de 40 cm, bipinadas. Argentina.

Zuccagnia punctata. "Jarilla macho". Hoja bipinada con *una sola pina*. Flor amarilla.

Sub-Familia Faboideae (= Faboideas o Papilionoideas).

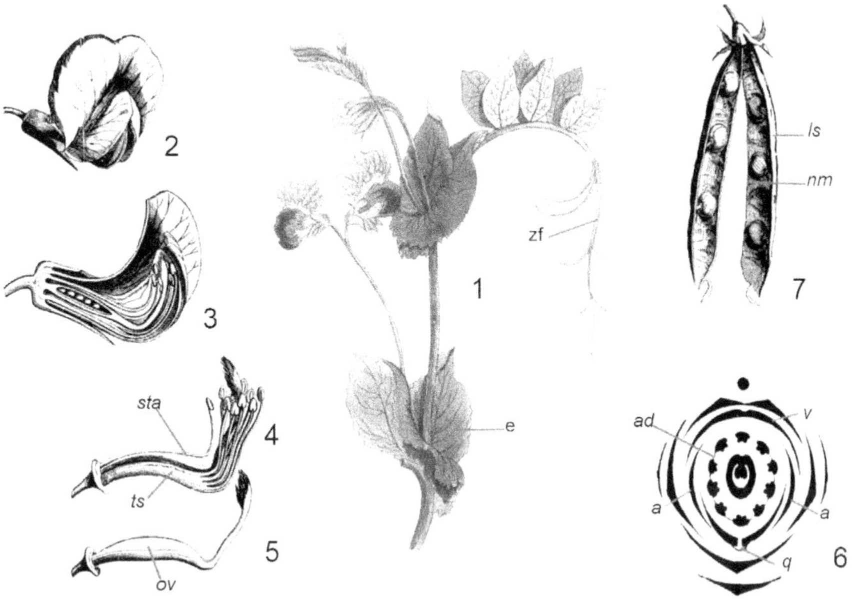

Figura 13-5. Papilionoideae. Pisum sativum.

– **1.** <u>Rama en flor</u>. Hoja imparipinada con zarcillo terminal *(zf)*. Estípulas foliáceas *(e)*. – **2.** <u>Flor</u> <u>Papilionada</u>. (de frente). – **3.** <u>Flor</u> (corte longitudinal). – **4.** <u>Androceo diadelfo</u>. – *(sta)*. Estambre libre. – *(ts)*. Tubo estaminal. – **5.** <u>Gineceo</u>. – *(ov)*. Ovario. – **6.** <u>Diagrama floral</u>: – *(v)*. Estandarte. – *(a)*. Alas. – *(q)*. Quilla. – *(ad)*. Androceo diadelfo – **7.** <u>Legumbre</u>. – *(nm)*. Nervadura media carpelar. – *(ls)*. Línea sutural de márgenes carpelares. (<u>Adaptados</u>: 1, tras Wilhem; 2-7, tras Warming).

Árboles. Hierbas anuales o vivaces, volubles o trepadoras (*enroscamiento* del tallo o presencia de zarcillos. Raíces con nódulos bacterianos con *Rhizobium sp.* (*simbiontes* fijadoras de nitrógeno). Hoja *imparipinada, paripinada, unifoliolada, palmaticompuesta* (nunca bipinadas). Inflorescencia en racimo (a veces *espiga, umbela* o *capítulo*).

Flor *cigomorfa* (bilateral). Cáliz 5 sépalos soldados. Corola 5 pétalos libres, *papilionada* (aspecto de mariposa). Prefloración *imbricada* descendente: el *"estandarte"* (pétalo dorsal o *vexilo*) cubre a las *"alas"* (los 2 pétalos laterales) y éstas a su vez cubren a la *"quilla"* (los 2 pétalos abaxiales unidos por sus bordes internos formando una *carina*).

Androceo *"diadelfo"* (encerrado en la *quilla*): *9 estambres* con filamentos *unidos* en tubo abierto y *1 estambre libre*. Gineceo *unicarpelar*. Ovario súpero, con 1-2 filas de óvulos *campilótropos*. <u>*Polinización*</u> por *abejas* atraídas por *néctar* (en la parte *basal interna* del tubo estaminal): el insecto se posa sobre las *"alas"* o la *"quilla"*, presiona hacia abajo y libera a los estambres. Se produce entonces el *"<u>desenlace</u>"*: los *estambres* liberados *golpean* con fuerza el estandarte y liberan el polen. Fruto legumbre. A veces lomento (tabicado en "artejos" con una semilla n cada uno; no se abre al madurar). También núcula monosperma. Semilla *sin albumen* (*exalbuminada*). Embrión *curvo*.

<u>*Hábitat*</u>: Cosmopolitas.

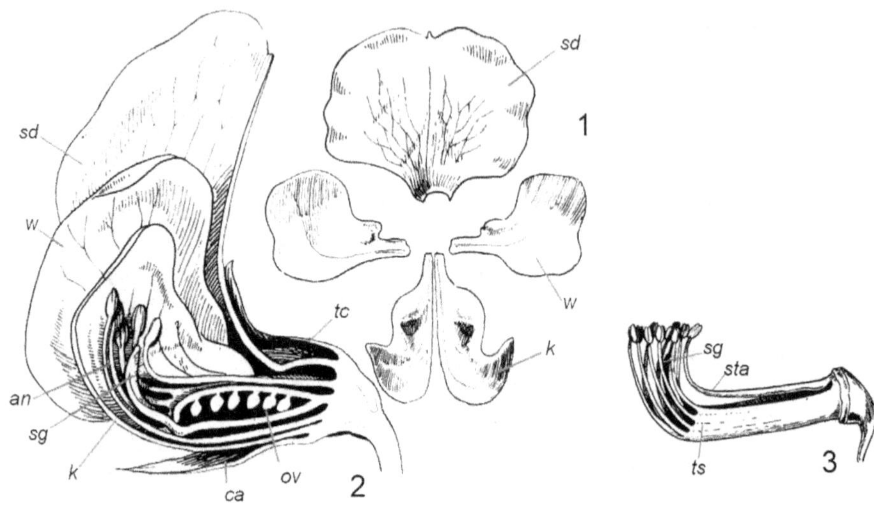

Figura 13-6. Papilionoideae. Pisum sativum.

– **1.** <u>Corola Papilionada</u>. (vista de frente): – *(sd)*. Estandarte. – *(w)*. Ala. – *(k)*. Quilla. – **2.** <u>Flor Papilionada</u>. (sección longitudinal). – *(tc)*. Tubo calicino. – *(an)*. Antera. – *(sg)*. Estigma. – *(ca)*. Cáliz gamosépalo. – *(ov)*. Ovario. – **3.** <u>Androceo diadelfo</u>: – *(ts)*. 9 estambres unidos por sus filamentos. – *(sta)*. Décimo estambre separado. – (<u>Adaptados</u>: 1-3, tras Percy Groom).

<u>Principales especies:</u>

Pisum sativum. "Arveja". Hoja *imparipinada,* con *zarcillo foliar terminal.* Estípulas foliáceas. Flores violáceas. Vaina cilíndrica. Semilla globosa. Europa y Asia.

Adesmia pinifolia "Leña amarilla". Cojín con *espinas.* Hojas paripinadas 3-yugas.

Erythrina crista-galli. "Ceibo". Hojas trifolioladas, con *1-2 aguijones en el pecíolo.*

Arachis hypogaea. "Maní". Legumbre *indehiscente*, con *clavos "geotrópicos"*: *pedúnculo* y parte basal del ovario, que se introducen en el suelo y *maduran bajo tierra.*

Geoffroea decorticans. "Chañar". Corteza *gris verdosa* exfoliante. *Drupa globosa.*

Glycine max. "Soja". Hojas con *3 folíolos ovales.* Flor *blanca.* Vaina *hirsuta.* SE de Asia.

Tipuana tipu. "Tipa". Árbol. Flores doradas. Fruto *sámara.* Argentina. Forestal.

<u>Son especies forrajeras:</u>

Lotus corniculatus. "Trébol pata de pájaro". Perenne. Vaina *linear* cilíndrica *rostrada.*

Lupinus luteus. "Altramuz amarillo". Hojas *digitadas.* Flor amarilla. Vaina linear.

Medicago lupulina. "Lupulina". Hierba postrada anual. Flores pequeñas *amarillas.*

Medicago sativa. "Alfalfa". Perenne. Hojas *pinadas trifolioladas*, folíolo terminal con *pequeño peciolulo.* Folíolos con *1/3 apical denticulado.* Flores azul *lila.* Vaina *espiralada.*

Trifolium pratense. "Trébol rojo". Hoja *digitado-trifoliada.* Flor *violácea.*

Trifolium repens. "Trébol rastrero". Tallos radicantes en los nudos. Flor *blanca*.

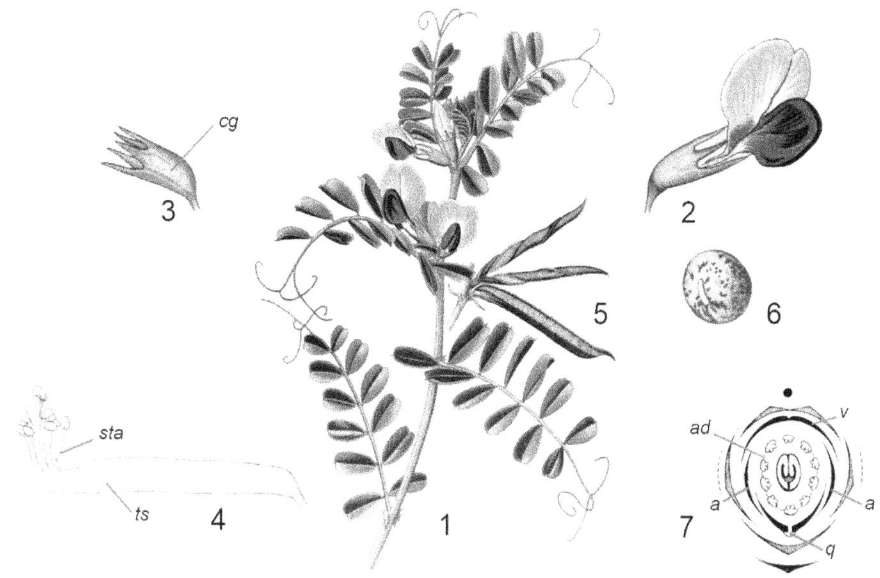

Figura 13-7. Papilionoideae. Vicia sativa.

– **1.** Rama en flor. Hojas con zarcillo terminal. – **2.** Flor Papilionada. – **3.** Cáliz gamosépalo. *(cg).*– **4.** Androceo diadelfo: – Estambre libre. *(sta).* – Tubo estaminal. *(ts).* – **5.** Legumbre. – **6.** Semilla. – **7.** Diagrama floral: – Vexilo *(v)*. – Alas. *(a)*. – Quilla. *(q)*. – Androceo diadelfo. *(ad)*. (Adaptados: tras Thomé; 7 tras Eichler y Taubert).

Vicia sativa. "Vicia común". Hoja con raquis terminado en zarcillo. Flores *lila*. Europa.

Vicia villosa. "Vicia vellosa". Racimo con 10 flores *azules*. Vaina *estipitada*. Europa.

Son legumbres importantes:

Cicer arietinum. "Garbanzo". Hojas *imparipinadas*. Legumbre *ovoide inflada*. Europa.

Lens culinaris. "Lenteja". Hierba. Cáliz subulado, corola breve. Semilla *lenticular*. Asia.

Phaseolus vulgaris. "Poroto". Hojas *trifolioladas*. Legumbre *linear*. América.

Ph. coccineus. "Poroto pallar". Perenne voluble. Flor *escarlata*. Semilla *reniforme*.

Ph. lunatus. "Poroto manteca". Fruto *plano*. Flor *blanca*. Semilla *comprimida*.

Vicia faba. "Haba". Hojas *paripinadas* (zarcillo nulo). Flor *violácea*. Vaina *gruesa*.

Son ornamentales:

Lathyrus odoratus. "Arvejilla". Hojas con *zarcillos terminales*. Flor *perfumada*. Sicilia.

Robinia pseudo-acacia. "Acacia". Hoja *imparipinada*. Estípulas *espinosas*. Flor *blanca*.

Spartium junceum. "Retama". Rama *junciforme subáfila*. Flor *amarilla*. Vaina *linear*.

Wisteria sinensis. "Glicina". Trepadora. Flor *rosada*. Vaina aterciopelada *pubescente*.

Polygalaceae (=Poligaláceas)

Familia del Hualán.

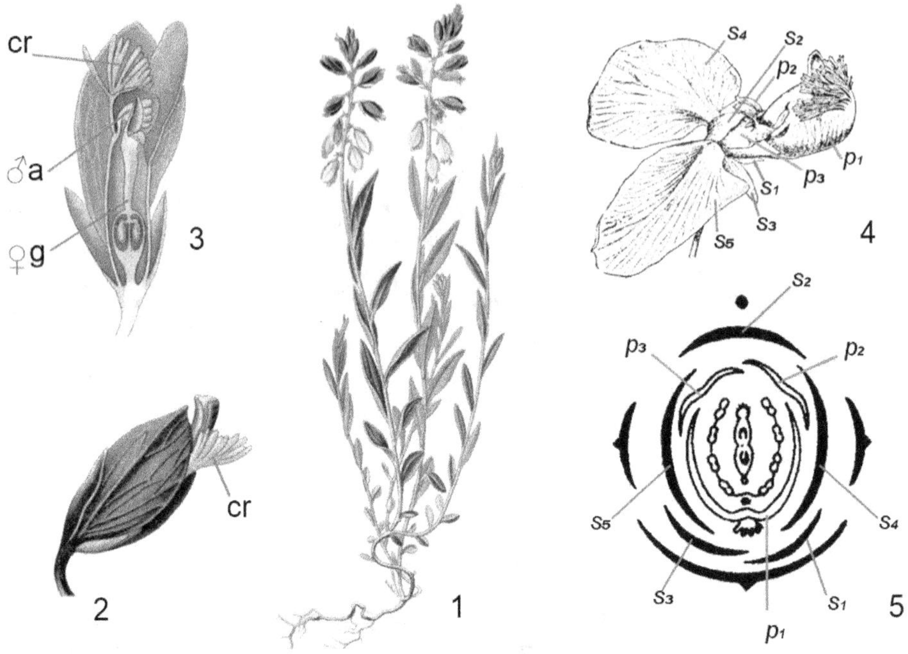

Figura 13-8. Polygalaceae. Polygala vulgaris.

– **1.** <u>Planta</u> en flor. Hojas simples. – **2.** <u>Flor</u> (vista lateral). – **3.** <u>Flor</u> (sección longitudinal): – *(cr)*. Cresta. – *(a)*. Androceo. – *(g)*. Gineceo. – **4.** <u>Flor</u>: – *(s)*. Sépalos (1 a 5). – *(p)*. Pétalos (1 a 3). – **5.** <u>Diagrama floral</u>. *Idem*. (<u>Adaptados</u>: 1-3, tras Thomé; 4, tras Wettstein; 5, tras Eichler).

Hierbas. Hoja *simple*. Inflorescencia *racimo*. Flor bisexual, *mediano-cigomorfa*. Cáliz 5 *sépalos desiguales*: 3 externos *pequeños unidos* y *2* internos laterales *grandes* con aspecto de *alas petaloides*. Corola sólo 3 pétalos: uno *central abaxial* o *"quilla"* (navicular) con una *"cresta"* (apéndice apical laciniado); cubre al androceo a modo de *capuchón*. Los 2 pétalos *laterales adaxiales* están soldados al *tubo de los estambres*. Androceo 8-10 estambres, con filamentos unidos en un *tubo abierto*. Gineceo 2 carpelos *concrescentes*. Ovario súpero, 2 óvulos. Fruto *cápsula*. Semilla con carúncula.

<u>Hábitat</u>: cosmopolitas.

<u>Principales especies</u>:

Polygala vulgaris. Hemicriptófita. Hojas *lineales*. Flores *azules* o *lila*. Cosmopolita.

Polygala myrtiflora var. grandiflora. Arbusto. Hoja lanceolada. Flor *violácea*. África.

Bredemeyera colletioides. "Hualán". *Áfila. Espinas gruesas con flores*. Argentina.

Capítulo.14. **CLADO PENTAPÉTALAS / SUPERRÓSIDAS / RÓSIDAS / FÁBIDAS**

SUPER ORDEN ROSANAS - "NO FIJADORAS DE NITRÓGENO"

14. 1.   *Orden Rosales.*

Leñosas. Hojas alternas. Flor *pentámera* con hipantio. Ovario *pluricarpelar dialicarpelar*, con tendencia a *gamocarpelar* y finalmente *unicarpelar unilocular*.

9 familias / **261** géneros / **7725** especies.

Rosaceae (=Rosáceas)

Familia del Rosal.

Árboles o arbustos espinosos. Hojas simples o *pinadas*. Estípulas libres o adnatas al pecíolo. Inflorescencia *uniflora* o racimosa. Cáliz 5 sépalos. Corola 5 pétalos *unguiculados*. Androceo *2-3 ciclos* de estambres. Hipantio con *disco intraestaminal*. Gineceo *unicarpelar* o *pluricarpelar*. Placentación *axilar*. Óvulo *anátropo*. Fruto aquenio, pomo o drupa.

Subfamilia Rosoideae (= Rosoideas)

Figura 14-1. Rosaceae. Rosoideae. Rosa rubiginosa.

– **1.** Arbusto espinoso. Aguijones epidérmicos. Hojas imparipinadas. Estípulas concrescentes. Corola 5-mera. – **2.** Flor (sección longitudinal). Carpelos libres dentro del receptáculo. – **3.** Fruto cinorrodon. – **4.** Diagrama floral. (Adaptados: 1-3, tras Mentz y Ostenfeld; 4, tras Eichler).

Gineceo con *carpelos libres*, cada uno da un fruto *indehiscente monospermo*: núcula o *drupa*. Estilo transformado en apéndice ganchudo que sirve para la diseminación del mericarpo (*Dryas, Geum*). Receptáculo *cóncavo* o *convexo*. Fruto *aquenio* o drupa.

<u>*Hábitat*</u>: cosmopolitas, en zonas templadas a subtropicales del hemisferio norte.

<u>Principales especies</u>:

Fragaria chiloensis. "Frutilla". Rizomatosa y estolonífera. Hojas *trifolioladas*. Fruto conocarpo (receptáculo cónico carnoso con aquenios en superficie). Patagonia a Alaska.

Fragaria x ananassa. "Frutilla". Híbrido de *F. chiloensis* y *F. virginiana*.

Rosa sp. *"Rosal"*. Arbusto. Aguijones *epidérmicos*. Hoja imparipinada. Estípulas *concrescentes* con el pecíolo. Fruto *cinorrodon* (*aquenios* incluidos en el receptáculo).

Rosa rubiginosa. "Rosa mosqueta". Adventicia en la Patagonia. Frutos para dulces.

Rubus idaeus. "Frambueso". Fruto polidrupa (*drupas* sobre receptáculo convexo).

Rubus fruticosus. "Zarzamora". Arbusto. Tallos retorcidos con aguijones. Argentina.

Subfamilia Amygdaloideae (= Amigdaloideas o Prunoideas).

Frutales de carozo.

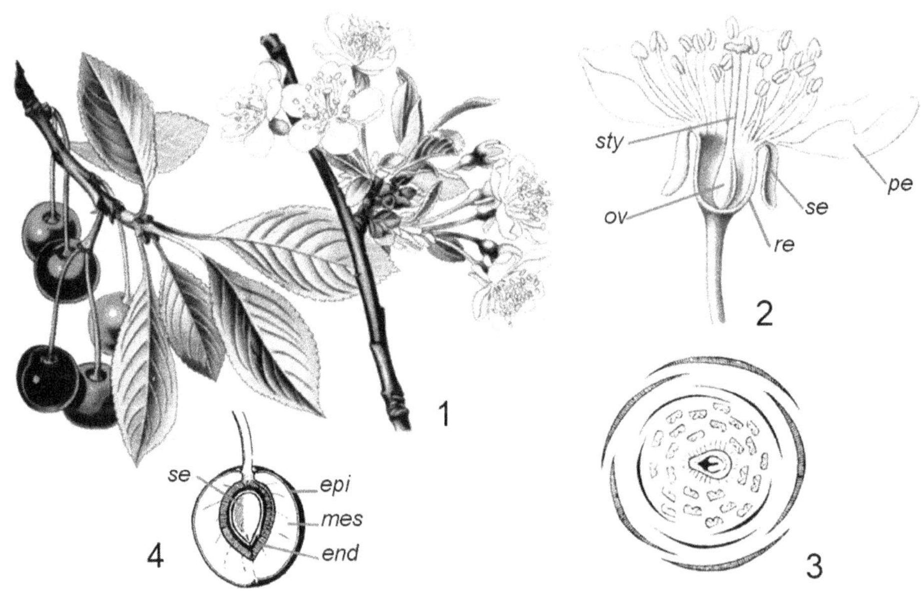

Figura 14-2. Rosaceae. Prunoideae. Prunus cerasus.

– **1.** <u>Hoja</u> elíptica. <u>Fruto</u> drupa. – **2.** <u>Flor</u> (sección vertical): – *(pe)*. Pétalo. – *(se)*. Sépalo. – *(re)*. Receptáculo urceolado. – *(sty)*. Estilo. – *(ov)*. Ovario unicarpelar. – **3.** <u>Diagrama floral</u>. – **4.** <u>Drupa</u> (en corte): *(epi)*. Epicarpo delgado. *(mes)*. Mesocarpo carnoso. *(end)*. Endocarpo leñoso. *(se)*. Semilla. (<u>Adaptados</u>: 1-2, tras Thomé; 3, tras Le Maout y Decaisne; 4, tras Percy Groom).

Flor perígina. Receptáculo cóncavo en forma de *copa*, que cae durante la fructificación. Corola 5 pétalos unguiculados. Gineceo *unicarpelar* no soldado al receptáculo. Ovario 2-ovulado. Fruto drupa (*unicarpelar monosperma*). Semilla con *glucósidos*.

Principales especies:

Prunus sp. Árboles. Hojas simples aserradas. Fruto drupa uniseminada.

Prunus cerasus. "Guindo". Hojas *crenado-aserradas*. Fruto agridulce de 1 cm.

P. amygdalus (P. dulcis). "Almendro". Fruto seco, con epicarpo y mesocarpo *coriáceo*.

P. armeniaca. "Damasco". Hojas *deltoideas*. Drupa de 3-5 cm.

P. domestica. "Ciruelo". Hojas elípticas, *discolores*. Fruto violáceo con endocarpo liso.

P. persica. "Duraznero". Ramas *grisáceas*. Hoja de pecíolo corto. Epicarpo *tomentoso*.

Prunus avium. "Cerezo". Fruto más o menos dulce con epicarpo adherido a la pulpa.

P. laurocerasus. "Laurel cerezo". Hojas persistentes. Racimos alargados. Venenoso.

Subfamilia Maloideae (= Maloideas o Pomoideas)

Frutales de pepita.

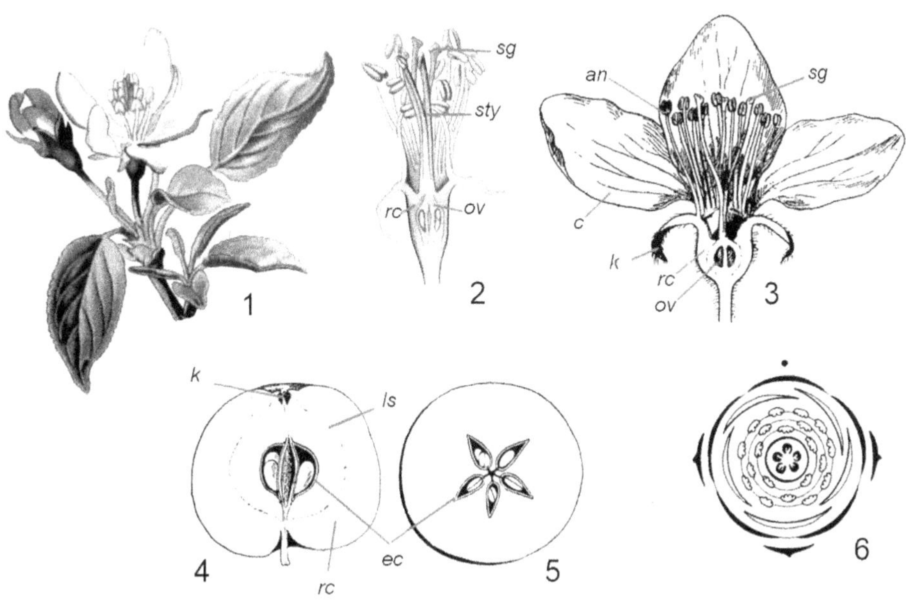

Figura 14-3. Rosaceae. Maloideae. Malus sylvestris.

– **1. <u>Ramita</u>.** Hojas elípticas. Flor 5-mera. – **2. <u>Flor</u>** sin corola (corte longitudinal). – **3. <u>Flor</u>** completa (corte longitudinal). – **4. <u>Fruto</u>** (corte longitudinal). – **5. <u>Fruto</u>** (corte transversal). – **6. <u>Diagrama floral</u>. – *(sg)*.** Estigma. – ***(sty)*.** Estilos libres. – ***(ov)*.** Ovario. – ***(rc)*.** Receptáculo. – ***(an)*.** Antera. – ***(c)*.** Corola. – ***(k)*.** Cáliz. – ***(ls)*.** Línea de sutura del ovario con el receptáculo. – ***(ec)*.** Endocarpo cartilaginoso. (<u>Adaptados</u>: 1-2, tras Thomé; 3-5, tras Percy Groom; 6, tras Eichler).

Flor epígina. Ovario ínfero, con 2-5 carpelos, dentro del receptáculo cóncavo. Fruto pomo (con 5 drupas soldadas al receptáculo carnoso) o nuculena.

<u>Principales especies</u>:

Malus sylvestris. "Manzano". Flor blanca rosada. Receptáculo *urceolado*. Fruto *pomo*.

Chaenomeles lagenaria. "Membrillero del Japón". Flores rojas antes de la foliación.

Cotoneaster horizontalis. *Inerme*. Hojas enteras. Con vistosos frutos rojos en otoño.

Crataegus oxyacantha. "Oxiacanto". *Espinoso*. Hoja lobulada. Flor blanca. Fruto rojo.

Cydonia oblonga. "Membrillero". Árbolito. Hoja aovada. Pomo amarillo *pubescente*.

Eriobotrya japonica. "Níspero japonés". Arbolito. Hojas *coriáceas*. Pomo amarillo.

Mespilus germanica. "Níspero europeo". Sépalos foliáceos. Nuculena naranja.

Pyracantha coccinea. *Espinoso*. Hoja crenada. Flor blanca. Baya roja con 5 núculas.

Pyrus communis. "Peral". Flor blanca. Pomo amarillo subgloboso con esclereidas.

Sorbus aucuparia. "Serbal". Hoja imparipinada. Flor blanca. Pomo rojo de 1 cm.

Rhamnaceae (=Ramnáceas)

Familia del Mistol.

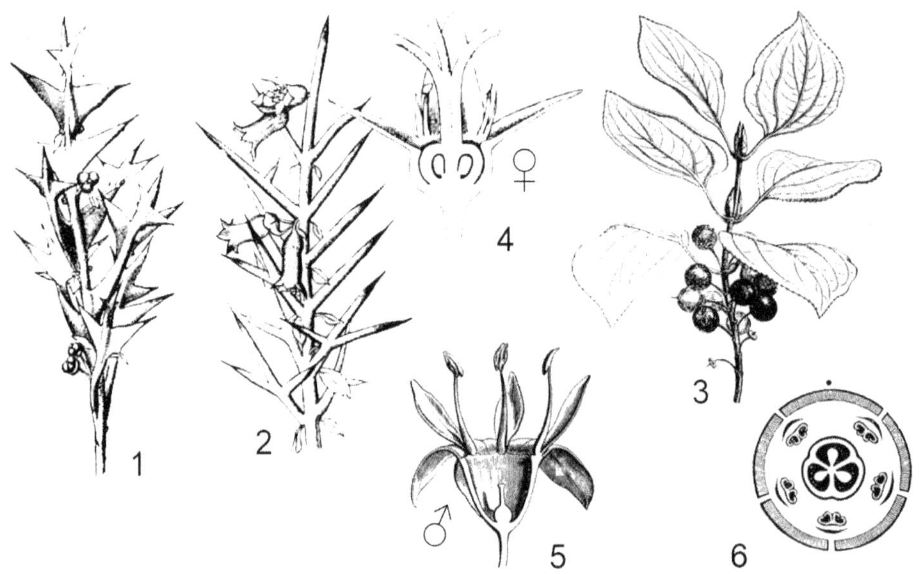

Figura 14-4. Rhamnaceae. Colletia paradoxa. C. spinosissima. Rhamnus cathartica.

– ***Colletia paradoxa***. – **1**. Ramita. – ***Colletia spinosissima***. – **2**. Ramita. – ***Rhamnus cathartica***. – **3**. Ramita con frutos. – **4**. Flor femenina (corte). – **5**. Flor masculina (corte). – **6**. <u>Diagrama</u> de la flor hermafrodita. (<u>Adaptados</u>: 1-2 y 4, tras Wettstein; 3 y 5-6, tras Baillon).

Árboles o arbustos *espinosos*. Madera muy dura. En *simbiosis con Frankia sp.*, bacterias fijadoras de *nitrógeno atmosférico*. Hoja simple, borde dentado, con estípulas.

Flor 5-mera actinomorfa, perígina, *hermafrodita* o polígamo dioica. Con receptáculo acopado (hipantio) en cuyo borde se insertan sépalos y pétalos. Cáliz 5 sépalos *libres* valvados. Corola 5 pétalos con forma de *capucha*, con un estambre *epipétalo* cada uno. Androceo 5 estambres. *Disco nectarífero intra-estaminal*. Gineceo con ovario medio o ínfero. Fruto drupa, *baya* o *aquenio*. Semillas con endosperma.

<u>Hábitat</u>: cosmopolitas, en zonas tropicales a subtropicales.

<u>Principales especies</u>:

Colletia spinosissima. "Crucero". Arbusto ramoso áfilo. Espinas *cilíndricas* opuestas.

C. paradoxa. "Curro". Arbusto áfilo. Ramas y espinas *aplanadas*, rígidas, cenicientas.

Rhamnus cathartica. "Espino cerval". Ramas divergentes en espina. Flores verdosas.

Condalia microphylla. "Piquillín". Ramas rígidas con punta espinosa. Drupa roja.

Hovenia dulcis. "Caoba del Japón". Árbol *inerme*. Cimas axilares de flores verdosas.

Ziziphus mistol. "Mistol". Árbol. Ramas rígidas *espinosas*. Hojas aovadas. Argentina.

Z. jujuba. "Azufaifo". Arbolito con ramas *espinosas* péndulas. Asia. Ornamental.

Elaegnaceae (=Eleagnáceas)

Familia del Espino.

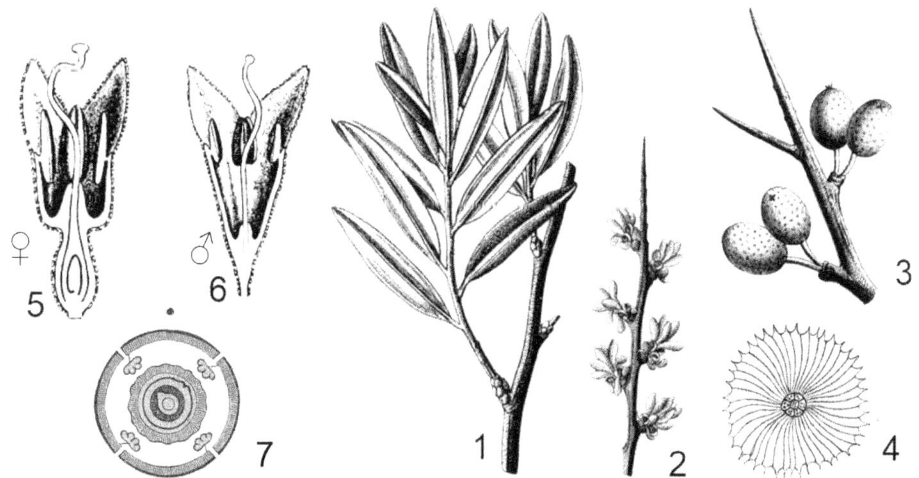

Figura 14-5. Elaeagnaceae. Hippophaë rhamnoides. Elaeagnus sp.

– **_Hippophaë rhamnoides_.** – **1.** Arbusto espinescente. Hojas lanceoladas discolores. – **2.** Espina caulinar con hojas nuevas. – **3.** Espina caulinar. Drupas con escamas anaranjadas. – **4.** Pelo escamoso estrellado. – **_Elaeagnus sp_.** – **5.** Flor femenina. – **6.** Flor masculina. – **7.** Diagrama floral. (<u>Adaptados</u>: 1-3, tras Sturm; 4, tras Thomé; 5-6, tras Gilg, Solereder y Wettstein; 7, tras Warming).

Árbol o arbusto, *plateado* o *dorado,* con *indumento lepidoto* (pelos escamiformes). En simbiosis con *Frankia sp.* (bacterias fijadoras de nitrógeno atmosférico). Hoja entera. *Dioicas.* Flor *unisexual* (por aborto de un sexo). Cáliz *petaloideo.* Corola *ausente.* Androceo 4 u 8 estambres. Gineceo unicarpelar. Ovario ínfero, uniovulado. Fruto drupa.

Hábitat: en las regiones templadas del hemisferio norte.

Principales especies:

Hippophaë rhamnoides. "Espino amarillo". Arbusto. Drupa con escamas anaranjadas.

Elaeagnus pungens. Arbusto con espinas. Hojas elípticas persistentes. Japón.

Elaeagnus angustifolia. "Olivo de Bohemia". Hojas linear-lanceoladas. Eurasia.

Ulmaceae (=Ulmáceas)

Familia del Olmo.

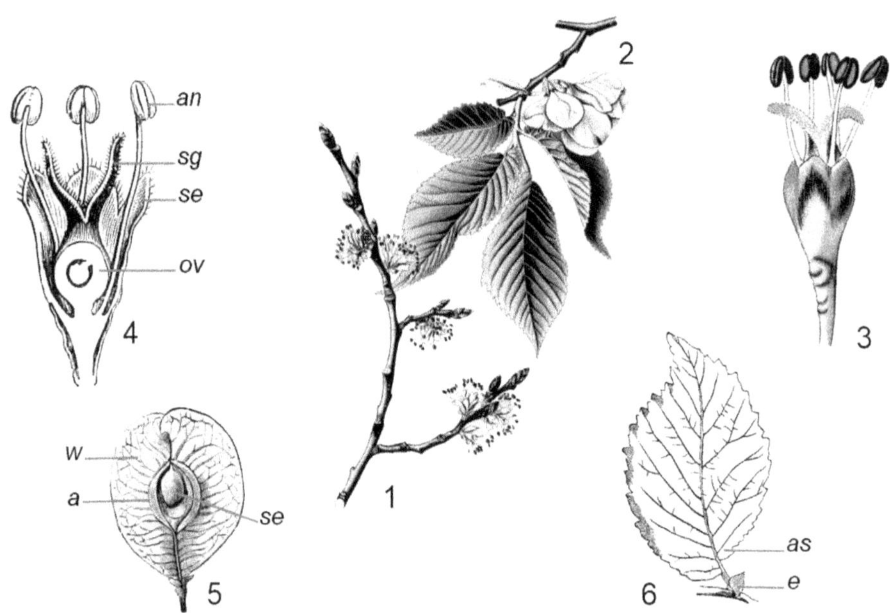

Figura 14-6. Ulmaceae. Ulmus minor. U. campestris.

– ***Ulmus minor.*** – **1.** Rama con fascículos de flores. – **2.** Rama con hojas asimétricas y sámaras. – **3.** Flor sin corola (con tépalos). – ***Ulmus campestris.*** – **4. Flor** (sección vertical): – *(an).* Antera (androceo). – *(sg).* Estigma. – *(se).* Tépalo sepaloideo (perigonio). – *(ov).* Ovario. – **5. Diagrama floral.** – **6. Hoja.** – *(as).* Lámina asimétrica. – *(e).* Estípulas. – **7. Sámara.** – *(w).* Ala. – *(a).* Aquenio. – *(se).* Semilla. (Adaptado: 1-3 y 6, tras Thomé; 4, tras Strasburger; 5, tras Warming; 7, tras Eichler).

Árboles o arbustos caducifolios. Hojas simples, alternas, pinatinervadas, limbo *asimétrico* en la base. Estipulas presentes. Inflorescencias en cimas umbeliformes. Flor actinomorfa bisexual. Perianto con 4-5 *tépalos* sepaloideos *soldados en la base.* Androceo con 4-5 estambres *opuestos* a los tépalos. Gineceo 2 carpelos unidos. Ovario súpero, unilocular, 1 óvulo. Fruto sámara (*aquenio* o *núcula* con ala membranácea).

Hábitat: cosmopolitas, en las regiones templadas, tropicales y subtropicales.

Principales especies:

Ulmus sp. "Olmos". Hoja simple de *base muy asimétrica*. Flor *apétala*. *Sámara*.

Ulmus americana. "Olmo americano". Sámara con escotadura y borde ciliado.

U. procera. "Olmo europeo". Hoja con cara superior áspera y la inferior pubescente.

U. pumila. "Olmo del Turquestán". Hoja pequeña, menor de 5 cm. Siberia.

Cannabaceae (= Cannabáceas)

Familia del Cáñamo.

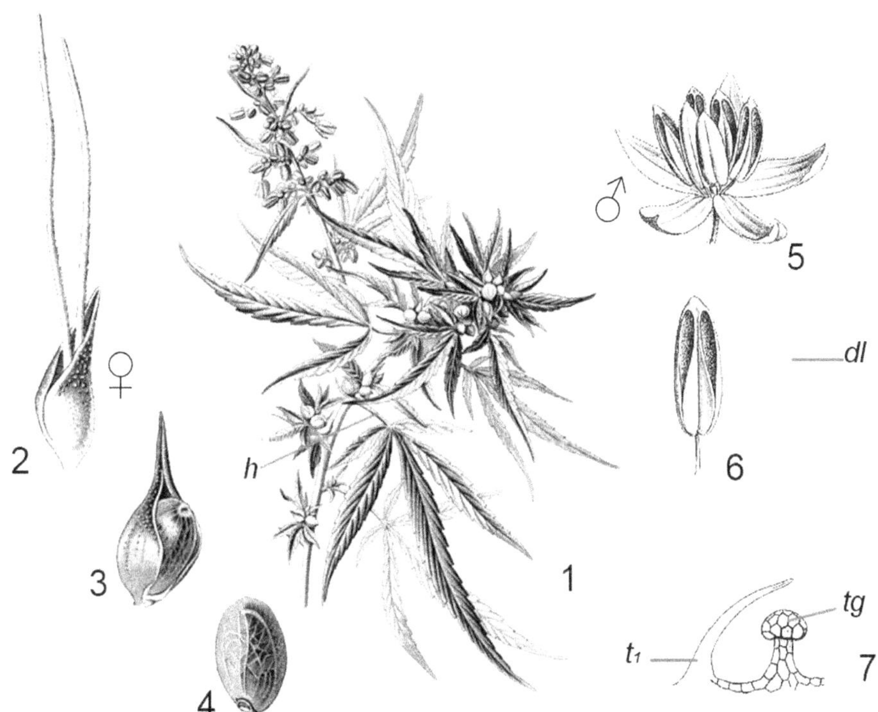

Figura 14-7. Cannabaceae. Cannabis sativa.

– **1.** Rama. Hojas palmatipartidas *(h)*. – **2.** Flor femenina envuelta en su bráctea. – **3.** Fruto envuelto en la bráctea. – **4.** Aquenio ovoide. – **5.** Flor masculina con 5 tépalos y 5 estambres oposititépalos. – **6.** Antera con dehiscencia longitudinal. – **7.** Tricomas. Unicelular puntiagudo *(t₁)* y Pluricelular glandular *(tg)*. (Adaptados: 1-4, tras Thomé; 5-7, tras Zippel y Bollmann).

Hierbas anuales o perennes, erectas o trepadoras. *Sin látex*. Hojas opuestas, palmatilobuladas o palmatisectas. *Estípulas* persistentes. Con tricomas epidérmicos *unicelulares* puntiagudos (con cistolitos) y tricomas *glandulares* (con *resinas aromáticas*).

Plantas *dioicas*. *Flores masculinas* en panícula, apétalas. Perianto con 5 tépalos verdes *libres*. Androceo con 5 estambres oposititépalos. *Flores femeninas* en la axila brácteas que forman *conos* o *glomérulos* (espigas estrobiliformes). Cada bráctea lleva 2-6 flores axilares, con perianto de 5 *tépalos unidos*. Gineceo 2 carpelos unidos. Ovario súpero, *uniovulado*. Estilos 2. Estigmas 2 filiformes. Fruto aquenio ovoide, con cáliz persistente.

Hábitat: en las regiones cálidas del hemisferio norte.

Principales especies:

Cannabis sativa. "Cáñamo". Hierba áspera pubescente. Hoja *palmatipartida* con *5-11 folíolos lanceolados*, discolores, aserrados. *Aquenio* ovoide. Medicinal (por sus *resinas*).

Humulus lupulus. "Lúpulo". Trepadora. Hoja *palmatilobulada*. Infrutescencia *estrobiliforme* con brácteas cubiertas de *pelos glandulares* llenos de *resina*. Eurasia.

Moraceae (=Moráceas)

Familia de la Morera.

Figura 14-8. Moraceae. Morus nigra.

− **_Morus nigra_**. − **1.** Rama con flores. − **2.** Infrutescencia *sorosio*: agregado de drupas. − **3.** Flor femenina: Perigonio de 4 tépalos. Gineceo 2-carpelar. − **4.** Diagrama de la flor femenina. − **5.** Flor masculina: Perigonio de 4 tépalos. Androceo de 4 estambres. − **6.** Diagrama de la flor masculina. Originales: 3-6. (Adaptados: 1, tras thomé; 2, tras Karsten y Strasburger).

Árboles o arbustos. Con *látex* proteolítico. Cistolitos de carbonato de calcio en idioblastos epidérmicos. Hojas simples con *polimorfismo*. Flores *unisexuales* diminutas sobre *receptáculo común*: *masculinas* en espiga cilíndrica y *femeninas* en inflorescencia globosa. Perianto homoclamídeo sepaloide. *Flor masculina*: 4 estambres opuestos a los tépalos. Filamentos curvados en el capullo. *Flor femenina*: gineceo de 2 carpelos unidos. Ovario 1-locular, *uniovulado*. Fruto aquenio (agregado en infrustescencia carnosa).

Hábitat: cosmopolita, en las regiones intertropicales (Indomalasia).

Principales especies:

Morus spp. *Dicasio* amentiforme. Sorosio, agregado de drupas en receptáculo común.

Morus nigra. "Morera negra". Hojas lobuladas pubescentes en la cara abaxial. Asia.

Morus alba. "Morera blanca". Hoja glabra, alimenta a *Bombix mori o* gusano de seda.

Ficus sp. Flores y frutos dentro de receptáculo piriforme, con abertura apical: "sicono".

Ficus carica. "Higuera". Infrutescencia *sicono* (*breva* si es partenocárpica). Monoica.

F. elastica. "Gomero". Hoja glabra coriácea. Vaina estipular roja. India.

F. bengalensis. "Higuera de Bengala". Tronco columniforme con raíces verticales.

F. lyrata. Hoja panduriforme (la mitad superior más ancha) auriculada. África.

F. benjamina. De ramas péndulas y hojas ovales acuminadas. Ornamental y medicinal.

Urticaceae (= Urticáceas)
Familia de la Ortiga.

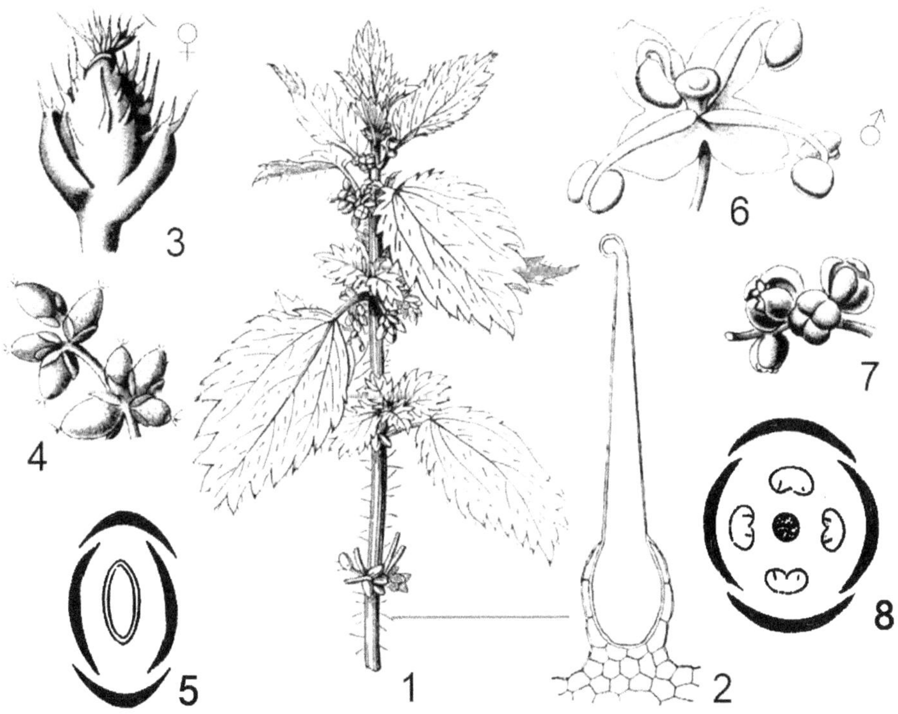

Figura 14-9. Urticaceae. Urtica dioica.

– **1.** Planta con pelos urticantes. – **2.** Pelo urticante. – **3.** Flor femenina. – **4.** Racimo femenino. – **5.** Diagrama flor femenina. – **6.** Flor masculina. – **7.** Racimo masculino. – **8.** Diagrama flor masculina. (Adaptados: 1, 5 y 8, tras Le Maout y Decaisne; 2, tras Gilg; 3-4 y 6-7, tras Thomé).

Hierbas, anuales o perennes. Pelos huecos *punzantes* de paredes *mineralizadas*, llenos de *líquido urticante* con ácidos orgánicos, histamina y acetilcolina. Hojas simples opuestas con cistolitos puntiformes de carbonato de calcio. Estípulas presentes.

Monoicas o dioicas. Inflorescencias axilares *glomeruliformes*. Flores unisexuales. Perianto homoclamídeo con 4 tépalos sepaloideos. *Flores masculinas:* Androceo con estambres epipétalos. Filamentos estaminales incurvos en el interior del capullo floral; al abrirse se enderezan elásticamente, expulsando el polen.

Flores femeninas: Gineceo 1-carpelar. Ovario súpero. Fruto aquenio.

Hábitat: cosmopolita, en zonas templadas y tropicales.

Principales especies:

Urtica spp. "Ortigas". Hierbas. Hojas opuestas, con tricomas unicelulares de extremo quebradizo, una "ampolla" de líquido con ácidos orgánicos. Cuando se rompen inyectan en la piel el líquido urticante, produciendo irritación dolorosa.

Urtica dioica. "Ortiga mayor". Perenne *dioica*. Hojas con estípulas libres. Europa.

U. urens. "Ortiga menor". Anual. Flores en *glomérulos*. Aquenio recto. Europa.

Bohemeria nivea. "Ramio". Arbusto. Perigonio tubular *4-dentado*. China. Textil.

Parietaria officinalis. "Parietaria común". Hojas *enteras*. Medicinal, diurética.

Pilea cadierei. Hierba. Hojas opuestas con manchas *plateadas*. *Sin pelos urticantes*.

14. 2.   Orden Cucurbitales

Hierbas. Hojas *palmatinervadas*. Flores *unisexuales*. Gineceo con carpelos cuyos *bordes* se tocan en el centro. Ovario ínfero. Placentación *parietal*. Estilos libres. Semillas con endosperma reducido. Con cucurbitacinas (triperpenos oxidados).

7 familias / **109** géneros / **2935** especies.

Cucurbitaceae (= Cucurbitáceas)

Familia del zapallo.

Hierbas anuales, arbustos o trepadoras levemente leñosas, con tallos que se elevan mediante zarcillos ramificados de origen *caulinar* (ramas modificadas). Haces bicolaterales. *Tricomas* simples, con paredes celulares *calcificadas* y un cistolito basal. Hojas *simples, palmatilobuladas* y *palmatinervadas,* alternas. Con *dientes cucurbitoides* (la nervadura termina en el diente, en una glándula apical translúcida). Inflorescencias cimosas. Flores actinomorfas, *unisexuales*, monoicas o dioicas. Cáliz *gamosépalo* (5 sépalos unidos). Corola amarilla a anaranjada, con 5 pétalos libres o unidos (*gamopétala*), *acampanada* con tubo angosto y lóbulos dilatados.

Flor masculina: Androceo con 3-5 estambres Filamentos no unidos a la corola. Anteras con *una sola teca*, en forma de *"S"*, soldadas en un cuerpo (*sinantéreo*).

Flor femenina: Gineceo con 3 carpelos unidos. Ovario ínfero, _trilocular_. Placentación aparentemente axial que luego se hace _parietal_ por torsión de las placentas. Fruto _pepónide_ (baya de ovario ínfero) de corteza carnosa y flexible, que luego se hace leñosa.

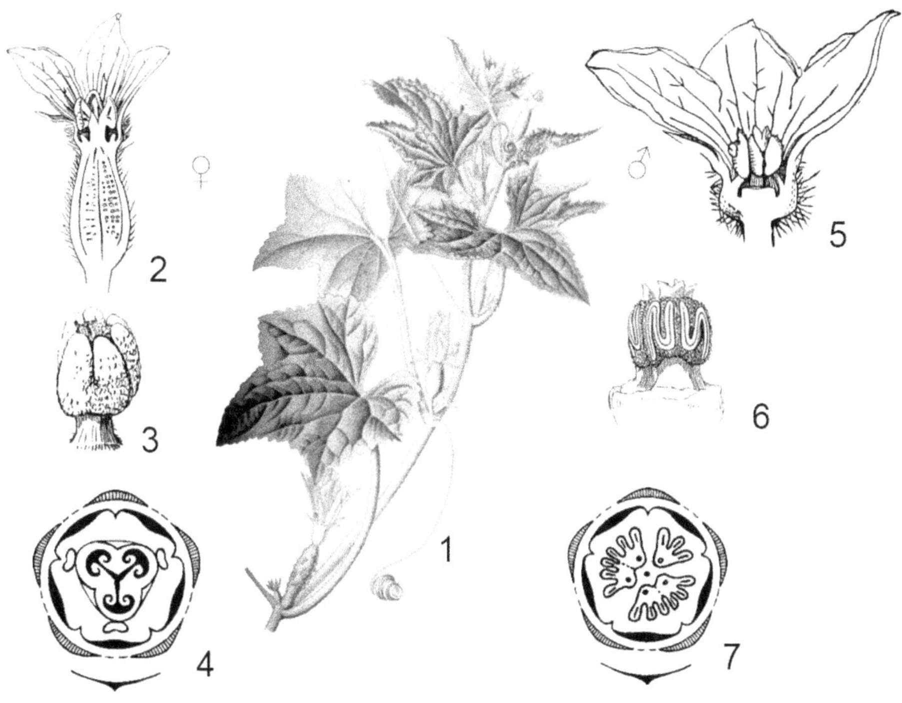

Figura 14-10. Cucurbitaceae. Cucumis sativus.

– **Cucumis sativus.** – **1.** Planta. Hojas simples palmatilobuladas, palmatinervadas. Zarcillo caulinar. – **2.** Flor femenina (sección vertical). Ovario ínfero. – **3.** Estilo y estigma. – **4.** Diagrama de flor femenina. – **5.** Flor masculina (sección vertical). Corola gamopétala, 5-partida. – **6.** Androceo. Anteras sinuosas con una sola teca. – **Citrullus vulgaris.** – **7.** Diagrama de flor masculina. (Adaptados: 1, tras Thomé; 2-3 y 5-6, tras Bessey, Le Maout y Decaisne; 4 y 7, tras Eichler).

Hábitat: en regiones subtropicales y tropicales, raro templadas.

Principales especies:

Cucumis spp. _Anuales_, monoicas. Tallos trepadores, zarcillos _simples_. Hojas _palmatilobuladas_. Flores solitarias. Corola amarilla, _gamopétala, rotada, 5-partida_.

Cucumis sativus. "Pepino". Pepónide _cilíndrico_, cáscara verde y pulpa blanca acuosa.

Cucumis melo. "Melón". Tallos y hojas ásperos. Fruto cilíndrico _espinescente_. Asia.

Citrullus vulgaris. "Sandía". Hojas _pinatipartidas_ 3-5 lóbulos. Fruto de _pulpa roja_.

Lagenaria siceraria. "Mate". Corola _blanco_ tiza. Fruto globoso con _pericarpo leñoso_.

Luffa cylindrica. "Esponja vegetal". Pepo cilíndrico con pulpa _fibrosa_ y opérculo apical.

Cucurbitella asperata. "Sandía de la zorra". _Perenne_. Fruto fétido. Argentina.

Sechium edule. "Papa del aire". Enredadera. Fruto carnosos con *una semilla grande.*

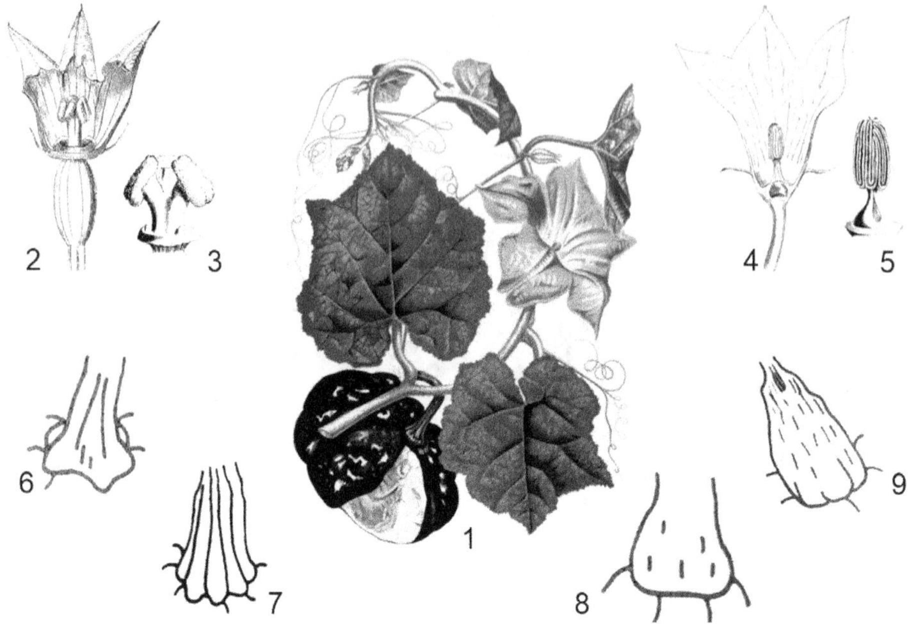

Figura 14-11. Cucurbitaceae. Cucurbita sp.

– ***Cucurbita sp.*** – **1.** Hojas palmatilobuladas, palmatinervadas. Zarcillo caulinar. Corola gamopétala. – ***Cucurbita pepo.*** – **2.** Flor femenina. Ovario ínfero. – **3.** Estilo corto. Estigma 3-lobulado. – **4.** Flor masculina. – **5.** Androceo 3 estambres, anteras conniventes. – **6.- *C. moschata.*** Pedúnculo ensanchado en su inserción – **7.- *C. pepo.*** Pedúnculo con ángulos agudos y ranuras. – **8.- *C. maxima.*** Pedúnculo cilíndrico. – **9.- *C. argyrosperma.*** Pedúnculo muy engrosado. Originales: 6-9. (Adaptados: 1, tras Blanco; 2 y 4, tras Strasburger; 3 y 5, tras Baillon y Wettstein).

Cucurbita sp*.* "zapallos". Anuales. Monoicas, *rastreras.* Zarcillos *ramificados.* Hojas *palmatilobuladas.* Corola amarilla *gamopétala, campanulada,* con 5 senos hasta la mitad. Estambres con anteras soldadas en tubo (*androceo sinantéreo*).

Cucurbita andreana. "Zapallito amargo". Hoja 3-lobulada. Fruto con *estrías* claras.

C. argyrosperma. Tallos angulosos. Hojas lobuladas. Pedúnculo muy *engrosado.*

C. ficifolia. "Alcayota". Herbácea. Trepadora. Fruto *marmoreado.* Semillas negras.

C. maxima. "Zapallo criollo". Pedúnculo del fruto *cilíndrico* con estrías corchosas.

C. moschata. "Zapallo Calabaza". Pedúnculo anguloso, *ensanchado* en su inserción.

C. pepo. "Zapallo de Angola". Pedúnculo con 5 ángulos obtusos, con inserción ancha.

Begoniaceae (=Begoniáceas).

Familia de la Begonia.

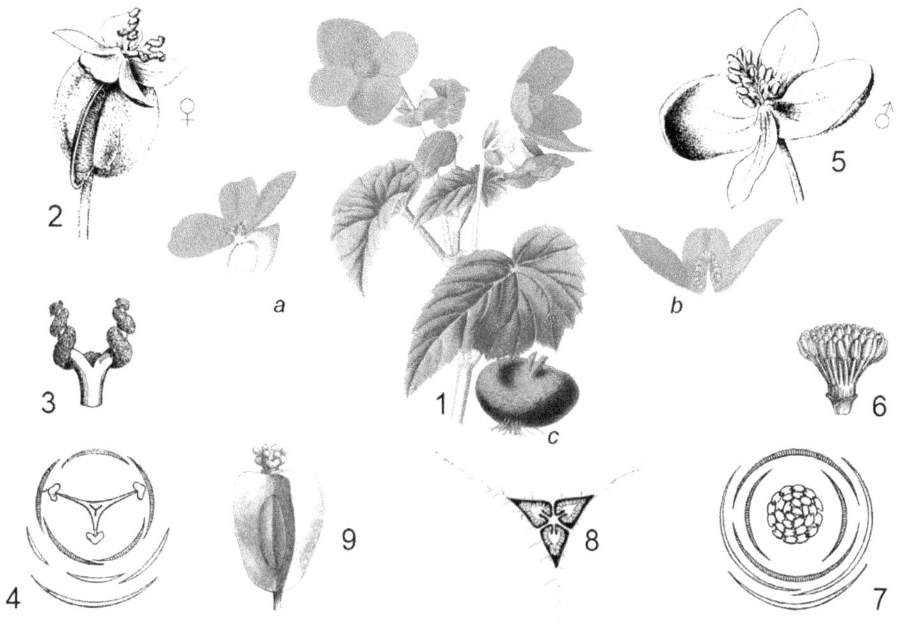

Figura 14-12. Begoniaceae. Begonia sp.

– **1.** Hojas asimétricas. – *(c).* Raíz tuberosa. – **2.** Flor femenina. – *(a).* Flor femenina (corte vertical). – **3.** Estilo y estigmas. – **4.** Diagrama Flor femenina. – **5.** Flor masculina. – *(b).* Flor masculina (corte vertical). – **6.** Androceo. – **7.** Diagrama Flor masculina. – **8.** Fruto (corte transversal). – **9.** Fruto. (Adaptados: 1 y a-c, tras Bois; 2, 5 y 8, tras Wettstein; 3-4 y 6-7, tras Le Maout y Decaisne; 9 tras Engler).

Hierbas o lianas. Tricomas simples con cistolito basal. Hojas simples *asimétricas oblicuas, palmatinervadas,* alternas. Dientes foliares *cucurbitoides* (la *nervadura* entra en el diente y acaba en una *glándula apical translúcida*). Estípulas grandes persistentes.

Monoicas. *Cima* de *flores unisexuales.* Perigonio 2-10 tépalos. *Flor masculina*: androceo de numerosos estambres y anteras 2-loculares. *Flor femenina*: gineceo con 2-6 carpelos unidos. Ovario ínfero. Placentación axilar. Cápsula alada. Semillas sin albumen.

Hábitat: pantropical, en las regiones cálidas del norte de América del sur.

Principales especies:

Begonia semperflorens. Herbácea de raíces fibrosas. Brasil. Ornamental.

Begonia rex. Herbácea rizomatosa, muy apreciada por su follaje. India. Ornamental.

B. aconitifolia. Herbácea. Hojas muy lobuladas, verdes con manchas blancas.

14. 3.   Orden Fagales.

Árboles de gran porte. Hojas *simples, con estípulas*. Pelos glandulares estrellados. Inflorescencia amento o *espiga*. Flores unisexuales <u>*monoicas*</u>, con perianto simple *(apétalas)*. Fruto nuez uniseminada. Con taninos y dihidroflavonoles. *Anemófilas.*

7 familias **/ 33** géneros **/ 1005** especies.

Fagaceae (= Fagáceas)

Familia del Roble.

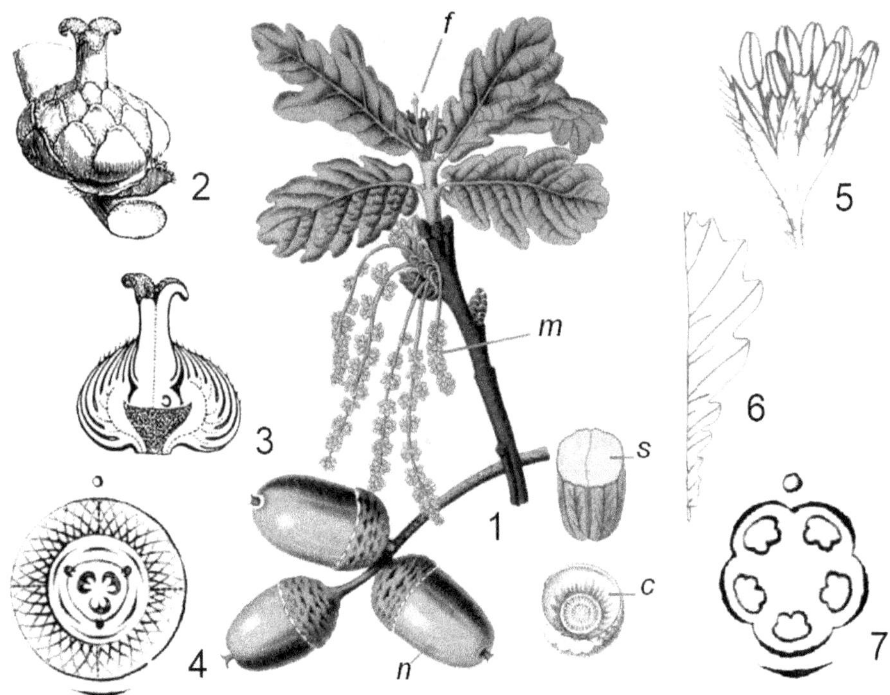

Figura 14-13. Fagaceae. Quercus robur.

– **1.** <u>Rama</u> hojas simples lobuladas: – *(f).* Inflorescencia femenina. – *(m).* Inflorescencia masculina. – *(s).* Semilla (corte). – *(c).* Cúpula escamosa. – *(n).* Nuez (fruto de ovario ínfero). – **2.** Flor femenina en su cúpula. – **3.** Flor femenina (corte vertical). – **4.** Diagrama Flor femenina. – **5.** Flor masculina. – **6.** Detalle de la hoja. – **7.** Diagrama de Flor masculina. <u>Originales</u>: 5 y 6. (<u>Adaptados</u>: 1, tras Krause y Sturm; 2-3, tras Baillon y Warming; 4 y 7, tras Eichler).

Árboles cadufilios, dominantes en bosques climáxicos. Hojas simples, pinatinervadas, lobuladas o aserradas, alternas. Estípulas *triangulares*, caducas. Escamas glandulares. Monoicos. Flores unisexuales con perigonio. <u>*Inflorescencia masculina*</u>: *amentos o espigas* delgadas. <u>*Flor masculina*</u>: estambres opuestos a 4-7 tépalos *sepaloideos*. <u>*Inflorescencia femenina*</u>: *cima o glomérulo* de 3 flores, rodeada por un involucro cupuliforme, formando un *cenocarpo* (*3 frutos concrescentes*). <u>*Flor femenina*</u>: con 3 *tépalos sepaloides*. Ovario ínfero 3-6 carpelar. _Fruto_: _núcula_ o nuez _monosperma_, envuelta por un involucro lignificado con escamas o aguijones en su superficie. Semilla sin endosperma, con cotiledones reservantes.

Hábitat: hemisferio norte templado tropical, en América del norte hasta los Andes.

Principales especies:

Quercus robur. "Roble". Árbol. Hoja glabra lobulada, base auriculada. Flor femenina solitaria rodeada de una cúpula escamosa, con una bellota de 3 cm en su interior.

Q. borealis. (Q. rubra). "Roble rojo". Hoja con _lóbulos_ terminados en puntas _agudas_.

Q. ilex. "Encina". Árbol. Hoja con 7 pares de nervaduras y borde espinoso-dentado.

Q. macrocarpa. "Roble blanco". Árbol. Hojas _lirado-pinatífidas_.

Q. suber. "Alcornoque". Árbol. Corteza con gruesa capa corchosa (corcho industrial).

Q. velutina "Roble negro". Hojas con lóbulos de puntas _afiladas_. América del Norte.

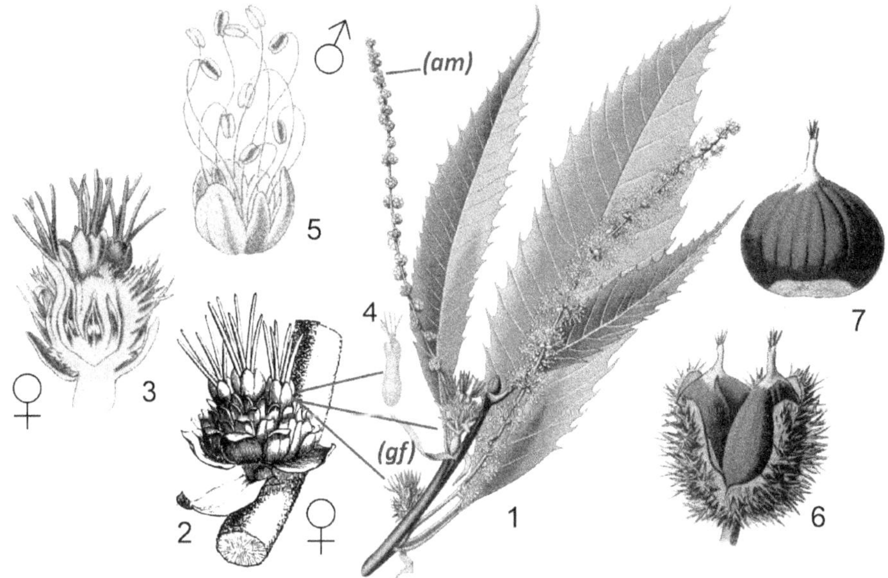

**Figura 14-14. Fagaceae. Castanea sativa.**

– **1.** Rama florífera. – **(f).** Inflorescencia femenina en cima o glomérulo. – **(am).** Inflorescencia masculina en amento. – **2.** Glomérulo femenino de 3 flores (detalle). – **3.** Glomérulo ♀ (en corte). – **4.** Flor femenina. – **5.** Flor masculina. Estambres opuestos a los tépalos. – **6.** Aquenio (visto de frente). – **7.** Aquenio.

Castanea sativa. "Castaño". Árbol. Hoja oblonga con dientes _aristados_. Flores masculinas en _amentos_. Flores femeninas en _cimas_ axilares. _"Erizo"_ con 3 aquenios de ovario ínfero (_nueces_), rodeadas por un involucro acrescente _erizado de púas_.

Fagus sylvatica. "Haya". Hoja aovada. Fruto con tres aquenios trígonos. Caducifolio.

Betulaceae (= Betuláceas)

Familia del Abedul.

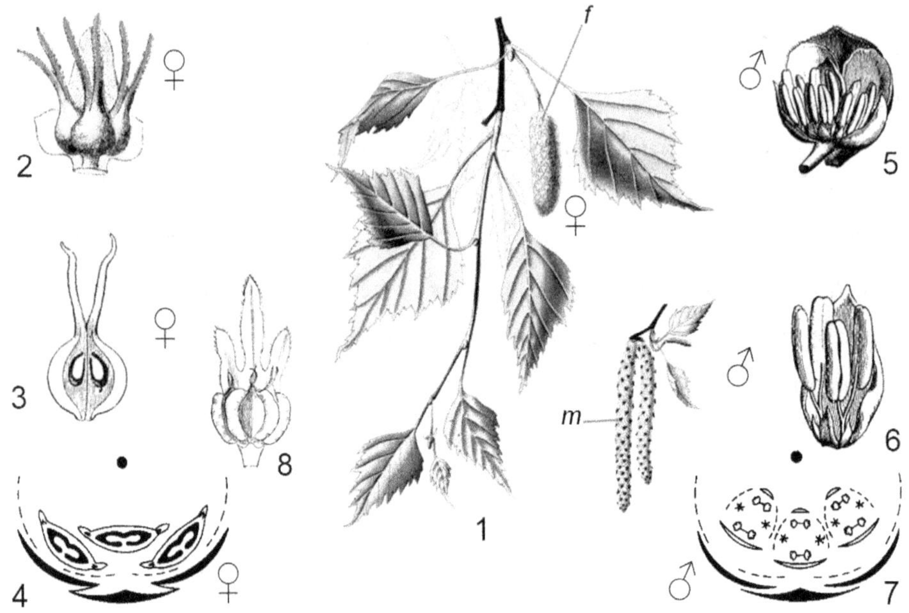

Figura 14-15. Betulaceae. Betula pendula.

– **1.** Rama. Hojas rómbicas acuminadas: – **(f).** Amento femenino. – **(m).** Amento masculino. – **2.** Cima 3-flora femenina. – **3.** Flor femenina (sección longitudinal). – **4.** Diagrama cima femenina. – **5.** Escama 3-flora masculina. – **6.** Flor masculina. – **7.** Diagrama de escama masculina. – **8.** Bráctea y 3 sámaras axilares. (<u>Adaptados</u>: 1-2, tras Thomé; 3, 5 6 y 8 tras Baillon; 4 y 7, tras Eichler).

Árboles monoicos. Hoja simple, con limbo *doblemente* aserrado, alternas *caducas*. Flores *sin perianto*. <u>*Flores masculinas*</u> en amentos péndulos (*cimas trifloras* en la axila de una bráctea tectriz). <u>*Flores femeninas*</u> en *glomerulo* o *amento* (en *cimas* protegidas por brácteas acrescentes). Ovario ínfero. Fruto *aquenio*, *sámara* o *nuez* monosperma, rodeada por brácteas *foliáceas imbricadas* que forman un involucro acrescente (*"cono"*).

<u>Hábitat</u>: en el hemisferio norte templado, en América del norte hasta los Andes.

<u>Principales especies</u>:

Betula pendula. "Abedul". Árbol. Corteza *blanca*. Ramas *péndulas*. Hoja *rómbica* de base *cuneada* y ápice acuminado, doblemente aserrada. *Amentos* cilíndricos. Europa.

Alnus jorulensis var. spachii. "Aliso criollo". Árbol. Hoja *aovada* acuminada, de base cuneada. *Estróbilo leñoso* elipsoideo de 3cm. Argentina. Forestal.

Alnus glutinosa. "Aliso común". Árbol. Hoja *obovada* doblemente aserrada. *Estróbilo*.

Corylus avellana. "Avellano". Arbusto. Hoja *obovada* doblemente aserrada. *Aquenio* ovoide ("avellana") rodeado por brácteas *acrescentes laciniadas* en *cúpula*.

Casuarinaceae (= Casuarináceas)

Familia de la Casuarina.

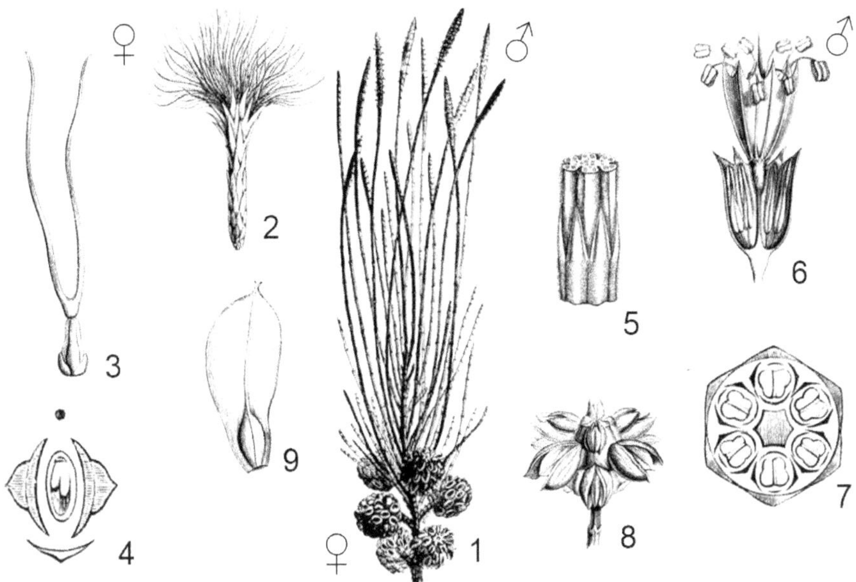

Figura 14-16. Casuarinaceae. Casuarina equisetifolia.

– **1.** Ramas con hojas escamiformes verticiladas. Inflorescencias masculinas en el ápice. Infrutescencias en la base. – **2.** Inflorescencia femenina. – **3.** Flor femenina. – **4.** Diagrama de flor femenina. – **5.** Detalle de tallo acanalado con hojas verticiladas. – **6.** Inflorescencia masculina (fragmento). – **7.** Diagrama de verticilo floral masculino. – ***Casuarina sp.*** – **8.** Infrutescencia. – **9.** Sámara. (<u>Adaptados</u>: 1-9, tras Engler y Wettstein).

Árboles o arbustos. Tallo *equisetiforme* articulado y estriado. En simbiosis con *Frankia*. Hojas simples, escamiformes en *verticilos*. Flor *unisexual*, apétala (*pseudoperianto*).

Monoicas o dioicas. <u>*Flores masculinas*</u>: espigas en *verticilos* escalonados de 6 flores. *Pseudoperianto* de 2 brácteas escamosas. Androceo con *1 estambre*, su filamento se alarga en floración. <u>*Flores femeninas*</u>: en espigas. Ovario súpero con 2 carpelos connados. Óvulos con hasta 20 sacos embrionarios (evocan a los helechos). Fruto sámara rodeada por *2 bracteolas leñosas* que se entreabren a la madurez. Semillas albuminadas.

<u>*Hábitat*</u>: Crecen en lugares muy secos. Australia y en la región Indomalaya.

<u>Principales especies</u>:

Casuarina cunninghamina. "Casuarina". Árbol de *gran* porte. Ramitas con verticilos menores de 9 escamas. Estróbilos menores de 1,5 cm. Australia.

C. stricta. "Casuarina". Ramitas de verticilos de 13 escamas. Estróbilos 2 cm. Australia.

C. equisetifolia. "Casuarina". Australia y Tasmania. Ornamental.

Juglandaceae (=Juglandáceas)

Familia del Nogal.

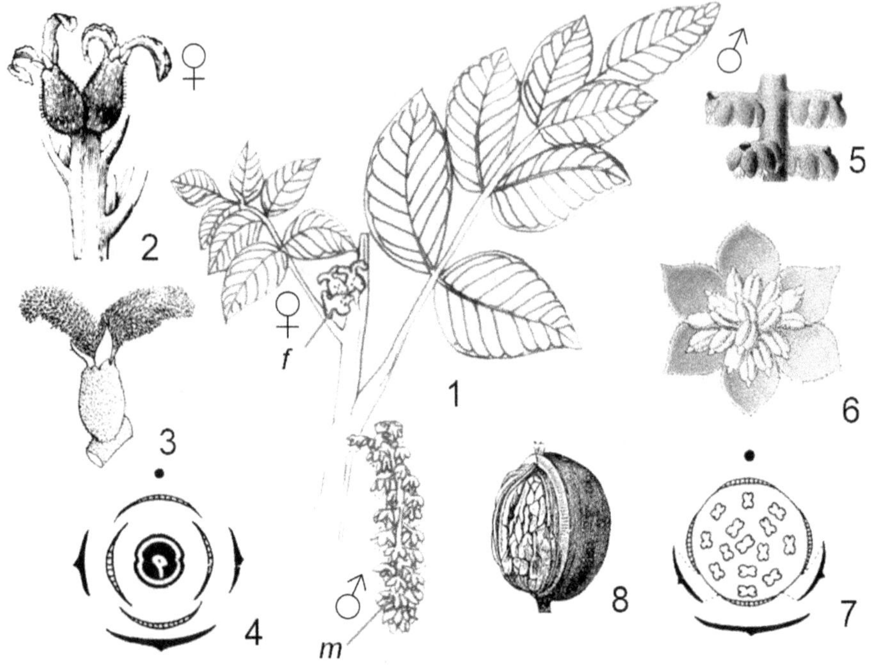

Figura 14-17. Juglandaceae. Juglans regia.

– **1.** Ramas y hojas imparipinadas. – *(f).* Flores femeninas. – *(m).* Amento masculino. – **2.** Inflorescencia femenina. – **3.** Flor femenina. – **4.** Diagrama flor femenina. – **5.** Amento masculino (detalle). – **6.** Flor masculina. – **7.** Diagrama flor masculina. – **8.** Drupa involucrada. <u>Originales</u>: 1 y 3. (<u>Adaptados</u>: 2, tras Warming; 5-6, tras Köhler; 4 y 7, tras Eichler y Engler; 8, tras Strasburger).

Árboles. Hojas *imparipinadas* caducas. *Monoicos. <u>Inflorescencias masculinas</u>:* amentos densos. <u>*Flor masculina*</u>: Perianto 4 sépalos (apétala). Estambres en la axila de una bráctea. <u>*Flor femenina*</u>: en el ápice de la rama del año, junto a 3 brácteas. Apétala Perianto 4 sépalos. Gineceo 2 carpelos unidos. Ovario ínfero (con 1 óvulo). Fruto drupa involucrada (ovario ínfero *adnato* al involucro de brácteas). Semilla sin albumen.

<u>Hábitat</u>: regiones templadas y tropicales de América y Eurasia, excepto África.

<u>Principales especies:</u>

Juglans spp. "Nogales". Fruto *drupa involucrada* (de ovario ínfero): con pericarpo carnoso *indehiscente*, endocarpio *leñoso* y semilla *cerebroide* rica sustancias grasas.

J. regia. "Nogal europeo". Hoja 5 a 9 folíolos. Fruto *drupa involucrada* uniseminada.

J. nigra. "Nogal americano". Hoja imparipinada con folíolos *aserrados* pubescentes.

Carya illinoensis. "Nuez pecán". Fruto con pericarpo carnoso *dehiscente* en 4 valvas.

Pterocarya fraxinifolia. Hoja *paripinada*. Fruto pericarpo seco alado ("nuez alada").

Capítulo.15. CLADO PENTAPÉTALAS / SUPERRÓSIDAS / RÓSIDAS / MÁLVIDAS

15. 1.   *Orden Geraniales*

Herbáceas. Tallo articulado en los nudos. Hojas simples o compuestas. Márgenes foliares con dientes con células glandulares. Androceo *obdiplostémono* (estambres externos *opuestos* a los pétalos). Carpelos muy largos, con 2 óvulos en la base. Fruto esquizocarpo (cápsula de dehiscencia *septicida*). Aceites etéreos. Ácido elágico.

2 (5) familias / **17** géneros / **897** especies.

Geraniaceae (= Geraniáceas)

Familia del Geranio.

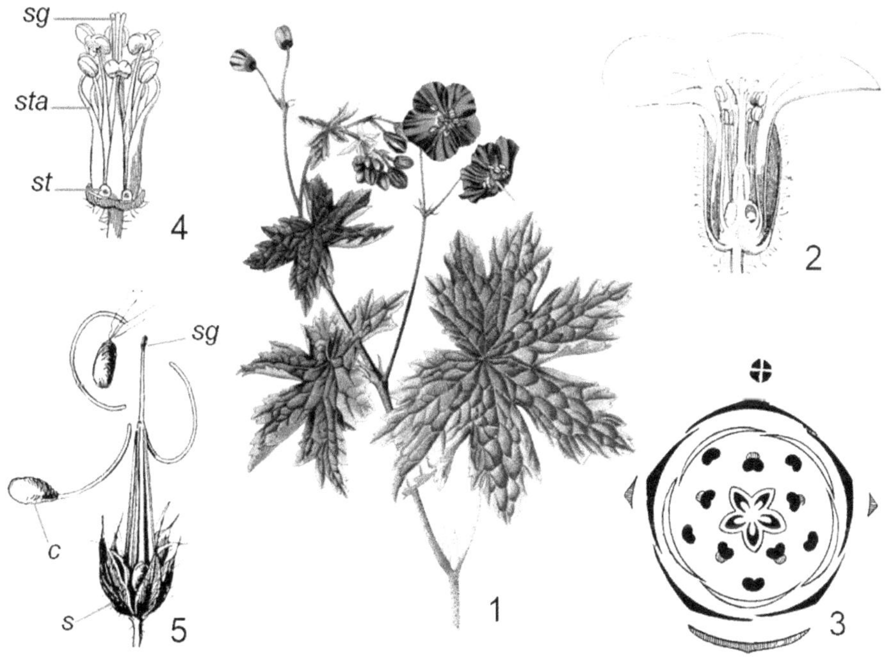

Figura 15-1. Geraniaceae. Geranium phaeum.

– **1.** Ramita. Inflorescencia 2-flora, axilar. Hojas palmatilobuladas. Pecíolo largo y estípulas. – **2.** Flor (sección vertical). – **3.** Diagrama floral. – **4.** Flor (sin perianto): – *(sg).* Estigma. – *(sta).* Estambre. – *(st).* Estaminodio. – **5.** Fruto esquizocarpo con 5 aquenios: – *(c).* Aquenio. – *(s).* Sépalo. (Adaptados: 1, tras Thomé; 2 y 4; tras Le Maout y Decaisne; 3 y 5, tras Percy Groom).

Hierbas *pubescentes glandulosas*. Epidermis con pelos secretores (*aceites esenciales*). Hojas *simples* o compuestas, alternas, con *estípulas*. Inflorescencia cima. Flor 5-mera, bisexual, actinomorfa. Cáliz 5 sépalos libres. Corola 5 pétalos libres. Androceo obdiplostémono, 10-15 estambres libres (5 *estaminodios* en el ciclo externo). Glándulas de *néctar* en la base de los filamentos. Gineceo 5 carpelos unidos en una columna central, con un *"pico"* estéril (estilos concrescentes) en la parte superior.

Fruto esquizocarpo (*cápsula* de dehiscencia septicida): se separa en 5 *aquenios* con tabiques que se enroscan de *abajo arriba*. Al madurar se levantan las paredes externas de los *carpelos*, cada una con una semilla en su parte inferior; quedan unidos en la parte superior de la columna y catapultan las semillas. Cada carpelo se separa con su semilla (mericarpo), con una punta *higroscópica* en el ápice que se clava en el suelo (*Erodium sp.*).

Hábitat: cosmopolitas de regiones templadas a cálido templadas.

Principales especies:

Geranium spp. "Geranios". Flor sin espolón. Apéndice apical recto o curvado en arco.

Pelargonium spp. "Geranio". Flor cigomorfa con *espolón* sepaloide adherido al pedicelo floral (no visible a simple vista). Apéndice del fruto *retorcido* a la madurez.

Pelargonium graveolens. "Malva rosa". Hoja aromática lobulada, borde dentado.

P. domesticum. "Malvón". Hoja reniforme, base truncada en cuña. Pétalo maculado.

P. hortorum. "Malvón". Hoja con limbo orbicular, afelpado y largo pecíolo.

Erodium cicutarium. "Alfilerillo". Hoja bipinatisecta. Rostro enroscado de 2-4 cm.

15. 2. Orden Myrtales

Árboles o arbustos, corteza *escamosa*. Haces *bicolaterales*. Hojas *simples* enteras, *opuestas*. *Coléteres* (pelos glandulares) en la cara adaxial del pecíolo. Estípulas pequeñas. Flor *tetrámera* con hipantio. Androceo diplostémono. Estambres períginos en el tubo calicino, curvados en la yema. Ovario ínfero. Fruto cápsula o baya. Semillas numerosas.

9 familias **/ 380** géneros **/ 13005** especies.

Onagraceae (= Onagráceas)

Familia de la Fuchsia.

Hierbas o arbustos trepadores. Hojas *simples*, pinatinervadas. Flores 4-meras. *Flores masculinas* en corimbos. Cáliz *valvar*, sépalos libres, reflejos, caducos. Corola *contorta*, con pétalos libres. Estambres 4-8, insertos en el anillo del hipantio, Anteras *versátiles,* que se abren por hendiduras. *Flores femeninas* solitarias, con hipantio (*receptáculo acopado*) prolongado en un *tubo* por encima del ovario. Nectarios en la base del hipantio. Gineceo 4 carpelos unidos. Ovario ínfero, tetralocular. Fruto cápsula loculicida, baya o nuez.

Hábitat: en las regiones subtropicales y templado húmedas de América.

Principales especies:

Fuchsia sp. "Fucsias". Cáliz caduco. *Hipantio* más allá del ovario ínfero. Fruto baya.

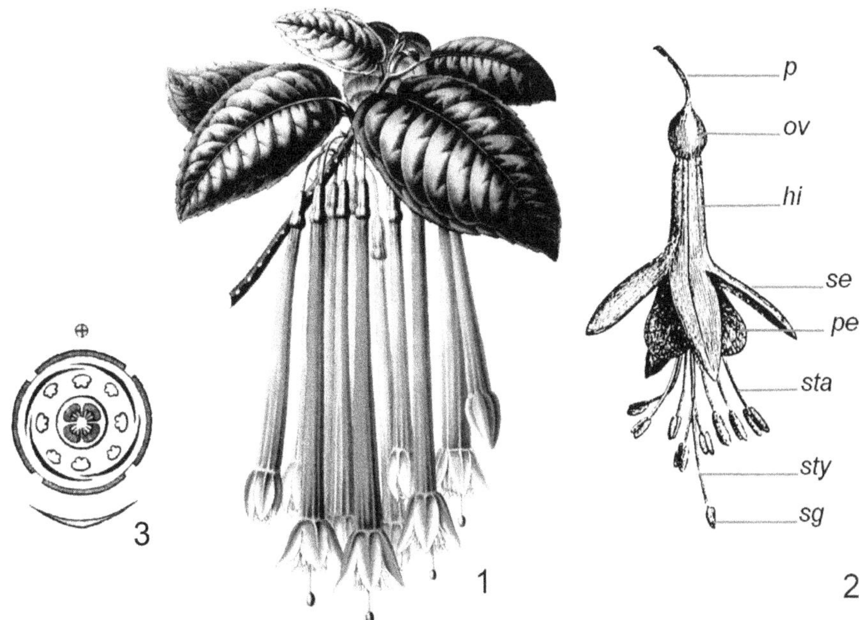

Figura 15-2. Onagraceae. Fuchsia apetala.

– ***Fuchsia apetala****. –* **1.** Ramita con hojas simples. Flores péndulas, pedunculadas. – ***Fuchsia sp.*** – **2.** <u>Flor</u>: – *(p).* Pedicelo. – *(ov).* Ovario ínfero. – *(hi).* Tubo del *hipantio* prolongado por encima del ovario. – *(se).* Sépalo. – *(pe).* Pétalo. – *(sta).* Estambre (filamento y antera). – *(sty).* Estilo. – *(sg).* Estigma. – **3.** <u>Diagrama floral</u>. (<u>Adaptados</u>: 1, tras Morren; 2, tras Prantl; 3, tras Eichler).

Fuchsia magellanica*.* "Aljaba". Flor colgante: hipantio, sépalos y pétalos *purpurinos.*

F. boliviana*.* Flores rojo coral, con hipantio 3 veces *más largo* que los sépalos.

Oenothera sp*.* Tallos *pubescentes,* flores con largo hipanto. Sépalos *reflejos.*

Oenothera odorata*.* Tallo pubescente. Flor amarilla perfumada. Cápsula cilíndrica.

Lythraceae (= Litráceas) (incluye Punicaceae)

Familia del Crespón de la China.

Hierbas, arbustos o árboles. Con tricomas. Hojas opuestas, verticiladas o alternas, simples, margen entero, pinatinervadas. Estípulas reducidas a una fila de pelos.

Flores 6-meras, hermafroditas, radiales, *períginas.* Hipantio (receptáculo acopado o tubuloso), asociado con un *epicáliz.* Cáliz valvar, con 4-8 sépalos gruesos. Corola imbricada, con 4-8 pétalos replegados en el capullo floral y arrugados a la madurez.

Androceo obdiplostémono, con 4-8-12 estambres desiguales, períginos, insertos en la cara interna del hipantio, *inflexos* en la yema (encorvados hacia dentro). Gineceo *libre* en la base del hipantio. Ovario súpero 2-carpelar, 2 óvulos. Estilos 2 ó 3. Fruto cápsula.

<u>*Hábitat*</u>: en regiones cálidas y húmedas.

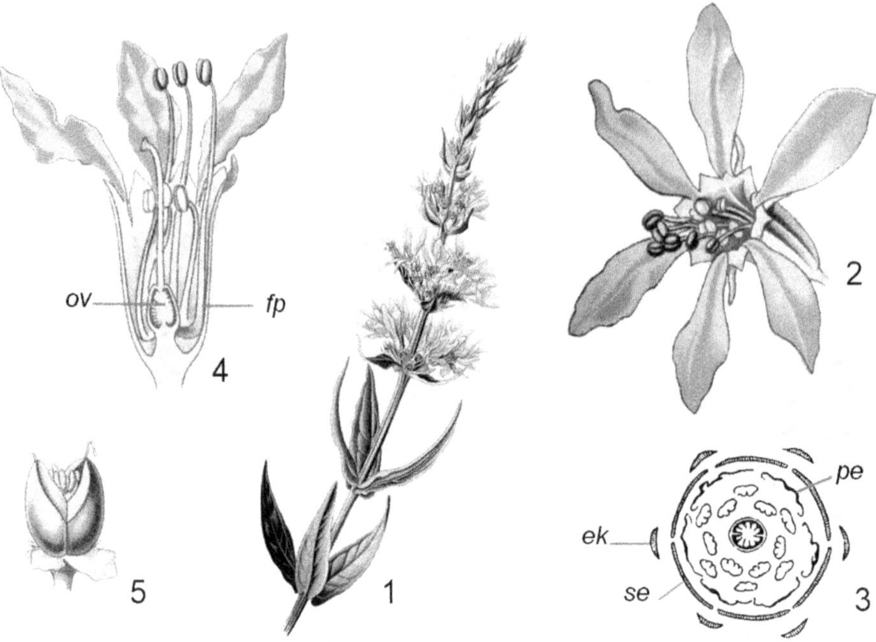

Figura 15-3. Lythraceae. Lythrum salicaria.

– **1.** Ramita: hojas en verticilos 3-meros. – **2.** <u>Flor</u>: 6-mera, perígina. – **3.** <u>Diagrama floral</u>: – *(ek).* Epicáliz. – *(se).* Sépalo. – *(pe).* Pétalo. – **4.** <u>Flor</u> (sección vertical): – *(ov).* Ovario súpero (libre). – *(fp).* Flor perígina. – **5.** Cápsula. (<u>Adaptados</u>: 1-2 y 4-5, tras Thomé; 3, tras Le Maout y Decaisne).

<u>Principales especies</u>:

Lythrum salicaria. "Arroyuela". Hierba perenne. Hojas en verticilos 3-meros. Corola violácea. Estambres largos en 2 ciclos. Europa. Medicinal. Inflorescencias antidiarreicas.

Cuphea salvadorensis. Sépalos amarillos. Pétalos rojo minio. Polinizado por colibríes.

Heimia salicifolia. "Quiebra arado". Subarbusto. Hoja linear. Tóxica para el ganado.

Lagerstroemia indica. "Crespón de la China". Árbol de corteza lisa color canela claro. Pétalos cordados, crespos, finamente unguiculados, rosados. Asia.

Trapa natans. "Castaña de agua". Hierba acuática flotante. Raíces en el fango. Hoja fimbriada (subsumergida) o romboidal (flotante). Fruto nuez con espinas ("cuernos").

- **Algunos taxones presentan morfologías particulares <u>distintivas</u>:**

Punica granatum. "Granado". Árbol pequeño. Hojas simples, opuestas. Flores *rojas*, 4-meras, hermafroditas, actinomorfas. Receptáculo tubuloso (*hipantio*), con el cáliz de 4-8 sépalos) en el borde. Corola con 4-8 pétalos insertos en la garganta del receptáculo. Androceo con infinitos estambres. Ovario ínfero, con los carpelos en dos o tres niveles formando lóculos superpuestos. Placentas superiores *parietales* e inferiores *axilares*. Fruto balausta: baya esférica de *paredes coriáceas* compuestas por el receptáculo y el pericarpo soldados, y coronada por el *cáliz persistente*. Lóculos superpuestos con septos membranosos. *Semillas rojas* con el tegumento *carnoso*, comestibles debido a la *exotesta* de células columnares. Cuenca del Mediterráneo y Oriente Medio.

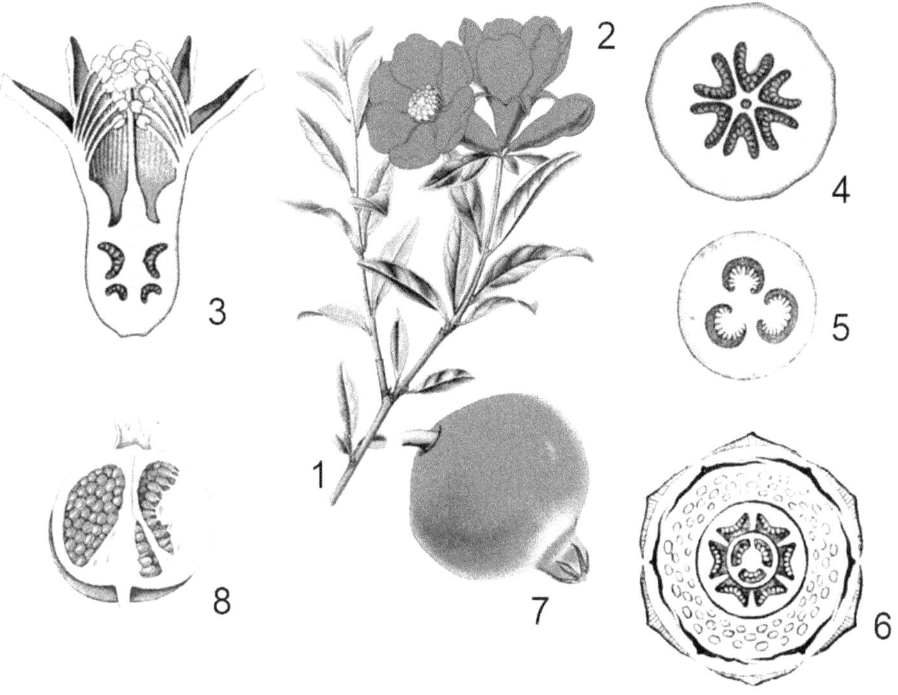

Figura 15-4. Lythraceae. Punica granatum.

– **1.** Ramita con hojas opuestas. – **2.** Flor. – **3.** Flor de ovario ínfero (sección vertical). – **4.** Ovario. Placentas superiores parietales (sección transversal). – **5.** Ovario. Placentas inferiores axilares (idem). – **6.** Diagrama floral. – **7.** Balausta. – **8.** Balausta (sección vertical). (<u>Adaptados</u>: 1-5 y 7-8, tras Thomé; 5, tras Eichler).

Myrtaceae (= Mirtáceas)

Familia del Eucaliptus.

Árboles o arbustos *siempreverdes*, *aromáticos*. Corteza *escamosa*. Hojas simples opuestas, coriáceas, con glándulas puntiformes pelúcidas (cavidades secretoras lisígenas con esencias aromáticas). Flor bisexual, actinomorfa. Hipantio desarrollado. Cáliz 4-6 sépalos libres, persistentes. Corola 4-6 pétalos *libres*, imbricados (unidos en capucha). Androceo *numerosos* estambres ramificados o multiplicados, libres en verticilos o en 5 haces opuestos a los pétalos. Filamentos estaminales *coloreados*. Gineceo 2-5 carpelos unidos. Ovario *ínfero* o semiínfero, plurilocular, con numerosos óvulos. Estilo simple.

Tejido *nectarífero* en la cima del ovario o tapizando la superficie interna del hipantio. Fruto baya (la parte carnosa deriva del receptáculo), drupa o cápsula loculicida.

<u>*Hábitat*</u>: en las regiones tropicales y subtropicales.

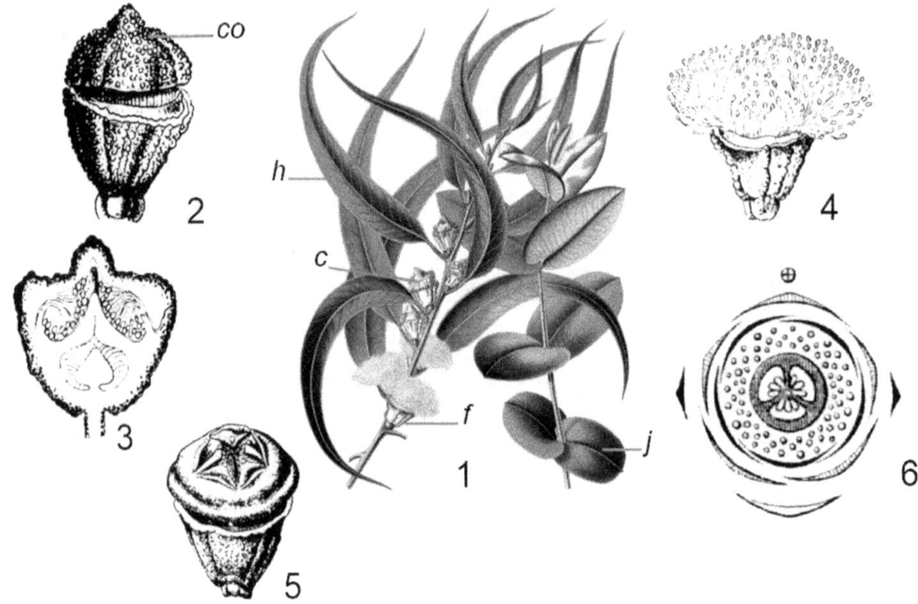

Figura 15-5. Myrtaceae. Eucaliptus globulus.

– ***Eucalyptus globulus.*** – **1.** Ramitas: – *(j).* Hojas juveniles opuestas. – *(h).* Hojas adultas alternas. – *(c).* Capullo floral. – *(f).* Flor solitaria. – **2.** Apertura opérculo (corola). – **3.** Sección longitudinal del capullo. – **4.** Flor con estambres exsertos. – **5.** Diplotegia. – ***Myrtus communis.*** – **6.** Diagrama floral. (Adaptados: 1, tras Köhler; 2-5, tras Vogtherr y Wettstein; 6, tras Eichler).

Principales especies:

Callistemon rigidus. "Limpiatubos". Arbusto. Hoja linear. Espiga densa de flores rojas vistosas. Estambres indefinidos largamente exsertos. Australia. Ornamental.

Eucalyptus sp. "Eucalyptus". Árboles. Ovario *ínfero* y receptáculo floral *hemisférico*. Corola con pétalos soldados en opérculo cónico que se separa transversalmente (*circuncisión*). *Estambres exsertos.* Diplotegia (cápsula dehiscente por valvas apicales).

Eucalyptus globulus. "Eucalipto". Corteza lisa caediza. Hojas *juveniles anchas*, opuestas, sésiles. Hojas *adultas* lanceoladas, alternas, pecioladas. Fruto cónico. Australia.

E. camaldulensis. Hojas lanceoladas *falcadas*. Flores con opérculo *rostrado*.

E. cinerea. Corteza persistente. Hojas juveniles *aovadas gris ceniciento*. Ornamental.

Eugenia caryophyllata. "Clavo de olor". Botones florales *rojizos secos* son la especia.

Myrceugenella apiculata. "Arrayán". Corteza roja caediza. Fruto baya. Argentina.

Myrtus communis. "Mirto" o "Arrayán". Arbusto aromático. Flores solitarias blancas.

Pimenta dioica. "Allspice", "cuatro especias". Su olor y sabor evoca a los de: pimienta, clavo de olor, canela y nuez moscada. Jamaica.

Psidium guajaba. "Guayabo". Flor con 30 estambres. Baya amarilla comestible.

15. 3.   Orden Sapindales

Leñosas tropicales. Tricomas *simples*, aceites esenciales. Hojas *imparipinadas* o palmadas. Flor 4-5-mera actinomorfa. Con *cáliz* y *corola*. Receptáculo floral *muy ensanchado* en forma de plato. Disco *intraestaminal* de nectarios. Ovario súpero.

9 familias **/ 479** géneros **/ 6550** especies.

Anacardiaceae (= Anacardiáceas)

Familia del Quebracho.

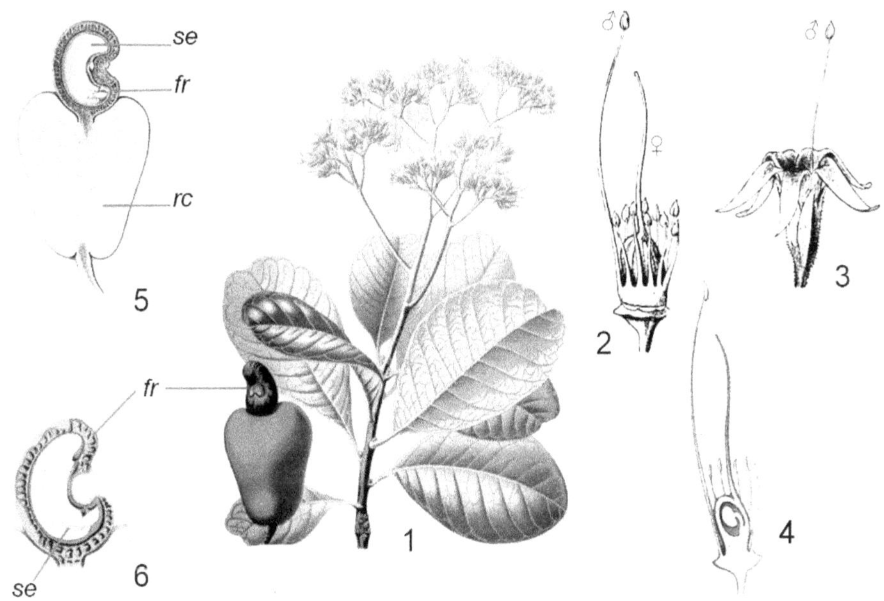

Figura 15-6. Anacardiaceae. Anacardium occidentale.

– **1.** <u>Ramita</u>: Hojas obovadas. Flores rosadas. Fruto reniforme *(fr)* sobre receptáculo carnoso rojo. – **2.** Flor hermafrodita. – **3.** Flor masculina. – **4.** Flor hermafrodita (sección longitudinal). – **5.** Fruto reniforme *(fr)* en lo alto del receptáculo carnoso *(rc)*. Semilla *(se)*. – **6.** Fruto *nuez* arriñonada (sección longitudinal). (<u>Adaptados</u>: 1, 4 y 6, tras Köhler; 2-3, tras Wettstein; 5, tras Baillon).

Árboles, arbustos o lianas. Madera *resinosa*, con conductos *resiníferos esquizógenos* con *taninos*, en la corteza y las nervaduras de las hojas. *Resinas fragantes* no picantes, color claro cuando frescas y negras al secarse, alergénicas. Hojas *pinadas*, trifolioladas o unifolioladas. Inflorescencia panícula o racimo. *Dioicas*. Flor *unisexual, actinomorfa*. Cáliz 5 sépalos. Corola 5 pétalos. Androceo 5-10 estambres. Disco nectarífero *intraestaminal*. Gineceo 3 carpelos unidos, *asimétrico* (desarrolla 1 solo carpelo y 2 abortan). Ovario súpero unilocular. Un óvulo fértil. Fruto *drupa asimétrica*, nuez o sámara.

<u>Hábitat</u>: en regiones tropicales.

<u>Principales especies</u>:

Anacardium occidentale. "Acajú". Árbol perennifolio. Hoja oval. Fruto con *receptáculo rojo piriforme*, acrescente carnoso *comestible*: "manzana de Acajú". Nuez *arriñonada* (arriba) con celdas llenas de gomas con "cardol": cáustica *venenosa*. En su interior contiene 1 *semilla comestible*: "nuez de Acajú". Brasil. Ornamental. Frutal.

Schinopsis balansae. "Quebracho colorado". Hoja coriácea. Sámara con *ala lateral*.

S. quebracho colorado. "Quebracho santiagueño". Hoja *imparipinada*. Sámara 3 cm.

Schinus molle var. areira. "Pimienta rosada". Hoja *imparipinada* y borde *aserrado*. Drupa globosa *rojo minio menor de 1cm*, levemente picante, con 1 semilla. Sudamérica.

Mangifera indica. "Mango". Hoja lanceolada. Flor rosada. Drupa amarilla agridulce.

Pistacia vera. "Pistacho". Drupa con pericarpo apergaminado. Semilla verde amarilla.

Sapindaceae (= Sapindáceas

Sub-Familia Hippocastanoideae (= Hippocastanoideas)

Sub-Familia del Castaño de las Indias.

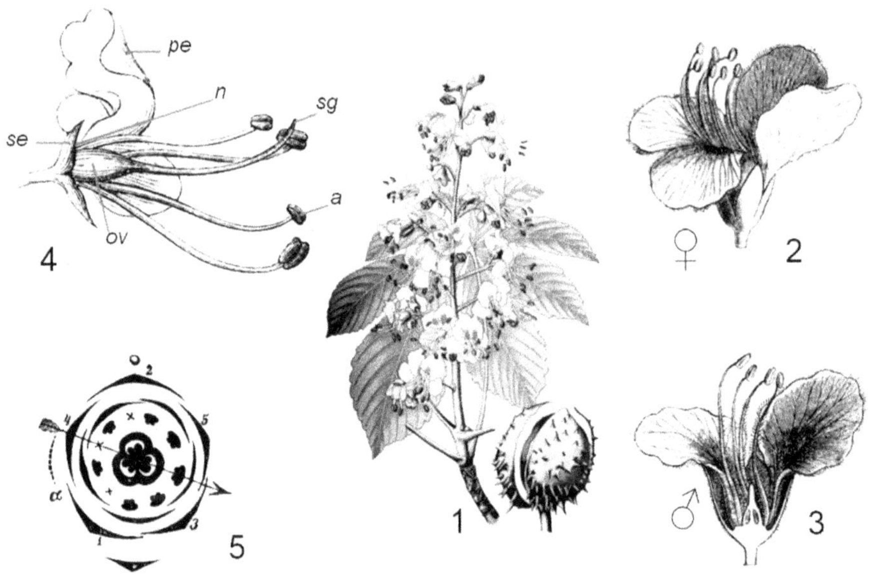

Figura 15-7. Sapindaceae. Hippocastanoideae. Aesculus hippocastanum.

– **1.** <u>Ramita</u>: Hoja digitada. Panoja terminal. Cápsula erizada dehiscente. – **2.** <u>Flor</u>: Masculina, Cigomorfa. – **3.** <u>Flor masculina</u> (corte longitudinal). – **4.** <u>Flor femenina</u>: Sépalo *(se)*. Pétalo *(pe)*. Nectario *(n)*. Estigma *(sg)*. Antera de estambre *(a)*. Ovario *(ov)*. – **5.** <u>Diagrama</u> de la flor hermafrodita. (<u>Adaptados</u>: 1, tras Thomé; 2-4, tras Engler; 5, tras Warming).

Árboles de gran porte. Hojas *opuestas palmaticompuestas*, *palmatinervadas*, *perennes*. Con látex. Inflorescencia en racimos de cimas. Flores *unisexuales, cigomorfas* por aborto de un sexo. Cáliz pentafido. Corola con 5 pétalos blancos con manchas rojas, unguiculados con apéndices marginales. Androceo 7 estambres. Ovario 3-locular. cápsula loculicida con pericarpo *erizado con acúleos*. Semillas grandes.

Hábitat: en América del Norte y Central, y desde los Balcanes hasta Japón.

Principales especies:

Aesculus hippocastanum. "Castaño de las Indias". Árbol. Hoja palmaticompuesta. Flor cigomorfa blanca. Cápsula erizada. Europa. Fruto *tóxico no* comestible. Medicinal.

Sub-Familia Aceroideae (= Aceroideas)

Sub-Familia de los Maples.

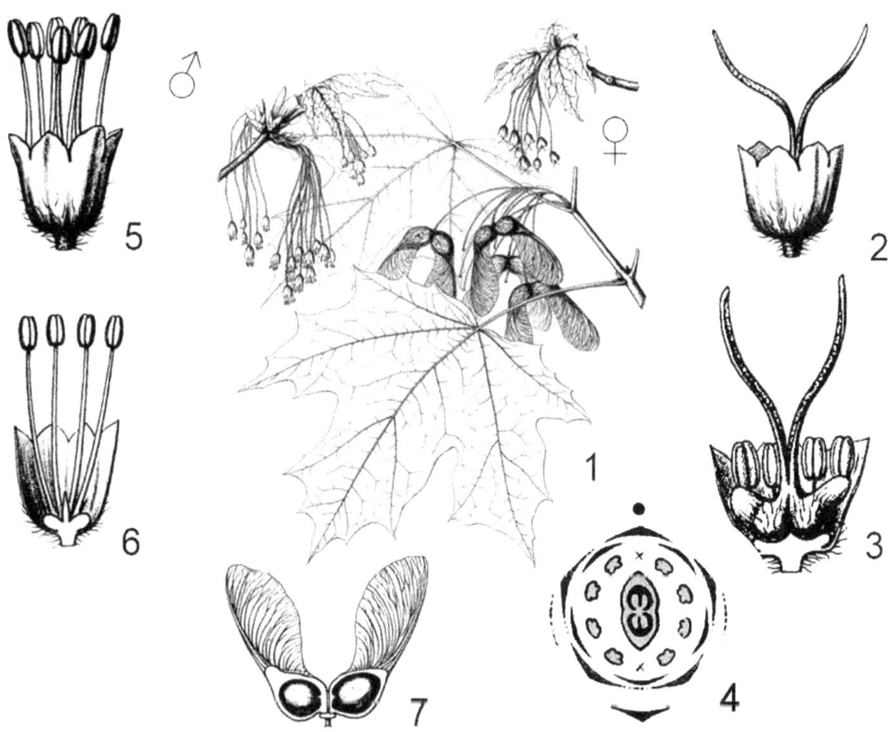

Figura 15-8. Sapindaceae. Aceroideae. Acer saccharum subsp. floridanum.

– **1.** Hoja palmatilobulada, palmatinervada. Inflorescencias masculina y femenina. – **2.** Flor femenina. – **3.** Flor femenina (corte). – **4.** Diagrama floral. – **5.** Flor masculina. – **6.** Idem (corte). – **7.** Disámara con alas paralelas. (Adaptados: 1-3 y 5-7, tras Sargent; 4, tras Le Maout y Decaisne).

Árboles *caducifolios*. Hojas opuestas, *simples palmatilobuladas*, palmatinervadas. Racimo o corimbo. Flores polígamas (*unisexuales o hermafroditas*), 4-meras o 5-meras. Perianto con cáliz y corola. Androceo con estambres que nacen del *disco nectarífero*. Ovario con 2 óvulos *colaterales* en *cada* lóculo. Fruto disámara con *alas unilaterales* (*esquizocarpo,* se separa en dos mitades o *sámaras*).

Hábitat: de las zonas templadas y regiones montañosas del hemisferio norte.

Principales especies:

Acer spp. "Arces". Hoja simple *palmatilobulada*. Disámara con *alas unilaterales*.

Acer saccharum. "Arce del azúcar". Disámara con *alas paralelas*. Norteamérica.

A. campestre. "Arce menor". Disámara con alas casi horizontales. Europa y Asia.

A. negundo. "Negundo". Dioico. Hoja *imparipinada* con 3-7 folíolos lanceolados. Flores desnudas. Anemófilo. Disámara con *alas en ángulo recto*. América del Norte.

Sub-Familia *Sapindoideae* (= *Sapindoideas*)

Sub-Familia del Palo jabón.

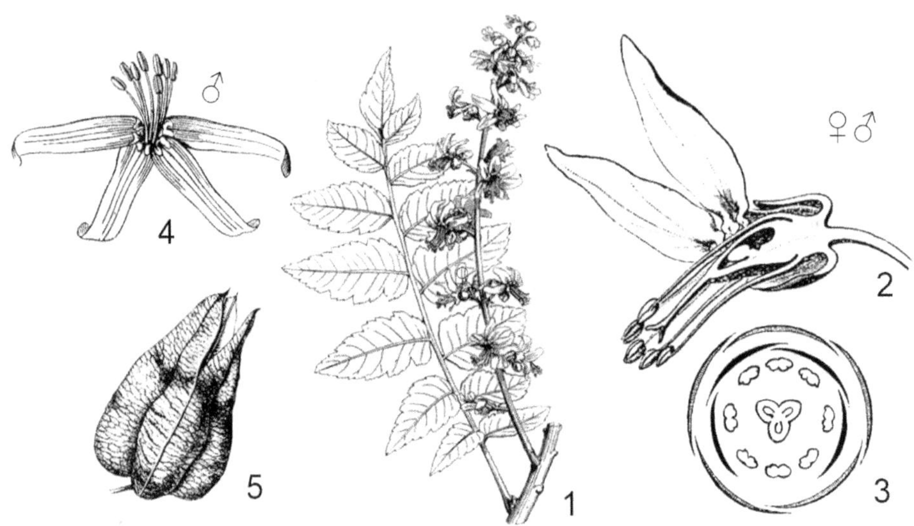

Figura 15-9. Sapindaceae. Sapindoideae. Koelreuteria paniculata.

– **1.** <u>Ramita</u>: Hoja imparipinada. Panoja terminal. – **2.** Flor hermafrodita (sección longitudinal). – **3.** <u>Diagrama floral</u>. – **4.** Flor masculina. – **5.** Cápsula loculicida. (<u>Adaptados</u>: 1, 3-4, tras Le Maout y Decaisne; 2, tras Baillon; 5, tras Radlkofer y Wettstein).

Árboles, arbustos o lianas con zarcillos. Madera dura con *taninos* y *saponinas*. Hojas *alternas*, simples, pinadas o unifolioladas. Flores *cigomorfas*, bisexuales (*unisexuales* por aborto) o polígamo-dioicas. Cáliz 4-5 sépalos libres. Corola 4 pétalos *unguiculados* con *apéndice escamoso* en la cara *adaxial*. Disco nectarífero *extraestaminal*. Androceo 4-8 estambres. Gineceo 2-3 carpelos. Ovario súpero. Fruto *samaroide* o cápsula alada.

<u>Hábitat</u>: en las regiones tropicales.

Principales especies:

Cardiospermum grandiflorum. "Cipó". Enredadera. Hoja biternada. Cápsula trígona.

Koelreuteria paniculata. Árbol. Hoja imparipinada caduca. Flor *irregular*: 5 sépalos, 4 pétalos unguiculados, 8 estambres. Ovario súpero 3-locular. Cápsula vesiculosa loculicida.

Sapindus saponaria. "Palo jabón". Hoja imparipinada. Fruto esquizocárpico 3-coco.

Meliaceae (= Meliáceas).

Familia del Paraíso.

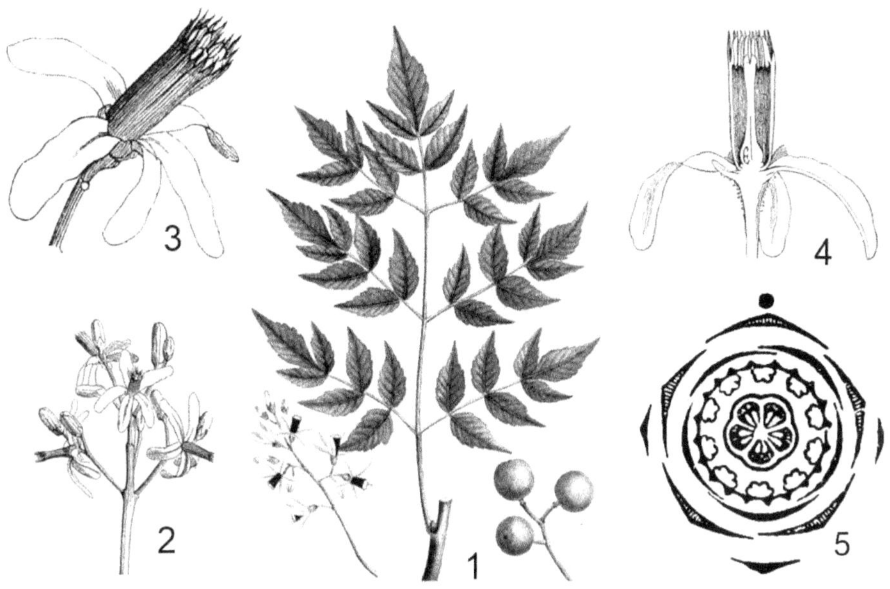

Figura 15-10. Meliaceae. Melia azedarach.

– **1.** Hoja imparibipinada. Flor violácea. Fruto drupa. – **2.** Panoja de flores. – **3.** Flor actinomorfa hermafrodita. – **4.** Flor (sección longitudinal). Androceo monadelfo. Ovario súpero. – **5.** Diagrama floral. (<u>Adaptados</u>: 1, tras Michaux y Redouté; 2-4, tras Le Maout y Decaisne; 5, tras Eichler).

Árboles o arbustos. Maderas coloreadas y con esencias. Con triterpenoides amargos en células secretoras. Hojas imparipinadas o Imparibipinadas. Folíolos de margen entero o aserrado, pinatinervados. Inflorescencia panoja. Flores 5-meras, unisexuales.

Cáliz 4-5 sépalos. Corola 4-5 pétalos. Androceo monadelfo 8-10 estambres, filamentos unidos en tubo. Disco nectarífero *intraestaminal*. Ovario súpero. *Cápsula*, *baya* o *drupa*.

<u>Hábitat</u>: en las regiones tropicales.

<u>Principales especies:</u>

Melia azedarach*.* "Paraíso". Árbol. Hoja 2-3-imparipinada, folíolos *aovados*. Panoja de flores *violáceas* perfumadas. Drupa amarilla de 2 cm, *tóxica para el ganado*. Asia.

Cedrela tubiflora*.* "Cedro misionero". Árbol. Hoja imparipinada. Cápsula. Argentina.

C. lilloi*.* "Cedro salteño". Árbol. Cápsula de 5 cm. Selva tucumano-oranense.

Swietenia mahogani. "Caoba". Árbol perennifolio. Hojas paripinadas. Cápsula dehiscente con semillas aladas. América. Forestal de madera muy valiosa.

Rutaceae (= Rutáceas)

Familia del Limonero.

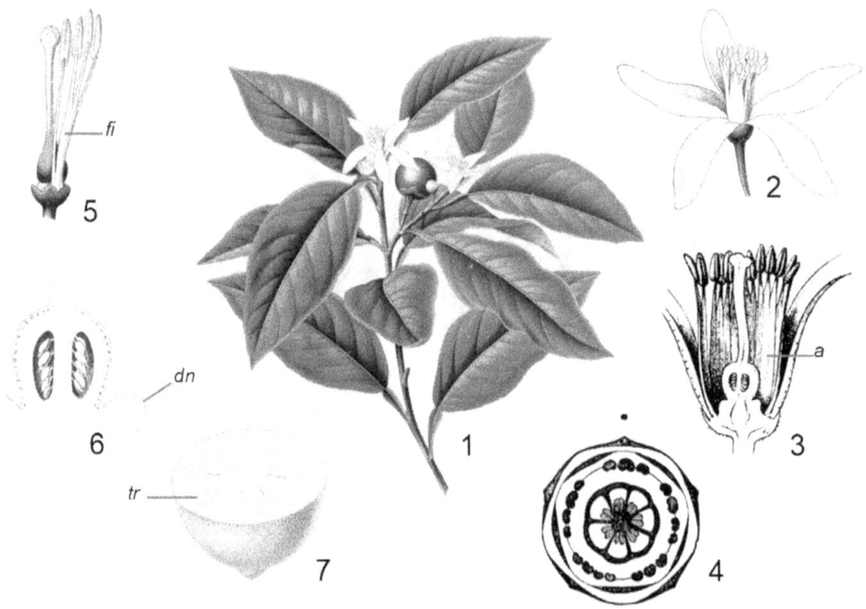

Figura 15-11 . Rutaceae. Citrus limon.

– **1.** Ramita en flor. Hoja con pecíolo articulado con la lámina. – **2.** Flor actinomorfa hermafrodita. – **3.** Flor hermafrodita (sección vertical). Androceo *(a)* poliadelfo. – **4.** Diagrama floral. – **5.** Detalle de los estambres con sus filamentos *(fi)* unidos en manojos. Ovario súpero. – **6.** Disco nectarífero *(dn)* rodeando la base del ovario. – **7.** Hesperidio (corte transversal). Tricomas *(tr)* pluricelulares jugosos. (Adaptados: 1-2, 5-7, tras Köhler; 3, tras Wettstein; 4, tras Prantl).

Árboles o arbustos. Hojas simples, digitadas o pinadas. Aromáticas, *aceites esenciales* en cavidades puntiformes translúcidas (glándulas pelúcidas). Producen alcaloides, *ácido cítrico*, heterósidos y saponinas. Monoicas o dioicas. Flores bisexuales, *5-meras, actinomorfas*. Cáliz 5 sépalos soldados en la base. Corola 4-5 pétalos imbricados, libres.

Androceo 10 estambres libres o poliadelfos (filamentos ramificados en hacecillos), insertos sobre el *disco nectarífero* con forma de almohadilla, entre androceo y ovario. Gineceo 2-5 carpelos connados. Ovario profundamente lobulado, estilo central. Lóculos biovulados. Fruto variable (baya, drupa, cápsula, sámara, folículo).

Hábitat: cosmopolitas, en zonas tropicales y templado cálidas.

Principales especies:

Citrus spp. "Agrios". Arbolitos de hojas *unifolioladas* (por reducción), *persistentes*. Androceo *poliadelfo*. Fruto hesperidio: baya con exocarpo grueso *glanduloso*, mesocarpo *corchoso* y endocarpo *membranoso* tapizado con pelos pluricelulares jugosos. Asia.

Citrus limon. "Limonero". Pecíolo articulado. Fruto mamelonado, rico en ácido cítrico.

Citrus sinensis. "Naranjo". Pecíolo alado. Fruto dulce, mesocarpo con *hesperidina*.

C. medica. "Cidra". Hoja oblonga. Fruto amarillo, piriforme, mamelonado y rugoso.

C. paradisi. "Pomelo". Pecíolo anchamente alado. Frutos grandes, amarillos, amargos.

C. reticulata. "Mandarina". Fruto dulce de corteza fácilmente despegable.

C. aurantium var. amorum. "Naranjo amargo". Ramas con fuertes y largas espinas. Hoja con olor particular ("petit grain"). Fruto rojizo. Para confituras y aromatizar licores.

C. aurantifolia. "lima". Hojas elípticas, crenadas. Fruto amarillo, corteza lisa.

Balfourodendron riedelianum. "Guatambú". Hoja 3-foliolada. Fruto alado. Forestal.

Fagara coco. "Cocucho". Árbol. Hoja con 7 folíolos, crenado-aserrados. Forestal.

Fortunella margarita. "Kumquat". Arbolito. Hoja lanceolada. Fruto anaranjado.

Ruta graveolens. "Ruda". Hoja compuesta aromática. Flor amarilla. Cápsula.

15. 4.   Orden Malvales

Con cavidades y conductos mucilaginosos. Hojas con dientes *malvoides* (el haz vascular termina en el ápice del diente). Tricomas estrellados. Floema en estratos duros y blandos. Corola dialipétala. Androceo diplostémono (2 *verticilos* de estambres): el verticilo *externo* tiende a desaparecer; los del ciclo *interno* se ramifican en infinitos estambres soldados en un *tubo* alrededor del estilo (*monadelfo*), con anteras en su ápice (*columníferas*). Gineceo con carpelos unidos. Cuando maduros se separan: fruto "esquizocarpo".

10 familias **/ 338** géneros **/ 6005** especies.

Malvaceae (= Malváceas)

Hierbas, árboles o arbustos. Canales *mucilaginosos*. Hojas alternas, *palmatinervadas*, palmatilobuladas o palmaticompuestas, con *dientes malvoides*. Pelos estrellados o peltados. Con *estípulas*. Flor 5-mera, actinomorfa. Cáliz valvar con 5 sépalos. Con calículo (*estípulas* de los sépalos debajo del cáliz). Corola con 5 pétalos libres. Nectarios unidos a pelos glandulares en la cara adaxial de sépalos y pétalos. Estambres *multiplicados* insertos en androginóforo (*columna* que soporta androceo y gineceo). Androceo monadelfo con anteras *columníferas* (en la parte superior).

Malvoideae (= Malvoideas)

Sub-Familia del Algodón.

Hierbas. Hojas *simples*, *palmatinervadas*, con pelos estrellados o peltados. Flores bisexuales, *actinomorfas*. Cáliz valvar con 5 sépalos, acompañado de calículo de brácteas. Corola 5 pétalos. Pelos glandulares con *nectarios* en la cara adaxial de sépalos y pétalos. Androceo monadelfo. Estambres *multiplicados*. Anteras *columníferas*, con una teca. Gineceo súpero, con 5 a 50 carpelos. Receptáculo floral con *puntal* donde se ubican los carpelos. Fruto esquizocarpo formado por *aquenios* (carpelos uniovulados que al madurar se separan en mericarpos uniseminados). Cápsula polisperma (carpelos pluriovulados).

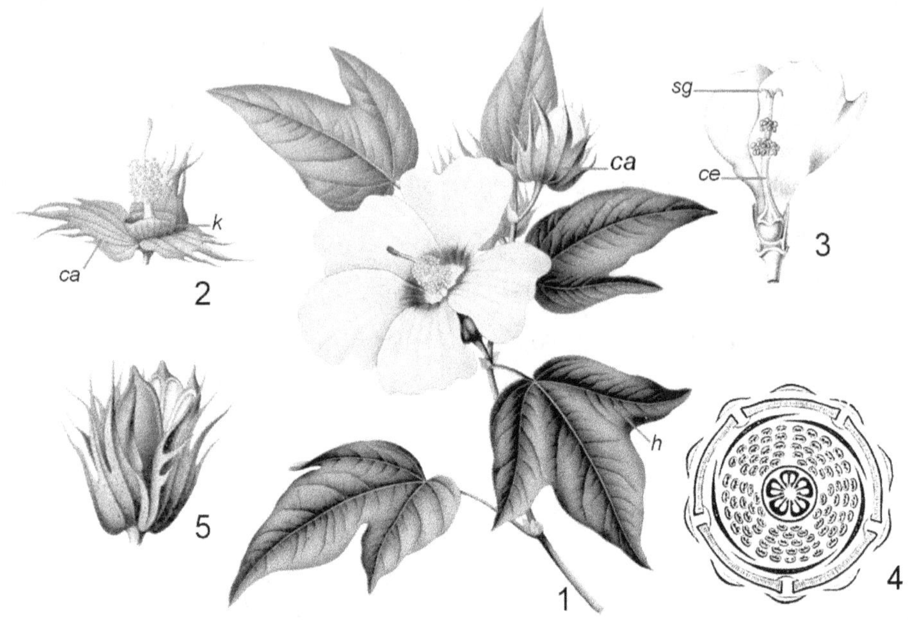

Figura 15-12. Malvaceae. Malvoideae. Gossypium barbadense.

– **1.** Ramita con flor actinomorfa. Hojas palmatilobuladas *(h)*. Capullo con calículo *(ca)* de 3 brácteas acorazonadas. – **2.** Flor (sin corola): Calículo *(ca)*. Cáliz truncado *(k)*. – **3.** Flor (en corte): Columna estaminal *(ce)*. Estigma con 3 ramas *(sg)*. – **4.** Diagrama floral. – **5.** Cápsula en dehiscencia. (<u>Adaptados</u>: 1-3 y 5, tras Köhler; 4, tras Orbigny y Maubert).

<u>Hábitat</u>: cosmopolitas de regiones templadas y cálidas.

<u>Principales especies</u>:

Gossypium sp. "Algodón". Hoja *palmatilobulada*. Flor con calículo de 3 brácteas acorazonadas, dentadas. Cápsula. Semilla con pelos epidérmicos unicelulares de 60 mm, ricos en celulosa, el "algodón". Textil. La fibra desengrasada es el "algodón hidrófilo".

G. hirsutum. "Algodón común". Fibras medianas de 3,8 cm. América.

Gossypium barbadense. "Algodón vicuña". Algodón salvaje de fibras largas. América.

Abutilon pictum. "Farolito japonés". Ornamental. Sudamérica.

Althaea officinalis. "Malvavisco". Herbácea halófila y nitrófila de raíces medicinales.

Hibiscus rosa-sinensis. "Rosa de China". Arbusto. Hoja dentada. Flor roja acampanada. Columna estaminal y estilos largamente *exsertos*. Ornamental.

Hibiscus syriacus. "Rosa de Siria". Arbolito. Hoja rómbica o 3-lobulads. Flor rosada.

H. esculentus. Hierba. Hoja palmatilobulada. Cápsula alargada, con pico de 10 cm.

Malva parviflora. "Malva". Hierba. Hoja orbicular. Calículo de 3 brácteolas. Medicinal.

Sida rhombifolia. "Malvavisco". Hoja rómbica. Flor amarilla, sin calículo. América.

Spaheralcea miniata. "Malvisco". Tallos erguidos. Hoja trilobulada. Flor rojo minio.

Tilioideae (= Tilioideas)

Sub-Familia del Tilo.

Figura 15-13. Malvaceae. Tilioideae. Tilia platyphyllos.

– **1.** Ramita con cimas de flores sobre hipsófilos. – **2.** Flor actinomorfa. Ramilletes de estambres oposipétalos. – **3.** Flor (sección vertical). – **4.** Diagrama floral. – **5.** Hipsófilo con cimas de frutos. (<u>Adaptados</u>: 1, tras Oeder; 2, tras Mentz; 3 y 5, tras Köhler; 4, tras Baillon).

Árboles o arbustos. Hojas simples con pelos *estrellados*. *Con estípulas*. Inflorescencia solitaria o *dicasio*. Flor bisexual. Cáliz con sépalos *valvados*. Estambres libres, o con filamentos apenas soldados en la *base* en ramilletes opuestos a los pétalos. Anteras con *dos lóculos*. Ovario 5-locular, 10 óvulos. Entomófilos y anemófilos. Fruto *monospermo*.

<u>Hábitat</u>: cosmopolita, en las regiones tropicales a subtropicales.

<u>Principales especies</u>:

Tilia spp. "Tilos". Árboles. Hoja acorazonada aserrada. Flores en *cima* sobre un profilo (bráctea lanceolada) que sirve para diseminar la infrustescencia. Fruto seco uniseminado.

T. platyphyllos. "Tilo de Holanda". Hoja reniforme, acuminada, pubescente en las nervaduras. Flores amarillentas perfumadas, en cimas 2-3-floras. Fruto ovoide. Europa.

Tilia cordata. "Tilo de hoja pequeña". Hojas cordadas pequeñas (6 cm).

Corchorus olitorius. "Yute". Hierba de 3m. Hoja aovada con 3 nervaduras basales. Flor amarilla. Cápsula cilíndrica alargada. Semillas tóxicas. Asia. Textil.

C. capsularis. "Yute". Hoja aovada acuminada. Cápsula globosa (1 cm). Textil.

Bombacoideae (= Bombacoideas)

Sub-Familia del Palo borracho.

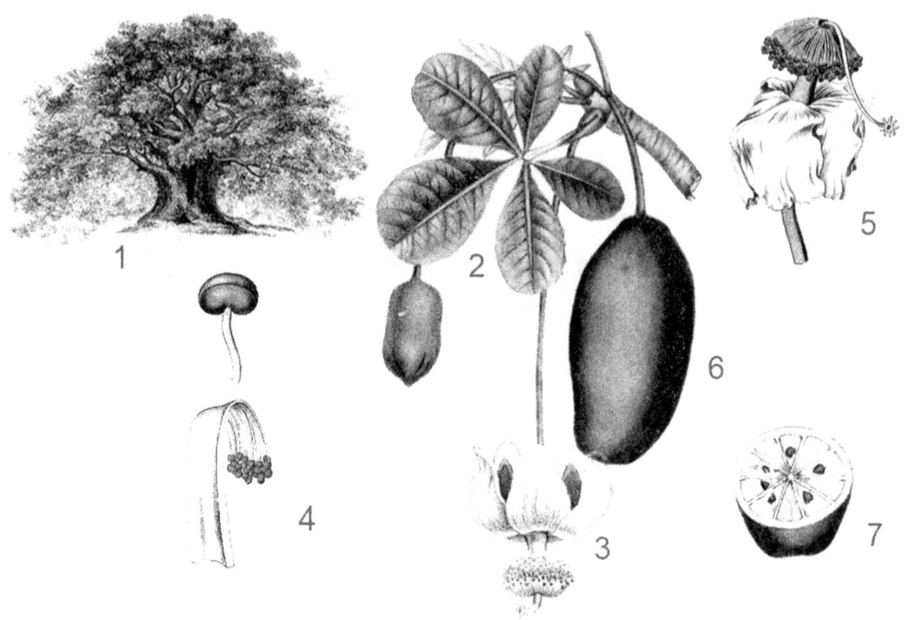

Figura 15-14. Malvaceae. Bombacoideae. Adansonia digitata.

– **1.** Árbol de gran porte y tronco muy grueso. – **2.** Hoja peciolada digitada. – **3.** Flor hermafrodita en antesis. – **4.** Columna estaminal (detalle). – **5.** Flor luego de la antesis. – **6.** Fruto. – **7.** Corte transversal del fruto. (<u>Adaptados</u>: 1 y 5, tras Bollmann; 2-4 y 6-7, tras Cassone).

Árboles muy grandes, ventrudos, de madera muy *liviana*. Con células y cavidades de goma. Hojas compuestas *digitadas*. Flores hermafroditas. Estambres con filamentos soldados, en haces o formando un tubo alrededor del ovario. Polen liso.

<u>Hábitat</u>: regiones tropicales.

<u>Principales especies</u>:

Adansonia digitata. "Baobad". Árbol. Tronco grueso de 9 m. Ramas que tocan el suelo. Hojas *digitadas*, pecioladas. Flor actinomofa, hermafrodita. Androceo *monadelfo*. Adaptado a clima seco, acumula agua en su tronco. Madera *muy liviana* y poco resistente.

Chorisia speciosa. "Palo borracho rosado". Tronco *verde* con *pocos* aguijones. Flor *rosada*. Cápsula, con el *endocarpo* cubierto de sedas. Brasil y Argentina.

Ch. insignis. "Palo borracho amarillo". Tronco cubierto de *aguijones*. Flores *amarillas*.

Ceiba pentandra. "Ceiba". Árbol de 70 m. Raíces *tabulares*. Tronco grueso y ramas con espinas cónicas. Hoja palmada. Fruto con pelos en el endocarpo, el "capoc".

Ochroma lagopus. "Madera balsa". Madera *muy liviana*. Aeromodelismo.

Sterculioideae (= Esterculioideas)

Sub-Familia del Cacao.

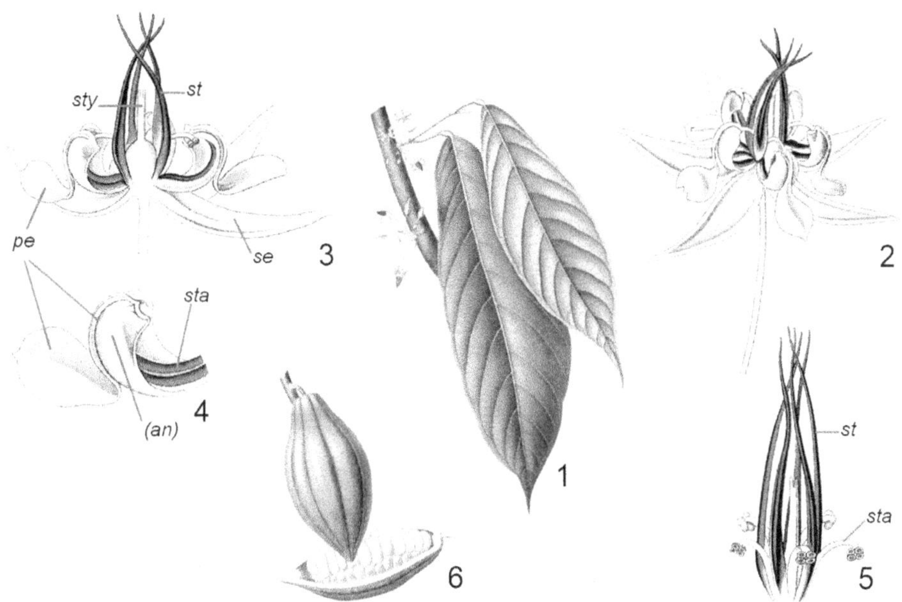

Figura 15-15. Malvaceae. Sterculioideae. Theobroma cacao.

– **1.** Rama con caulifloria. Hojas simples oblongas. – **2.** Flor 5-mera hermafrodita. – **3.** Flor (sección vertical): Sépalo *(se)*. Pétalo *(pe)*. Estaminodio *(st)*. Estilo *(sty)*. – **4.** Pétalo *(pe)*. Estambre *(sta)*. Antera *(an)*. – **5.** Flor (sin corola). – **1.** Cápsula indehiscente. (Adaptados: tras Köhler).

Árboles. Hojas persistentes, con pelos *estrellados*. Con estípulas Flores 5-meras, unisexuales y polígamas. *Caulifloria* (emiten flores en el *tronco*). Con canales de goma. Cáliz *valvado*, 5 sépalos soldados en la base. Verticilo *extraestaminal* de estaminodios.

Androceo monadelfo (filamentos unidos en un *tubo*) o en *fascículos* (*opuestos* a los pétalos), hipóginos. Anteras con *dos lóculos*. Ovario súpero, 1 a 5-locular. Fruto *folículo* (carpelos están libres), cápsula o drupa coriácea. Semillas con endosperma *abundante*.

Hábitat: cosmopolita, en las regiones tropicales a subtropicales del hemisferio sur.

Principales especies:

Theobroma cacao. "Cacao". Árbol. Con *caulifloria* (flores en el *tronco*). Hoja oblonga. Corola 5 pétalos *unguiculados,* con *concavidad* en la base (alberga la *antera* del estambre opuesto). *Cápsula* indehiscente con 20-40 semillas ("granos de cacao"). Con alcaloide *teobromina*. Las semillas dan la "manteca de cacao" y el "*polvo de cacao*". América.

Cola nítida. "Cola". Cáliz amarillo. Medicinal. Con *cafeína*. Para elaborar bebidas *cola*.

Firminana platanifolia. "Parasol de China". Cáliz *petaloideo*. Fruto polifolículo.

Brachychiton populneum*. "Braquiquito". Hojas 5-lobulada. Flor *apétala*. Cáliz acampanado, blanco con manchas vinosas. Folículos *5-digitados*, *estipitados*. Austrália.

Sterculia coccinea*. Árbol *diclino-monoico*. Hoja lanceolada. Flores unisexuales, *apétalas*. Folículos *rojizos*, *leñosos*. Sudeste y Sur de Asia. Ornamental.

15. 5. Orden Brassicales

Leñosas o herbáceas. Inflorescencia *racimo*. Flores *tetrámeras*. Pétalos unguiculados. Placentación *parietal*. Con células con *glucosinolatos* y la enzima *mirosinasa*.

18 familias **/ 405** géneros **/ 5035** especies.

Brassicaceae (= Brassicáceas ó Crucíferas)

Familia del Repollo.

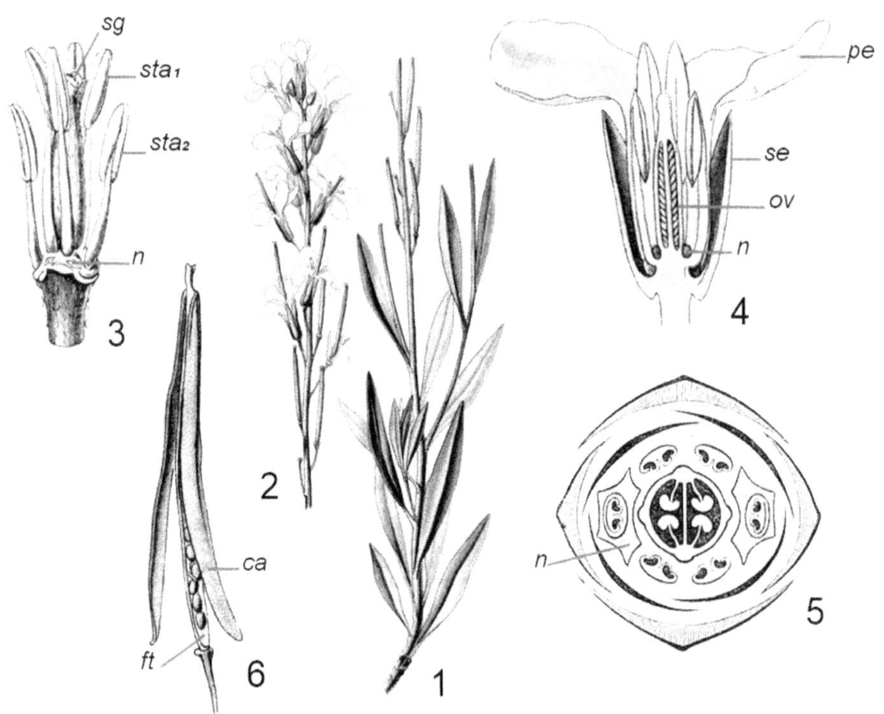

Figura 15-16. Brassicaceae. Erysimum × cheiri.

– **1.** Ramita con hojas lineal lanceoladas. – **2.** Racimo de flores amarillas. – **3.** Androceo tetradínamo: 4 estambres internos más largos *(sta₁)* y 2 estambres externos más cortos *(sta₂)*. Estigma *(sg)*. Nectario *(n)*. – **4.** Flor (sección vertical): Sépalo *(se)*. Pétalo *(pe)*. Ovario *(ov)*. Nectario. – **5.** Diagrama floral. – **6.** Silicua lineal: Carpelo o valva *(ca)*. Replum o Falso tabique de origen placentario *(ft)*. (Adaptados: 1,4 y 6, tras Thomé; 3, tras Hooker; 5, tras Baillon).

Hierbas anuales o bianuales. Hojas simples, en rosetas basales. Con estípulas. Inflorescencia en *racimo*. Flor *tetrámera*, actinomorfa, bisexual. Receptáculo prolongado en un corto ginóforo o androginóforo. Cáliz tetrámero *dialisépalo*. Corola tetrámera *dialipétala* (4 pétalos libres en *cruz*). Pétalo *unguiculado* y limbo bruscamente *expandido*.

Androceo *tetradínamo*: 4 estambres *internos* de filamentos *más largos* y 2 estambres *externos* más cortos. Con disco *nectarífero*. Gineceo 2 carpelos unidos. Ovario *súpero*, *unilocular* dividido en 2 "cavidades" por un *falso tabique* o "*replum*" de origen *placentario* (que se forma por alargamiento de las 2 placentas *parietales hacia el interior* del ovario).

Fruto silicua (alargado) o silícula (corto). El replum sostiene a las semillas. Presentan *glucosinolatos* (picantes, anticancerígenos, antitiroideos) y la enzima *mirosinasa*. Los glucosinolatos son inocuos, pero cuando la planta sufre una herida, la *mirosinasa* (separada dentro de *idioblastos utriculiformes*) queda en libertad y entra en contacto el *glucosinolato* (en los tejidos). Se libera así *aceite de mostaza*, que repele a los herbívoros.

Hábitat: cosmopolitas, en las regiones templadas del hemisferio norte.

Principales especies:

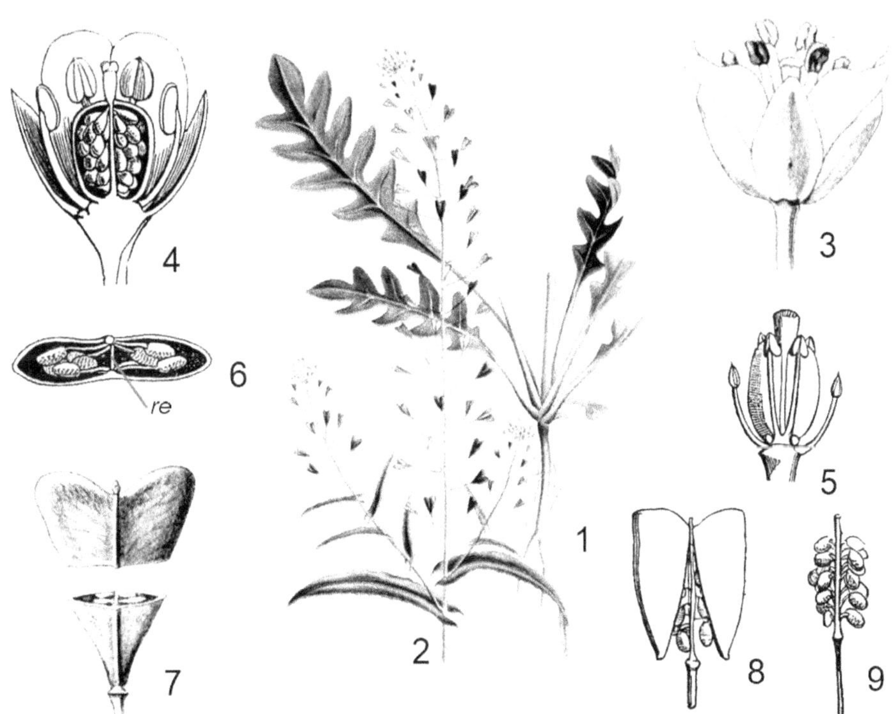

Figura 15-17. Brassicaceae. Capsella bursa-pastoris

– **1.** Roseta de hojas basales. – **2.** Hojas caulinares. Racimos con flores y frutos. – **3.** Flor. Pétalos y sépalos. – **4.** Flor (sección vertical). Ovario 2-carpelar. – **5.** Androceo tetradínamo y Gineceo. – **6.** **Silícula** (sección transversal): Placentación parietal. – *(re)*. Replum (falso tabique placentario). – **7.** Silícula (vista lateral). – **8.** Silícula (dehiscencia). – **9.** Silícula (sin valvas): Semillas en el replum. (Adaptados: 1-2, 3 y 7, tras Mentz y Ostenfeld; 4-6 y 8-9, tras Le Maout y Decaisne).

- Medicinales.

Capsella bursa-pastoris. "Bolsa del pastor". Hoja lobada. Flor blanca. *Silícula* triangular. Ruderal y medicinal astringente. Vegeta en invierno.

Eruca vesicaria. "Rúcula". Anual. Hojas basales lirado-pinatisectas. Pétalos blancos con líneas violáceas. *Silicua* de sección cuadrangular. Hortaliza. Antiescorbútica.

- <u>Ornamentales</u>:

Erysimum x cheiri. "Alelí amarillo". Hoja lanceolada. Racimo corto. Corola amarilla. Silicua lineal. Valvas con nervio medio notable. Mediterráneo oriental. Ornamental.

Matthiola incana. "Alelí". Flor violácea, roja o blanca. Silicua con estigma bilobulado.

- <u>Hortícolas</u>:

Brassica oleracea. "Coles". Flor amarilla. Silicua con una hilera de semillas, y terminada en un largo rostro indehiscente (que no contiene semillas).

B. oleracea var. botrytis forma cymosa. "Brócoli". Hojas rizadas, con nervio central notable. Tallo con masa globulosa de yemas florales. Inflorescencia verde-azul grisáceo.

B. oleracea var. botrytis forma cauliflora. "Coliflor". Hojas elípticas rizadas. Los tallos rematan en una masa voluminosa de yemas florales, hipertrofiadas, blanco níveo.

B. campestre var. napobrassica. "Colinabo". Durante la Segunda Guerra Mundial, fueron los alimentos básicos de las poblaciones europeas.

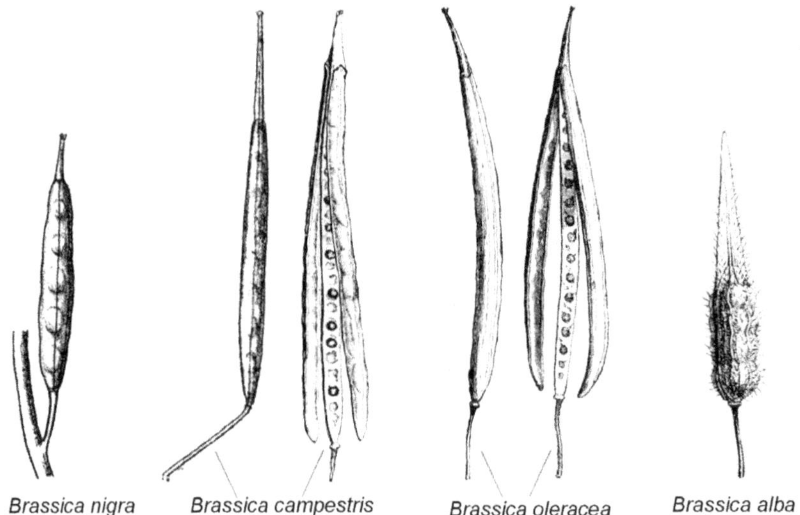

Figura 15-18. Brassicaceae. Brassica sp. Silicuas.

(<u>Adaptados</u>: tras Baillon, Prantl y Engler).

B. chinensis. "Pack-choi" o "Acelga china". Hoja de borde liso. Pecíolo blanco carnoso.

B. napus subsp. esculenta. "Nabo". Raíz engrosada comestible. Hojas verde azulado.

B. oleracea var. acephala. "Berza". Hojas en roseta, no forman pella.

B. oleracea var. bullata. "Repollo de hoja rizada" o "Col de Milán".

B. oleracea var. capitata. "Col". Repollo de hoja verde, blanca o morada.

B. oleracea var. caulo-rapa. "Colirábano". Base del tallo (hipocótilo) engrosada en tubérculo globoso, sobre el que se insertan los pecíolos largos y delgados de las hojas.

B. oleracea var. gemmifera. "Col de Bruselas". Con las yemas axilares desarrolladas.

B. pekinensis. "Pe-tsai" o "Col china". Hojas verticales alargadas de limbo verde blanquecino. Se consumen en fresco y en ensalada, en guisos y salsas cocidas. Japón.

Raphanus sativus. "Rábano". Raíz pivotante. Hojas arrosetadas lirado-pinatífidas. Racimo de flores violáceas. Silicua indehiscente cilíndrica, atenuada en un estilo delgado.

Raphanus sativus ssp. major. "Rábano". Tubérculo hipocotíleo *alargado*.

R. sativus ssp. parvus. Con tubérculos hipocotíleos *redondeados*.

Raphanus raphanistrum. Flor amarilla. Fruto delgado con 6-10 semillas contraídos entre las mismas. Europa, adventicia en América.

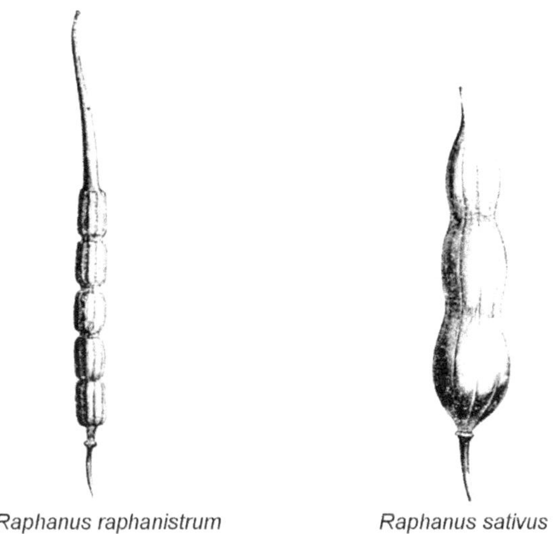

Figura 15-19. Brassicaceae. Raphanus sp. Silicuas.

(<u>Adaptados</u>: tras Baillon).

Coronopus didymus. "Mastuerzo". Hierba anual. Flores blancas. Silícula indehiscente deshaciéndose en dos cocos monospermos. América. Medicinal. Febrífugo.

Lepidium sativum. "Berro de tierra". Flor blanca. *Silícula* orbicular comprimida.

Nasturtium officinale "Berro". Acuática o palustre. Hoja lirado-pinatisecta. Racimos ascendentes. Flor amarilla. *Silicua* con valvas aplanadas. Semillas anaranjadas alveoladas.

- <u>Oleaginosas</u>:

B. napus var. oleífera. "Colza". De sus semillas se extrae el "aceite de colza", muy rico en ácidos grasos no saturados (oleico, linoleico y linolénico).

- Condimentos:

Armoracia lapathifolia. "Rábano rusticano". Perenne. Hojas jóvenes *pectinadas* dentadas; adultas oblongas y crenadas. Europa oriental. Su raíz se usa como condimento.

Brassica nigra. "Mostaza negra". Hojas superiores *oblongas*; inferiores pinatisectas.

Sinapis alba. "Mostaza blanca". Flor amarilla. Silicua con largo rostro indehiscente.

- Malezas de los cultivos:

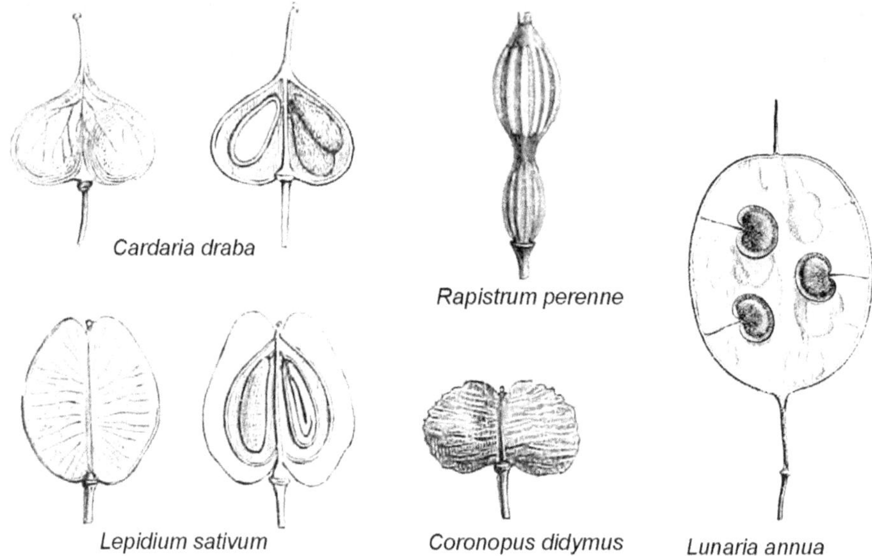

Figura 15-20. Brassicaceae. Silículas.

(Adaptados: tras Baillon, Prantl y Engler).

Cardaria draba (Lepidium draba). "Wancy". Herbácea perenne (estival). Hojas basales obovadas, onduladas. Flor blanca. Maleza. Se propaga por raíces gemíferas.

Diplotaxis tenuifolia. "Flor amarilla". Perenne. Hojas arrosetadas. Flor amarilla.

D. muralis. Anual. Hojas sinuado-dentadas. Flores amarillas, racimo laxo. Silicua lineal.

Rapistrum rugosum. "Rapistro". Silícula con el artículo superior globoso.

Brassica campestris: "Nabo". Hojas superiores lanceoladas, auriculadas; inferiores lirado-pinatífidas. Flores amarillas. Maleza invernal. Se propaga por semillas.

- Industriales:

Isatis tinctoria. "Hierba pastel". Hoja sagitada abrazadora. Flor amarilla. Fruto indehiscente, alargado, con ala periférica. Proporciona "blanco de añil".

Capítulo.16. Núcleo Eudicotiledóneas (Núcleo Tricolpadas).

Clado Pentapétalas / Super-Asteridas - Superorden Santalanae

16. 1. Orden Santalales

Herbáceas o leñosas. Parásitas obligadas, semiparásitas o epífitos. Raíces convertidas en haustorios. Hojas con células (idioblastos) con ácido *silícico*. Flor con perianto *simple*. Cáliz reducido. Androceo *episépalo*: un verticilo de estambres *opositisépalos* (delante de los sépalos y *concrescentes* con ellos). Ovario ínfero. Óvulos 2, con un solo tegumento. Fruto baya pegajosa o drupa, con una sola semilla (sin testa).

13 familias **/ 151** géneros **/ 1992** especies.

Loranthaceae (= Lorantáceas)

Familia de la Liga.

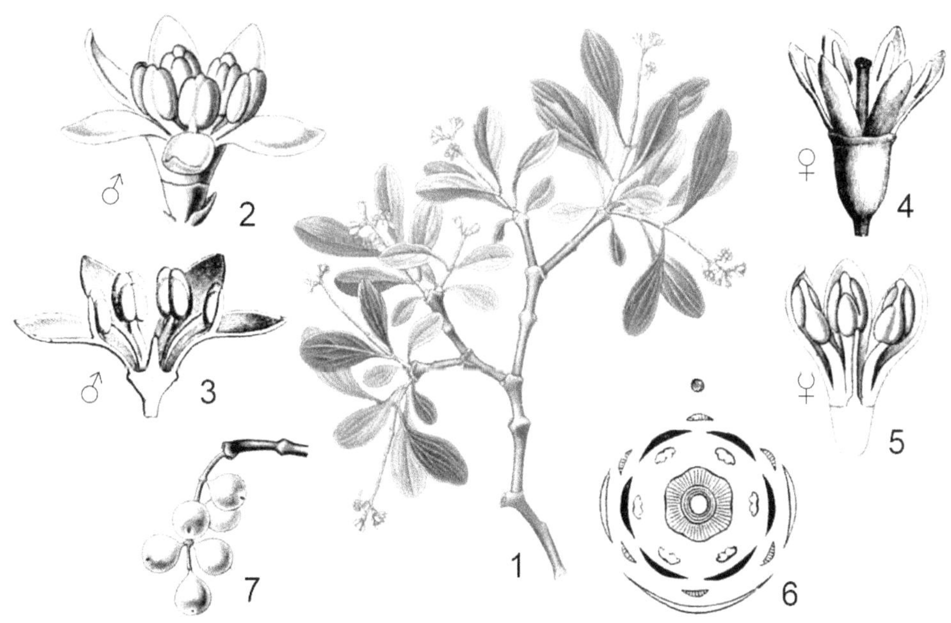

Figura 16-1. Loranthaceae. Loranthus europaeus.

– **1.** Ramita. Hojas opuestas. Inflorescencias. – **2.** Flor masculina. – **3.** (Idem). Corte longitudinal. – **4.** Flor femenina. – **5.** (Idem). Corte longitudinal. – **6.** Diagrama de una flor hermafrodita. – **7.** Fruto. Drupáceo. (Adaptados: 1-2, 5 y 7, tras Thomé; 3-4, tras Baillon; 6, tras Le Maout y Decaisne).

Plantas hemiparásitas (con clorofila), crecen en las *ramas de los árboles*, con órganos chupadores (*haustorios*) que se ramifican en el xilema del huésped. Hojas persistentes, simples, coriáceas, *opuestas*, a veces reducidas a escamas. Perigonio con 3-6-tépalos libres o soldados en la base. Estambres *isostémonos* (igual número que tépalos), *opositítépalos*. Gineceo con 2 carpelos connados. Ovario ínfero. Óvulo *sin tegumentos* (reducido a un saco embrionario inmerso en el parénquima de la placenta). Fruto carnoso, adherido al receptáculo en una falsa baya o drupa.

Hábitat: pantropical, en el hemisferio sur.

Principales especies:

Loranthus europaeus. "Liga". Arbusto *epífito hemiparásito*. Hojas opuestas obovadas. Racimos ápicales en las ramas. Flor *amarilla*. Fruto drupáceo amarillo. Maleza de árboles.

Ligaria cuneifolia. "Liga". *Hemiparásito*. Hoja linear espatulada. Perigonio rojo minio.

Tristerix aphyllus. "quintral del quisco". *Holoparásita* (parásita obligada). Perigonio 4-5 tépalos. Sus *flores rojas* parecen salir directamente del *cactus* que le sirve de *huésped*.

Santalaceae (=Santaláceas)

Familia del Sándalo.

Figura 16-2. Santalaceae. Santalum album.

– **1.** Rama. Flores rojas. Hojas opuestas. – **2.** Cima de flores actinomorfas, hermafroditas. – **3.** Flor (sección vertical): Receptáculo cóncavo campanulado *(re)*. Estambres opuestos a los pétalos *(pe)*, alternos con nectarios *(ne)*. Ovario semiínfero *(ov)*. – **4.** Estambre opositipétalo. – **5.** Fruto drupa con cicatriz circular (borde del receptáculo). (Adaptados: 1, tras Köhler; 2-5, tras Baillon).

Hierbas, árboles o arbustos. Parásitos o hemiparásitos fijados por medio de *haustorios* (órganos chupadores) a *raíces* de otras plantas. Hojas simples. Inflorescencia racimo, espiga o capítulo. Flores *inconspicuas*, actinomorfas. Perianto calicoide o petaloide. *Flores masculinas* 3-6 estambres. Glándulas nectaríferas *alternas*. *Flores femeninas* gineceo de 2-5 carpelos unidos. Ovario ínfero unilocular. Fruto aquenio o drupa.

Hábitat: *Tropicales* cosmopolitas, en las regiones cálidas, mesofíticas o xerofíticas.

Principales especies:

Santalum album. "Sándalo blanco". Árbol *hemiparásito*. Raíces con haustorios que parasitan *raíces* de árboles. Duramen *blanco amarillento* muy aromático e imputrescible. Hojas *verdes*, ovado-acuminadas. Flor con 5 tépalos púrpura. *Disco* con 4 glándulas nectaríferas *alternas* con 4 estambres. SE de Asia. Forestal, provee esencia de sándalo.

Jodina rhombifolia. "Sombra de toro". Arbolito *perennifolio espinoso*. Hoja simple *romboidal*, con *espina* robusta en su ápice. Flor diminuta. Fruto *rojo*. Argentina.

Arjona tuberosa. Raíces *caulógenas* con *haustorios*, parásitas. Hoja *acartuchada*.

Tribu Visceae (= Visceas)

Tribu del Muérdago.

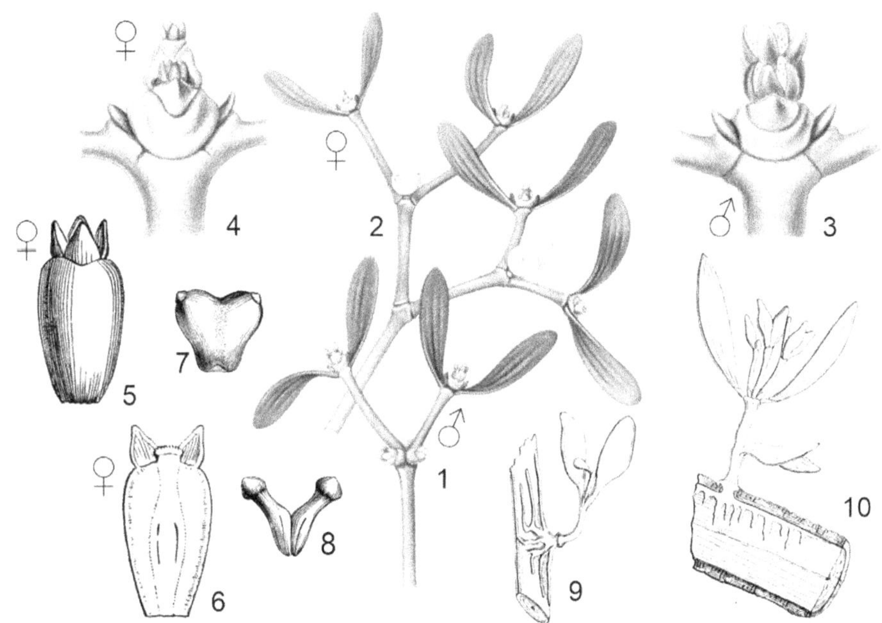

Figura 16-3. Santalaceae. Visceae. Viscum album.

– **1.** Rama masculina. – **2.** Rama femenina. Flores y bayas blancas. – **3.** Inflorescencia masculina. Tépalos con 6-20 sacos polínicos en su cara interna. – **4.** Inflorescencia femenina. – **5.** Flor femenina. Con 4 tépalos. – **6.** Flor femenina (corte vertical). Ovario ínfero – **7.** Semilla. – **8.** Dos embriones. – **9.** Plántula (sin la corteza del huésped). – **10.** Embrión viejo que retiene sus cotiledones. (Adaptados: 1-4, tras Mentz; 5-8, tras Le Maout y Decaisne; 9 y 10, tras Warming).

Principales especies:

Viscum spp. "Muérdagos". *Hemiparásitos*. La baya se adhiere al huésped con una sustancia viscosa elástica y la plántula forma una ventosa en el árbol parasitado. Medicinal. Con *viscotoxina*, extracto usado para inhibir crecimiento tumoral.

Viscum album. "Muérdago". Hemiparásito de manzano y álamo. Medicinal. Hojas con *colina* (hipotensora). *Tóxica* con elevadas cantidades de *viscotoxina*.

16. 2.   Orden Caryophyllales

Hierbas de ambientes extremos: *muy xéricos, entornos salinos* (pelos pluricelulares que excretan sales), *deficiencia de nitrógeno* (carnívoras que atrapan insectos). Flor *pentámera, bisexual, actinomorfa*. Perianto homoclamídeo. Androceo varios ciclos de estambres. Gineceo *unilocular*. Placentación *central basal*. Semilla con exotesta.

37 familias / **749** géneros / **11620** especies.

Droseraceae (= Droseráceas)

Familia del Atrapamoscas.

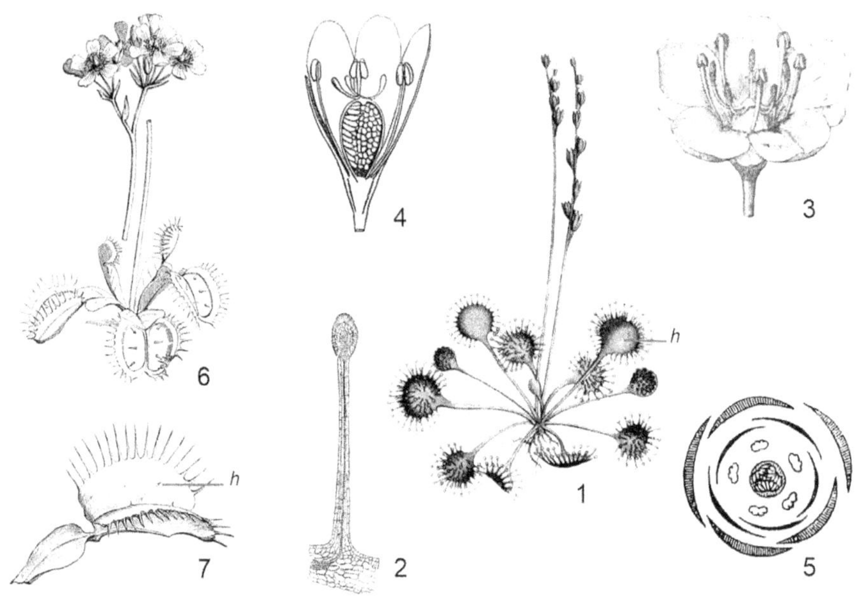

Figura 16-4. Droseraceae. Drosera rotundifolia. Dionaea muscipula.

– ***Drosera rotundifolia***. – **1.** Planta. Hoja *(h)* orbicular con tricomas glandulares. – **2.** Tricoma pluricelular con cabeza glandular. – **3.** Flor 5-mera, bisexual. – **4.** Flor (sección vertical). – **5.** Diagrama floral. – ***Dionaea muscipula***. – **6.** Hojas arrosetadas. Inflorescencia en cima escorpioide. – **7.** Hoja: Pecíolo alado. Lámina con margen dentado y cerdas sensibles en superficie. (Adaptados: 1, tras Sturm; 3, tras Engler; 4-5, tras Le Maout y Decaisne; 2 y 7, tras Strasburger; 6, tras Thomé).

Plantas insectívoras. Hierbas terrestres en lugares pobres en nutrientes (turberas).

Adaptadas a atrapar insectos para disponer de fósforo y nitrógeno. Hojas en roseta. *"Trampa chasquido"*: Hoja sensitiva que se pliega a lo largo del nervio medio, a modo de garra, apresando a los insectos (*Dionaea sp.*). *"Trampa adhesiva"*: Hoja redondeada cubierta de tricomas con cabezas glandulares que secretan mucílagos pegajosos, donde quedan atrapadas las presas (*Drosera sp.*). Con *sustancias proteolíticas* (exoenzimas proteasas) para digerir sustancias corporales de los insectos, que luego absorbe la planta. Inflorescencia *cimosa*. Flor bisexual, *actinomorfa*. Cáliz 5-mero. Corola 5-mera, pétalos libres. Androceo 5-20 estambres. Gineceo 3 carpelos connados. Ovario súpero, 2-5 estilos. Placentación *parietal* (*Drosera*) o *basal* (*Dionaea*). Cápsula loculicida.

Hábitat: cosmopolita.

Principales especies:

Drosera rotundifolia. "Atrapamoscas". Hoja redondeada con pelos sensibles rojos, secretores de mucílago, donde quedan atrapados los insectos. Medicinal, antitusígena.

Dionaea muscipula. "Atrapamoscas". Hoja excitable al contacto, se pliega a lo largo del nervio medio, se cierra y atrapa al insecto, luego digerido por enzimas proteolíticas.

Nepenthaceae (= Nepentáceas)

Familia de las Jarras.

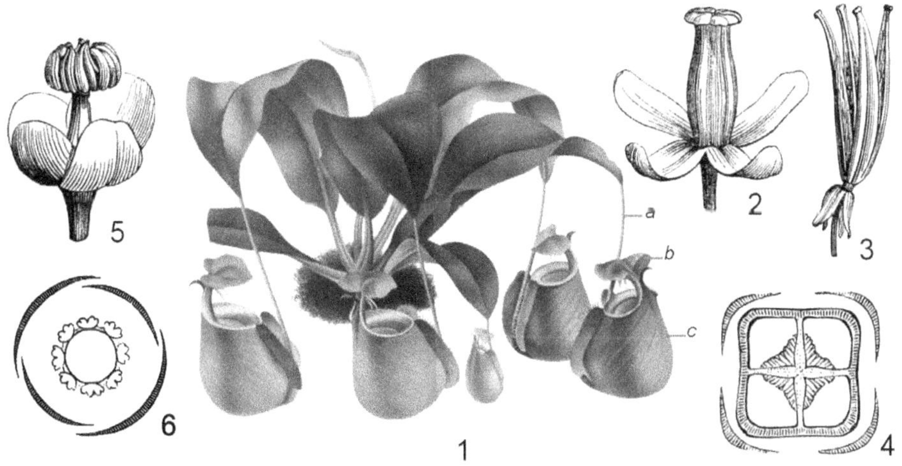

Figura 16-5. Nepenthaceae. Nepenthes sp.

– **Nepenthes bicalcarata**. – **1.** Planta con hojas terminadas en un zarcillo *(a)*, con un ascidio *(c)* rojo ("jarra") de boca pequeña y un opérculo *(b)* ("tapa"). – **Nepenthes distillatoria**. – **2.** Flor femenina 4-mera. Ovario súpero. – **3.** Cápsula madura dehiscente en 4 valvas. – **4.** Diagrama de la flor femenina. – **5.** Flor masculina 4-mera. Androceo monadelfo. – **6.** Diagrama de la flor masculina. (Adaptados: 1, tras L'Illustration Horticole; 2-6, tras Le Maout y Decaisne).

Insectívoras. Arbustos volubles o *trepadores* por zarcillos *foliares*. Hojas con lámina *utriculiforme* con forma de jarra o de urna, convertida en *ascidio*, con boca pequeña y un opérculo. Secretan líquidos que atraen a los insectos. El interior liso sirve de trampa: el insecto resbala en el rodete del borde del *ascidio* y cae al fondo de la urna. Sus movimientos para liberarse excitan glándulas secretoras de proteasas pepsiniformes. El cuerpo del insecto se descompone y es absorbido por la planta. Dioicos. Flores actinomorfas, *unisexuales*. Perianto 4 piezas. *Flor masculina:* Androceo monadelfo 4-24 estambres de filamentos unidos. *Flor femenina*: gineceo 4 carpelos unidos. Ovario súpero. Placentación axial, numerosos óvulos. Fruto cápsula. Semillas alargadas fusiformes.

Hábitat: en los trópicos del Viejo Mundo, Madagascar e Islas del Océano Índico.

Principales especies:

Nepenthes mirabilis. "Jarra de Pantano". Hojas con lámina cerrada en forma de jarra, con el ápice que continúa en un zarcillo. SE de Asia.

Tamaricaceae (= Tamaricáceas)

Familia del Tamarisco.

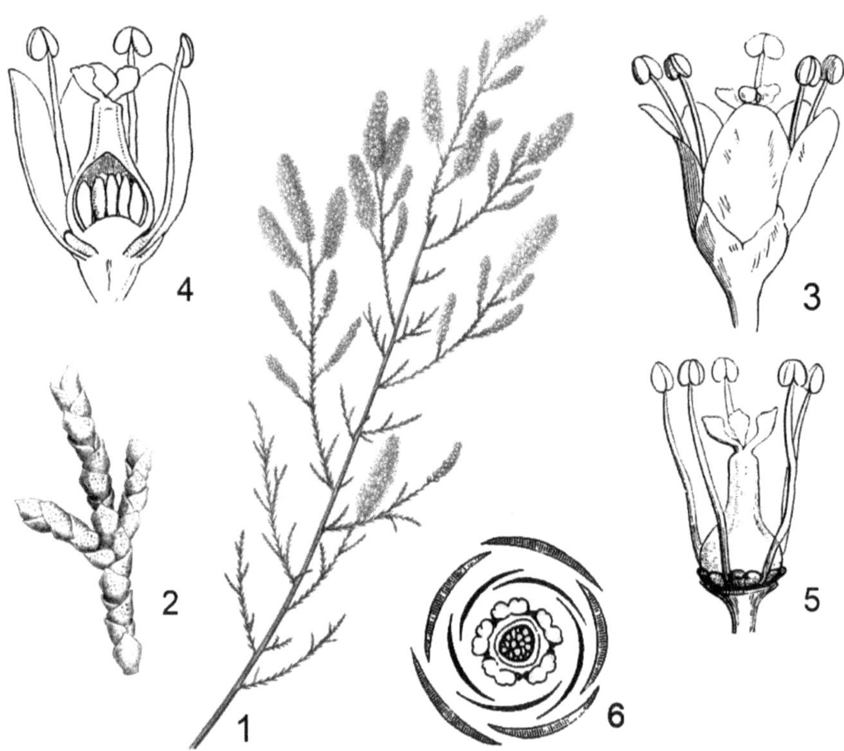

Figura 16-6. Tamaricaceae. Tamarix gallica.

— **1.** Ramita. Hojas alternas ericoides. Racimos espiciformes terminales. — **2.** Hojas escamiformes ericoides. – **3.** Flor 5-mera actinomorfa, bisexual. – **4.** Flor (sección vertical). Ovario súpero. – **5.** Androceo y gineceo. Disco nectarífero. – **6.** Diagrama floral. (Adaptados: 1, tras Duhamel du Monceau; 2, tras Niedenzu y Engler; 3-6, tras Le Maout y Decaisne).

Árboles o arbustos. En suelos salinos con raíces que llegan a la capa freática. Hojas *escamiformes* o *ericoides*, que acumulan sales que llevan al suelo al caer. Inflorescencia *racimo espiciforme*. Flores pequeñas, bisexuales, actinomorfas. Cáliz 4-5 sépalos libres. Corola 4-5 pétalos libres. Androceo 4-10 estambres. Disco nectarífero perígino (entre androceo y gineceo). Gineceo 4-5 carpelos. Ovario súpero. Fruto Cápsula.

Hábitat: Eurasia y África, regiones templadas áridas y subtropicales del Mediterráneo.

Principales especies:

Tamarix gallica. "Tamarisco". Arbolito de ramas flexibles. Hojas escamiformes. Flores pequeñas, rosadas. Racimos en panojas terminales. Sur de Francia. Ornamental.

T mannifera. Secreta una sustancia azucarada, el "maná" de los hebreos.

Plumbaginaceae (= Plumbagináceas)

Familia del Jazmín del Cielo.

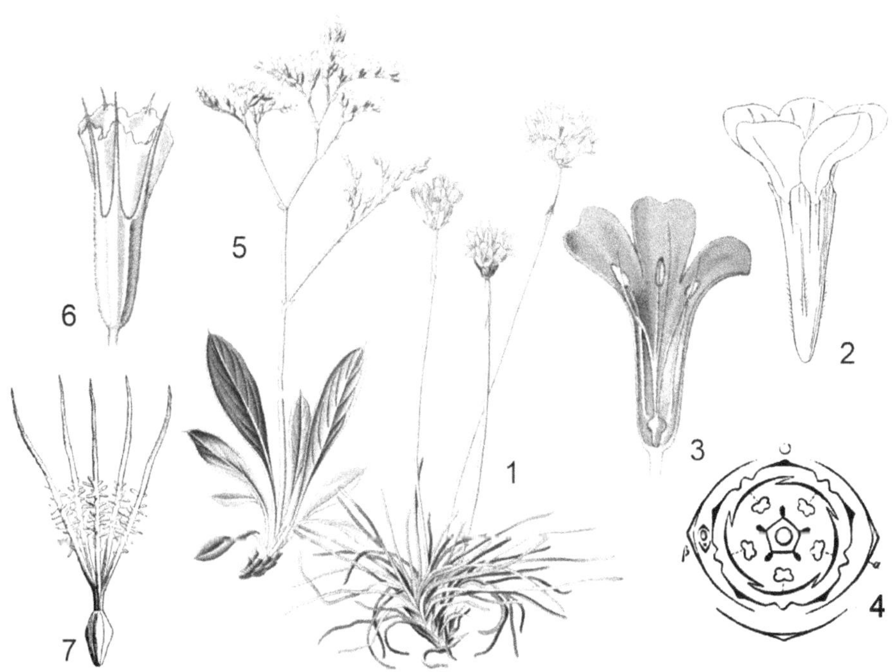

Figura 16-7. Plumbaginaceae. Armeria maritima. Limonium vulgare.

– **Armeria maritima**. – **1.** Hierba. Hojas lineares en roseta. Inflorescencia capituliforme. – **2.** Flor. Cáliz gamosépalo. – **3.** Flor (corte vertical). Corola gamopétala. Estambres oposipétalos. Ovario súpero. – **4.** Diagrama floral. – **Limonium vulgare**. – **5.** Planta. Hojas arrosetadas, mucronadas. Panícula. – **6.** Flor. Cáliz gamosépalo. Corola gamopétala. – **Limonium platyphyllum**. – **7.** Fruto seco con cáliz. (Adaptados: 1, 3, 5-6, tras Thomé; 2, 4 y 7, tras Le Maout y Decaisne).

Hierbas o arbustos. Hojas en roseta, enteras. Indumento "lepidoto" (escamiforme).

Recubiertas de la excreción del exceso de sal. Inflorescencia dicasio o cima escorpioide. Flor bisexual, actinomorfa. Cáliz *gamosépalo*, 5 sépalos en tubo acampanado con costillas. Corola *gamopétala*, 5 pétalos *soldados* en tubo. Androceo 5 estambres *opositipétalos*. Gineceo 5 carpelos. Ovario súpero. Fruto *aquenio*, *cápsula* o *pixidio*.

Hábitat: cosmopolitas, Mediterráneo y Asia central. En estepas o suelos salinos.

Principales especies:

Armeria marítima. Hierba. Hojas arrosetadas. Cima capituliforme. Flor púrpura.

Limonium vulgare. Hierba. Hojas arrosetadas. Fruto seco dentro del cáliz persistente.

Limonium sinuatum. "Flor de papel". Hojas lirado-pinatífidas. Cáliz lila y corola blanca.

Plumbago auriculata. "Jazmín del cielo". Arbusto. Flores de corola tubulosa celeste.

Polygonaceae (= Polígonáceas)

Familia del Trigo Sarraceno.

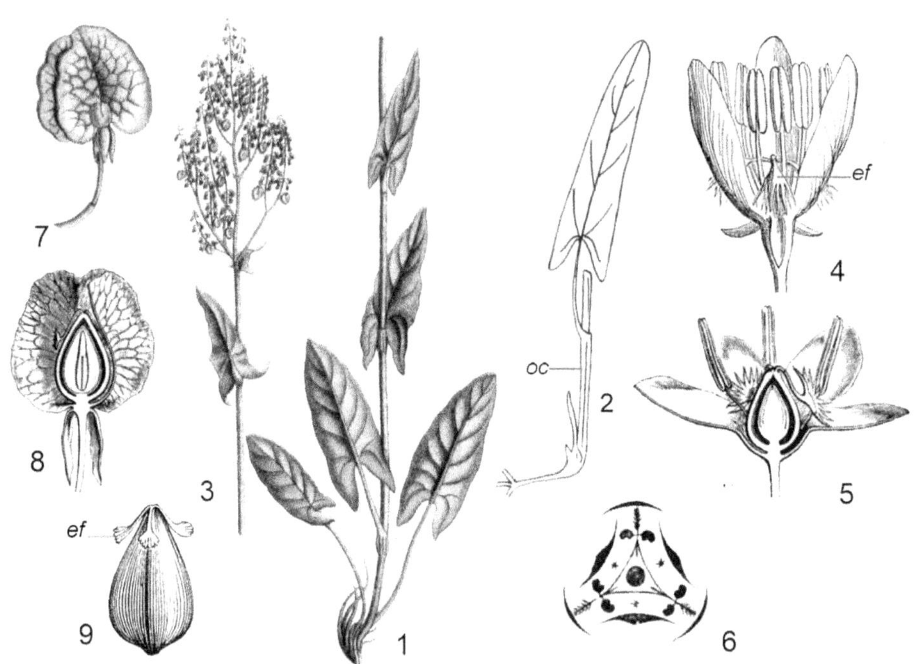

Figura 16-8. Polygonaceae. Rumex acetosa.

– **1.** Hierba con hojas sagitadas. – **2.** Hoja con ócrea *(oc)*. – **3.** Rama con frutos. – **4.** Flor con 6 estambres. Estigmas fimbriados *(ef)*. – **5.** Flor (sección longitudinal). – **6.** Diagrama floral. – **7.** Aquenio trígono con el perigonio alado. – **8.** Fruto (sección longitudinal). – **9.** Fruto (sin el perigonio). Estigmas fimbriados persistentes. Original: 2. (Adaptados: 1, 3 y 7, tras Strum; 5 y 8, tras Baillon; 4 y 9, tras Le Maout y Decaisne; 6, tras Eichler).

Hierbas, árboles o lianas. Tallo con *nudos dilatados*. Hojas alternas.

Con estípulas membranosas, envainadoras y soldadas entre sí formando una "ócrea" (cartucho membranoso que envuelve al tallo encima de la base del pecíolo).

Inflorescencia racimosa o espiciforme. Flores pequeñas, actinomorfas, hermafroditas. Perianto 6 tépalos *sepaloides*, acrescentes y envolviendo al fruto. Androceo 9 estambres. Glándulas nectaríferas apareadas con los estambres. Disco nectarífero anular en la base del ovario. Gineceo 3 carpelos unidos. Ovario súpero. Fruto núcula monosperma, alada.

Hábitat: cosmopolita, en el hemisferio norte, en las regiones templadas.

Principales especies:

Rumex acetosa. "Acedera". *Hierba* perenne rizomatosa. Hojas con largo pecíolo, lanceoladas, sagitadas. Flores pequeñas en panojas terminales. Europa y Asia. Hortaliza.

Fagopyrum esculentum. "Trigo sarraceno". Hoja acorazonada. Aquenio triangular.

Polygonum aviculare. Perigonio verdoso con el margen de los tépalos rosado. Europa.

Rheum rhaponticum. "Ruibarbo". Roseta de hojas con pecíolos largos. Fruto trialado.

Caryophyllaceae (= Cariofiláceas)

Familia del Clavel.

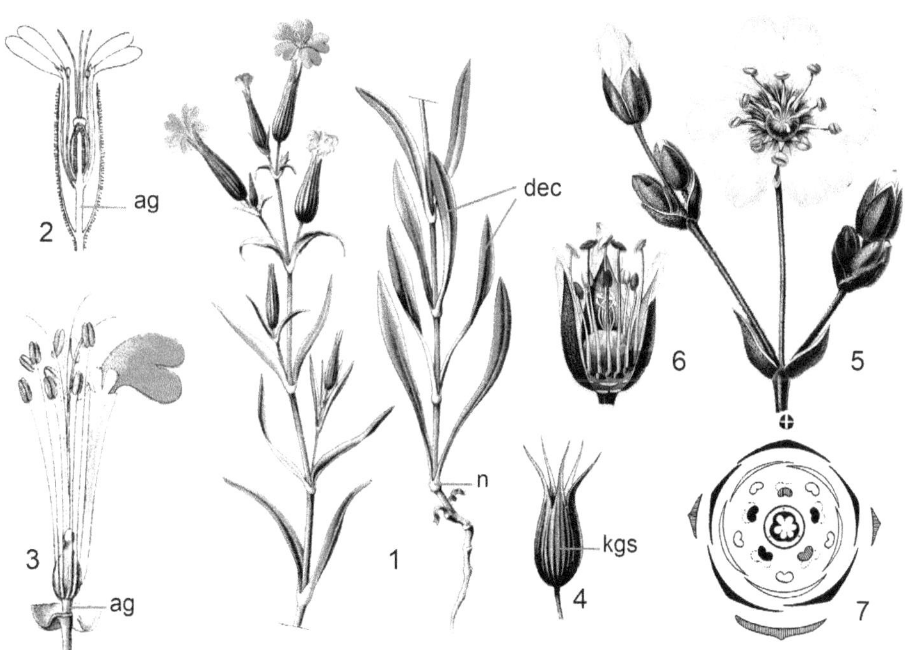

Figura 16-9. Caryophyllaceae. Silene conica. Cerastium arvense.

Silene conica. – **1.** Planta en flor. Nudo engrosado **(n)**. Hojas decusadas **(dec)**. – **2.** Flor. Androginecóforo **(ag)**. **3.** Flor. Pétalo con escamas. **4.** Cáliz: Gamosépalo **(kps)**. – **Cerastium arvense**. – **5.** Cima bípara. Pétalos emarginados. – **6.** Flor. Ovario súpero. – **7.** Diagrama floral. (Adaptados: 1 y 4-5, tras Thomé; 2-3, tras Schneider; 5-6, tras Peter; tras Percy Groom).

Hierbas sufruticosas. Con *antocianos* y saponinas. Tallos con nudos engrosados, semiocultos por las vainas foliares. Hojas simples *opuestas* decusadas, angostas, conectadas en la base por una línea transversal. Inflorescencia *cima bípara* (dicasio).

Flor actinomorfa, bisexual, con androginóforo. Perigonio simple o *perianto* doble con 5 sépalos y 5 pétalos *unguiculados*. Androceo 10 estambres obdiplostémonos. Gineceo 2-5 carpelos connados. Ovario súpero, unilocular. Placentación *central* o *basal*. Fruto cápsula dehiscente por dientes. Semilla con *perisperma*.

<u>*Hábitat*</u>: cosmopolitas en las zonas templadas del hemisferio norte.

<u>Principales especies</u>:

Cerastium arvense. Hierba. Flores en cimas bíparas. Pétalos blancos emarginados.

Dianthus caryophyllus. "Clavel". Hoja lanceolada. Cáliz gamosépalo, con brácteas.

D. barbatus. "Clavelina". Hierba perenne con flores pequeñas en cimas corimbosas.

Gypsophila elegans. "Flor de ilusión". Hoja linear. Flor blanca, en cimas dicotómicas.

Silene conica. Hierba. Cáliz cilíndrico 5-dentado, 10 nervaduras. Pétalos con escamas.

Amaranthaceae (= Amarantáceas)

Familia de la Quinua.

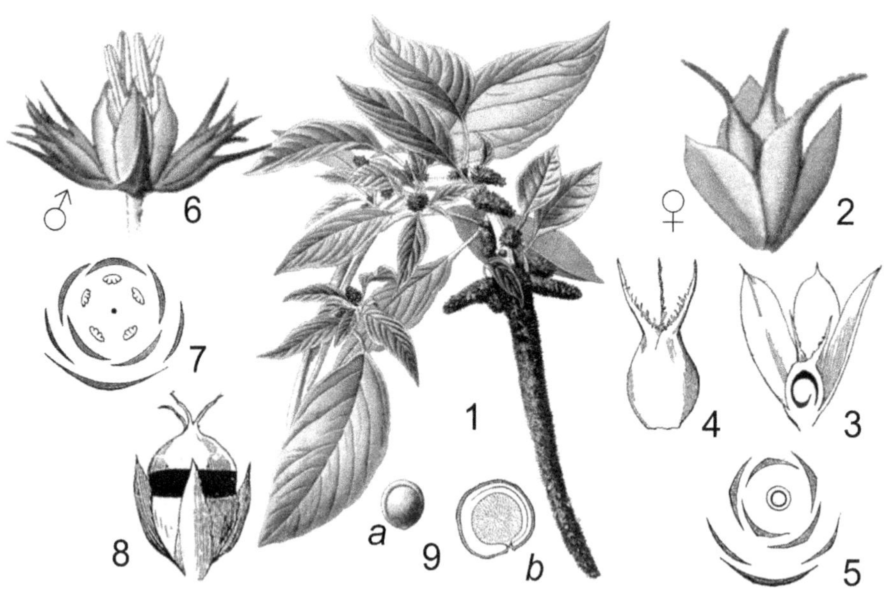

Figura 16-10. Amaranthaceae. Amaranthus caudatus.

– **1.** <u>Rama en flor</u>. Inflorescencia espiciforme. – **2.** <u>Flor femenina</u>. – **3.** Flor femenina (corte longitudinal). Placentación central basal. – **4.** Gineceo. – **5.** <u>Diagrama</u> Flor femenina. – **6.** <u>Flor masculina</u>. – **7.** <u>Diagrama</u> flor masculina. – **8.** <u>Fruto Pixidio</u> (dehiscencia circuncisa). – **9.** <u>Semilla</u>. Con Embrión anular: – **(a).** Entera. – **(b).** Corte longitudinal. (<u>Adaptados</u>: 1-2, 6 y 9a, tras Bois; 3-5, 7-8 y 9b, tras Le Maout y Decaisne).

Grupo monofilético (incluye Quenopodiaceae). Hierbas o arbustos. Tallo con *nudos engrosados*. Hoja simple, pinatinervada. Con *betalaínas*. Halófilas o nitrófilas. *Suculentas* por acumulación de *sal*: les permite absorber y almacenar *agua* en tricomas simples blancuzcos que recubren la planta. Inflorescencia cima contraída en *glomérulo*.

Flor *actinomorfa* hermafrodita o unisexual, con *brácteas*. Perigonio 3-5 tépalos *escariosos* verdosos o coloreados. *Sin corola*. Androceo 3-5 estambres *opuestos* a los tépalos, soldados en su base en un *anillo perígino* (rodea el ovario). Gineceo 2-5 carpelos connados, soldados al receptáculo. Ovario súpero, *unilocular*. Placentación *central* o *basal*. Fruto monospermo (*aquenio*, utrículo o pixidio), envuelto en el *cáliz acrescente* Semilla con *perisperma* (reserva nucelar). *Embrión curvo* que rodea al *perisperma*.

<u>*Hábitat*</u>: cosmopolitas. En suelos *salinos* de desiertos y costas marinas,

<u>Principales especies</u>:

Amaranthus caudatus. "Quinua rosada". Anual. Hoja aovado-acuminada, pecíolo rojo. Inflorescencia *roja* espiciforme, péndula. América. Alimenticia: Pseudo-cereal inca.

Spinacia oleracea. "Espinaca". Anual. Diclino-dioica. Hojas arrosetadas. Flores masculinas en espiga y femeninas en glomérulo. SO de Asia. Hortaliza.

Amaranthus quitensis. "Bledo". Hoja aovada. Panícula rojiza. Tóxica para rumiantes.

A. mantegazzianus. "Trigo Inca". Panoja terminal. Semillas blancas. Altiplano.

Alternanthera pungens. Postrada. Hoja ovada. Espigas capituliformes axilares.

Atriplex lampa. "Zampa". Hoja *cinerea lepidosa*, bipinatipartida, con 2-5 dientes.

Beta vulgaris ssp vulgaris var. altísima. "Remolacha azucarera". Hojas grandes arrosetadas. Raíz gruesa desarrollada de color blanco, rica en azúcar. Cultivo industrial.

Beta vulgaris ssp vulgaris var. cicla. "Acelga común". Hojas arrosetadas muy *grandes* (1m), con nervaduras *incoloras*. Pecíolo anchos y carnosos. Hortaliza

Beta vulgaris ssp vulgaris var. rapacea. "Remolacha". Raíz gruesa de color *rojo*. Hojas arrosetas con pecíolos y nervaduras *rojos*. Hortaliza.

Celosia argentea var. plumosa. "Penacho" "Amaranto plumoso". Hierba anual. Inflorescencia terminal en forma de plumero, amarillo, rojo o violeta. Sudeste de Asia.

Chenopodium quinoa. "Quinua". Hierba. Hoja rómbica. Panoja piramidal. Flor amarilla. Semilla lenticular blanca. América. *Pseudocereal* cultivado por los Incas.

Ch. album. "Cenizo". Hoja romboidal, trinervada. *Tóxica* con follaje rico en oxalatos.

Ch. ambrosioides. "Paico macho". Aromática. Ramificada glanduloso-pubescente.

Kochia scoparia. "Morenita". Hierba punzante. Lámina lanceolada vellosa, trinervada.

Salsola kali. "Cardo ruso". Tallo ramoso. Hoja punzante. Adventicia. Maleza invernal.

Salicornia virginica. "Jume". Sufrútice. Tallo carnoso con hojas reducidas a brácteas.

Phytolaccaceae (= Fitolacáceas)

Familia del Ombú.

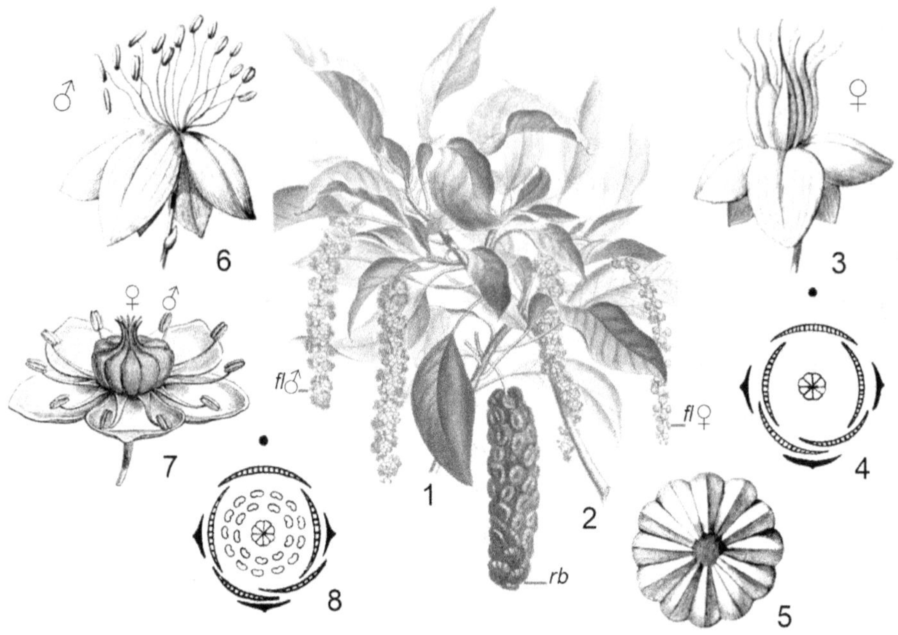

Figura 16-11. Phytolaccaceae. Phytolacca dioica.

– ***Phytolacca dioica***. – **1.** Rama femenina: con racimos de flores *(fl♀)* y bayas *(rb)*. – **2.** Rama masculina. Con racimos de flores *(fl♂)*. – **3.** Flor femenina. – **4.** Diagrama flor femenina. – **5.** Baya con 12 carpelos verticilados. – **6.** Flor masculina. – ***Phytolacca americana***. – **7.** Flor hermafrodita. – **8.** Diagrama de la flor hermafrodita. (Adaptados: 1-2, tras L'Héritier de Brutelle; 3 y 5-6, tras Martius, Eichler y Urban; 7, tras Engler; 4 y 8, tras Eichler).

Árboles, arbustos o hierbas. Hojas simples pinatinervadas, alternas. Inflorescencia en racimo o espiga. Flores actinomorfas, bisexuales o unisexuales. Perigonio 5 *tépalos* libres.

Androceo 10 estambres. Gineceo 5-25 carpelos connados. Ovario súpero, carpelos *uniovulados*. Óvulo basal. *Infrutescencia* compuesta por *bayas uniseminados carnosas*.

Hábitat: en las regiones cálidas de América.

Principales especies:

Phytolacca dioica. "Ombú". *Dioico*. Árbol de *gran porte*. Tronco muy ancho, de gran circunferencia. Copa globosa. Hoja *simple* oblongas, enteras. Flores *unisexuales blancas* en racimos *péndulos*. *Infrutescencia* carnosa. Argentina. Ornamental.

Phytolacca americana. "Uva de España". Hierba sufrutescente. Tallos rojizos. Flores *bisexuales*. Ovario 10 carpelos. Frutos *rojo vinoso*. Norteamérica. Colorante y *tóxica*.

Aizoaceae (=Aizoáceas)

Familia de la Garra de León.

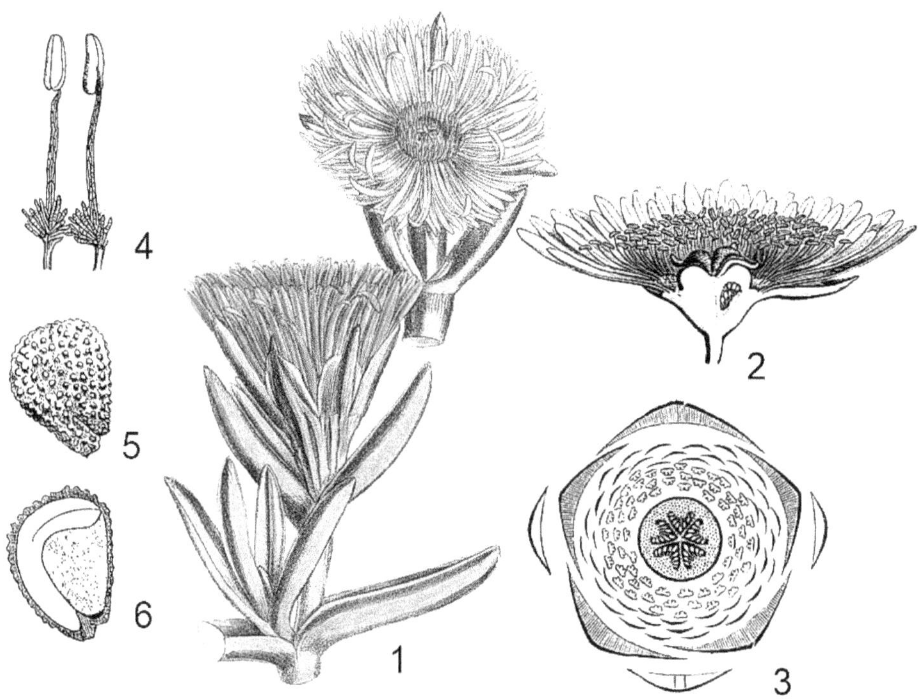

Figura 16-12. Aizoaceae. Mesembryanthemum edule.

– **1.** <u>Ramitas</u>. Hojas suculentas. Flores con numerosos estaminodios petaloides. – **2.** <u>Flor hermafrodita</u> (sección longitudinal). – **3.** <u>Diagrama floral</u>. – **4.** Estambres con filamentos setosos. – **5.** <u>Semilla</u> entera. – **6.** <u>Semilla</u> (sección longitudinal). Embrión curvo. (<u>Adaptados</u>: 1, tras Fitch en Curtis's; 2-3, tras Baillon; 4-6, tras Le Maout y Decaisne).

Con *caracteres xerófitos* (suculencia) para supervivencia en ambientes desérticos. Con betalaínas y alcaloides. Rafidios con cristales de oxalato de calcio. *Fotosíntesis C4. Variante CAM* (metabolismo ácido de las Crasuláceas): CO_2 utilizado en la fotosíntesis se absorbe de noche (estomas abiertos) y almacena como ácido málico.

Hierbas *suculentas* de hojas diminutas hundidas en el suelo: "piedras vivientes". Hojas *suculentas* enteras, *opuestas*. <u>Inflorescencia uniflora</u>: *flor* bisexual, *actinomorfa*, con hipantio, adopta aspecto de <u>*capítulo*</u>. Perigonio 5 tépalos *sepaloides* connados. *Falsa "corola"*: son *estaminodios petaloides* multiplicados. Androceo 5 o más estambres libres *pluriseriados* (exteriores estaminodios petaloides). Filamentos subulados o *setosos*. Con *disco nectarífero*. Gineceo 5 carpelos connados. Fruto cápsula. Semilla <u>perispermada</u>.

<u>Hábitat</u>: en regiones cálidas de África del sur. En ambientes desérticos.

<u>Principales especies:</u>

Mesembryanthemum cordifolium. Hoja peciolada, carnosa, cordada. Flor purpúrea.

Mesembryanthemum edule (Carpobrotus edulis). "Garra de león". Perenne, suculenta, radicante. Hojas opuestas, sección triangular, curvas y aserradas en la arista ventral. Flor amarilla a rojiza, grande, solitaria. Fruto carnoso, comestible. Sudáfrica.

M. glomeratum. "Rayito de sol". Perenne. Hojas lineares. Flores rojo violáceas.

M. roseum. Perenne. Hojas falcadas de sección triangular. Flores rosado oscuro.

Lithops karasmontana. "Piedra viviente". Hierba cilíndrica pegada al suelo, de aspecto pétreo. Hojas carnosas, obcónicas con el ápice aplanado, acopladas de a 2, separadas por una fisura vertical donde se inserta una flor solitaria, blanca o amarilla.

Tetragonia expansa. "Espinaca de Nueva Zelanda". Decumbente. Hojas carnosas, aovadas. Flores amarillas. Fruto obcónico (cono invertido). Nueva Zelanda. Hortaliza.

Cactaceae (= Cactáceas)

Familia de los Cactus.

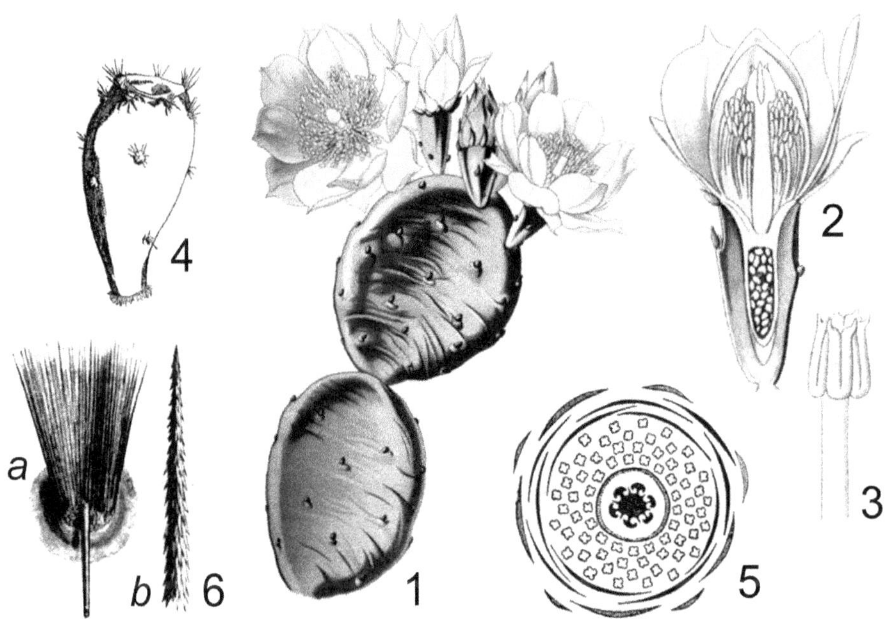

Figura 16-13. Cactaceae. Opuntia ficus-indica.

– **1.** <u>Cladodios</u> aplanados. Flores actinomorfas amarillas. Estambres indefinidos. – **2.** <u>Flor</u> (corte longitudinal). <u>Hipantio</u> rodea al ovario ínfero. Tépalos epíginos. –**3.** <u>Estilo y estigma</u>. – **4.** <u>Baya</u> de ovario ínfero. – **5.** <u>Diagrama floral</u>. – **6.** <u>Aréola</u>: *(a)* con fascículo de gloquidios. <u>Gloquidio</u> *(b)*. (<u>Adaptados</u>: 1-3, tras Thomé; 4-5, tras Le Maout y Decaisne; 6, tras Schumann y Engler).

En regiones *desérticas* y *semidesérticas*: Fotosíntesis C4. Variante CAM (metabolismo ácido de Crasuláceas), fijación nocturna de CO_2, evitando pérdida de agua por transpiración. Tallo suculento *fotosintético* y *espinoso* (cladodio): *columniforme* con costillas longitudinales (*Cereus*), *aplanado* (*Opuntia*), *esférico* con protuberancias

(*Mammillaria*). En _selvas tropicales_: Tallo *delgado*. Hoja *plana* con nervaduras (*Peireskia*). Con tejidos almacenadores de agua. Con _aréolas_: braquiblastos (de entrenudos cortos) o "almohadillas" con fascículos de *espinas foliares* y gloquidios (pelos rígidos con barbas). Flores solitarias y grandes, sésiles, *actinomorfas*, *hermafroditas*, *espiraladas*.

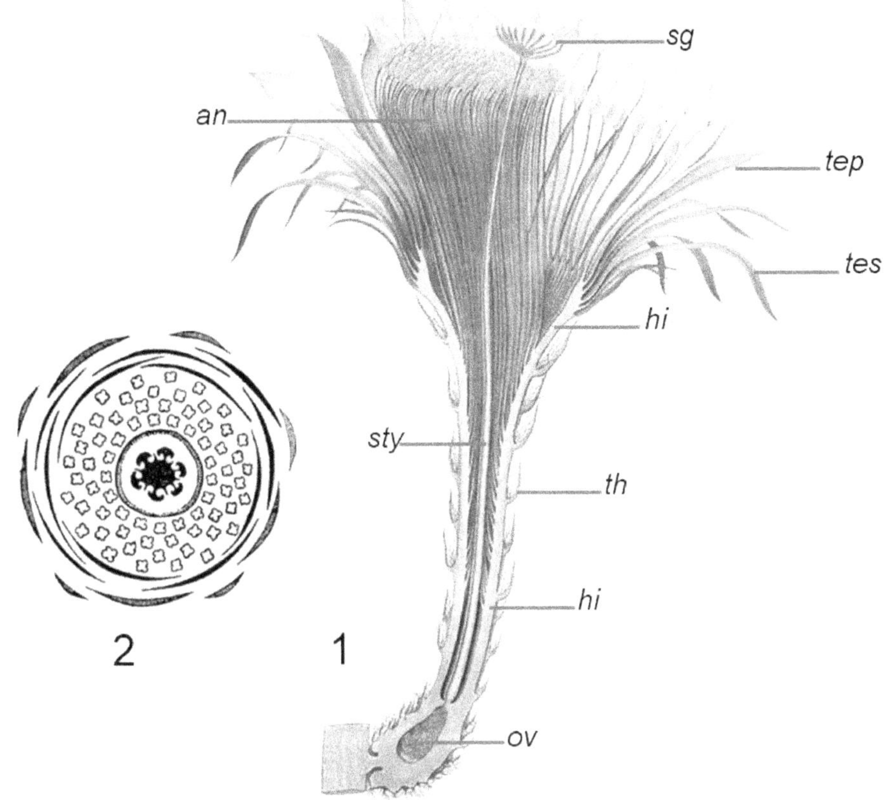

Figura 16-14. Cactaceae. Estructura de la Flor de Cereus sp.

– **1. Flor** (sección longitudinal): Actinomorfa. Hermafrodita. Espiralada. – *(ov).* Ovario ínfero. – *(hi).* Hipantio. – *(th).* Aréolas. Con espinas. – *(sty).* Estilo. – *(tes).* Tépalos sepaloides. – *(tep).* Tépalos petaloides. – *(an).* Androceo. Con numerosos estambres. – *(sg).* Estigmas radiados. – **2. Diagrama floral**. (Adaptados: 1, tras Peter; 2, tras Le Maout y Decaisne).

Piezas florales *espiraladas*: sépalos que devienen en pétalos. Receptáculo prolongado en Hipantio, rodea al *ovario ínfero*. Con *anillo nectarífero* tapizando el *interior* del hipantio y aréolas con espinas en su *exterior*. Perigonio con tépalos *epíginos*, espiralados, los basales *sepaloides* y los superiores *petaloides*. Androceo numerosos estambres insertos en la base de la corola. Gineceo *3* o más carpelos connados. Un estilo. Estigmas radiados. Ovario ínfero, *unilocular*, dentro del hipantio. Placentación *parietal*. Numerosos óvulos. Fruto baya de ovario ínfero, con aréolas, espinas y gloquidios. Semillas con *perisperma*.

Hábitat: América, regiones *desérticas* y *semidesérticas*.

Principales especies:

Opuntia ficus-indica. "Tuna". Arborescente ramificada. Cladodio elíptico aplanado con espinas (hojas) o inermes. Flores amarillas. Fruto baya piriforme comestible. América.

O. quimilio. "Quimil". Aréolas con 1-3 espinas blancas. Flor *rojo ladrillo*. Argentina.

O. sulphurea. "Penca". Ramas aplanadas espinosas o inermes. Flores *amarillas*.

Blossfeldia liliputana. *Pigmea* ("moneda"). Inerme. Flor blanca, pétalos denticulados.

Carnegiea gigantea. "Saguaro". Columnar candelabriforme, ramificaciones erectas.

Cereus peruvianus. Arborescente columnar. Tallo acanalad. Flor *blanca*.

Denmoza rodacantha. Cladodio cilíndrico. *Espinas* radiales *rojas*. Flor *roja*. Mendoza.

Echinopsis sp. Tallos hemisféricos de 1m. Flores con tubo estrecho *infundibuliforme*.

Lobivia formosa. Subarbusto columnar con 35 costillas. Flores y espinas *amarillas*.

Lophophora williamsii. "Peyote". Cladodio esférico deprimido (5 cm), dividido en gajos en forma de *botón*, penachos de pelos en las aréolas. Droga sagrada de los aztecas.

Maihuenia patagonia. Cojín esférico. Aréolas con 3 espinas. Flor *amarilla*. Patagonia.

Mamillaria candida. Esférica blanca. *Tubérculos espiralados* cilíndricos. Flor *rosada*.

Trichocereus candicans. "Cardón". Cladodio *cilíndrico* ascendente. Flor *blanca*.

T. pasacana. "Cardón". Tallos columnares con costillas. Espinas radiales. Flor blanca.

Zygocactus truncatus. "Santa Teresita". Epífita muy ramificada dicotómicamente. Tallos aplanados de margen dentado. Flores rojas cigomorfas.

Figura 16-15. Cactaceae. Pereskia sacharosa.

– **1.** <u>Ramita</u>. Hojas alternas foliosas, con aréolas axilares. – **2.** <u>Hoja foliosa</u> *(hf)* en una <u>aréola</u>, ubicada en la axila de una hoja que ha caído dejando una <u>cicatriz</u> *(sc)*. (<u>Adaptados</u>: 1, tras Schumann y Engler; 2, tras Warming).

Pereskia sacharosa. "Sacha Rosa". Arbusto *apoyante*. Hojas planas lanceoladas. Aréolas axilares con espinas fasciculadas. Racimos de flores blancas o rosadas. América.

Rhipsalis lumbricoides. Epífita. Tallos cilíndricos. Aréolas con 10 espinas blancas.

Capítulo.17. **NÚCLEO EUDICOTILEDÓNEAS (TRICOLPADAS)**

PENTACÍCLICAS SUPER-ASTERIDAS - ASTERIDAS "PRIVATIVAS"

Flores simpétalas. Corola encerrando al androceo y al gineceo en la yema. Estambres *igual* número que los pétalos, y *epipétalos* (delante y concrescentes con los pétalos). Gineceo bicapelar de ovario súpero. Estilo simple. Óvulo con un tegumento.

17. 1.   Orden Ericales.

Hojas con *dientes "teoides"*: un nervio penetra en el *diente foliar* y termina en un *pelo pluricelular* dilatado con una *glándula* en su extremo. Flores 5-meras, pentacíclicas. Cáliz gamosépalo. Corola gamopétala, *actinomorfa*. Androceo *dos ciclos* de estambres. Gineceo de ovario súpero. Placentación *parietal*. Fruto *drupa*, *baya* o *cápsula*.

22 familias **/ 346** géneros **/ 11545** especies.

Ebenaceae (= Ebenáceas)

Familia del Ébano.

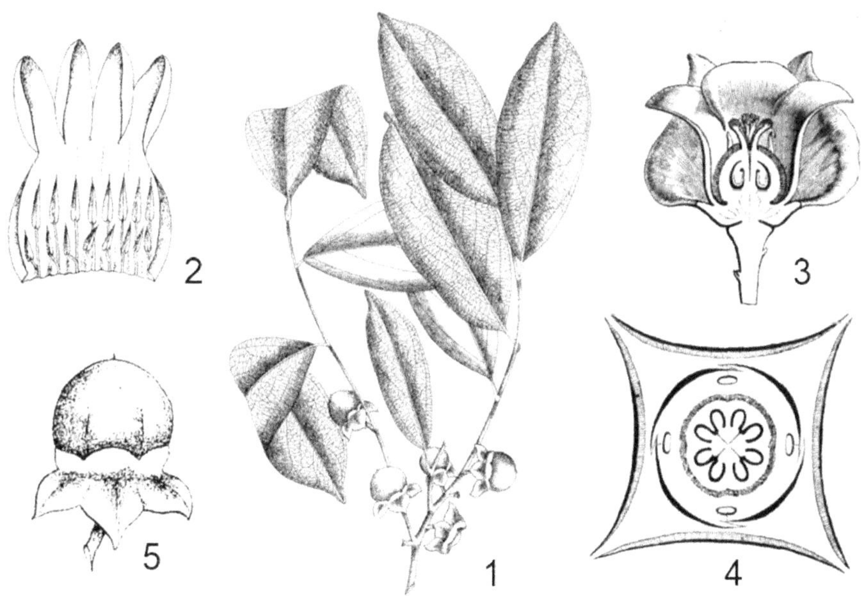

Figura 17-1. Ebenaceae. Diospyros ebenum.

– **1.** Ramita con frutos. Hojas alternas. – **2.** Flor masculina (abierta). – **3.** Flor femenina (sección longitudinal). – **4.** Diagrama floral femenino. – **5.** Fruto baya. (Adaptados: 1-2 y 5, tras Beddone; 3-4, tras Baillon).

Árboles o arbustos *tropicales*. Con *maderas preciosas*, duras y pesadas, oscuras. Hojas con lámina *simple*, *pinatinervada*, coriácea, y glándulas nectaríferas abaxiales. Células secretoras. Tricomas *simples*, ramificados o con cabezas *glandulares*.

Dioicas. Flores *unisexuales*, 4-5-meras, actinomorfas. Cáliz con 3-7 sépalos connados, *persistente* en el fruto. Corola con 4-7 pétalos *connados*, en forma de urna o *urceolada*. Androceo *adnato* al tubo de la corola, con 1-2 verticilos (cerca de 30 estambres). Gineceo con 4-8 carpelos *connados*. Ovario súpero, plurilocular (1-2 óvulos por lóculo). Placentación axilar. Fruto baya, cáliz *persistente* expandido. Semilla con albumen córneo.

Hábitat: en las regiones tropicales.

Principales especies:

Diospyros ebenum. "Ébano". Dioico. Árbol *siempreverde*. Hoja elíptica lanceolada. Flor solitaria con 4 sépalos y 4 pétalos. India y Ceylán. Madera muy valiosa de color *negro*.

D. kaki. "Caqui". Árbol *caducifolio*. Hoja aovada. Flor tetrámera *amarilla*. Baya *anaranjada* globosa, con cáliz acrescente y persistente. Asia. Frutal.

D. virginiana. "Caqui silvestre". Árbol caducifolio, diclino-dioico. Hoja elíptica. Fruto anaranjado de 4 cm. América Boreal. Forestal y ornamental.

D. rubra. "Ébano rojo". De madera de color rojo.

Primulaceae (= Primuláceas)

Familia de la Violeta de los Alpes.

Hierbas o sufrútices de regiones frías. Con tubérculos hipocotíleos, bulbos o rizomas. Hojas simples en roseta basal. Flores hermafroditas, *actinomorfas*, *heterostilas* (estilos de diferente longitud). Cáliz con 5 sépalos connados (*gamosépalo*). Corola con 5 pétalos connados (*gamopétala*). El néctar se acumula en una copa. Con *reducción estaminal*: estambres alternipétalos (ciclo externo) convertidos en 5 "dientes" internos de la corola.

Androceo con los 5 estambres del ciclo interno *epipétalos* (opuestos a los pétalos y adnatos al tubo de la corola). Gineceo con 5 carpelos unidos. Ovario súpero, placentación *central libre*. Estigma capitado. Nectarios en la base del ovario. Fruto cápsula (se abre por valvas) o pixidio (dehiscencia *circumcisa*), pluriseminado. Albumen carnoso.

Hábitat: del hemisferio norte templado.

Principales especies:

Primula veris (P. officinalis). "Primavera". Hierba con grueso rizoma vertical. Hojas arrosetadas atenuadas en la base. Lámina dentada, pubescente. Inflorescencia 10-15 flores. Corola amarilla con manchas anaranjadas, pétalos extendidos. Cápsula. Europa.

Primula vulgaris. "Primavera". Hierba. Hoja oblonga, arrugada, crenulada. Flores *solitarias* con largos pedicelos pubescentes. Corola amarilla, púrpura o azul. Europa.

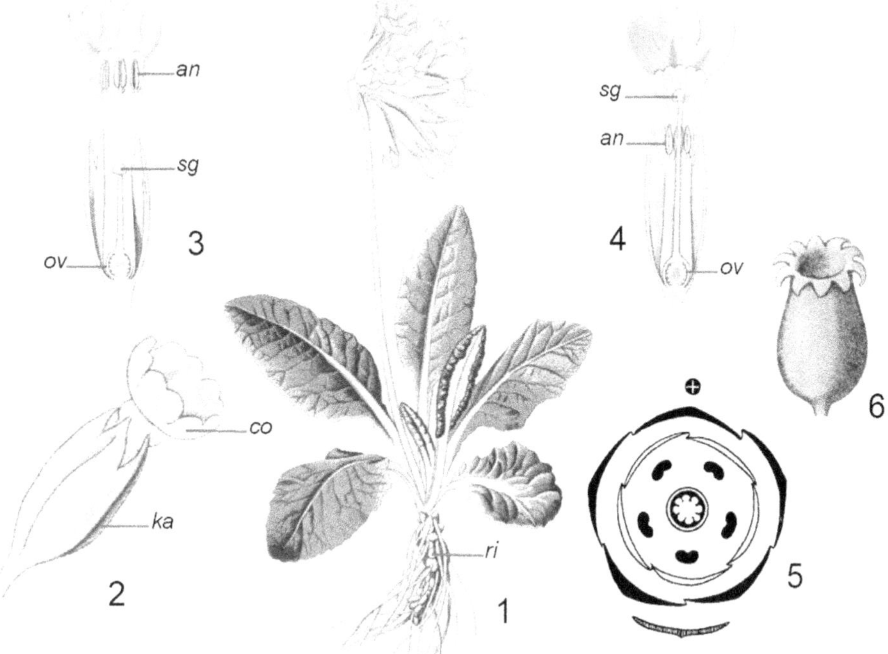

Figura 17-2. Primulaceae. Primula veris.

– **1.** <u>Hierba</u>. Perenne. Rizoma vertical *(ri)*. Hojas arrosetadas. Umbela de flores amarillas. – **2.** <u>Flor</u>. Cáliz *(ka)* gamosépalo. Corola *(co)* gamopétala. – **3.** <u>Flor</u>. (sec. longitudinal). Anteras en la garganta de la corola. Con estilo corto y estigma oculto. – **4.** <u>Flor</u>. (idem). Con estilo largo y estigma en la garganta de la corola (anteras ocultas debajo). – **5.** <u>Diagrama floral</u>. Estambres epipétalos. – **6.** <u>Cápsula</u>. Dehiscencia con 10 dientes. (<u>Adaptados</u>: 1-4 y 6, tras Thomé; 5, tras Percy Groom).

Cyclamen persicum. "Violeta de los Alpes". Con tubérculo hipocotíleo. Hoja con largo pecíolo, cordada, marmoreada. Flores rojas o purpúreas, solitarias, con pétalos *reflejos*.

Cyclamen hederifolium. Hierba con tubérculo orbicular. Hojas hastadas *reniformes*. Flores rojas o blancas, aparecen antes que las hojas. Centro y Sur de Europa.

Lysimachia arvensis. "Pimpinella escarlata". Hierba con pelos glandulosos. Hojas ovadas. Lámina con puntos parduzcos. Corola rotácea, tubo corto azul y limbo *rojo minio*.

Theaceae (= Teáceas)

Familia del Té.

Árboles, arbustos, lianas. Con *taninos*. Tricomas simples unicelulares. Hojas simples, *alternas*. Lámina pinatinervada, margen con dientes teoides (con glándula apical). Flor hermafrodita, *actinomorfa*. Perianto con transición sutil de sépalos a pétalos. Cáliz 5 sépalos concrescentes en la base. Corola gamopétala, 5 pétalos unidos en la base. Androceo con *numerosos estambres*. Gineceo 2-3 carpelos connados. Ovario súpero, *trilocular*. Estilos 1-5, estigmas capitados. Fruto cápsula de dehiscencia longitudinal.

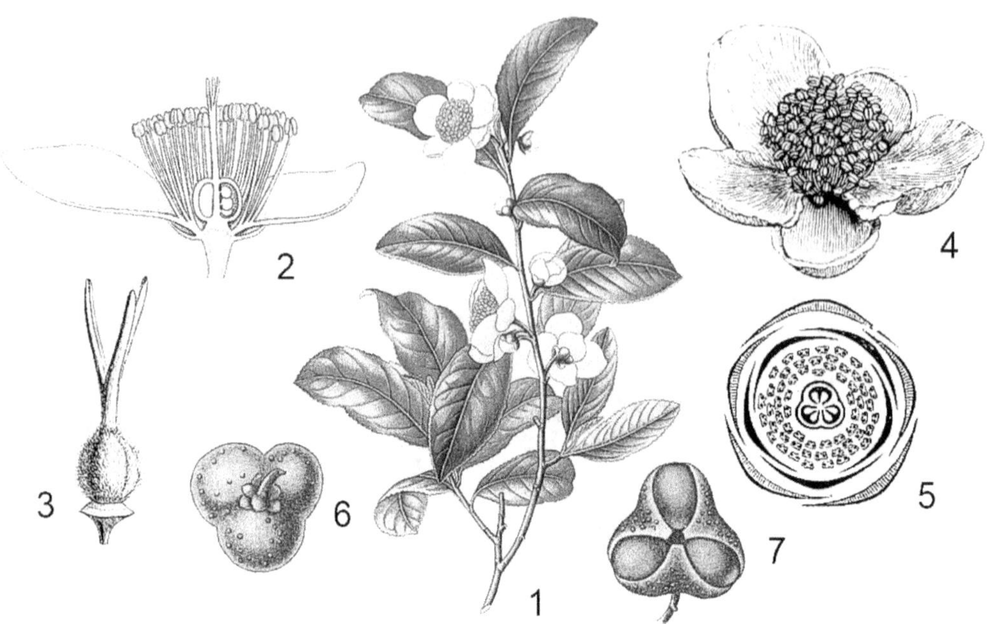

Figura 17-3. Theaceae. Camellia sinensis.

– **1.** Ramita. Hojas ovales. Cima pauciflora. – **2.** Flor (sección longitudinal). – **3.** Gineceo. Ovario súpero 3-carpelar. Estilo trífido. – **4.** Flor. Pétalos 5. Estambres indefinidos. – **5.** Diagrama floral. – **6.** Cápsula tricarpelar. – **7.** Cápsula. Abierta. (Adaptados: 1-2 y 6-7, tras Köhler; 3-5, tras Baillon).

Hábitat: en las regiones tropicales y subtropicales.

Principales especies:

Camellia sinensis. "Té". Arbusto perennifolio. Hojas lanceoladas aserradas. Cimas paucifloras. Flor blanca perfumada. Cáliz persistente. China. Medicinal. Estimulante. Hojas con aceites esenciales, vitamina C y alcaloides (3% de cafeína y teofilina).

Camellia japonica. "Camelia". Flores inodoras, sésiles, erguidas. China y Japón.

Ericaceae (= Ericáceas).

Familia de los Brezos.

Leñosas. Arbustos pequeños. Raíces asociadas con hongos (*micorrizas*). Apto para colonizar suelos muy pobres en minerales debido a la *micotrofía*. Tricomas simples, glandulares, escamas peltadas. *Hojas ericoides*: simples, escamiformes o aciculares, persistentes, xeromorfas. Con *"dientes teoides"*: un nervio penetra en el *diente foliar* y termina en un pelo pluricelular dilatado con una glándula en su extremo. Flores *actinomorfas* (radiales), bisexuales, 5-meras, *péndulas*. Cáliz persistente con 4-5 sépalos. Corola con 4-5 pétalos connados, *cilíndrica* o *urceolada*.

Androceo 8-10 estambres, *hipóginos* insertos sobre un *disco*. Filamentos estaminales *bicornes*, con dos proyecciones o *cuernitos*. Anteras con dehiscencia *foraminal* (se abren por *poros* apicales), *invertidas* girando y llevando el extremo anterior hacia abajo. Gineceo con 2-10 carpelos connados. Estigma capitado. Ovario súpero, sobre el *disco_nectarífero*. Placentación *axilar*. Fruto cápsula, baya o drupa.

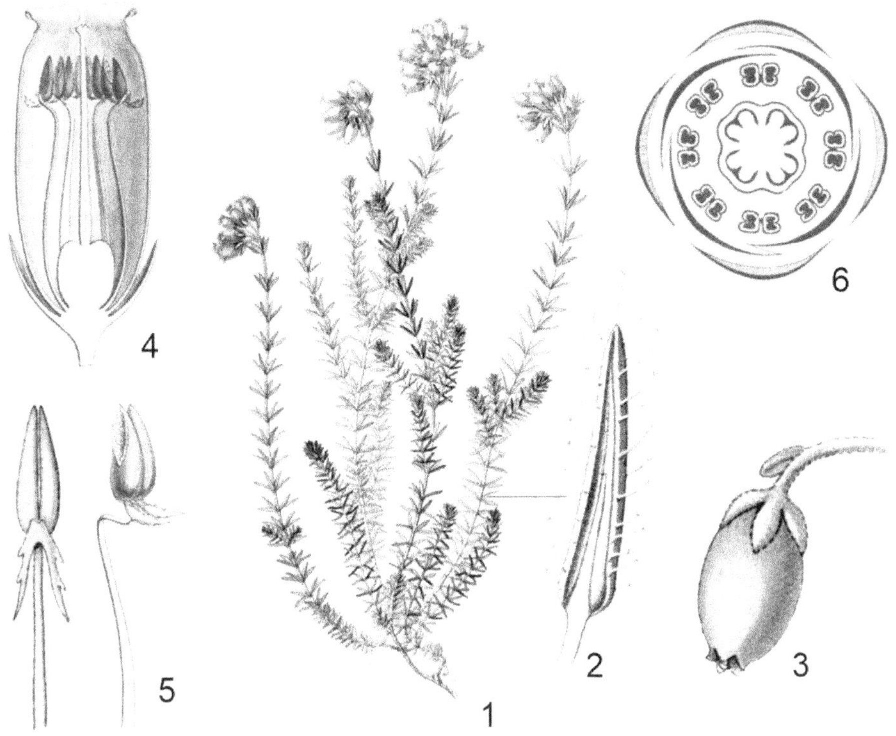

Figura 17-4. Ericaceae. Erica tetralix.

– **1.** <u>Arbusto</u>. Hojas en verticilos 4-meros. Umbelas de flores rojizas. – **2.** <u>Hoja</u>. Linear. Márgenes revolutos. Tricomas glandulares. – **3.** <u>Flor</u>. Corola gamopétala urceolada. – **4.** <u>Flor tetrámera</u> (sección longitudinal). Corola urceolada. Ovario súpero. Androceo con 8 estambres. – **5.** <u>Estambre</u>. Filamento encorvado en el ápice. <u>Antera</u> con 2 apéndices en forma de cuernitos. Dehiscencia por hendidura. – **6.** <u>Diagrama floral</u>. (<u>Adaptados</u>: 1-3 y 5, tras Thomé; 4-6, tras Baillon).

Hábitat: regiones templadas. Turberas y bosques de coníferas. Alta montaña con suelo rico en humus. Zona subártica-ártica.

<u>Principales especies</u>:

Erica tetralix. "Brezo". Arbusto. Hojas en verticilos tetrámeros, lineal lanceoladas, con márgenes *revolutos*. Superficie abaxial pubescente, con pelos rígidos y glandulares. Inflorescencia en *umbela* contraída. Flor rosada. *Corola urceolada*. América del Norte.

Erica herbacea (E. carnea). "Brezo de primavera". Arbusto perennifolio. Hoja linear *acicular*. Flores en racimos *unilaterales*. Cáliz *rosa*. Corola, acampanada, rojiza. Europa.

Arbutus unedo. "Madroño". Arbolito de tronco rojizo, con pubescencia glandulosa. Hojas perennes, lanceoladas, serruladas. Corola urceolada, amarilla. Mediterráneo.

Arctostaphylos uva-ursi. "Uva de oso". corteza rojiza. Flor rosada. Drupa roja. Europa.

Empetrum rubrum. "Brezo de Magallanes". Hoja ericoide. Corola 2-3 pétalos rojos.

Rhododendron ferrugineum. "Rododendro". Arbusto. Hojas coriáceas. Flores rojas.

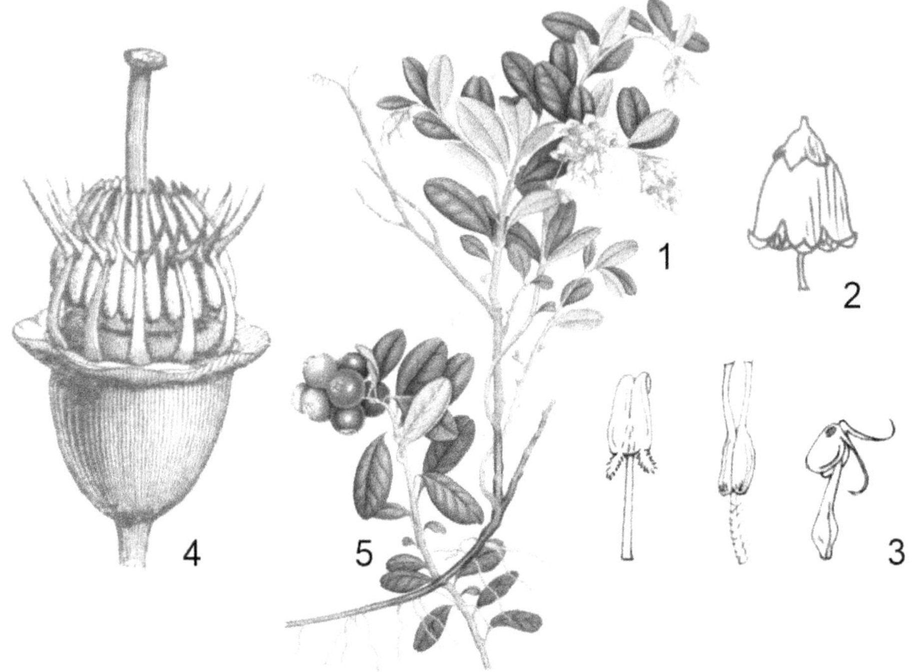

Figura 17-5. Ericaceae. Vaccinium vitis-idaea.

– **1.** Ramita en flor. Hojas con bordes recurvos. – **2.** Flor. Corola campanulada. – **3.** Estambres. Anteras con apéndices en forma de cuernitos. – **4.** Flor (sin la corola). – **5.** Rama. Bayas rojas. Originales: 2-3. (Adaptados: 1 y 5, tras Lindman; 4, tras Baillon).

Vaccinium vitis-idaea. "Arándano rojo". Subarbusto rastrero, rizomatoso, perennifolio. Hojas coriáceas, obovadas de bordes recurvos. Cara abaxial con tricomas glandulares. Flores 4-meras. Sépalos rojizos y corola blanca acampanada. Baya rojo intenso. Hemisferio norte. Frutal.

Vaccinium myrtillus. "Arándano azul". Flor rosada. Baya negro azulado. Frutal.

Capítulo.18. NÚCLEO EUDICOTILEDÓNEAS (TRICOLPADAS)

18. 1. Orden Solanales

Con haces vasculares *bicolaterales*. Alcaloides tropánicos. Hojas *alternas*. Flores *actinomorfas*. Corola gamopétala con *tubo*. Androceo *epipétalo alternipétalo*.

5 familias / **165** géneros / **4125** especies.

Solanaceae (= Solanáceas)

Familia de la Patata y del Tomate.

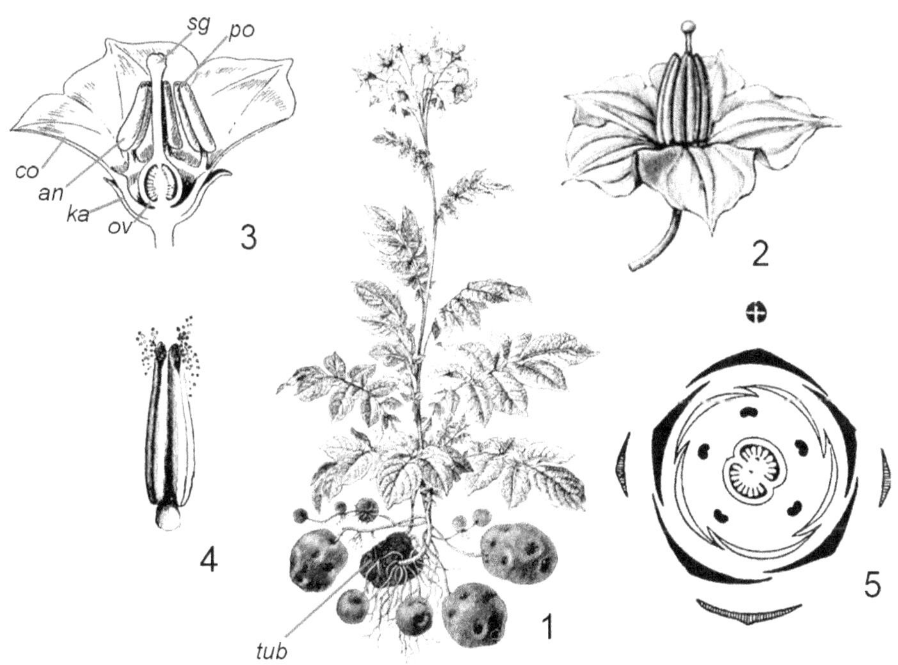

Figura 18-1. Solanaceae. Solanum tuberosum.

– **1.** Toda la <u>planta</u> a crecido a partir del tubérculo inicial *(tub)*. Cima con flores blanquecinas. – **2.** <u>Flor</u>. Hermafrodita. Actinomorfa. Pentámera. – **3.** <u>Flor</u> (corte longitudinal). <u>Corola</u> gamopétala *(co)*. <u>Androceo</u> con anteras conniventes *(an)*. <u>Cáliz</u> gamosépalo *(ka)*. <u>Ovario</u> 2-carpelar, súpero *(ov)*. <u>Estigma</u> *(sg)*. <u>Polen</u> *(po)*. – **4.** <u>Antera</u>. Expulsando el polen. – **5.** <u>Diagrama floral</u>. (Adaptados: 1-2, tras Wettstein y Engler; 3 y 5, tras Percy Groom; 4, tras Warming).

Hierbas *anuales*, *bianuales* o *vivaces*. Haces vasculares *bicolaterales*. Tricomas simples. Hojas *alternas espiraladas*; simples o pinaticompuestas. Lámina pinatinervada.

Inflorescencia cimosa. Flores *hermafroditas* (bisexuales), *actinomorfas*. Cáliz 5 sépalos, *gamosépalo* persistente. Corola 5 pétalos gamopétala, tubular, rotácea, acampanada o infundibuliforme. Androceo 5 estambres *alternipétalos*. Anteras conniventes. Gineceo 2-5 carpelos *gamocarpelar*. Ovario súpero. Placentación *axilar*. Numerosos óvulos. Estilo terminal. Estigma bilobado. *Disco nectarífero* rodeando la base del ovario. Fruto baya (tomate, pimiento, berenjena, patata). Fruto cápsula septifraga (tabaco y petunia).

<u>Hábitat</u>: cosmopolitas, en regiones tropicales y templadas de América.

<u>Principales especies:</u>

<u>Son especies hortícolas:</u>

Solanum tuberosum. "Patata". Herbácea perenne, *estolones*, rizomas y tubérculos. Tallos con entrenudos cortos. Hojas *pinatífidas*. Flor blanca. Corola *rotácea* (tubo corto, limbo extendido), pentalobulada. Androceo con anteras *conniventes* alrededor del estilo. Ovario *súpero bilocular*. Fruto *baya*. Cultivada por los *Incas* en Bolivia y Perú. Se propaga por *tubérculos* en el extremo de *rizomas* subterráneos, surgidos de yemas axilares de hojas basales. *Tubérculo* con "ojos" (yemas en las axilas de hojas escamiformes). *Tóxica* en *brotación* o *lastimada* por su elevado contenido de <u>solanina</u>.

Solanum demissum. "Papa silvestre". Tubérculos pequeños. Corola rotácea *violeta*.

Solanum lycopersicum Linné. "Tomate". Perenne. Con *pelos glandulares*. Hoja *imparipinada* con folíolos lobulados y foliolillos. Corola *amarilla rotácea*. Anteras *conniventes*. Baya *roja* o amarilla globosa o piriforme. América. Hortaliza.

Solanum lycopersicum var. cerasiforme. "Tomate cherry". Corola *amarilla*. Tallo decumbente y trepador. Hoja *pinaticompuestas*. Fruto pequeño, redondeado.

Solanum lycopersicum var. pyriforme. "Tomate perita". Fruto *piriforme* con 2 lóculos.

Solanum melogena. "Berenjena". Perenne *sin tubérculos*. Hoja grande lobulada, nervaduras *espinosas*, tomentosa. Corola *violácea*. Baya aperada, negra. Asia. Hortaliza.

Solanum muricatum. "Pepino dulce". Arbusto. Hoja *simple*, lanceolada, acuminada. Baya grande ovalada, *amarilla* con líneas lila. Pulpa dulce, perfumada. América tropical.

Capsicum annuum var. acuminatum. "Chile". Fruto *oblongo* picante de más de 9 cm.

Capsicum annuum var. annuum. "Pimiento". Herbácea. Hoja ovalada acuminada. Corola blanca acampanada. Baya subcartilaginosa, roja o amarilla. Alcaloide: *capsicina*.

Physalis peruviana. "Farolito". Baya roja. *Cáliz* vesiculoso *membranoso acrescente*.

<u>Son especies medicinales:</u>

Atropa belladona. "Belladonna". Perenne pubescente. Hoja lanceolada. Corola *roja*, acampanada. Baya violácea, con *cáliz acrescente*. Con atropina, hiosciamina, atropamina.

Brugmansia arborea (Datura arborea). "Floripón". Arbusto. Tallos dicótomos. Hoja lanceolada asimétrica. Flor *péndula*. Corola rosada *blanquecina*. Medicinal. Tóxica.

Solanum dulcamara. Trepadora. Hoja lanceolada. Corola rotácea *lila*. Baya *roja*.

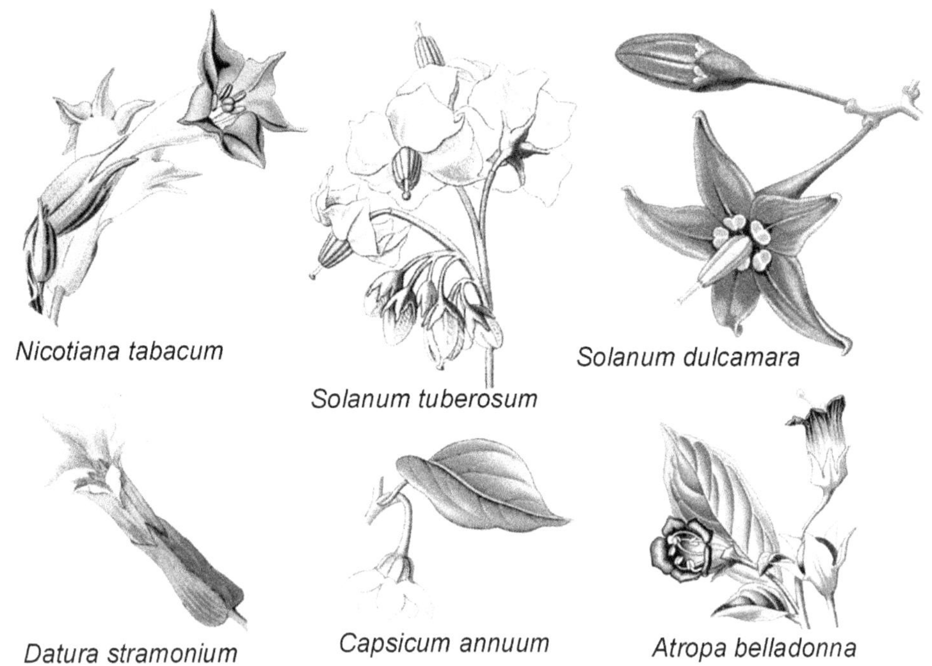

Figura 18-2. Solanaceae. Formas de Corola gamopétala.

– **1. _Nicotiana tabacum_**. Corola tubulosa. Tubo cilíndrico. Limbo rosado. – **2. _Solanum tuberosum_**. Rotácea blanca. Tubo corto. Limbo extendido. – **3. _Solanum dulcamara_**. Rotácea lila. Lóbulos triangulares. – **4. _Datura stramonium_**. Corola grande. Tubo cilíndrico. Limbo extendido. – **5. _Capsicum annuum_**. Rotada-acampanada, limbo 5-lobulado. – **6. _Atropa belladonna_**. Tubuloso-acampanada. Limbo 5-lobulado. (Adaptados: 1, 3-4 y 6, tras Tromé; 2, tras Masclef; 5, tras Köhler).

Hyoscyamus niger. "Beleño negro". Perenne. Hoja _obovada_ triangular. Corola _infundibuliforme_ amarilla, nervaduras rojizas. Cáliz acrescente. _Pixidio_. Medicinal. Tóxica.

Nicotiana tabacum. "Tabaco". Herbácea pubescente. Hoja lanceolada (40 cm). Corola _tubulosa_ blanca, limbo 5-obulado _carmesí_. Cápsula _bilocular_. Con "nicotina". Insecticida.

Nicotiana glauca. "Palán-palán". Arbol. Corola amarilla tubulosa. Cápsula pequeña.

Son especies ornamentales:

Brunfelsia australis. Arbusto. Hoja ovada. Flor violeta _perfumada_. Medicinal.

Petunia violácea. "Petunia". Hierba pubescente. Corola violácea, infundibuliforme.

Physalis alkekengi. "Linterna china". Hierba. Baya roja rodeada por cáliz acrescente.

Son malezas:

Datura ferox. "Chamico". Anual. Hoja aovada, sinuado dentada. Flor blanca. Cápsula espinosa, con espinas apicales de mayor tamaño. Europa. _Medicinal, tóxica._

Salpichroa origanifolia. Hierba. Hoja orbicular. Corola blanca urceolada. Baya blanca.

Solanum americanum. Hoja rómbica. Corola blanca. Baya negra. Medicinal, tóxica.

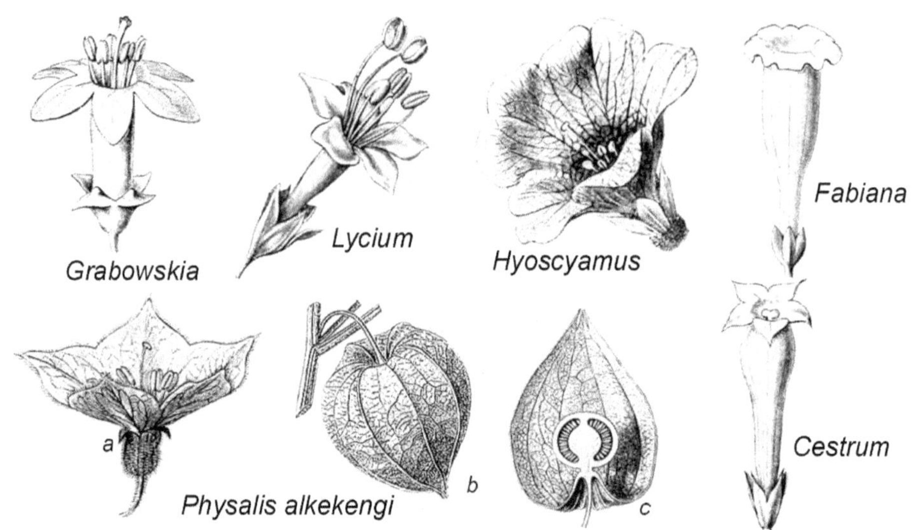

Figura 18-3. Solanaceae. Formas de Corola y Cáliz acrescente.

– **1. _Grabowskia sp_**. Corola hipocrateriforme. – **2. _Lycium sp._** Infundibuliforme e hipocrateriforme. – **3. _Hyoscyamus sp_**. Infundibuliforme. – **4. _Fabiana sp_**. Corolla cilíndrico-infundibuliforme. – **5. _Physalis alkekengi_**. – **a)**. Corola rotácea-acampanada. – **b)**. Cáliz acrescente. – **c)**. Baya dentro del cáliz (corte longitudinal). – **6. _Cestrum sp_**. Corola tubulosa-infundibuliforme. (Adaptados: tras Wettstein y Engler).

Son especies silvestres:

Cestrum parqui. "Duraznillo negro". Arbusto. Hoja lanceolada aguda. Corola verde amarillenta, tubulosa infundibuliforme. Maleza muy tóxica para el ganado.

Fabiana imbricata. Arbusto ramosísimo. Hojas escamiformes (2 mm). Corola *infundibuliforme* blanca. Fruto cápsula. Patagonia. Medicinal, diurética y antiséptica.

Grabowskia obtusa. "Oreja de gato". Arbusto espinoso. Hojas simples *orbiculares*. Corola *hipocrateriforme*, con tubo cilíndrico y limbo extendido.

Lycium chilense. "Llaullín". Arbusto espinoso. Hojas *lineales*. Corola *infundibuliforme* e *hipocrateriforme*, con limbo 5-lobulado. Estambres con dientes. Baya roja. Forrajera.

Physalis viscosa. Hierba con rizomas. Hoja ovada pubescente. Corola *rotácea-acampanada*. Baya *rojiza* dentro del *cáliz* (acrescente en el fruto).

Convolvulaceae (= Convolvuláceas)

Familia del Camote.

Hierbas o arbustos trepadores. Tallo voluble, rizomatosas. Con canales *laticíferos* y *alcaloides*. Tricomas simples. Hojas *alternas*, *simples* enteras, lobuladas o compuestas.

Inflorescencia *solitaria*, terminal o axilar. Flor *bisexual*, *actinomorfa* (radial). Cáliz 4-5 sépalos, persistentes. Corola 5 pétalos unidos, infundibuliforme, retorcida.

Androceo 5 estambres, *epipétalos*, filamentos desiguales, unidos al tubo de la corola. Disco *nectarífero intraestaminal*, lobulado. Gineceo 2-5 carpelos concrescentes soldados al receptáculo. Ovario súpero, 2-locular. Fruto cápsula con 4 semillas.

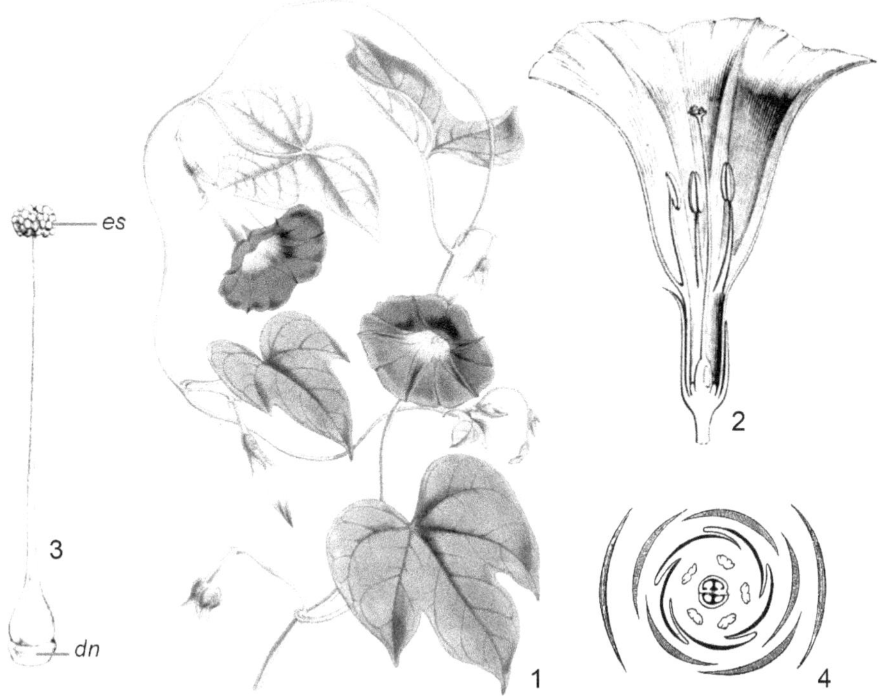

Figura 18-4. Convolvulaceae. Ipomoea batatas.

– **1.** Enredadera en flor. Hoja cordada, 3-lobulada. – **2.** Flor (corte vertical). Corola infundibuliforme. Ovario súpero. – **3.** Gineceo. Estigma *(es)* capitado. Disco nectarífero *(dn)*. – **3.** Diagrama floral. (Adaptados: 1 y 3, tras Fitch y Curtis´s; 2, tras Baillon; 4, tras Le Maout y Decaisne).

Hábitat: cosmopolitas, en regiones tropicales y templadas de Asia y América.

Principales especies:

Ipomoea batatas. "Camote". Herbácea rastrera. Tallo *radicante*. Hoja *cordada*. Flor *acampanada púrpura* por dentro. Cápsula. Se consumen las raíces *tuberosas gemíferas*.

Calonyction aculeatum. Enredadera. Hoja cordada. Corola blanca hipocrateriforme.

Calystegia sepium. "Correhuela". Enredadera ornamental. Hoja sagitada. Grandes flores blancas acampanadas. Maleza perniciosa.

Convolvulus arvensis. "Correhuela mayor". Perenne, rizomatosa, voluble. Tallo rastrero. Hoja hastada *sagitada*. Flor solitaria acampanada *infundibuliforme*, blanco-rosada. Estigma *bífido*. Cápsula. Europa. Maleza perenne estival, difícil de extirpar. Se multiplica por semillas, rizomas y raíces gemíferas.

Ipomoea violacea. Hierba trepadora. Flor violeta. Estigma *capitado*. Contiene alcaloides.

Subfamilia Cuscutoideae (= ex Cuscutáceas).

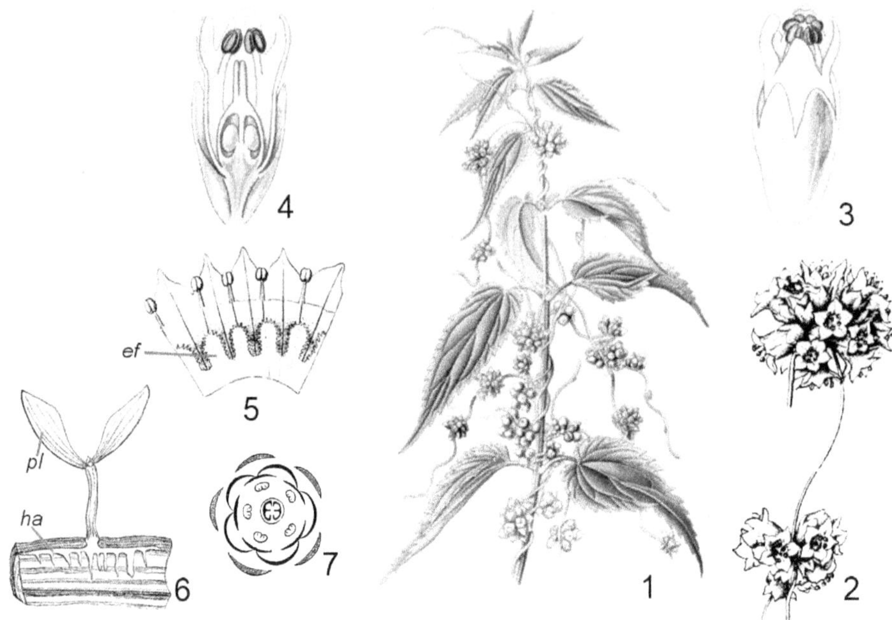

Figura 18-5. Cuscutaceae. Cuscutoideae. Cuscuta europaea.

– **1.** Tallos filiformes de *Cuscuta* sobre una Labiada. – **2.** Inflorescencias. – **3.** Flor. Gamopétala. – **4.** Flor. (corte). – **5.** Corola (abierta). Estambres alternipétalos. Escamas *(ef)* infraestaminales fimbriadas – **6.** Plántula *(pl)* invadiendo con haustorios *(ha)* sobre ramita de frutal. – **7.** Diagrama floral. (Adaptados: 1, 3-4 y 6, tras Thomé; 2 y 5, tras Wettstein; 7, tras Le Maout y Decaisne).

Hierbas parásitas, *sin clorofila*. Tallos *filiformes* (con aspecto de hilos), formando una masa sobre otras plantas. *No poseen raíces ni hojas*. Se fijan a la planta hospedante mediante *haustorios* muy finos. Hojas escamiformes. Inflorescencia laxa pauciflora.

Cáliz *gamosépalo*. Corola *gamopétala*. Androceo con estambres *alternipétalos*, *adnatos* a la corola. Escamas infraestaminales fimbriadas en el tubo corolino y alternos con sus lóbulos. Gineceo bicarpelar, 2 estigmas. Fruto cápsula circuncisa, con 4 semillas.

Hábitat: cosmopolitas, en Asia y América tropical.

Principales especies: (1 género)

Cuscuta europaea. "Cuscuta". Tallo *filiforme* amarillo. Inflorescencia en *glomérulos* compactos. Cáliz *cupuliforme*. Corola *urceolada*. Cápsula pequeña. Europa. Maleza.

Cuscuta indecora. "Cuscuta". Tallo filiforme anaranjado. Flor blanca. Maleza anual.

18. 2.   *Orden Gentianales*

Hojas opuestas o verticiladas. Estípulas interpeciolares. Con *alcaloides* indólicos e *iridoides*. Flor actinomorfa. Corola gamopétala *contorta*. Androceo *epipétalo, isostémono*. Ovario súpero (ínfero en *Rubiaceae*). Carpelos unidos (libres en *Apocynaceae*).

5 familias **/ 1121** géneros **/ 19915** especies.

Gentianaceae (= Gencianáceas)

Familia de la Genciana.

Figura 18-6. Gentianaceae. Gentiana acaulis.

– **1.** <u>Planta acaule</u>. Hojas opuestas decusadas. Flores solitarias en el extremo de un escapo. – **2.** <u>Flor</u>. Gamosépala. Gamopétala. – **3.** <u>Flor</u> (sección logitudinal). Ovario súpero. Estambres epipétalos. – **4.** <u>Diagrama floral</u>. – **5.** <u>Cápsula</u>. Bivalva. (<u>Adaptados</u>: 1-2, tras Witte y Wendel; 3, tras Baillon; 4-5, tras Le Maout y Decaisne).

Hierbas. Hojas simples, *opuestas decusadas*, soldadas en la base. Inflorescencia solitaria, cima o racimo. Flor 5-mera bisexual, actinomorfa. Cáliz 5 sépalos unidos. Corola 5 pétalos unidos. Androceo 5 estambres *epipétalos* (insertos en el tubo de la corola). *Disco nectarífero* en la base del ovario. Gineceo 2 carpelos, gamocarpelar. Ovario *súpero*, unilocular. Placentación *parietal*. Fruto *cápsula*. Medicinales. Con *glucósidos*.

Hábitat: subcosmopolitas en las zonas templadas.

<u>Principales especies</u>:

Gentiana acaulis. "Genciana". Acaule. Hojas arrosetadas, aovadas, acuminadas. Tallo con 3 pares de hojas pequeñas. Flores *azules* solitarias. Europa. Alpes y Pirineos.

Gentiana lutea. "Genciana mayor". Hojas basales pecioladas, superiores sésiles, con 7 nervaduras. Cima umbeliforme. Corola rotada amarilla. Cápsula alargada.

G. verna. Ornamental. Planta pequeña con enormes flores azules.

Blackstonia perfoliata. Hojas aovado-triangulares, *connatas* en la base. Cimas laxas. *Flores 8-meras*, con sépalos, pétalos y carpelos multiplicados. Corola *rotácea*.

Rubiaceae (= Rubiáceas)

Familia del Café.

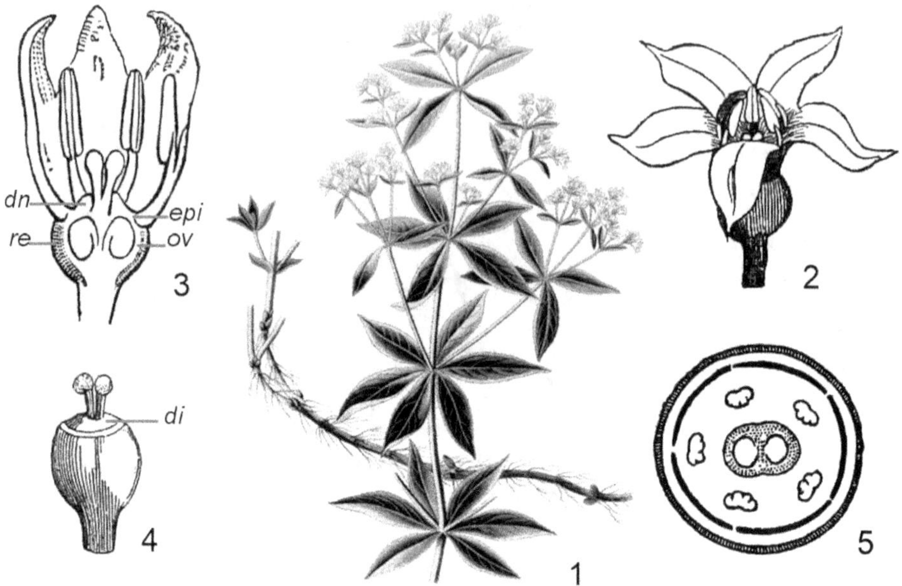

Figura 18-7. Rubiaceae. Rubia tinctorium.

– **1.** Estolón (tallo rastrero radicante). Tallo erguido Verticilos 4-meros y 6-meros de hojas y estípulas. Cimas de flores pequeñas. – **2.** Flor. Actinomorfa, 5-mera. – **3.** Flor epígina (sección vertical). Receptáculo *(re)* que rodea al ovario ínfero *(ov)*. – **4.** Disco nectarífero *(dn)* epígino *(epi)* sobre el ovario. – **5.** Diagrama floral. (Adaptados: 1, tras Köhler; 2-5, tras Le Maout y Decaisne).

Árboles, arbustos, lianas. Hierbas. Con *iridoides* y *alcaloides*; idioblastos (rafidios de oxalato de calcio). Hojas simples, opuestas o verticiladas. *Estípulas* grandes interpeciolares o intrapeciolares. Inflorescencia *cima* o uniflora. Flor *epígina*, 4-5-mera, bisexual, actinomorfa. Cáliz *gamosépalo*, 4-5-mero. Sépalos con *coléteres* (pelos glandulares) en su cara adaxial. Corola *gamopétala*, 4-5 mera, rotácea a infundibuliforme. Androceo 4-5-estambres, *adnatos* a la corola, *alternos* con sus lóbulos. Disco nectarífero *epígino*. Gineceo 2 carpelos *connados*. Estilo capitado. Ovario ínfero. Placentación *axilar*. Fruto cápsula, baya, drupa o diaquenio. Semillas aladas. Polinización por insectos o aves.

Hábitat: en cosmopolitas, en las regiones tropicales.

Principales especies:

Rubia tinctorium. "Rubia". Hierba. Raíz roja. Tallos postrados (estolones). Hojas aovadas tomentosas, en verticilos 4-meros o 6-meros. Estípulas grandes. Cima terminal. Flores amarillas. De su estolones se obtiene un colorante carmesí.

Coffea arábiga. "Cafeto". Arbusto perennifolio. Hojas opuestas, lanceoladas. Flores blancas perfumadas. Baya ovoide con 2 semillas grandes ("granos" de café). Etiopía. África. Estimulante del sistema nervioso y diurético.

Cinchona officinalis. "Quina". Árbol. Corteza amarga con alcaloides *quinina*, *cinconina* (combate la malaria), *quinidina* (arritmia cardíaca, fibrilación auricular). América del Sur.

Gardenia augusta. "Jazmín del Cabo". Arbusto ramificado. Hoja opuesta persistentes. Flores blancas, solitarias, muy perfumadas. China. Ornamental.

Calycophyllum multiflorum. "Palo blanco". NO argentino. Forestal de gran valor.

Myrmecodia sp. Epífita. Tubérculos asociados a hormigas en galerías interconectadas.

Apocynaceae (= Apocináceas)

Familia del Laurel Rosa.

Figura 18-8. Apocynaceae. Vinca difformis subsp. difformis.

− **1.** <u>Ramita en flor</u>. Hojas opuestas. Corola hipocrateriforme, 5-lobulada. − **2.** <u>Flor</u> (sección longitudinal). Dos pistilos *(pi)* libres en la base. Ovarios súperos. − **3.** <u>Estambre</u> *(es)*. Inserto alto en el tubo de la corola. Antera con 2 <u>lóculos</u> *(lo)* separados por el <u>conectivo</u> *(co)* aplanado. − **4.** <u>Gineceo</u>. Inserto en la concavidad del receptáculo *(re)*. Dos ovarios súperos *(ov)*. Dos <u>estilos</u> *(sty)* unidos en una sola columna. <u>Cabeza estigmática</u> en forma de disco *(di)*, luego se estrecha en un cono *(co)*, con un mechón de pelos. − **5.** <u>Diagrama floral</u>. Dos nectarios *(ne)* basales, alternos con los carpelos. − **6.** <u>Fruto.</u> Dos folículos *(fo)* libres. (<u>Adaptados</u>: 1, tras Gleadall; 5, tras Le Maout y Decaisne; 2-4 y 6, tras Baillon).

Árboles, arbustos, lianas o hierbas. *Venenosas*: tubos laticíferos continuos con *látex tóxico* (glucósidos cardíacos y alcaloides). Con iridoides. Tricomas simples a variados. Hojas *simples* alternas, opuestas decusadas o verticilos 3-meros. Coléteres en la base del pecíolo. Inflorescencia *cima umbeliforme*. Flor 5-mera, *actinomorfa*, bisexual. Cáliz con 5 sépalos, con un *cáliculo* en su lado interno llevando coléteres. Corola 5 pétalos connados (tubulosa, rotácea, acampanada, infundibuliforme o hipocrateriforme).

Androceo 5 estambres *epipétalos*, con filamentos insertos en el tubo de la corola, alternando con los lóbulos. Anteras (libres o conniventes) adnatas a la cabeza del estigma en un ginostegio. Granos de polen libres o formando masas endurecidas: *polinias*. Presencia de "corona" formada por la confluencia de:

- Pétalos con excrescencias en la cara adaxial (garganta de la corola): *anillo faucial.*

- Filamentos estaminales con estructuras carnosas radiales: *corona de apéndices* con forma de *capucha* o *cuerno.*

- Conectivos de las anteras con *apéndices apicales* (con forma de punta de lanza).

Gineceo 2-carpelar: 2 ovarios súperos formados por carpelos libres en la base y unidos en el *estilo* y en la *cabeza estigmática*: la zona media de la cabeza estigmática segrega material adhesivo en 5 cuerpos amorfos (*platos*) para facilitar el traslado del polen. Presencia de *disco nectarífero* en la base del ovario (5 *glándulas* opuestas a los pétalos).

Presentan notable especialización para la *polinización*: Los insectos atraídos por el *néctar* (disco nectarífero), inspeccionan las colas basales de las anteras. Contactan el "*rascador*" de polen (cuello en la *base* de la *cabeza estigmática*) y depositan el polen de otra flor. Al salir el insecto contacta la parte *media* de la *cabeza estigmática* (zona "adherente") llevándose el polen del extremo superior de la cabeza estigmática.

Frutos: 2 folículos apareados. *Baya* o *drupa*. Semilla aplanada con *penacho de pelos.*

Hábitat: cosmopolitas, en regiones tropicales y en menor cantidad en las templadas.

Principales especies:

Vinca difformis subsp. difformis (Vinca major). "Vinca Pervinca". Hierba perenne rastrera. Hojas aovadas *subcordadas* en la base. Flores axilares, solitarias. Corola hipocrateriforme azul *violácea*. Folículos geminados. Cuenca del Mediterráneo.

Vinca minor. "Vinca". Perenne rastrera. Hojas con alcaloides indólicos hipotensores.

Aspidosperma quebracho-blanco. "Quebracho blanco". Árbol perennifolio. Hoja lanceolada punzante (*verticiladas* 3 por nudo). Flor amarilla. Fruto *leñoso aplanado aovado*, verde grisáceo *pubescente*. Semilla con ala membranosa. Argentina. Forestal.

A. australe. "Guatambú amarillo". Hoja no punzante. Flor verde. Argentina. Forestal.

A. polyneuron. "Palo rosa". Hoja lanceolada. Folículo leñoso. Argentina. Forestal.

Mandevilla laxa. "Jazmín de Chile". Liana con látex. Hojas opuestas. Chile y Argentina.

Nerium oleander. "Laurel Rosa". Arbusto siempreverde. Hoja lanceolada coriácea. Flor rosada. Fruto *difolículo*. Semillas con pelos. *Tóxico* con oleandrina (glucósido cardiotónico). Resistente a la *sequía* (estomas en cavernas) y a las *plagas* por su toxicidad.

Strophanthus kombe y **S. hispidus.** "Flor torcida". Liana. Hojas opuestas enteras. Corola con lóbulos torcidos (30 cm). Medicinal y tóxica (látex con glucósido cardiotónico).

Subfamilia Asclepiadoideae (= Asclepiadoideas).

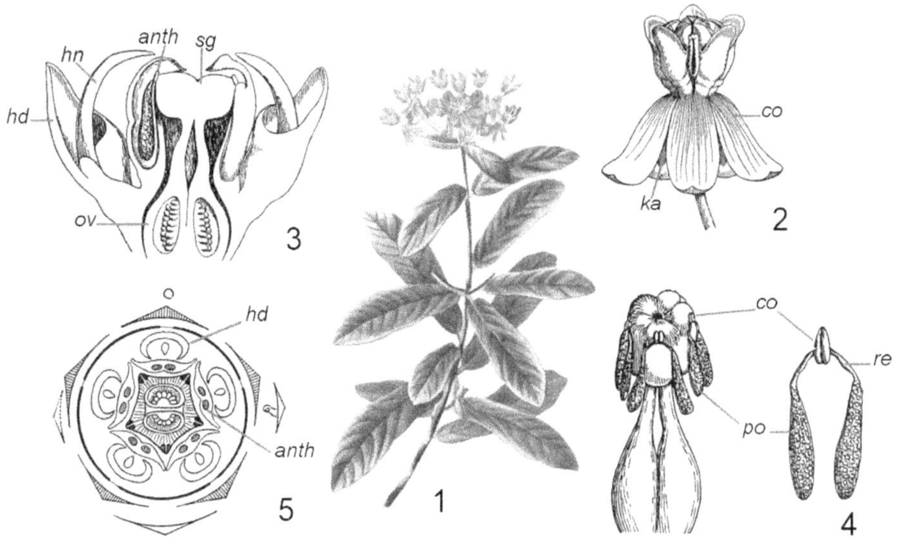

Figura 18-9. Apocynaceae - Asclepiadoideae. Asclepias tuberosa.

– **1.** <u>Ramita en flor</u>. Hojas opuestas. Umbela de flores. – **2.** <u>Flor</u>. – *(ka)*. Cáliz. – *(co)*. Corola. – **3.** <u>Flor</u> (corte longitudinal). – Capucha *(hd)* y cuerno *(hn)*, partes estériles de la antera. – *(anth)*. Mitad fértil de la antera (junto al estigma). – **4.** <u>Translator</u>. – *(re)*. Retináculo. Pinza de brazos unidos en la mitad por una glándula, el *corpusculum (co)*. – *(po)*. Polinios. Masas de granos de polen suspendidos de la base del corpúsculo estigmático. – **5.** <u>Diagrama floral</u>. (<u>Adaptados</u>: 1, tras Delaunay; 2-5, tras Bergen, Schumann y Engler).

Arbustos, lianas o hierbas perennes. A veces *cactiformes* columnares. Tubos con *látex lechoso*. Hojas *opuestas*. Inflorescencia umbela o panícula. Flor bisexual, actinomorfa, pentámera. Cáliz gamosépalo, 5-lobulado. Sépalos con glándulas basales (coléteres). Corola gamopétala, 5-mera, rotácea, acampanada, infundibuliforme, o hipocrateriforme.

Androceo: con *5 estambres* (insertos en la base de la corola, alternos con sus lóbulos) y *5 nectarios* (en la base del ovario). Monadelfo: filamentos unidos en *columna estaminal tubular* que rodea al ovario. Cada filamento estaminal soporta una *antera*, cuyo *conectivo* sostiene inferiormente las *dos tecas* de la antera (parte fértil) y superiormente una *lámina petaloide* (parte estéril) con forma de *capucha* o corneta, desde cuyo centro se eleva un *cuerno* que se curva en la parte superior hacia el gineceo. Los 5 apéndices estaminales componen la *corona petaloidea* o *"paracorola"*, ubicada entre la corola y el *ginostegio*.

Las *anteras* están adheridas a la *cabeza estigmática* formando el cuerpo central: *"ginostegio"*. Cada *teca* posee su polen aglutinado formando una masa llamada *"polinia"*. Los polinios de *dos anteras vecinas* se unen por medio del *"<u>aparato translator</u>"*: dos brazos unidos en pinza, el *"retináculo"*, segregado por zonas glandulares del estigma.

Gineceo 2 carpelos libres en su *base*, cada uno 1 ovario *unilocular*, confluyendo con el *estilo vecino* en la cabeza estigmática, a la que se unen las *anteras* formando el *ginostegio*.

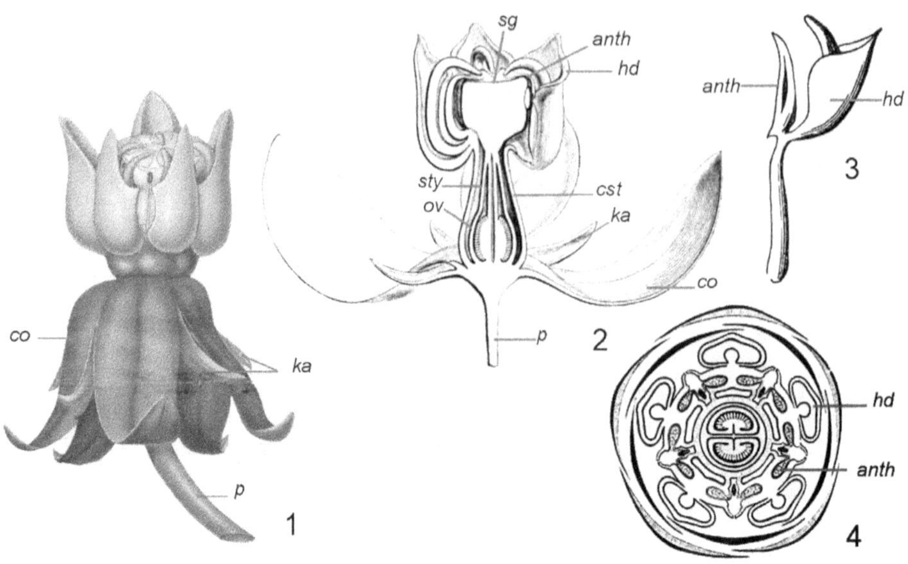

Figura 18-10. Apocynaceae - Asclepiadoideae. Asclepias syriaca. Estructura de la flor.

– **1. Flor**. – *(ka)*. Cáliz gamosépalo. – *(co)*. Corola gamopétala. – *(p)*. Pedicelo. – **2. Flor** (sección longitudinal). – *(cst)*. Androceo monadelfo en columna estaminal tubular que rodea al gineceo. – *(ov)*. Ovario súpero. – *(sty)*. Estilo. – *(sg)*. Cabeza estigmática. – **3. Estambre**. Con sus apéndices: – *(hd)*. Lámina petaloide con forma de capucha y cuerno, mitad estéril de la antera. – *(anth)*. Mitad fértil de la antera (junto al estigma). – **4.** Diagrama floral. (Adaptados: 1, tras Peter, E.; 2 y 3, tras Baillon; 3, tras Le Maout y Decaisne).

La *cabeza estigmática* tiene forma de pirámide *invertida*, plana en su parte superior y con 5 cinco facetas laterales. Cada *ángulo* que une *dos facetas* lleva un *corpúsculo:* un disco adhesivo de color oscuro, unido a los *dos brazos* que forman el *retináculo*. Cada brazo se une a la parte superior de una de las 2 *polinias* (masas de polen de *diferentes* anteras). Los *retináculos* son pinzas con surcos, donde se enganchan las patas o probóscides de los insectos que buscan néctar. Al tirar para liberarse, el insecto separa los polinios de las anteras y los lleva a otras flores. Los estambres maduran antes que los carpelos, facilitando la polinización cruzada. Fruto folículo de dehiscencia ventral, relleno con una borra sedosa (pelos). Semilla coronada con un penacho de pelos en el ápice.

Hábitat: en regiones tropicales, en menor proporción en las regiones templadas.

Principales especies:

Asclepias tuberosa. Hierba hirsuto pubescente. Hojas lanceoladas cordadas en la base, alternas. Umbela de flores anaranjadas. Folículos pubescentes. América del Norte.

Asclepias syriaca. Hojas lanceoladas, opuestas. Flores púrpura. Folículos apareados.

Araujia odorata. "Tasi". Enredadera. Hojas hastadas. Flor blanca con centro amarillo.

Hoya carnosa. "Flor de Nácar". Enredadera con raíces en el tallo. Hoja aovada. Cima de flores blancas, rosadas en el centro, perfumadas. Folículos linear oblongos. Australia.

Marsdenia tinctoria. Liana. Hoja aovado-acuminada, de base acorazonada, discolor.

Oxypetalum erectum* subsp. *campestre (Asclepias curassavica). "Bandera española". Hoja lanceolada. Umbela de flores con pétalos rojos y corona amarilla. Medicinal. Tóxica.

Stapelia gigantea. "Flor carroñera". Rizomatosa. Tallos 4-alados, dientes agudos. Flor de olor desagradable (atrae a las moscas). Corola amarilla con estrías rojas. Pelos rojos.

18. 3. Orden Lamiales

Herbáceas o arbustivas. Hojas *opuestas* decusadas. Tricomas multicelulares con cabeza glandular. Inflorescencia cimosa. Flores *actinomorfas* (*Oleaceae*) o *cigomorfas* bilabiadas (2 pétalos en el labio superior y 3 en el inferior).

Cáliz *gamosépalo*. Corola gamopétala. Androceo *didínamo* (2 estambres cortos y 2 largos). Estambres *epipétalos* (adnatos a la corola). Gineceo 2-4 carpelos. Fruto *cápsula*.

24 familias **/ 1059** géneros **/ 23810** especies.

Oleaceae (= Oleáceas)

Familia del Olivo.

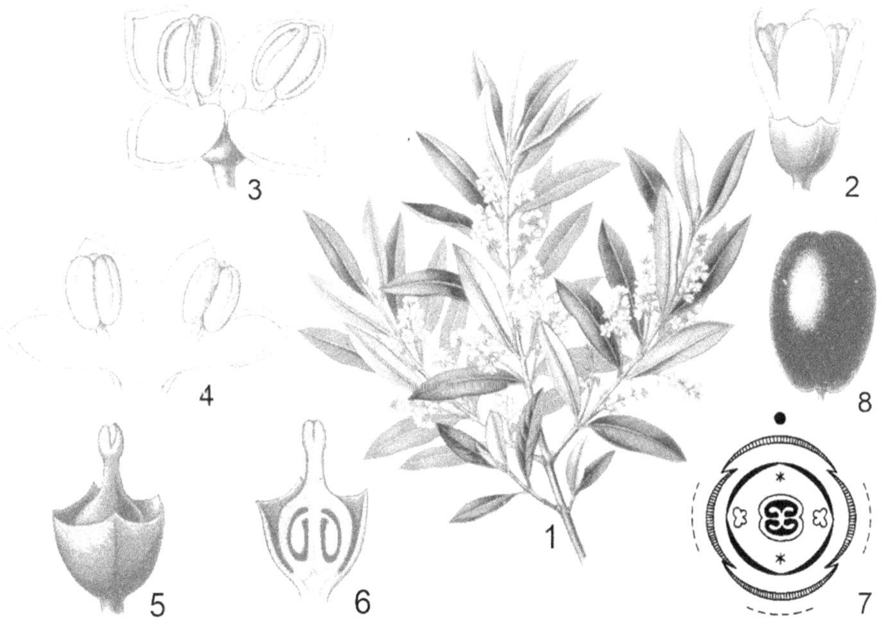

Figura 18-11. Oleaceae. Olea europaea.

– **1.** <u>Ramita en flor</u>. Hojas opuestas, lanceoladas, acuminadas y uninervias. – **2.** <u>Flor</u>. Tetrámera. Gamopétala. – **3.** <u>Flor en antesis</u>. Corola 4-mera. Androceo 2-mero. – **4.** <u>Corola</u> (abierta). Estambres epipétalos, alternipétalos. – **5.** <u>Flor fecundada</u>. Cáliz gamosépalo rodeando al gineceo. – **6.** <u>Flor</u> (idem, sección vertical). Ovario súpero, 2-locular, 4-ovulado. – **7.** <u>Diagrama floral</u>. – **8.** <u>Drupa madura</u>. (<u>Adaptados</u>: 1-6 y 8, tras Köhler; 7, tras Eichler).

Árboles, arbustos o lianas. Hojas opuestas simples (*Olea*) o compuestas (*Fraxinus*). Inflorescencia racimo, cima o uniflora. Flor *4-mera*, actinomorfa, bisexual o unisexual (dioicas o polígamas). Cáliz 4 sépalos connados. Corola 4 pétalos connados en tubo corto.

Androceo *2 estambres*, insertos en la corola. Disco nectarífero intraestaminal. Gineceo 2 carpelos connados. Ovario súpero, 2-locular, con 2 óvulos cada lóculo. Estilo simple. Fruto cápsula, aquenio, sámara, baya o drupa.

Hábitat: cosmopolita, en regiones tropicales y templadas; en Asia oriental.

Principales especies:

Olea europaea var. sativa. "Olivo". Árbol *perennifolio*. Hoja lanceolada entera, verde oscuro en la cara superior, plateada en la inferior (con escamas peltadas). Panoja axilar con flores pequeñas. Corola *blanca*, 4-lobulada. Estambres 2, *grandes*, insertos en el tubo corolino. Fruto drupa ("aceituna") con 20% de aceite. Cuenca del Mediterráneo.

Olea europaea var. sylvestris. "Acebuche". Arbusto achaparrado, espinoso. Flores con 4 pétalos y 2 estambres casi tan grandes como los pétalos. Región del Mediterráneo.

Fraxinus spp. "Fresnos". Árboles *caducifolios*. Hojas compuestas imparipinadas con folíolos aserrados. Fruto *sámara* con ala terminal alargada. Ornamentales y forestales.

Fraxinus excelsior. "Fresno europeo". Hojas con 13 folíolos oblanceolados, dentados. Flores *desnudas*, sin cáliz ni corola. Sámara de ala oblonga. Eurasia. Anemófilo.

F. ornus. "Fresno de flor". Flores blancas con cáliz y corola, perfumadas. Eurasia.

F. pennsylvanica. "Fresno rojo americano". Hojas con 9 folíolos aovados, margen finamente aserrado. Flores *sin corola*. Sámara con ala angosta. Norteamérica.

Forsythia suspensa. Arbusto caducifolio. Hoja aovada. Flores doradas. Cápsula. China.

F. viridissima. Ramas ascendentes. Hoja elíptica. Flores amarillas. China y Corea.

Jasminum officinale. "Jazmín". Arbusto apoyante. Hojas persistentes con 5 folíolos, *opuestas*. Flor *blanca*. Fruto baya. Asia. Ornamental. Aromática.

J. humile. "Jazmín amarillo". Hojas *alternas* imparipinadas. Flor *amarilla, perfumada*.

J. mesny. "Jazmín amarillo". Hojas *opuestas* 3-folioladas. Flor amarilla sin perfume.

Ligustrum lucidum. "Ligustro". Árbol *perennifolio*. Hoja aovada, *entera*. Baya *negra*.

L. sinense. "Ligustrina". Arbusto caducifolio. Hojas elípticas de 2 cm, obtusas. China.

L: vulgare. Arbusto caducifolio. Hojas elípticas de 3 cm. Mediterráneo. Ornamental.

Osmanthus fragans. "Olivo fragante". Flor blanca perfumada. Drupa azulada. Asia.

Syringa persica. "Lila de Persia". Arbusto. Hoja lanceolada. Flores lila o blancas. Asia.

S. vulgaris. "Lila". Hoja aovada acorazonada. Flor lila perfumada. Cápsula loculicida.

Plantaginaceae (= Plantagináceas)

Familia del Conejito.

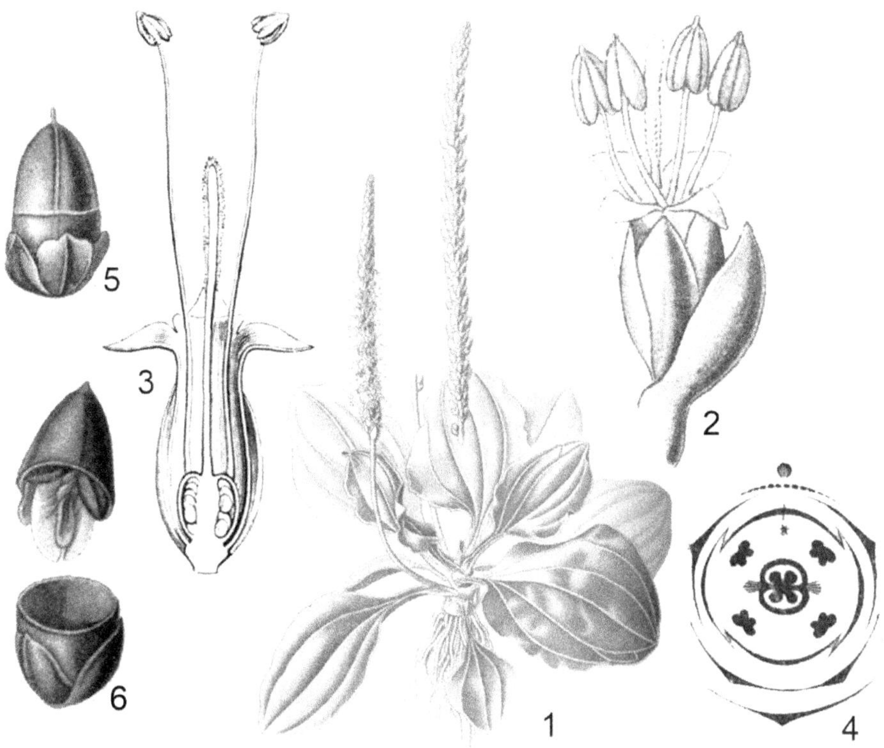

Figura 18-12. Plantaginaceae. Plantago major.

– **1.** <u>Planta en flor</u>. Con rizomas cortos. Hojas aovadas, 5-nervadas. Espigas densas. – **2.** <u>Flor</u>. Cáliz gamosépalo 4-partido. Corola escariosa 4-lobulada. Con 4 estambres. – **3.** <u>Flor</u> (sección longitudinal). Hipógina. Ovario súpero. Estilo filiforme. – **4.** <u>Diagrama floral</u>. (sépalo posterior suprimido). – **5.** <u>Pixidio</u>. Cáliz persistente. –**6.** <u>Pixidio</u>. Cápsula con dehiscencia transversal. (<u>Adaptados</u>: 1-2 y 5-6, tras Thomé; 3, tras Baillon; 4, tras Prantl).

Hierbas anuales o perennes. Hojas simples en roseta, *paralelinervadas*. Inflorescencia *racimo*, *espiga* o cabezuela en el ápice de un escapo. Flores hermafroditas o polígamas.

Cáliz 4-5 sépalos, *gamosépalo*. Corola 4-5 pétalos, gamopétala, *cigomorfa bilabiada* (*Antirrhinum*) o *escariosa* (*Plantago*). Androceo 4 estambres didínamos, adnatos al tubo de la corola. Anteras *sagitadas*. Quinto estambre *estaminodio*. Gineceo 2 carpelos unidos. Ovario súpero, unilocular. Fruto cápsula circumcisa (*pixidio*) o dehiscente por poros.

<u>Hábitat</u>: cosmopolita, en regiones templadas.

<u>Principales especies</u>:

Plantago major. "Llantén". Hierba rizomatosa. Hojas arrosetadas, lámina *aovada* con 7 nervaduras curvilíneas. Espiga densa. Corola escariosa 4-lobulada Fruto *pixidio*.

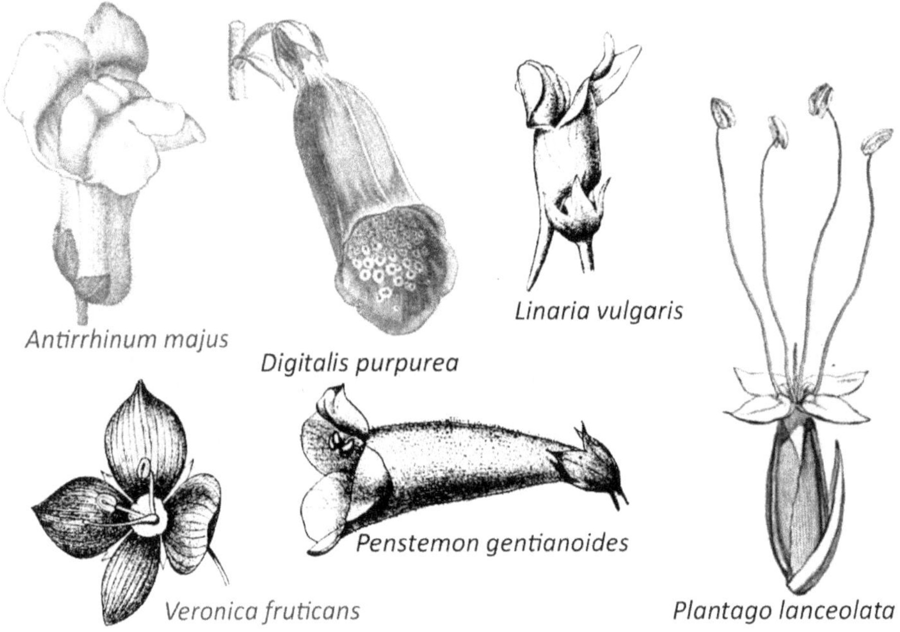

Figura 18-13. Plantaginaceae. Formas de la Corola.

(Adaptados: tras Wettstein, Engler y Baillon)

Plantago lanceolata. "llantén". Lámina *lanceolada quintuplinervia* (5 nervaduras).

Plantago patagónica. "Llantén". Hierba anual. Hojas *lineares*, pubescentes.

Antirrhinum majus. "Conejito". Perenne pubescente. Corola *personada*, con tubo desarrollado y garganta cerrada por un paladar bien notable. Mediterráneo. Ornamental.

Digitalis purpurea. "Dedalera". Perenne. Hoja ovada, tomentosa en la cara inferior. Corola *púrpura* bilabiada, tubo *acampanado*. Medicinal (con el glusósido digitalina).

Linaria bipartita. Hoja linear. Flor lila. Corola *bilabiada*: labio superior con dos lóbulos erectos; tubo corolino prolongado hacia atrás en un *espolón* largo. Europa y Asia.

Linaria texana. Hierba anual o bianual. Corola azul violácea con espolón delgado.

Penstemon barbatus. "Barba de oro". Cespitosa. Corola roja, tubo alargado y limbo ensanchado bilabiado. Polinizada por colibríes. Estados Unidos y México.

Veronica persica. "Verónica". Hierba. Hojas crenado-dentadas. Corola *azul*, rotácea.

Bignoniaceae (= Bignoniáceas)

Familia del Jacarandá.

Árboles, arbustos o lianas. Hojas *compuestas* bipinadas o palmadas, opuestas o verticiladas, terminadas en zarcillos. Inflorescencia *cimosa*. Flor bisexual. Cáliz 5 sépalos connados. Corola 5 pétalos connados, *cigomorfa bilabiada*. Androceo 4 estambres, didínamo. Filamentos adnatos al tubo de la corola. Quinto estambre *estaminodio*. Disco nectarífero *hipógino*. Gineceo 2 carpelos unidos. Ovario súpero, 2-locular. Numerosos óvulos. Fruto cápsula *alargada*, septicida o loculicida. Semillas *aplanadas aladas*.

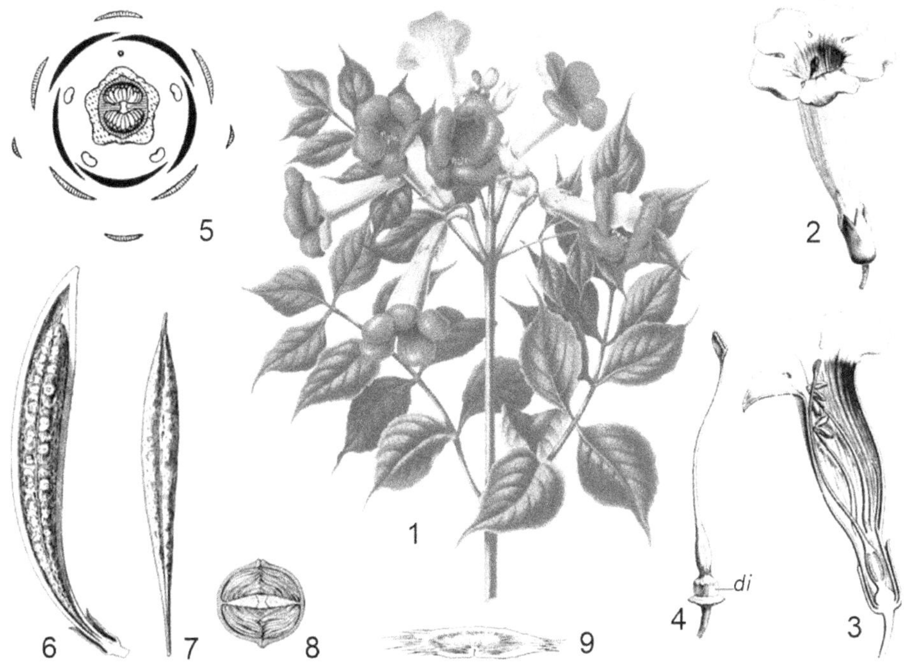

Figura 18-14. Bignoniaceae. Campsis radicans.

– **1.** Ramita en flor. Hojas imparipinadas. Folíolos aovados, cuspidados. Corimbo de flores. – **2.** Flor. Cigomorfa, gamosépala, gamopétala. – **3.** Flor. Androceo didínamo. Filamentos insertos en el tubo corolino. – **4.** Gineceo. Disco nectarífero hipógino *(di)*. Ovario súpero. Estigma bilaminado. – **5.** Diagrama floral. Quinto estambre reducido a estaminodio. – **6.** Fruto (sección vertical). – **7.** Placenta (sin las semillas). – **8.** Fruto (sección transversal). – **9.** Semilla alada. (Adaptados: 1, tras Witte *et al*; 2-4, tras Baillon; 5-9, tras Le Maout y Decaisne).

Hábitat: cosmopolita, en regiones tropicales y subtropicales.

Principales especies:

Campsis radicans (Bignonia radicans). "Jazmín de Virginia". Liana. Hojas opuestas, imparipinadas, folíolos aserrados. Flor grande, rojo-minio. Cápsula *cilíndrica* bilocular.

Campsis grandiflora (Bignonia grandiflora). Cáliz campanulado. Corola rojo-minio.

Catalpa bignonioides. "Catalpa". Árbol. Hoja simple acorazonada de *20 cm*. Panojas terminales. Flores *blancas* con manchas amarillas y purpúreas. Cápsula linear.

Handroanthus impetiginosus (Tabebuia avellanedae). "Lapacho rosado". Árbol. Hojas *digitadas*, folíolos discolores. Flores *rosadas*. Cápsula linear.

Handroanthus lapacho (=Tabebuia lapacho). "Lapacho amarillo". Árbol. Hojas digitadas. Flores *amarillas*. Argentina y Brasil. Forestal y ornamental.

Jacaranda mimosifolia*.* "Jacarandá". Árbol. Hojas *bipinadas,* opuestas decusadas. Panojas de flores *azul violáceas,* tubulosas con limbo *oblicuo*. Cápsula *suborbicular*.

Podranea ricasoliana*.* Enredadera. Hoja imparipinada. Panoja de flores *rosadas*.

Tecoma capensis*.* Arbusto. Hoja imparipinada. Flor *rojo-anaranjada*. Cápsula linear.

Tecoma stans*.* "Guarán". Arbolito. Hoja imparipinada. Flor *amarilla*. Cápsula.

Verbenaceae (= Verbenáceas)

Familia de la Verbena.

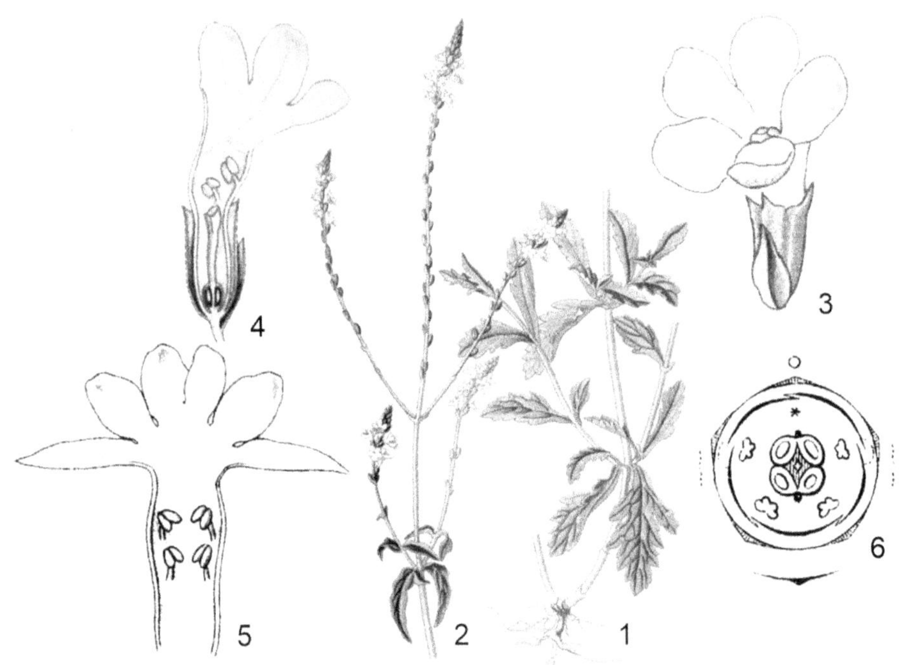

Figura 18-15. Verbenaceae. Verbena officinalis.

– **1.** Planta. Rizoma. Raíces adventicias. Tallo cuadrangular. Hojas opuestas pinatífidas. – **2.** Panícula de espigas. – **3.** Flor. Levemente cigomorfa. Cáliz tubuloso. Corola levemente bilabiada. – **4.** Flor (sección longitudinal). Ovario súpero. Estilo *terminal*. – **5.** Corola (abierta). Androceo didínamo. Epipétalo. – **6.** Diagrama floral. (Adaptados: 1-5, tras Thomé; 6, tras Eichler y Engler).

Hierbas o arbustos. Tallo de sección *cuadrangular*. Hojas simples pinatinervadas, *opuestas*. Tricomas simples (unicelulares o glandulares). Aceites esenciales. Inflorescencia racimo, espiga o capituliforme. Flor hermafrodita, *levemente* cigomorfa.

Cáliz 4-5 sépalos unidos, tubular persistente. Corola 4-5 pétalos unidos, *ligeramente bilabiada*. Labio superior 1-lobulado (2 lóbulos unidos). Labio inferior 3-lobulado. Disco nectarífero. Androceo 4 estambres didínamo (2 cortos y 2 largos), *epipétalos* (insertos en el tubo de la corola). Gineceo 2 carpelos unidos. Ovario súpero. *Estilo terminal*. Estigma bilobado. Fruto seco dehiscente, drupa o esquizocarpo con 2-4 mericarpos o núculas.

Hábitat: cosmopolita, en zonas tropicales y subtropicales.

Principales especies:

Verbena officinalis. "Verbena". Hierba perenne. Tallo *cuadrangular* con pelos rígidos. Hojas opuestas *pinatífidas*. Espigas en panículas. Flores liláceas. Europa. Medicinal.

Aloysia gratissima. "Palo amarillo". Hoja entera. Flores blancas muy perfumadas.

Aloysia triphylla. "Cedrón". Hojas en *verticilos 3-meros*, con fuerte olor a citronela.

A. polystachya. "Té de burro". Hojas glaucas, enteras, alargadas, muy aromáticas.

Junellia crithmifolia. "Té de burro". Hoja *bipinatífida*. Flor rosada perfumada.

Lantana camara. "Bandera española". Falso *capítulo* de flores *amarillas* y *rojas*.

Lippia turbinata. "Poleo". Arbusto. Hojas obovadas. Capítulos de flores blancas.

Lamiaceae (= Lamiáceas ó Labiadas)

Familia de la Menta.

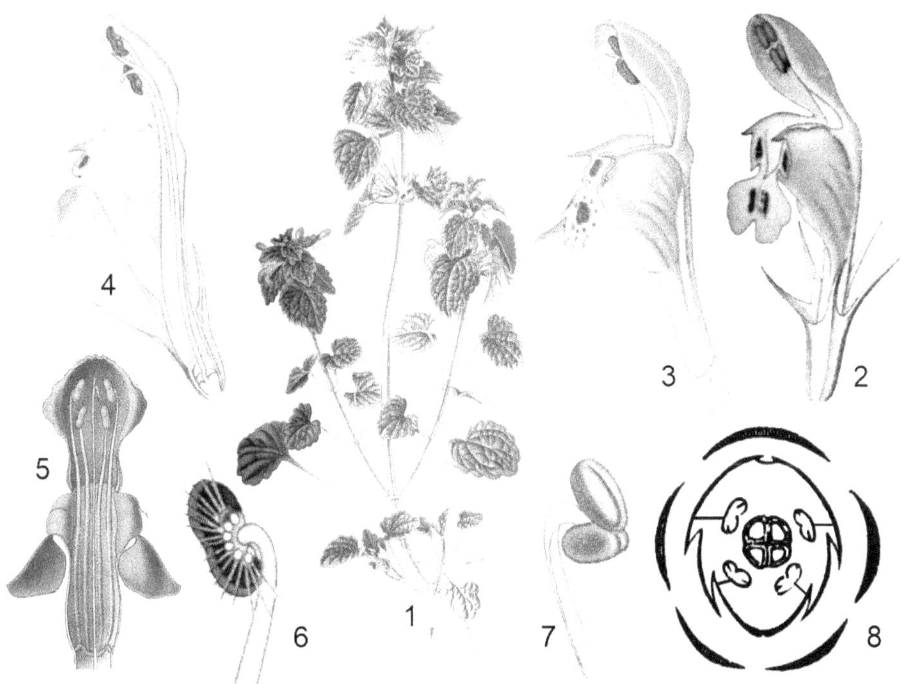

Figura 18-16. Lamiaceae. Lamium purpureum.

– **1.** Hierba. Hojas opuestas. Flores en verticilos axilares. – **2.** Flor. Cigomorfa. Cáliz gamosépalo 5-laciniado. – **3.** Flor (sin cáliz). Corola bilabiada. Labio superior cuculado. Labio inferior 3-lobulado. – **4.** Flor (sección longitudinal). Estilo filiforme ginobásico. – **5.** Flor (corte): Estambres didínamos epipétalos. – **6.** Estambre (vista abaxial). Pubescente. – **7.** Estambre. Anteras divaricadas. – **8.** Diagrama floral. (Adaptados: 1-4 y 6-7, tras Thomé; 5, tras Peter; 8, tras Eichler y Engler).

Hierbas, arbustos, lianas. *Aromáticas*. Tricomas glandulares con aceites esenciales. Tallo *cuadrangular*. Hojas simples *opuestas*. *Inflorescencia mixta*: eje principal *racimoso* y ramificaciones *cimosas*. Flor *cigomorfa bilabiada*, bisexual. Cáliz gamosépalo (5 sépalos unidos) tubuloso o acampanado. Corola gamopétala (5 pétalos unidos) infudibuliforme a acampanada, con *limbo bilabiado*: labio inferior 3-partido y labio superior 2-partido.

Androceo didínamo (4 estambres: 2 largos y 2 cortos), *epipétalo* (filamentos adnatos al tubo de la corola). Gineceo 2-carpelos unidos (*gamocarpelar*), con sus márgenes enrollados en un *falso septo*. Ovario súpero unilocular. Óvulos 4. Estilo ginobásico, estigma bífido. Disco nectarífero. Fruto *drupa*, *nuez* tetrasperma o 4 clusas monospermas.

Hábitat: cosmopolita, en regiones con suelos calcáreos de la región del Mediterráneo.

Principales especies:

Lamium purpureum. Hierba pubescente. Hojas opuestas. Lámina acorazonada, crenada. Flor cigomorfa, limbo bilabiado. Labio superior cuculado, inferior 3-lobulado. Estambres didínamos, ascendentes dentro del labio superior. Fruto 4 núculas. Eurasia.

Lamium amplexicaule. Anual. Hojas superiores sésiles, *ampexicaules*. Corola púrpura.

Lavandula latifolia. "Lavanda". Hojas opuestas lanceoladas o espatuladas. Aromática.

Lavandula officinalis. "Espliego". Hoja grisácea linear, aromática. Flores violáceas.

Figura 18-17. Lamiaceae. Menha x piperita. M. spicata subsp. spicata.

(Adaptados: tras Köhler).

Mentha x piperita. "Menta piperita". Hierba rizomatosa, con fuerte olor a mentol. Hojas *pecioladas*, lanceoladas, aserradas. Inflorescencia *espiciforme*. Flores lila o blancas.

Mentha spicata subsp. spicata. "Menta". Hierba glabra. Hojas *sésiles*, lanceoladas *serruladas*. Flores en racimos de cimas terminales, con los *verticilos* separados entre sí.

Mentha arvensis. "Menta japonesa". Flores *blanquecinas* en glomérulos axilares.

Mentha pulegium. "Poleo europeo". Hoja *de 2 cm*. Flores lila en glomérulos axilares.

Majorana hortensis. Flor blanca o purpúrea, con el cáliz *hendido* lateralmente.

Melissa officinalis. "Toronjil". Hierba perenne, con olor a citronela. Hojas aovadas.

Minthostachys verticillata. "Peperina". Hierba aromática. Hoja aovada. Flor blanca.

Ocimum basilicum. "Albahaca". Hojas lanceoladas. Flores blancas. Aromática.

Origanum vulgare. "Orégano". Rizomatosa. Hoja pequeña. Espiga breve. Flores protegidas por brácteas verdes. Cáliz púrpura *no hendido* (diferencia con ***Majorana***).

Plectranthus scutellarioides (Coleus blumei). "Cretona". Hierba erguida. Hojas con áreas delimitadas coloreadas de rojo, amarillo o púrpura. Flores blanquecinas azuladas.

Rosmarinus officinalis: "Romero". Hoja linear *coriácea*. Con *2 estambres* fértiles.

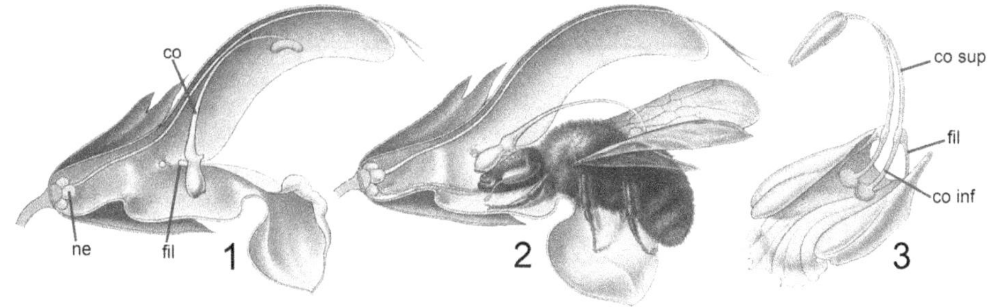

Figura 18-18. Lamiaceae. Salvia sp. Mecanismo de palanca.

– **1. <u>Flor</u>**. Antes de la activación: *(ne)* Nectarios. *(co)* Conectivo. *(fil)* Filamento estaminal. – **2. <u>Insecto Polinizador</u>**: Entra en la flor y activa el mecanismo de palanca, que deposita polen en la cabeza del polinizador. – **3. <u>Labio inferior</u>** (de la flor). *(co sup)* Conectivo superior. *(fil)* Filamento. *(co inf)* Conectivo inferior. (<u>Adaptados</u>: 1-3, tras Peter; tras Walker y Sytsma. 2007).

Salvia officinalis. "Salvia". Hoja lanceolada con nervaduras marcadas. Corola *violeta*, labio superior *cuculado*. Androceo con *2 estambres* fértiles. Aromática y medicinal.

Salvia splendens. "Coral". Flores con corola tubulosa, cáliz y las brácteas rojos. Brasil.

Salvia hispanica. "Chía". Hierba híspida. Hoja ovada. Flor azul pálido. Cultivo incaico.

Thymus vulgaris. "Tomillo". Subarbusto. Hoja glandulosa linear. Flores blancas.

18. 4.   Orden Boraginales

Hierbas, arbustos o árboles. *Ásperamente pubescentes* al tacto. Tricomas unicelulares con cistolito basal y paredes silicificadas. Inflorescencia cima escorpioide o helicoide. Flores actinomorfas. Fruto drupa o esquizocarpo con *4 nuececillas* (clusas monospermas).

6-11 familias **/ 150** géneros **/ 3095** especies.

Boraginaceae (= Boragináceas)

Familia de la Borraja.

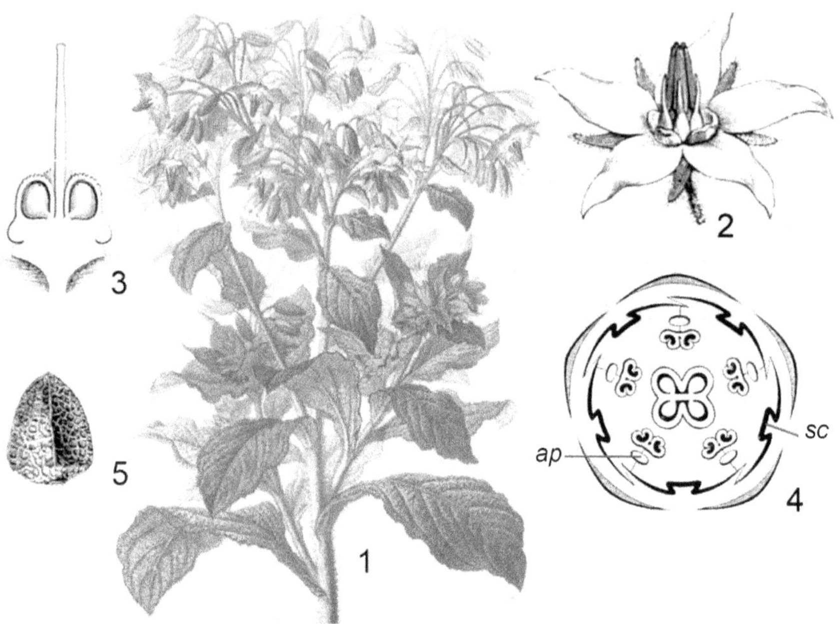

Figura 18-19. Boraginaceae. Borago officinalis.

– **1.** Rama. Híspida. Hojas alternas. Cimas de flores. – **2.** Flor. Rotácea. Gamopétala. – **3.** Gineceo (corte). Ovario súpero. Estilo ginobásico. – **4.** Diagrama floral. – *(ap).* Apéndice estaminal. – *(sc).* Escama de la corona. – **5.** Núcula rugosa. (Adaptados: 1-3 y 5, tras Baillon; 4, tras Eichler y Engler).

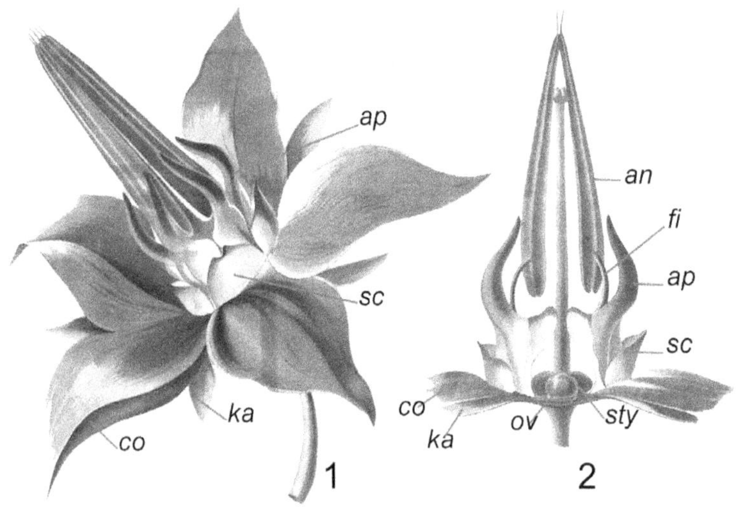

Figura 18-20. Boraginaceae. Borago officinalis. Detalle de la Flor.

– **1.** Flor. – *(ka).* Cáliz gamosépalo. – *(co).* Corola rotácea. – **2.** Flor (corte): – *(ka).* Cáliz. – *(co).* Corola. – *(ov).* Ovario. – *(sty).* Estilo ginobásico. – *(sc).* Escama de la corona (en garganta de la corola). – *(ap).* Apéndice estaminal. – *(fi).* Filamento. – *(an).* Antera. (Adaptados: 1-2, tras Peter).

Hierbas anuales o vivaces. Escabrosas o *pubescentes*. Hojas *simples*, nervio medio prominente, alternas. *Tricomas ásperos*, con base blanca (óxido silicio y carbonato de calcio). Inflorescencia *cima escorpioide*. Flor 5-mera, *actinomorfa*, hermafrodita.

Cáliz gamosépalo, con 5 sépalos radialmente extendidos. Corola 5-mera, gamopétala, rotácea. Tubo de la corola con *5 escamitas* o *estaminodios* (lado interno de la garganta), en una *corona* de apéndices huecos (fornículos), que dificultan la entrada de los insectos al tubo corolino. Androceo 5 estambres *epipétalos*, filamentos aplanados con *apéndice* en forma de *cuerno* en la parte posterior de la antera. Disco nectarífero *hipógino*.

Gineceo *2 carpelar*. Ovario súpero con 2 lóculos divididos en *4 celdillas monospermas* (con falsos tabiques placentarios). Estilo hueco ginobásico. Fruto drupa o esquizocarpo, con *4 aquenios* o nuececillas (clusas monospermas) y una columna central *ginobásica*.

<u>Hábitat</u>: Cosmopolitas, regiones templadas o subtropicales del hemisferio norte.

<u>Principales especies:</u>

Borago officinalis. "Borraja". Hierba anual, *híspida*. Hoja oblonga acuminada. Cimas terminales. Corola *azul rotácea*. Anteras *conniventes* en un *cono*, con un apéndice apical fino. Núcula rugosa. Mediterráneo. Hortaliza. Medicinal, diurético y expectorante.

Myosotis scorpioides. "Nomeolvides". Hierba rizomatosa y estolonífera, pubescente. Cimas escorpioides de flores azules con el centro amarillo. Cáliz con pelos curvos. Europa.

Anchusa officinalis. Hierba bienal, híspido-pubescente. Hojas lanceoladas, sésiles. Cimas escorpiodes. Flores violáceas con el centro amarillo. Europa. Melífera.

Echium plantagineum. "Flor morada". Hierba anual, híspido-pubescente, muy ramificada. Hojas lanceoladas, enteras. Cimas escorpiodes. Flores cigomorfas, infundibuliformes, cigomorfas. Europa. Melífera.

Symphytum officinale. Hierba hirsuta. Cima escorpioide de flores tubulosas púrpura.

Heliotropiaceae (= Heliotropiáceas)

Familia del Heliótropo.

Hierbas o arbustos. Hojas alternas pecioladas. Con inulina. Idioblastos con cristales tetraédricos. Inflorescencia *cima escorpioide*. Flores hermafroditas, actinomorfas.

Cáliz 5-mero, *gamosépalo*, 5-partido. Corola 5-mera, *gamopétala*. Hipocrateriforme. Garganta de la corola *desprovista de apéndices*. Limbo 5-lobulado.

Androceo 5-mero. Estambres epipétalos (insertos en el tubo corolino). Filamentos muy cortos. Disco nectarífero *hipógino*.

Gineceo gamocarpelar, *2 carpelos* connados. Ovario súpero, 2-4-locular, *no lobulado*. Estilo *terminal*. Fruto esquizocarpo, con 4 núculas (clusas monospermas).

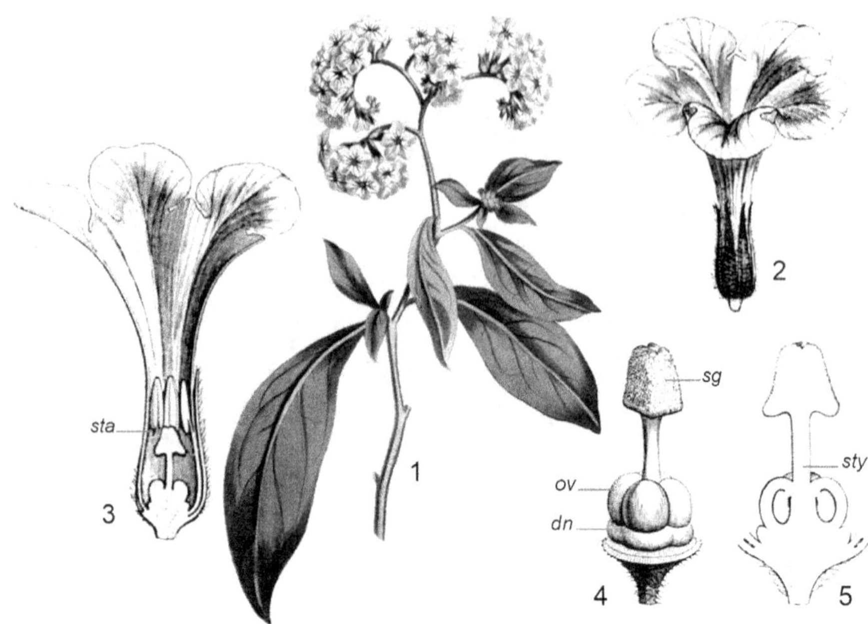

Figura 18-21. Heliotropiaceae. Heliotropium arborescens.

– **1.** Ramita en flor. Hojas elípticas. Cimas escorpiodes. – **2.** Flor. Corola hipocrateriforme. Cáliz pentapartido. – **3.** Flor (sección longitudinal). Androceo epipétalo. Filamentos muy cortos. – **4.** Gineceo. Disco nectarífero hipógino *(dn)*. Ovario súpero *(ov)*. Estigma *(sg)* cónico emarginado. – **5.** Gineceo (sección longitudinal). Estilo teminal *(sty)*. (Adaptados: 1, tras Curtis; 2-5, tras Baillon).

Hábitat: En zonas tropicales y templado cálidas.

Principales especies:

Heliotropium arborescens. "Heliótropo". *Subarbusto tomentoso*. Hojas alternas, *aovadas*, rugosas verde oscuro en la cara superior; grisáceas pubescentes en la cara inferior. Cimas escorpioides terminales. Flores *violeta* muy perfumadas. América del Sur.

Heliotropium curassavicum. "Espuma de leche". *Hemicriptófito*. Ramas *decumbentes*. Hojas *espatuladas*. Flores *blancas*. Argentina, Mendoza. En suelos salinos.

Heliotropium nicotianifolium. *Sufrútice*. Tallo *erecto*. Hoja peciolada lanceolada. Cimas escorpioides de flores *violeta*. Argentina y Bolivia.

Capítulo.19. NÚCLEO EUDICOTILEDÓNEAS (NÚCLEO TRICOLPADAS).

PENTACÍCLICAS SUPER-ASTERIDAS/CAMPANULIDAE EUASTERIDES II

19. 1. Orden Aquifoliales

Simpétalas tempranas (se ve el tubo corolino antes que sus lóbulos). Flores pequeñas. Leñosas, árboles o arbustos. Con alcaloides (*cafeína*). Hojas alternas espiraladas, margen con dientes de ápice glandular. Estípulas pequeñas. *Dioicas*. Fruto drupa.

5 familias **/ 21** géneros **/ 536** especies.

Aquifoliaceae (= Aquifoliáceas)

Familia de la Yerba Mate).

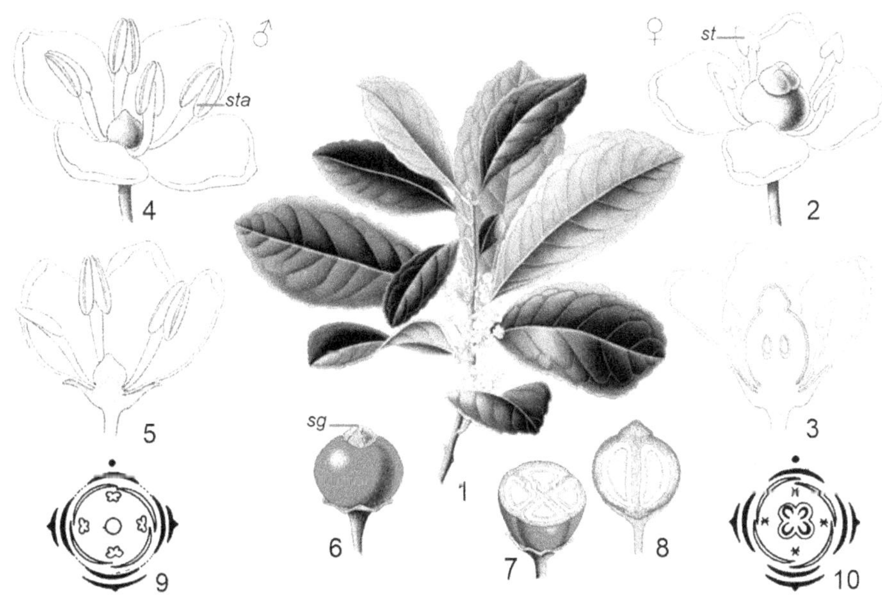

Figura 19-1. Aquifoliaceae. Ilex aquifolium.

– **1.** Rama en flor. Hojas obovadas crenadas. Cimas axilares muy cortas. Flores blancas. – **2.** Flor femenina. Corola 4-mera. Estaminodios *(st)* alternipétalos. Ovario súpero. Estigma 4-lobulado. – **3.** Flor femenina (sección longitudinal). – **4.** Flor masculina. Androceo con 4 estambres *(sta)* alternipétalos. – **5.** Flor masculina (sección longitudinal). – **6.** Drupa roja. – **7.** Drupa (sección transversal). – **8.** Drupa (sección longitudinal). – **9.** Diagrama Flor Masculina. – **10.** Diagrama Flor Femenina. (Adaptados: 1-8, tras Köhler; 9-10, tras Eichler y Engler).

Árboles o arbustos caducifolios. Hojas simples, margen dentado, alternas en dos rangos. Dientes con nervadura terminada en ápice glandular caduco. Estípulas pequeñas.

Flores pequeñas 4-6-meras, unisexuales o hermafroditas, polígamo-dioicas. Cáliz *gamosépalo*, 4-6 sépalos *connados*. Corola gamopétala rotácea, 4-6 pétalos connados.

Androceo isostémono, 4-6 estambres *alternipétalos*, *adnatos* a la corola. Nectarios en la *base* del ovario. Gineceo 4 carpelos oposipétalos, *gamocarpelar*. Ovario súpero, 2-4 óvulos por lóculo. Estigma capitado sésil (sin estilo). Fruto drupa rojiza.

Hábitat: Cosmopolitas, especialmente en América del Sur y Sudeste de Asia.

Principales especies:

Ilex paraguarensis. "Yerba mate". *Dioico*. Árbol *elevado*, perennifolio. Hoja obovada, *crenada* dentada. *Cimas* axilares. Flor blanca. *Drupa* rojiza. Sus hojas tostadas y molidas se usan para preparar la infusión "mate" (con cafeína). América del Sur (Selva Misionera).

Ilex aquifolium. "Holly", "Acebo". *Dioico*. Árbol perennifolio. Hoja aovada, con ápice y margen espinosos. Flor pequeña verdosa. Drupa roja. Mediterráneo. Ornamental.

19. 2. Orden Asterales

Simpétalas tempranas (se ve el tubo corolino antes que sus lóbulos). Flores pequeñas. Hierbas o arbustos. Hojas espiraladas. Flores *actinomorfas* o *cigomorfas*. Cáliz *gamosépalo* tubuloso. Corola gamopétala tubulosa. Androceo sinantéreo (anteras soldadas en un *tubo* alrededor del estilo). Filamentos *libres*. Estilo largo, *dos* estigmas. *Presentación secundaria del polen*. Sustancia de reserva *inulina*, polímero de la fructosa.

11 familias / **1743** géneros / **26870** especies.

Campanulaceae (= Campanuláceas)

Familia de las Campanitas.

Hierbas, arbustos o lianas sin zarcillos. *Tubos laticíferos* (con látex lechoso). Raíces gruesas con *inulina*. Hojas simples, alternas espiraladas. Inflorescencia cimosa. Flor 5-mera *actinomorfa*, hermafrodita, con hipantio, resupinada con una torción de 180°.

Cáliz 5 sépalos connados (*gamosépalo*). Corola 5 pétalos connados (gamopétala), *acampanada*. Androceo 5 estambres, alternipétalos. Anteras *libres* apretadas entre sí, se abren por *hendiduras* longitudinales. Filamentos libres. Son *protandras*: los *estambres* llegan a la madurez antes de que el estigma sea apto. Disco nectarífero epígino.

Gineceo 2-5 carpelos connados (*gamocarpelar*). Estilo *simple terminal* tipo _cepillo_: con *tricomas colectores* de polen en su parte superior. Ovario ínfero, 3-carpelar, con placentación *axilar*. Numerosos óvulos. Fruto cápsula pluriseminada, o baya. Semillas pequeñas con albumen carnoso. Polinización por pájaros y abejas.

Presentación secundaria del polen (-Polinización cruzada "tipo émbolo o "cepillo"-): Las anteras tienen sus caras con polen hacia *dentro* y se hallan apoyadas sobre el *estilo simple* cubierto de *pelos germinales*. Vuelcan el polen sobre la parte *externa* del estilo y se marchitan antes de que se abran las flores. El *estilo* se alarga llevando el polen en su *ápice*. Cuando se abre la flor, los insectos polinizadores pueden acceder al polen y llevarlo a otra flor, facilitando la polinización *cruzada*. Después el estigma madura y se hace receptivo al polen *de otra flor*, asegurando la producción de semillas.

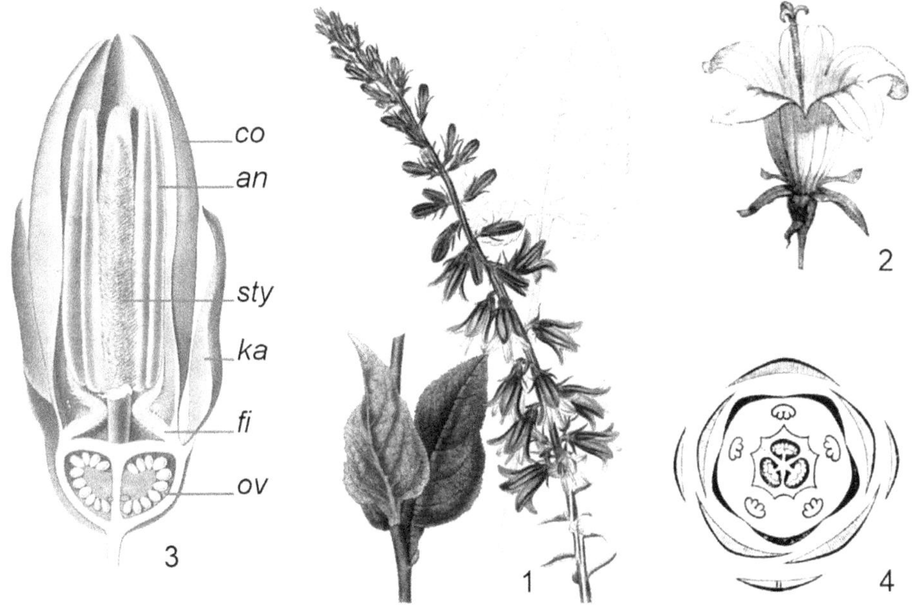

Figura 19-2. Campanulaceae. Campanuloideae. Campanula rapunculoides.

– **1.** Rama en flor. Hojas cordifomes acuminadas. Racimo espiciforme. Flores liláceas. – **2.** Flor. Cáliz gamosépalo 5-partido. Corola gamopétal 5-lobulada. – **3.** Flor epígina (sección longitudinal). – *(ov)*. Ovario ínfero. – *(fi)*. Filamento estaminal inserto en el ápice del ovario. – *(ka)*. Cáliz. – *(sty)*. Estilo similar a un "cepillo", con tricomas. – *(an)*. Anteras formando un tubo alrededor del estilo. – *(co)*. Corola. – **4.** Diagrama floral. (Adaptados: 1, tras Curtis; 2 y 4, tras Baillon; 3, tras Peter, A.)

Hábitat: cosmopolitas, en el viejo mundo, regiones tropicales y mediterráneas.

Principales especies:

Campanula rapunculoides*.* Perenne rizomatosa. Hoja aovada cordiforme. Racimo espiciforme folioso. Flor lila péndula. Cáliz 5-partido. Corola campanulada 5-lobulada.

Campanula carpatica*.* Perenne. Hoja aovada crenada. Flor azul lilácea acampanada.

Campanula persicifolia*.* Hoja crenada obovada o lanceolada. Flores azules o blancas.

Asteraceae (=Asteráceas ó Compuestas)

Familia del Girasol.

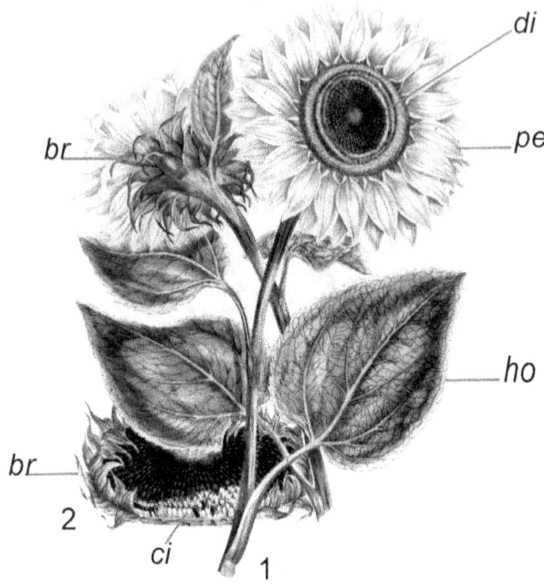

Figura 19-3. Asteraceae. Asteroideae. Helianthus annuus.

– **1. Ramitas**: – *(ho)*. Hojas. Alternas, pecioladas, aovadas, aserradas. **Capítulos en flor**: – *(di)*. Disco. Con flósculos (florecitas tubulosas hermafroditas). – *(pe)*. Periferia. Con flores liguladas estériles. – *(br)*. Brácteas del involucro. – **2. Capítulo con frutos**: – *(ci)*. Cipsela. (Adaptado: tras Miller, J.S.).

Hierbas anuales, bianuales o vivaces (raro arbustos o árboles). Con *esferocristales* de *inulina*, polímero de fructosa (no reservan almidón). Con *células* o *tubos laticíferos*. Con *alcaloides*. Hojas alternas, raro opuestas, lobuladas, a veces con espinas.

Flores *actinomorfas* o *cigomorfas*, epíginas. Por sobreevolución han disminuido su tamaño y se agrupan en un "capítulo" (*pseudanto*: inflorescencia que simula ser una flor). Los capítulos se reunen en inflorescencias mayores (*racimos, corimbos* o *cimas*).

El *capítulo* posee un eje reducido a un platillo o disco (cónico o aplanado): *receptáculo común* o clinanto. Soporta numerosas flores que nacen en la axila de hojas escamiformes o "*páleas*". El clinanto se halla cubierto de cicatrices, son los puntos donde se insertan los ovarios ínferos de las flores. Está rodeado por el involucro *común* de filarias (brácteas estériles con aspecto de sépalos). El capítulo es "*homógamo*" cuando *todas* sus flores son hermafroditas; es "*heterógamo*" si posee flores hermafroditas y unisexuales.

Las flores interiores del capítulo *heterógamo* son los "*flósculos*" con corola *tubulosa*, su función es la reproducción. El flósculo es una flor *bisexual*, de corola 5-mera, simpétala *tubulosa actinomorfa*. Puede ser unisexual por atrofia de uno de sus ciclos sexuales. Las flores exteriores del capítulo *heterógamo* son las "*flores liguladas*" con la corola *cigomorfa*, su función es la atracción de los insectos para realizar la polinización.

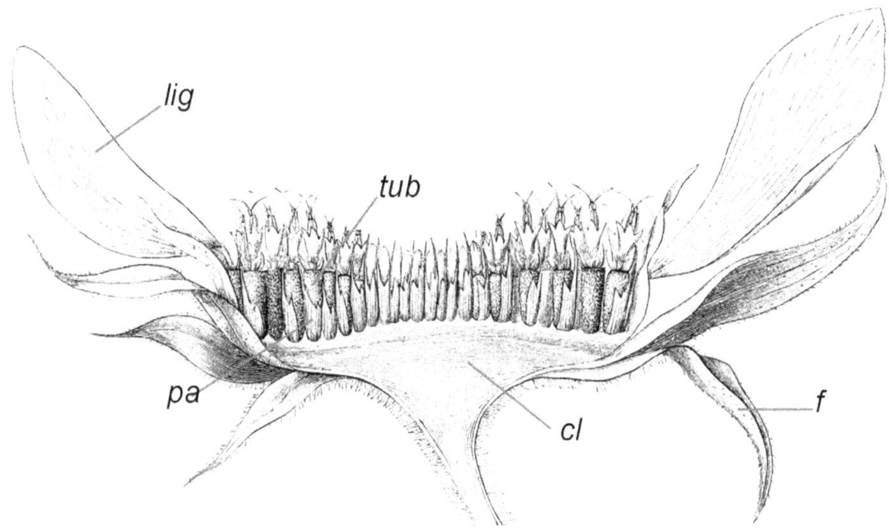

Figura 19-4. Asteraceae. Asteroideae. Capítulo de Helianthus annuus.

– **Capítulo de Helianthus annuus**: – *(cl)*. <u>Clinanto</u>. Receptáculo común, sostenido por un pedúnculo. – *(f)*. <u>Filaria</u>. Bráctea del involucro. – *(tub)*. <u>Flor Tubulosa</u>. Flor del disco central. – *(pa)*. <u>Pálea</u>. Hoja escamiforme en cuya axila hay una flor. – *(lig)*. <u>Flor Ligulada</u>. Flor de la periferia. (<u>Adaptado</u>: tras Hoffmann y Engler).

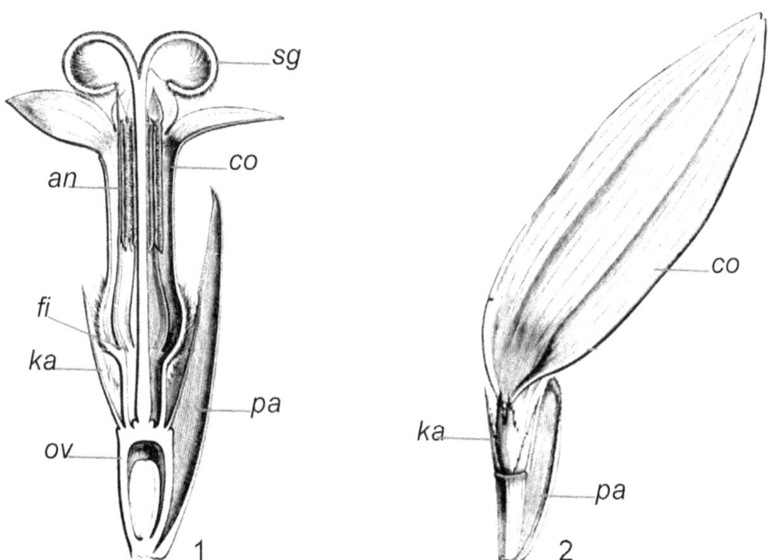

Figura 19-5. Asteraceae. Asteroideae. Flósculo y flor ligulada de Helianthus tuberosus.

– **1. *Flósculo (hermafrodita)***: – *(pa)*. <u>Pálea</u>: con un flósculo. – *(ov)*. <u>Ovario</u> ínfero. – *(ka)*. <u>Cáliz</u> reducido a papus paleáceo. – *(fi)*. <u>Filamento</u> estaminal. – *(an)*. <u>Androceo</u> sinantéreo y epipétalo. – *(co)*. <u>Corola</u> tubulosa actinomorfa. – *(sg)*. <u>Estigma</u> bífido. – **2. *Flor Ligulada (estéril)***: – *(pa)*. <u>Pálea</u> *(idem)*. – *(ka)*. <u>Cáliz</u> *(idem)*. – *(co)*. <u>Corola</u> ligulada cigomorfa. (<u>Adaptados</u>: 1-2, tras Baillon).

Cáliz con 5 sépalos reducidos a *cerdas*, *aristas* o *escamas*, formando el *"papus"* o *"vilano"*, que facilitará la posterior dispersión del fruto por el viento o los animales. *Corola* gamopétala con 5 pétalos soldados. En la flor *tubulosa*, forman un tubo y la flor es *actinomorfa*. En la flor *ligulada* la corola es *cigomorfa*, forma una lámina plana con 3 ó 5 dientecitos en su ápice. Puede ser *bilabiada* (un labio con 3 pétalos y otro con 2).

Androceo epipétalo, 5 estambres de filamentos libres entre sí y soldados al tubo de la corola. Es un androceo sinantéreo con anteras unidas en un *tubo* alrededor del estilo. *Gineceo* con 2 carpelos connados (gamocarpelar). El estilo termina en 2 estigmas, con una *escópula* (escobilla) de pelos en la cara externa (abaxial). Ovario ínfero, *unilocular*, con un óvulo anátropo *basal*. *Disco de néctar* encima del ovario y atravesado por el estilo. *Fruto* cipsela coronado por un "papus" o "vilano" (cáliz modificado en pelitos o cerdas, persistente en el fruto). Semilla sin albumen y con embrión rico en proteínas y aceites.

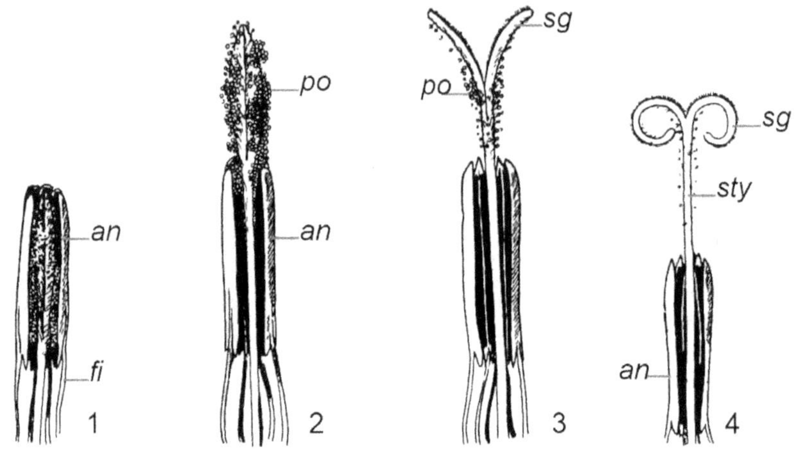

Figura 19-6. Asteraceae. Presentación secundaria del polen.

– *(an)*. Androceo sinantéreo. Anteras unidas en un tubo alrededor del estilo. – *(fi)*. Filamento. – *(po)*. Polen. – *(sty)*. Estilo. – *(sg)*. Estigma bífido. (Adaptados: tras Percy Groom).

Presentación secundaria del polen. Fecundación cruzada. Las flores de las Asteraceae son *protandras* (los *estambres* llegan a la madurez antes que el estigma sea apto). Las anteras unidas en un *tubo* se deslizan alrededor del estilo antes de que éste alcance su longitud final. Los dos brazos terminales del estilo se apoyan uno sobre el otro (fig. 1).

Las *anteras* se abren por fisuras alargadas, dejando salir el *polen* hacia la cara *interna* del tubo sinantéreo (dehiscencia longitudinal *introrsa*). El estilo se alarga y los pelos recolectores en la cara externa (abaxial) de los *estigmas* actúan como un *cepillo* para limpiar el interior del tubo sinantéreo. Los dos estigmas siguen adosados uno al otro y los insectos, que llegan a libar en el *disco de néctar* sobre el ovario, se cargan con el *polen* adherido a los pelos recolectores en la cara externa de los estigmas. (fig. 2).

Cuando el estilo se alarga, la escobilla de pelos recolectores arrastra el polen *fuera* del tubo sinantéreo. Los insectos que visitan la flor para beber néctar tocan el polen llevado hacia arriba por el estilo. Pronto los brazos del estilo se separan y los dos estigmas muestran sus caras *internas* (adaxiales), listos para recibir el polen de otras flores vecinas, facilitando la polinización *cruzada* (fig. 3).

El insecto espolvoreado con *polen* visita otras flores, lo transfiere al estigma y facilita la *polinización cruzada*. Si los estigmas <u>no</u> fueran polinizados, las ramas del estilo continuan enroscándose hacia abajo, hacen una curva completa en su extremo y tocan sus pelos colectores para *autopolinizarse* con polen de sus *propias* anteras (fig. 4).

<u>Hábitat</u>: cosmopolitas, especialmente en regiones templadas y frías.

<u>Principales especies</u>: la *séptima parte* de las Fanerógamas.

Subfamilia Carduoideae (= Carduoideas)

Hierbas bianuales, *espinosas*. Brácteas del involucro con apéndices espinosos. Flores *isomorfas*, todas *tubulosas*. Con alcaloides y conductos resiníferos.

<u>Hábitat</u>: Eurasia y Norte de África.

Tribu Cardueae

Figura 19-7. Asteraceae. Carduoideae. Cardueae. Carduus nutans.

– **1.** <u>Ramita</u>: Hojas alternas, dientes con largas espinas. – **2.** <u>Capítulo</u>: Involucro espinescente. Flores isomorfas tubulosas. – **3.** <u>Flor tubulosa</u>. Hermafrodita. Corola tubulosa, con limbo ensanchado 5-secto (dividido). Papus (cáliz) con pelos simples. – **4.** <u>Cipsela</u>. Con papus piloso. (<u>Adaptados</u>: 1, tras Thomé; 2, tras Baillon; 3-4, tras Jaume Saint-Hilaire).

Espinosas. Involucro con filarias terminadas en *espinas*. Capítulos *homógamos*, con flores todas *tubulosas*, *hermafroditas*. Cipsela con papus de cerdas *rígidas*.

<u>Principales especies</u>:

Carduus nutans. "Cardo". Hierba erecta. Hojas lanceoladas, con lóbulos profundos, margen con dientes terminados en l*argas espinas*. Capítulo *nutante* (inclinado hacia abajo). Involucro con filarias recurvadas espinescentes. Flores isomorfas. Corola *violácea*.

Cirsium vulgare. "Cardo negro". Anual. Tallo espinoso. Hoja lobulada con largas *espinas*. Filarias anchas con espina curva Flores *liláceas*.

Carthamus tinctorius. "Cártamo". Hierba. Hoja lanceolada *espinoso*-dentada. Flores *tubulosas* anaranjadas. Involucro con brácteas *espinosas*. Tintórea, oleaginosa.

Centaurea melitensis. "Abre puño". Filarias con *largas espinas*. Flores amarillas.

Cynara scolymus. "Alcaucil". Hierba. Rizomatosa. Hojas basales pinatífidas. Capítulo azulado. Involucro con brácteas aovadas. Receptáculo carnoso. Flores azules. Hortaliza.

Subfamilia Cichorioideae (= Cichorioideas o Liguloideas)

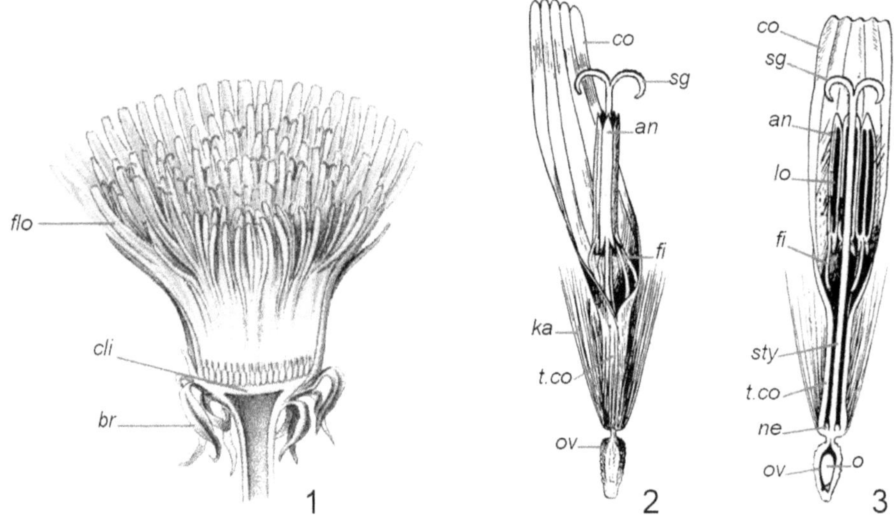

Figura 19-8. Asteraceae. Cichorioideae. Taraxacum officinale. Flor ligulada.

– **1. Capítulo** (corte longitudinal): – *(br)*. Bráctea del involucro. – *(cli)*. Clinanto. – *(flo)*. Flor ligulada. – **2. Flor ligulada**: – *(ov)*. Ovario ínfero. – *(t.co)*. Tubo de la corola – *(ka)*. Cáliz. – *(fi)*. Filamento estaminal. – *(an)*. Androceo sinantéreo. Anteras unidas en un tubo alrededor del estilo. – *(sg)*. Estigma bífido. – *(co)*. Corola ligulada. – **3. Flor** (*idem* en sección longitudinal): – *(o)*. Óvulo. – *(ne)*. Nectario. – *(sty)*. Estilo. – *(an)*. Androceo. – *(lo)*. Lóculo de la antera. (Adaptados: 1, tras Köhler; 2-3, tras Percy Groom).

Hierbas o arbustos. Con *látex*, en tubos laticíferos articulados. Capítulos *homógamos*, con flores todas *liguladas*. Flores *hermafroditas*. Corola *ligulada*. Lígula 5-lobulada.

Tribu Lactuceae (= Cichorieas)

Hierbas con *látex*. Capítulos *homógamos* con todas las flores *isomorfas*. Flor *ligulada* con la corola *pentadentada* en el ápice. Cipsela truncada o largamente rostrada.

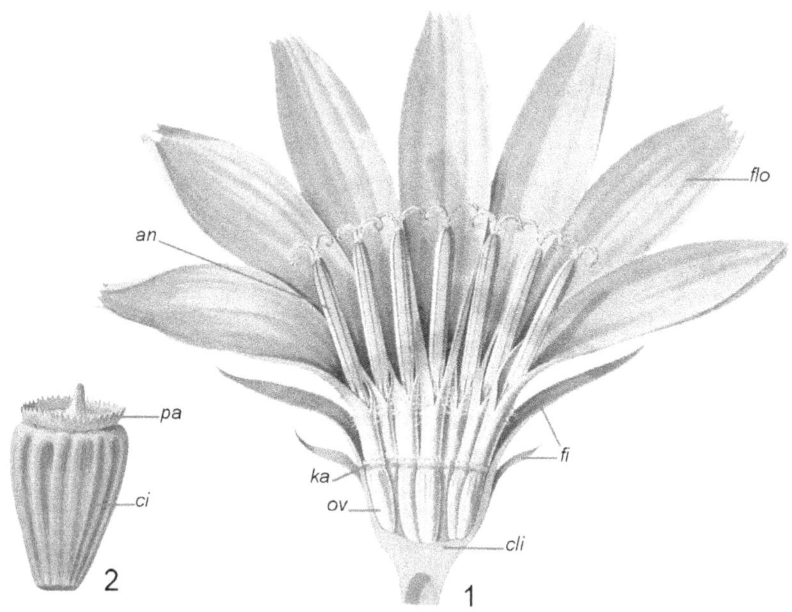

Figura 19-9. Asteraceae. Cichorioideae. Lactuceae. Capítulo de Cichorium intybus.

– **1. Capítulo Homógamo** (sección longitudinal): – *(fi).* Filarias dispuestas en 2 series. – *(cli).* Clinanto plano, desnudo. – *(flo).* Flor Ligulada. Hermafrodita. Corola 5-dentada. – *(ov).* Ovario ínfero. – *(ka).* Cáliz con páleas. – **2. Fruto**: – *(ci).* Cipsela angulosa. – *(pa).* Papus con páleas escamiformes. (Adaptados: tras Peter).

Figura 19-10. Asteraceae. Cichorioideae. Lactuceae. Cichorium intybus.

– **1.** Ramita: Hojas lanceoladas 5-lobuladas. Capítulos azules, homógamos radiados. – **2.** Espiga de capítulos. – **3.** Flor ligulada: Hermafrodita. Corola 5-dentada. – **4.** Cipsela. (Adaptados: 1 y 3-4, tras Masclef; 2, tras Hoffmann y Engler).

Principales especies:

Cichorium intybus var. foliosum. "Achicoria". Hierba. Hoja pinatilobulada. Espigas de capítulos *homógamos* azules. Aquenio con papus en *corona escamiforme*. Hortaliza.

Cichorium intybus var. silvestre. "Radicchio Rosso di Chioggia": Cabeza púrpura *redondeada* de hojas basales y gruesas nervaduras blancas. "Radicchio Rosso di Treviso": hojas púrpura *alargadas* y nervios blancos. Italia. Hortaliza. En ensaladas o rellena.

Cichorium intybus var. sativus. Raíces tostadas usadas como sucedáneo de café.

Cichorium endivia var. crispa. "Escarola". Hoja con segmentos estrechos. Flor azul.

Lactuca sativa var. capitata. "Lechuga acogollada". Flor amarilla. Aquenio rostrado.

Lactuca sativa var. longifolia. "Lechuga romana". Hoja obovada. No produce cogollo.

S. oleraceus. "Cerraja". Hoja runcinada con aurículas agudas. Capítulo amarillo.

Taraxacum officinale. "Diente de león". Capítulo solitario con filarias *recurvadas*.

Subfamilia Asteroideae (= Asteroideas o Tubuloideas)

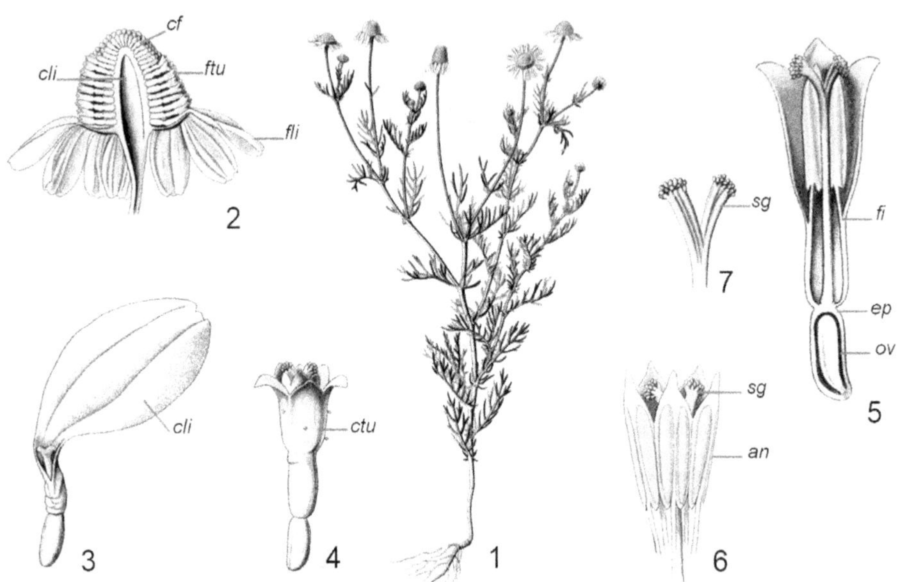

Figura 19-11. Asteraceae. Asteroideae. Anthemideae. Matricaria chamomilla.

– **1**. <u>Planta</u>. Raíz pivotante. Hojas 2-3-pinatisectas. Capítulos en corimbos. – **2**. <u>Capítulo</u>. Radiado. Receptáculo o clinanto hueco. Flores del disco tubulosas. Flores liguladas en la periferia. – **3**. <u>Flor ligulada</u>. Con corola ligulada *(cli)*. – **4**. <u>Flor tubulosa</u>. Con corola tubulosa *(ctu)*. – **5**. <u>Flor tubulosa</u> (sección longitudinal): <u>Epígina</u> *(epi)*, inserta sobre el ovario ínfero *(ov)*. Androceo epipétalo, con filamentos *(fi)* insertos en el tubo de la corola. – **6**. <u>Androceo</u>: <u>Sinantéreo</u>, con anteras *(an)* en anillo alrededor del estilo. – **7**. <u>Estigma bífido</u> *(sg)*. (<u>Adaptados</u>: 1-7, tras Köhler).

Capítulos *heterógamos*, con flores isomorfas o dimorfas. Flores marginales *liguladas, femeninas*. Flores del disco *tubulosas, hermafroditas*, amarillas.

Tribu Anthemideae (= Anthemideas).

Capítulos *radiados*, heterógamos, con flores dimorfas. Flores marginales *liguladas*, *femeninas*. Flores del disco *tubulosas*, *hermafroditas*, amarillas, con el limbo 5-dentado.

Principales especies:

Matricaria chamomilla. "Manzanilla". Anual, aromática. Hojas 2 ó 3-pinatisectas con segmentos *lineales*. Capítulos *radiados*. Receptáculo *hueco*. Flores marginales femeninas *liguladas*, blancas. Flores del disco hermafroditas *tubulosas*, amarillas.

Tanacetum cinerariifolium "Piretro". Capítulos con flores liguladas blancas y flores del disco tubulosas amarillas. Yugoslavia. Industrial. Insecticida por su riqueza en piretro.

Anthemis nobilis. "Manzanilla romana". Aromática perenne. Hojas *bipinadas*, con segmentos lineares. Flores del disco amarillas. Flores marginales liguladas, blancas.

Artemisia absinthium. "Ajenjo mayor". Aromática. Hojas plateadas 2-3-pinatipartidas. Capítulos pequeños, amarillo-verdosos, dispuestos en racimos. Medicinal.

Chrysanthemum morifolium. "Crisantemo". Perenne. Hoja verde-grisáceo, lobulada.

Tribu Astereae (= Astereas)

Figura 19-12. Asteraceae. Asteroideae. Astereae. Aster amellus.

– **1.** Ramas en flor. Hojas lineal lanceoladas. Capítulos radiados terminales. – **2.** Flor periférica. Ligulada. Femenina. – **3.** Flor del disco. Tubulosa. Hermafrodita. (Adaptados: 1-3, tras Bois).

Capítulos heterógamos, con flores isomorfas o dimorfas. Flores marginales liguladas femeninas. Flores del disco tubulosas, hermafroditas, amarillas.

<u>Principales especies</u>:

Aster amellus. Perenne. Hojas lineales. Racimos de capítulos. Flores *liguladas femeninas* color minio (periferia). Flores *tubulosas hermafroditas* amarillas (en el disco).

Baccharis crispa. "Carqueja". Sufrútice ramoso. Tallos con 3 alas crespas.

Baccharis trimera. "Carqueja". Sufrútice. Tallos 3-alados, hojas reducidas a brácteas.

Tribu Heliantheae (= Heliantheas)

Figura 19-13. Asteraceae. Asteroideae. Heliantheae. Helianthus tuberosus.

– **1**. <u>Planta</u>. Rizoma tuberoso. Hoja aovada. Cima de capítulos radiados. – **2**. <u>Flor del margen</u>. Ligulada. Estéril. – **3**. <u>Flor del disco</u>. Tubulosa. Hermafrodita. Cáliz *(ka)* o papus paleáceo. – **4**. <u>Pálea del receptáculo</u>. De una flor tubulosa. (<u>Adaptados</u>: 1 y 3-4, tras Fitch en Curtis's; 2, tras Baillon).

Hierbas. Capítulos amarillos, en corimbos o panículas. Involucro hemisférico. Filarias pluriseriadas. Flores marginales *liguladas*, asexuadas. Flores del disco hermafroditas, *tubulosas*, pentadentadas. Cáliz o *papus* formado por pajitas. Cipsela oblonga, gruesa.

<u>Principales especies</u>:

Helianthus annuus. "Girasol". Hierba. Tallo pubescente. Hoja aovada 3-nervada, aserrada. Capítulo amarillo. Flores amarillas. Aquenios con estrías negras. Oleaginosa.

Dahlia pinnata. "Dalia". Hierba, raíces tuberosas. Hojas pinadas. Capítulos grandes.

Wedelia glauca. "Clavel amarillo". Perenne, rizomatosa. Hojas lanceoladas, con 1-2 pares de dientes. Capítulos amarillos. Argentina. Maleza invasora. *Tóxica.*

Xanthium cavanillesii. "Abrojo". Anual. Hojas crenadas. Capítulos con involucro cerrado, con espinas ganchudas y dos picos en la parte superior. Argentina. Tóxica.

Capítulo.20. NÚCLEO EUDICOTILEDÓNEAS (TRICOLPADAS)

PENTACÍCLICAS SUPER-ASTERIDAS / EUASTERIDAE III

20. 1. Orden Apiales

Aromáticas leñosas o hierbas. Tallo de entrenudos huecos. Pecíolo *envainador*. Inflorescencia umbela con involucro de brácteas. Flores hermafroditas 5-meras, actinomorfas. *Dialipétalas calicifloras*. Gineceo 2-5 carpelar. Ovario ínfero. Fruto *uniseminado*, drupa o esquizocarpo. Semillas con albumen. Reservan *umbelliferosa*.

7 familias / **494** géneros / **5489** especies.

Apiaceae (= Apiáceas ó Umbelíferas)

Familia del Apio.

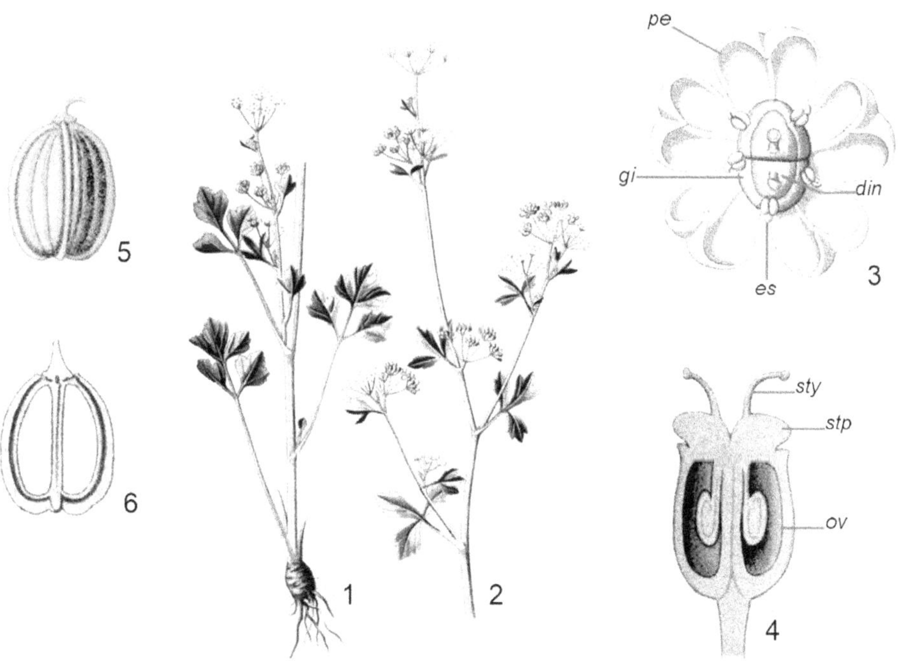

Figura 20-1. Apiaceae. Apium graveolens.

– **1.** <u>Planta</u>. Raíz pivotante. Hojas imparipinadas. – **2.** <u>Rama en flor</u>. Umbelas compuestas terminales de flores blancas. – **3.** <u>Flor</u>. Actinomorfa. Hermafrodita. – *(pe)*. <u>Pétalo</u>. Inflexo. – *(es)*. <u>Estambre</u>. Alternipétalo. – *(gi)*. <u>Gineceo de ovario ínfero</u>. – *(din)*. <u>Disco nectarífero</u>. Epígino (sobre el ovario). – **4.** <u>Gineceo</u> (corte longitudinal). – *(ov)*. <u>Ovario ínfero</u>. – *(stp)*. <u>Estilopodio</u>. Disco nectarífero que soporta el estilo. – *(sty)*. <u>Estilo</u>. – **Diaquenio esquizocarpo**: – **5.** Vista lateral. – **6.** Corte longitudinal. (<u>Adaptados</u>: 1-6, tras Thomé).

Hierbas *bianuales* o arbustos. *Aromáticas* con *aceites esenciales*. Reservan *Umbelliferosa* (trisacárido). Raíces carnosas reservantes. Tallos acanalados fistulosos en los entrenudos (huecos por reabsorción de la médula). Nudos prominentes. Hojas *alternas*, palmatinervadas o pinatinervadas. Márgenes lobulados, dentado o aserrados. Pecíolo envainador con base ancha envolviendo el tallo. Inflorescencia *umbela compuesta* (umbela de umbelas). Flores centrales de la umbela *bisexuales* o femeninas. Flores periféricas *masculinas*, con pétalos de mayor tamaño (atraen a insectos polinizadores). Flor *actinomorfa* 5-mera, con pedicelos articulados.

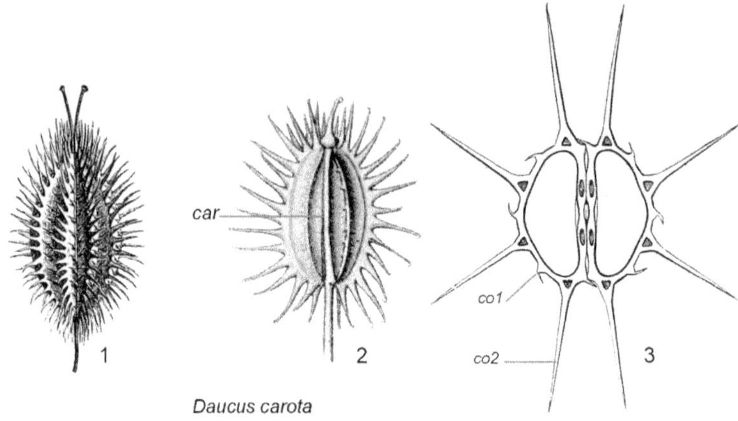

Figura 20-2. Apiaceae. Daucus carota. Diaquenio esquizocarpo.

– **1.** Diaquenio esquizocarpo (Vista lateral). – **2.** – Mericarpo (posterior). Sostenido por el carpóforo **(car)**, (luego de separar el mericarpo anterior). – **3.** Diaquenio (corte transversal). Dos mericarpos unidos. – **co1.** Costillas primarias (cinco). Setulosas. – **co2.** Costillas secundarias (cuatro). Cubiertas de pelos rígidos. (Adaptados: 1 y 3, tras Baillon; 2, tras Thomé).

Cáliz 5 sépalos pequeños, reducidos a un anillo de dientecitos. Dialipétalas calicifloras: los pétalos se insertan sobre el borde un receptáculo *acopado*. Corola 5 pétalos libres, cóncavos *unguiculados* (con uña corta), *inflexos* (encorvados hacia adentro y arriba).

Androceo 5 estambres alternipétalos. Gineceo 2 carpelos unidos. Disco de néctar *epígino*, actúa de estilopodio sosteniendo los 2 estilos desde su ramificación. Estigmas *capitados*. Ovario ínfero, soldado al receptáculo, 2-locular, con 1-2 óvulos péndulos.

Fruto diaquenio esquizocarpo: *dos aquenios* (de ovario ínfero) soldados, cada uno es un *mericarpio* (indehiscente y monospermo), unidos por un carpóforo. Cuando el esquizocarpo madura, los 2 mericarpios se separan de abajo hacia arriba y permanecen suspendidos por su *ápice* al eje central filamentoso, el *carpóforo*.

Cada mericarpo es *plano* (cara interna) y *convexo*, con 5 nervios principales o *costillas*. Entre dos nervios hay una depresión o *valécula*, donde se ubican los *conductos oleíferos esquizógenos* (bolsas secretoras de aceites esenciales). Semilla con endosperma.

<u>Hábitat</u>: cosmopolita, en el hemisferio norte templado.

<u>Principales especies</u>:

Anethum graveolens. "Eneldo". Hoja 3-4-pinada. Esquizocarpo con costillas aladas.

Apium graveolens. "Apio". Hierba. Hoja imparipinada. Folíolos rómbicos. Umbela compuesta. Flores pequeñas. Medicinal con "apiína" y aceite esencial (apiol y limoneno).

Conium maculatum. "Cicuta". Tallo con *manchas* violáceas (máculas). Venenosa.

Coriandrum sativum. "Coriandro". Anual. Flores violáceas. Fruto globoso, muy duro.

Cuminum cyminum. "Comino". Anual. Hojas con lacinias lineales. Flores blancas.

Daucus carota. "Zanahoria". Hojas 2-3-pinnatisectas. Umbela compuesta. Flor blanca. Diaquenio esquizocarpo. Mericarpos con 5 costillas primarias y 4 secundarias.

Foeniculum vulgare var. azoricum. "Hinojo de huerta". Tallo fistuloso. Hojas basales con limbo finamente dividido. Pecíolos con base carnosa formando un bulbo comestible.

Petroselinum crispum. "Perejil". Perenne. Hoja 2-3-pinada. Flor amarilla. Aromática.

Pimpinella anisum. "Anís". Anual. Hojas 3-fidas con segmentos lineales. Flor blanca.

Araliaceae (= Araliáceas)

Familia del Hiedra.

Figura 20-3. Araliaceae. Hedera helix.

− **1.** Ramita *fértil* en flor. Hoja aovada. Umbela de flores amarillas. − **2.** Ramita *vegetativa*. Sin flores. Hoja 5-palmatilobulada. − **3.** Flor. Corola con 5 pétalos **(pe)**. Disco nectarífero epígino **(dn)**. − **4.** Flor (sección longitudinal). Ovario ínfero **(ov)**. Flor epígina. − **5.** Diagrama floral. − **6.** Umbela. Baya de ovario ínfero. (Adaptados: 1-3 y 6, tras Thomé; 4-5, tras Le Maout y Decaisne).

Leñosas arbustos o lianas. Aromáticas. Hoja simple, palmatinervada o compuesta digitada, perenne. Pecíolo *largo*. Estípulas intrapeciolares connadas (adnatas al pecíolo).

Inflorescencia umbela simple. Flores 5-meras, bisexuales o polígamas, actinomorfas, *epíginas*. Cáliz turbinado 5-dentado. Corola 5-mera blanca verdosa. Androceo 5-mero, con estambres isostémonos. Gineceo 2-5 carpelar, gamocarpelar. Ovario ínfero, con 2-5 lóculos. Con 1 óvulo en cada lóculo. Disco nectarífero <u>epígino</u>. Polinización por moscas o avispas. Fruto baya. Ausencia de conductos oleíferos.

<u>Hábitat</u>: cosmopolitas, regiones subtropicales. En ambientes húmedos y sombríos.

<u>Principales especies:</u>

Hedera helix. "Hiedra". Con <u>*heterofilia*</u>: ramas *vegetativas* con raíces *adherentes,* hojas 3-5-palmatilobuladas; ramas *fértiles* con flores y hojas aovadas. *Maleza forestal*.

Aralia cordata. Arbusto. Hojas 2-3-pinadas. Folíolos aovados. Panículas de umbelas.

Fatsia japonica. Arbusto. Hoja 5-7-palmatilobulada. Umbelas en panojas piramidales.

Hydrocotyle bonariensis. Hojas orbiculares peltadas. Umbela. Flores amarillentas.

Panax ginseng (Aralia ginseng). "Ginseng". Raíces carnosas y ramificadas. Hojas digitadas con 5 folíolos. Umbela de flores púrpura. Raíces medicinales antiestrés.

Pittosporaceae (= Pittosporáceas)

Familia del Azarero.

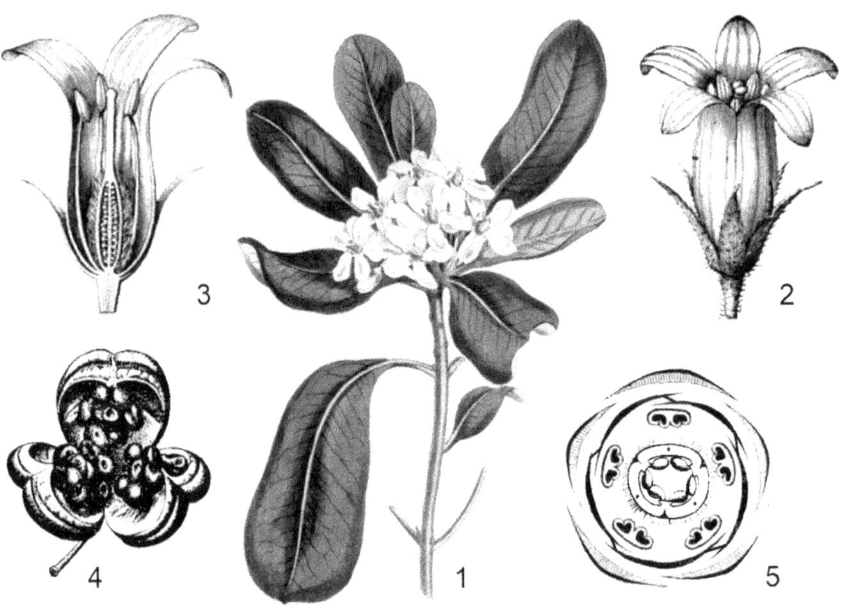

Figura 20-4. Pittosporaceae. Pittosporum tobira.

– **1.** <u>Ramita en flor</u>. Hojas espatuladas emarginadas. Corimbos de flores blancas. – **2.** <u>Flor</u>. Actinomorfa. Corola con pétalos conniventes en la base. – **3.** <u>Flor</u> (sección longitudinal). Hipógina. Ovario súpero. – **4.** <u>Cápsula en dehiscencia</u>. – **5.** <u>Diagrama floral</u>. (Adaptados: 1, tras Edwards en Curtis's; 2-3 y 5, tras Baillon; 4, tras Wettstein).

Árboles o arbustos. Aromáticas. Hojas *persistentes*. Flor 5-mera, *actinomorfa*, *hipógina* (piezas florales insertas en el *ginecóforo* que soporta el ovario *súpero*). Cáliz 5 sépalos connados. Corola gamopétala, 5 pétalos conniventes en un tubo. Androceo 5 estambres. Nectarios sobre el ovario. Gineceo 2-3-carpelos unidos. Ovario súpero sobre ginecóforo. Fruto cápsula dehiscente en *3 valvas*. Semillas *rojas* inmersas en pulpa resinosa.

Hábitat: en regiones tropicales y subtropicales del Viejo Mundo y Australia.

Principales especies:

Pittosporum tobira*.* "Azarero". Arbusto siempreverde. Hoja espatulada, emarginada con los márgenes enteros revolutos. Corimbos de flores blancas perfumadas. Cápsula tomentosa. Semillas rojo-anaranjadas inmersas en pulpa pegajosa. Asia. Ornamental.

20. 2.   Orden Dipsacales

Hojas *opuestas*, connadas. Inflorescencia cimosa. Flores *cigomorfas*. Cáliz persistente. Corola con *nectarios* (pelos epidérmicos unicelulares). Ovario ínfero. Fruto uniseminado.

2 familias **/ 46** géneros **/ 1090** especies.

Caprifoliaceae (= Caprifoliáceas)

Familia de la Madreselva.

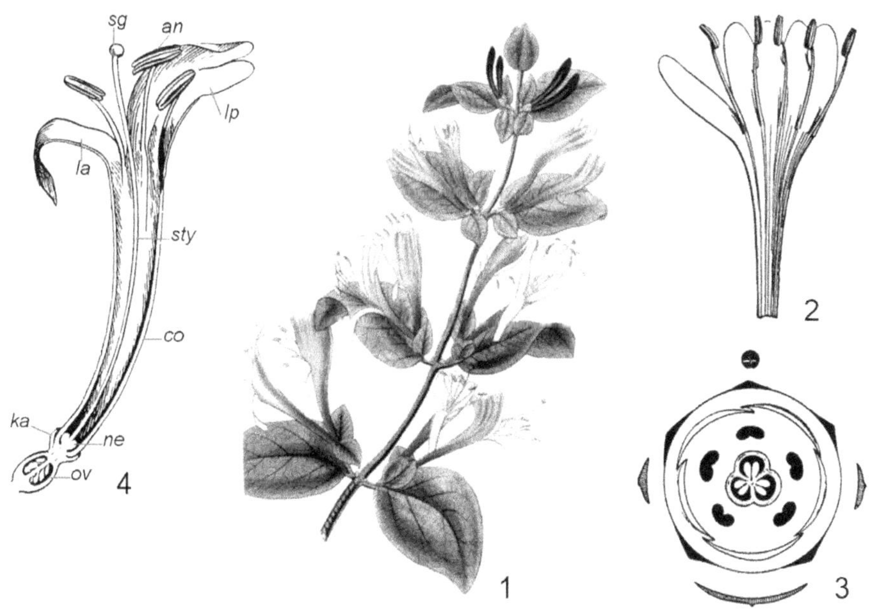

Figura 20-5. Caprifoliaceae. Lonicera japonica.

– **1.** Ramita. Hojas opuestas. – **2.** Corola. Estambres alternipétalos. – **3.** Diagrama floral. – **4.** Flor (corte): – (***lp).*** Labio posterior. 4 lóbulos de pétalos. – (***la).*** Labio anterior. 1 lóbulo. – (***an).*** Antera. – (***sg).*** Estigma. – (***sty).*** Estilo. – (***co).*** Tubo corolino. – (***ka).*** Cáliz. – (***ne).*** Nectario epígino. – (***ov).*** Ovario ínfero. (Adaptados: 1, tras Curtis; 2, tras Le Maout y Decaisne; 3-4, tras Percy Groom).

Arbustos. Hojas simples *opuestas*. Flores 5-meras *cigomorfas*, hermafroditas, epíginas. Cáliz gamosépalo. Corola gamopétala, tubulosa bilabiada. Pétalos con nectarios en tricomas. Androceo 5 estambres. Gineceo 3-mero, gamocarpelar. Ovario ínfero, plurilocular. Lóculos uniovulados. Placentación axilar. Fruto baya, drupa o cápsula.

<u>*Hábitat*</u>: en el hemisferio norte templado o cálido.

<u>Principales especies</u>:

Lonicera caprifolium. "Madreselva". Liana perennifolia. Hojas florales perfoliadas, las inferiores pecioladas. Flores *bilabiadas*, *apareadas*, amarillas, muy perfumadas, en la axila de dos hojas florales connadas. Europa y Asia. Ornamental.

Abelia grandiflora. Arbusto. Hojas aovadas. Corola acampanada, blanco-rosada.

Linnaea borealis. "Flor gemela". Hierba sufrútice. Tallo decumbente con tricomas glandulares. Hojas opuestas orbiculares. Cimas 2 flores rosadas péndulas, perfumadas. Fruto baya coriácea. Norte de Europa. En honor a Carl von Linné ("Linneo"), científico, naturalista, botánico y zoólogo sueco. Creador del "Sistema de Nomenclatura Binomial".

Subfamilia Dipsacoideae (= Dipsacoideas)

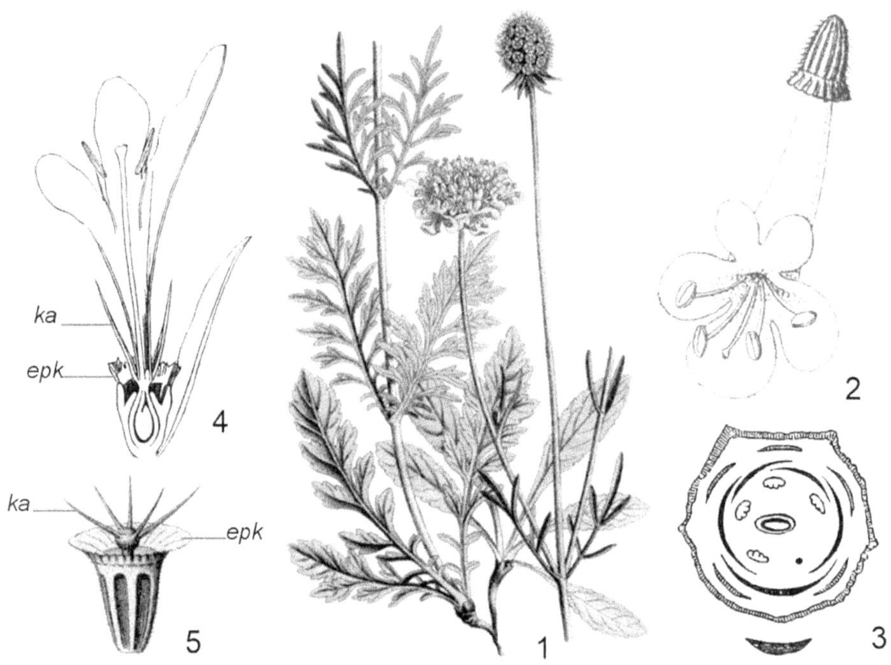

Figura 20-6. Caprifoliaceae. Dipsacoideae. Scabiosa columbaria.

– **1.** <u>Planta en flor</u>. Hojas basales obovadas. Hojas caulinares lirado-pinatífidas. Capítulos de flores lila. – **2.** <u>Flor</u>. Cigomorfa. Hermafrodita. Estambres 4. – **3.** <u>Diagrama floral</u>. – **4.** <u>Flor</u> (sección vertical). Ovario ínfero. Cáliz *(ka)* con 5 aristas. – **5.** <u>Aquenio</u>. Cáliz persistente. Epicáliz o corona. (<u>Adaptados</u>: 1-2 y 5, tras Sturm; 3-4, tras Le Maout y Decaisne).

Hierbas. Tallos y nervaduras con *aguijones*. Hojas *opuestas*. *Cabezuelas densas* (falsos capítulos) con involucro de brácteas. Flores marginales grandes y centrales pequeñas, hermafroditas, cigomorfas. Cáliz 4-5-mero, gamosépalo, con reborde acopado o corona (involucelo: *epicáliz* caliciforme). Corola 4-5 pétalos en tubo con dos labios.

Androceo 2-4 estambres desiguales, insertos en la corola y alternipétalos. Gineceo 2 carpelos connados. Ovario ínfero, unilocular, uniovulado. Fruto aquenio (de ovario ínfero) envuelto por el calículo y el cáliz.

Hábitat: en las regiones templadas y frías del Mediterráneo.

Principales especies:

Scabiosa columbaria. Perenne rizomatosa. Hojas basales obovadas, caulinares *lirado-pinatífidas*. Capítulos con involucro de brácteas. Flores *actinomorfas* azul-lila, las periféricas *cigomorfas* liguladas. Cuenca del Mediterráneo. Ornamental.

Dipsacus fullonum. "Cardo". Hierba espinescente. Capítulos ovoideos liliáceos.

Dipsacus sativus. "Carda". Aguijones en tallo y hojas. Capítulos con páleas ganchosas.

Subfamilia Valerianoideae (= Valerianoideas)

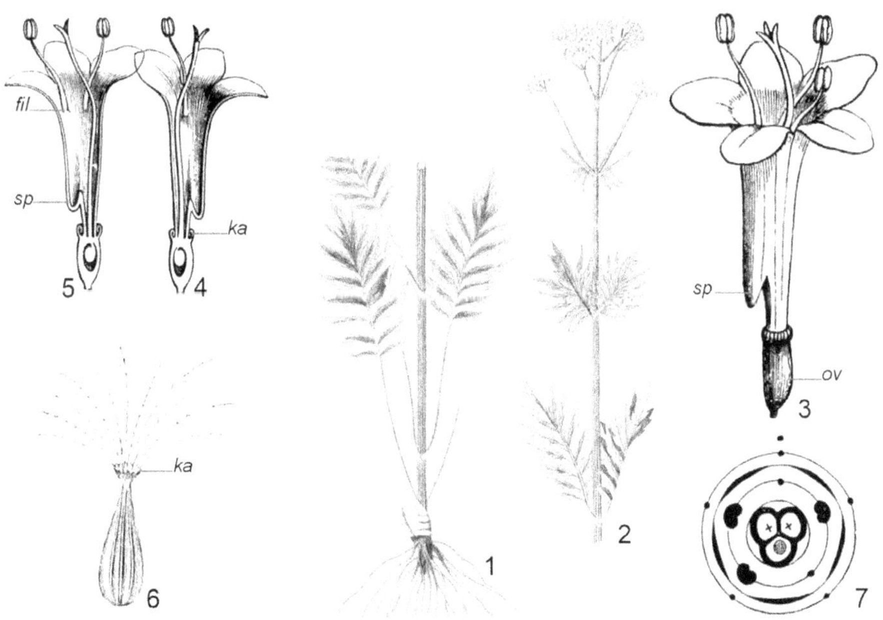

Figura 20-7. Caprifoliaceae. Valerianoideae. Valeriana officinalis.

– **1.** Planta (base). Rizoma con raíces adventicias. Hojas imparipinadas. – **2.** Planta (ápice). Cima corimbosa de flores blancas. – **3.** Flor Cigomorfa. – *(sp)*. Espolón. – *(ov)*. Ovario ínfero. – **4.** Flor (una mitad). – *(ka)*. Cáliz epígino. – **5.** Flor (otra mitad). – *(fil)*. Filamento de estambre epipétalo. – *(sp)*. Espolón. – **6.** Aquenio. Cáliz con forma de embudo, dividido en setas plumosas. – **7.** Diagrama floral. (Adaptados: 1-2 y 6, tras Hayne; 3-5, tras Baillon; 7, tras Prantl).

Hierbas rizomatosas. Raíces tuberosas. Hojas basales arrosetadas, caulinares pinadas, opuestas. Inflorescencia cima capituliforme o paniculada. Flores *epíginas*, *cigomorfas*. Cáliz 5 sépalos reducidos a un *anillo epígino plumoso*. Corola 5-mera, gamopétala *cigomorfa*. Pétalos unidos en un tubo infundibuliforme, giboso, con *espolón* en la base.

Androceo 3 estambres epipétalos, filamentos adnatos al tubo de la corola, alternos con sus lóbulos. Gineceo 3-mero, gamocarpelar. Ovario ínfero, 3-locular, sólo un carpelo fértil, con un óvulo solitario y péndulo. Fruto *nuez* o *aquenio* con vilano (sépalos persistentes en penacho de pelos sedosos).

Hierbas rizomatosas. Raíces tuberosas. Hojas basales arrosetadas, caulinares pinadas, opuestas. Inflorescencia cima capituliforme o paniculada. Flores *epíginas*, *cigomorfas*. Cáliz 5 sépalos reducidos a un *anillo epígino plumoso*. Corola 5-mera, gamopétala *cigomorfa*. Pétalos unidos en un tubo infundibuliforme, giboso, con *espolón* en la base.

Androceo 3 estambres epipétalos, filamentos adnatos al tubo de la corola, alternos con sus lóbulos. Gineceo 3-mero, gamocarpelar. Ovario ínfero, 3-locular, sólo un carpelo fértil, con un óvulo solitario y péndulo. Fruto *nuez* o *aquenio* con vilano (sépalos persistentes en penacho de pelos sedosos).

Hierbas rizomatosas. Raíces tuberosas. Hojas basales arrosetadas, caulinares pinadas, opuestas. Inflorescencia cima capituliforme o paniculada. Flores *epíginas*, *cigomorfas*. Cáliz 5 sépalos reducidos a un *anillo epígino plumoso*. Corola 5-mera, gamopétala *cigomorfa*. Pétalos unidos en un tubo infundibuliforme, giboso, con *espolón* en la base.

Androceo 3 estambres epipétalos, filamentos adnatos al tubo de la corola, alternos con sus lóbulos. Gineceo 3-mero, gamocarpelar. Ovario ínfero, 3-locular, sólo un carpelo fértil, con un óvulo solitario y péndulo. Fruto *nuez* o *aquenio* con vilano (sépalos persistentes en penacho de pelos sedosos).

Hábitat: Regiones templadas y frías. Región andina del hemisferio sur.

Principales especies:

Valeriana officinalis. Rizomatosa. Hojas opuestas *pinatisectas*. Corola blanca con tubo angosto y giboso en la base. Cáliz persistente convertido en *anillo epígino plumoso*.

Valerianella olitoria. "Dulceta". Hierba anual. Hoja oblonga. Cima de flores liliáceas.

Centranthus ruber. "Valeriana roja". Perenne. Hojas opuestas lanceolado-aovadas. Flores cigomorfas, rojas. Corola con tubo largo y espolón. Androceo 1 estambre, exerto.

Capítulo.21. **BIBLIOGRAFÍA.**

APG IV. ANGIOSPERM PHYLOGENY WEBSITE, version 14. http://www.mobot.org/MOBOT/research/APweb/.

APG IV Poster. Cole, Theodor C. H; Hilger, Hartmut H. (2019). *APG IV. Angiosperm Phylogeny Poster. Flowering Plant Systematics* Dahlem Centre of Plant Sciences (CPS). Institute of Biology – Botany. Freie Universität Berlin.

APG IV. Angiosperm Phylogeny Group. (2021/05/21): Stevens, P. F. (2001 onwards). Angiosperm Phylogeny Website (originally developed by Hilary Davis.) Version 14, July 2017 [and continuously updated SINCE]. http://www.mobot.org/MOBOT/research/APweb/

Bailey, L. H. 1949. *Manual of Cultivated Plants*. The Macmillan Company, New York, 1116 pp.

Baillon, H. 1867-95. *Histoire des plantes*. Paris, Librairie Hachette. DOI: https://doi.org/10.5962/bhl.title.40796. Holding Institution: Missouri Botanical Garden, Peter H. Raven Library. Sponsor: Missouri Botanical Garden.

Baillon, Henri-Ernest. 1876-1892. *Dictionnaire de botanique* / par M. H. Baillon. Paris; Hachette et C.ie. Biblioteca Digital Real Jardín Botánico Madrid. https://bibdigital.rjb.csic.es/idurl/1/14763.

Bergen, J. Y. 1908. *Essentials of Botany.* Boston. DOI: *https://doi.org/10.5962/bhl.title.56248*. Holding Institution: *Cornell University Library.* Sponsor: *MSN.*

Bessey, C. E. 1889. *Botany.* Nueva York, Holt. Biodiversity Heritage Library. Holding Institution: *Universidad de Toronto - Gerstein Science Information Centre.* Sponsor: *MSN.* DOI: *https://doi.org/10.5962/bhl.title.27396*.

BioLib.de. Kurt Stüber Online Library of Biological Books.

Blanco, F. M. 1880. *Flora de Filipinas.* Manila: Establecimiento tipográfico de Plana y C.ª. *https://bibdigital.rjb.csic.es/idurl/1/9470.*

Bollmann, Karl; Zippel, Hermann; Thomé, Otto Wilhelm. 1880. *Ausländische Kulturpflanzen in farbigen Wandtafeln mit erläuterndem Text im anschluss an die "Repräsentanten einheimischer pflanzenfamilien".* Chicago Botanic Garden Lenhardt Library. Biodiversity Heritage Library.

Burkart, A. 1952. *Leguminosas argentinas silvestres y cultivadas*. Acme, Buenos Aires. 569 pp.

Cabrera, A. L. *Flora de la Provincia de Buenos Aires*. 1968. Colección Científica INTA, B. Aires.

Cavanilles, A. J. 1799. *Icones et descriptiones plantarum, quae aut sponte in Hispania crescunt, aut in hortis hospitantur*. Volumen I-VI. Matriti. *https://bibdigital.rjb.csic.es/idurl/1/9683.*

Chase, Agnes. 1920. *First book of grasses; the structure of grasses explained for beginners.* New York, The Macmillan Company, 1922. DOI: *https://doi.org/10.5962/bhl.title.53683*. Holding Institution: *Smithsonian Libraries*. Sponsor: *Biodiversity Heritage Library.*

Cole, Theodor C. H; Hilger, Hartmut H. (2019). *APG IV. Angiosperm Phylogeny Poster. Flowering Plant Systematics* Dahlem Centre of Plant Sciences (CPS). Botany. Freie Universität Berlin.

Coulter, J. M. and Chamberlain, Ch. J. 1901. *Morphology of Spermatophytes, Part I. Morphology of Angiosperms.* New York; D. Appleton. Holding Institution: Cornell University Library. Biodiversity Heritage Library. DOI: *https://doi.org/10.5962/bhl.title.56441.*

Coulter, J. M. and Chamberlain, Ch. J. 1903. *Morphology of Spermatophytes, Part II. Morphology of Gymnosperms.* New York; D. Appleton. Holding Institution: University of Toronto – Gerstein Science Information Centre. DOI: *https://doi.org/10.5962/bhl.title.32687.*

Curtis's botanical magazine. 1920. London, Academic Press [etc.]. Holding Institution: Missouri Botanical Garden, Peter H. Raven Library. Sponsor: Missouri Botanical Garden.

Dallimore, W. and Jackson, A. B. 1923. *A handbook of Coniferae, including Ginkgoaceæ.* New York, Longmans, Green. DOI: https://doi.org/10.5962/bhl.title.15657. Holding Institution: New York Botanical Garden, LuEsther T. Mertz Library.

Delaunay, M.; Loiseleur-Deslongchamps, J. L. A.; Bessa, P. 1817. Herbier général de l'amateur. Illustration contributed by: Natural History Museum, London.

Dimitri, M. J. 1972-82. *La Región de los Bosques Andino-Patagónicos.* Flora dendrológica y cultivada. Tomo 10 (1-2). Colecc. Científica INTA.

Duhamel du Monceau, M. et Redouté, Pierre-Joseph. 1800 – 1819. *Traité des arbres et arbustes que l'on cultive en France en pleine terre.* París, Chez Didot.

Eichler, A. W. *Blüthendiägramme.* Vol. 1 y 2 (1875-82). Leipzig, Verlag Von Wilhelm Engelmann. Missouri Botanical Garden. https://doi.org/10.5962/bhl.title.12323.

Engler, Heinrich Gustav Adolf & Prantl, Karl Anton Eugen (Eds.). 1887-1915. *Die natürlichen Pflanzenfamilien.* Leipzig: Verlag von Wilhelm Engelman (38 vols). Biblioteca Digital del Real Jardín Botánico de Madrid: https://bibdigital.rjb.csic.es/idurl/1/10802.

Esau, Katherine. 1985. *Anatomía de las Plantas con Semilla.* Hemisferio Sur, Buenos Aires.

Fitch, W. H. and Smith, W. G. 1880. *Illustrations of The British Flora: A series of Wood Engravings.* London: L. Reeve and Co, 5, Henrietta Street, Covent Garden.

Font Quer, P. 1970. *Diccionario de Botánica.* Labor, Barcelona, 1244 pp.

Gilg, Ernst Friedrich y Schumann, Karl. 1900. *Das Pflanzenreich.* Neudamm, Haus Schatz Des Wissens. Verlag von J. Neumann.

Gleadall, E. E. 1834. *Beauties of Flora.* DOI: www.plantillustrations.org/illustration. =177449.

Goebel, Karl and Bayley Balfour, Isaac. 1900-1905. *Organography of Plants, especially of the archegoniatae and spermaphyta. Vol. 1 y 2. General Organography.* Oxford at the Clarendon Press. Holding Institution: *MBLWHOI Library.* DOI: *https://doi.org/10.5962/bhl.title.3802.*

Haeckel, Ernst. 1899- 1904. *Kunstformen der Natur. Bibliographisches Institut Leipzig.* DOI: *https://doi.org/10.5962/bhl.title.102214.* Holding Institution: *Smithsonian Libraries.*

Hauman-Merck, Lucien León. 1984. Los Géneros de Fanerógamas de Argentina. Claves para su Identificación. Boletín Sociedad Argentina de Botánica, 23 (1-4): 1-384. Hunziker, Armando T.

Hauman, L., A. Burkart, L. R. Parodi y A. L. Cabrera. 1947. *La Vegetación de la Argentina.* Editorial Coni, Buenos Aires. 349 pp.

Hoffmann, K. 1911. *Botanischer Bilderatlas nach dem natürlichem Pflanzensystem.* Illustration contributed by: Marine Biological Laboratory (MBL) and Woods Hole Oceanographic Institution (WHOI). http://www.plantillustrations.org/illustration.php?id_illustration=208090.

Hooker, J. D. 1878. Botany. London, Mac Millan, and Co. B. H. L. (biodiversitylibrary.org). Holding Institution: University of Toronto - Thomas Fisher Rare Book Library. Patrocinador: MSN. DOI: https://doi.org/10.5962/bhl.title.151964.

Izco, J.; Barreno, E. 2004. *Botánica.* Mc Graw-Hill-Interamericana España, SAU, Madrid.

Judd, W. S.; Campbell, C. S.; Kellogg, E. A.; Stevens, P. F. and Donoghue, M. J. 2002. *Plant Systematics. A Phylogenetic Approach (2nd ed).* Sinauer Associates, Massachusetts, 576 pp.

Kellerman, W. A. 1883. *The Elements of Botany.* Philadelphia, J. E. Potter and Company. DOI: https://doi.org/10.5962/bhl.title.55098. Holding Institution: Cornell University Library.

Kew Science. Royal Botanic Gardens. World Checklist of Selected Plant families (WCSP): https://wcsp.science.kew.org/home.do

Kiesling, R. 2005. *100 Cactus Argentinos.* Albatros, Buenos Aires, 127 pp.

Kunth, C. S. 1829. *Révision des gramineés. Distribution méthodique de la famille des Gramineés, Plates. Révis. Gramin.* Illustration contributed by: ETH Bibliothek, Zürich, Switserland.

Lambert, A. B.; Don, D. y Bauer, Ferdinand. 1803. *A description of the genus Pinus.* London: Printed for J. White, Horace's Head, Fleet-Street. Holding Institution: BHL Collections, Missouri Botanical Garden, Peter H. Raven Library. DOI: https:// doi.org/10.5962/bhl.title.44704.

Le Maout, Emmanuel; Decaisne, Joseph. 1873. A general system of botany. London: Longmans, Green & Co. Holding Institution: Cornell University Library. BHL Collections: Joseph Dalton Hooker Collection. DOI: https://doi.org/10.5962/bhl.title.57874.

Linden, J. J. 1870 – 1896. *L'Illustration Horticole.* Gand, Belgium. F. et E. Gyselnyck, 1854-1896. Holding Institution: BHL Collections. Missouri Botanical Garden's Rare Books Collection.

Lindley, John. 1853. *The Vegetable Kingdom.* London, Bradbury & Evans. Holding Institution: BHL Collections. Wellesley College Lybrary (archive.org). Sponsor: Boston Library Consortium Member Libraries. DOI: *https://doi.org/10.5962/bhl.title.95459.*

Lindman, Carl Axel Magnus; Mentz, August og Ostenfeld, Carl Hansen. 1901-1903. *Billeder af Nordens Flora.* Holding Institution: New York Botanical Garden, LuEsther T. Mertz Library. Biodiversity Heritage Library. *https://doi.org/10.5962/bhl.title.9721.*

Losch, Friedrich. 1906. *Les plantes médicinales.* Paris: Vigot Frères. DOI: *https://doi.org/10.5962/bhl.title.4989.* B. H. L. Holding Institution: *Missouri Botanical Garden, Peter H. Raven Library.* Sponsor: Missouri Botanical Garden.

Lúquez, C. V. Flora Ilustrada de Chacras de Coria: Gramíneas (inédito).

Lúquez, C. V. y Formento, J. C. 2002. *La Flor y el Fruto de la Vid* (*Vitis vinifera* L.). Micrografía aplicada a la Viticultura y la Enología. *Revista Facultad C. Agrarias, U.N. Cuyo,* XXXIV (1): 109-121.

Martius, K. F. P. von; Eichler, A.W.; Urban, I; Endlicher, S.; Fenzl, E.; Mary, B.; Oldenburg, R. (1840-1906). *Flora Brasiliensis* [Munich & Leipzig], R. Oldenbourg. Holding Institution: Missouri Botanical Garden, Peter H. Raven Library. DOI: https://doi.org/10.5962/bhl.title.454.

Marzocca, A. 1985. *Nociones de Taxonomía Vegetal.* Inst. Interamericano Coop. Agric., C. Rica.

Mentz, A.; Ostenfeld, C. H. 1901-1903. *Billeder af Nordens Flora. Tomos 1 a 4.* København, G.E.C. Gad's forlag, 1917-1927. DOI: *https://doi.org/10.5962/bhl.title.9720.* Holding Institution and Sponsor: *New York Botanical Garden, LuEsther T. Mertz Library.*

Michaux, A.; Hillhouse, A.; Smith, J.; Bessa, P.; Redouté; P.; *et al.* 1817-1819. *The North American Sylva.* DOI: *https://doi.org/10.5962/bhl.title.118984.* Holding Institution: *Smithsonian Libraries.* Sponsor: *Biodiversity Heritage Library*

Mitidieri, A.; Schoo, H.; Francescangeli, N. y Bianchini, P. R. 1986. *Las Malezas de los Cultivos Hortícolas en la Región Litoral, su Identificación y Control.* INTA San Pedro, 60 pp.

Morren, Charles. 1845-1849. *Annales de la Société royale d'agriculture et de botanique de Gand: Journal d'horticulture et des sciences accessoires.* Société royale d'agriculture et de botanique de Gand [etc.]. Harvard University Botany Libraries. BHL-SIL-FEDLINK.

Nicora, E. G. y Z. E. Rúgolo de Agrasar. 1987. *Los Géneros de Gramíneas de América Austral.* Hemisferio Sur, Buenos Aires. 611 pp.

Oeder, G.C. 1867-1871. *Flora Danica.* Fl. Dan. Illustration contributed by: Royal Library Copenhagen (Det Kongelige Bibliotek), Denmark.

Orbigny, C.V.D. d'. 1841-1849. Dictionnaire Universel D'histoire Naturelle. Drawing: Maubert. Illustration contributed by: Library of Congress, U.S.A.

Parodi, L. R. 1958. *Gramíneas Bonaerenses.* Clave para la determinación de los géneros y enumeración de las especies. 5a ed. Acme, Buenos Aires. 142 pp.

Parodi, L. R. 1978. *Enciclopedia Argentina de Agricultura y Jardinería.* Acme, Buenos Aires.

Percy Groom, M. A. 1898. *Elementary Botany.* London: G. Bell. Holding Institution: *Cornell University Library.* Sponsor: *MSN.* BHL. DOI: https://doi.org/10.5962/bhl.title.54458.

Peter, A. 1901. *Botanische Wandtafeln.* Illustration contributed by Holding Institution: Stichting Academisch Erfgoed/geheugenvannederland.nl, the Netherlands. DOI: http://plantillustrations.org/volume.php?id_volume=6165

plantillustrations.org: http://www.plantillustrations.org/about.php

PlantSystematics: www.plantsystematics.org/index.html

Plants of the World Online (POWO): https://powo.science.kew.org/

Poeppig, E. F.; Bauer, M.; Bogner; A.; Endlicher, S.; Hoffmeister, F. 1835. [Leipzig]: Sumptibus F. Hofmeister, 1835-45. B.H.L. Holding Institution: Missouri Botanical Garden, Peter H. Raven Library. Sponsor: *Missouri Botanical Garden.* DOI: *https://doi.org/10.5962/bhl.title.453.*

Prantl, K. A. E.; Burnett, A.; Vines, S. H. 1886. *An Elementary Textbook of Botany.* London, Swan Sonnenschein & Co, 1886. DOI: https://doi.org/10.5962/bhl.title.102377. Holding Institution: University of Bristol. Sponsor: Jisc and Wellcome Library.

Ragonese, A. E. 1955. Plantas Tóxicas para el Ganado en la Región Central Argentina. *Rev. Fac. Agronomía, Univ. Nac. de La Plata* XXXI (2): 133-336.

Raven, P. H.; R. F. Evert y S. E. Eichhorn. 1999. *Biology of Plants* (Sixth Ed.). W. H. Freeman and Company Worth Publishers, New York, 944 pp.

Roig, F. A. 1981. *Flora de la Reserva Ecológica Ñacuñan.* C.T. 3-80. Iadiza. Zeta, Mendoza.

Rouquaud, E. y C. V. Lúquez. 1988. Las especies de Pinus cultivadas en el Jardín Botánico de Chacras de Coria. *Boletín del Jardín Botánico de Chacras de Coria*, 3: 1-36.

Rouquaud, E. y C. Lúquez. 2004. Las Mentas de Mendoza. *Revista Facultad de Ciencias Agrarias, UNCuyo,* XXXVI (1): 37-45.

Ruiz Leal, A. R. 1975. *Flora Popular Mendocina. Deserta 3.* Fecic, Buenos Aires.

Ruiz, H.; Pavón, J. *Drawings of the Royal Botanical Expedition to the Viceroyalty of Perú. 1777-1816. Draw. Roy Bot. Exped. Viceroy Perú.*

Sargent, Ch. S. 1891-1902. *The Silva of North America.* Boston, Houghton, Mifflin, and company. DOI: *https://doi.org/10.5962/bhl.title.14668.* Holding Institution: *Missouri Botanical Garden, Peter H. Raven Library.* Sponsor: *Missouri Botanical Garden.*

Schneider, C. K. 1906. *Illustriertes Handbuch der Laubholzkunde.* Jena, G. Fischer, 1906. DOI: https://doi.org/10.5962/bhl.title.194. Holding Institution: Missouri Botanical Garden, Peter H. Raven Library. Sponsor: Missouri Botanical Garden.

Siebold, Ph. Fr. Von y Zuccarini, J. G. 1835. *Flora Japonica sive Plantae.*

Sprague Sargent, C. 1933. *Manual of the Trees of North America (exclusive of Mexico).* Houghton Mifflin, Boston and New York, 910 pp.

Step, E.; Bois, D.; Herincq, B.; Watson, W. 1896. *Favourite flowers of Garden and Greenhouse.* London and New York: F. Warne & Co. Missouri Botanical Garden, Peter H. Raven Library

Stevens, P. F. (2019). *APG IV. Angiosperm Phylogeny Poster. Flowering Plant Systematics.* Missouri Botanical Garden (MoBot) and University of Missouri, Department of Biology. USA.

Strasburger, E.; Noll, F.; Schenck, E.; Schimper, G. 1894 - 1923. *Tratado de Botánica.* Traducido del alemán por: De Barnola, P. J. Barcelona, Manuel Marín Editor.

Sturm, J.; Krause, E. H. L.; Lutz, K.; Missbach, E. R. *Flora von Deutschland: in Abbildungen nach der Natur.* Stuttgart: K. G. Lutz, 1900-1907. BHL. Holding Institution and Sponsor: *New York Botanical Garden, LuEsther T. Mertz Library.* DOI: https://doi.org/10.5962/bhl.title.144606.

Thomé, Otto W.; Bennett, Alfred W. 1877. *Textbook of Structural and Physiological Botany.* New York. Holding Institution: Smithsonian Libraries. Sponsor: Biodiversity Heritage Library. https://doi.org/10.5962/bhl.title.63774.

Velenovský, J. 1905. *Vergleichende Morphologie der Pflanzen. Prag, F. Řivnáč.* DOI: *https://doi.org/10.5962/bhl.title.116264.* Holding Institution: *New York Botanical Garden, LuEsther T. Mertz Library.* Sponsor: *BHL-SIL-FEDLINK.*

Walker, J. B. Y K. J. Sytsma. 2007. Staminal evolution in the genus Salvia (Lamiaceae): Molecular phylogenetic evidence for multiple origins of the staminal lever. Annals of Botany. 100: 375-391.

Warming, E.; Knoblauch, E. F. and Potter, M. C. 1904. *A Handbook of Systematic Botany.* London, Swan Sonnenschein & Co. New York, The MacMillan Co. Holding Institution: University of Toronto – Gerstein Science Information Centre. *https://doi.org/10.5962/bhl.title.18862.*

Watson, L., and Dallwitz, M.J. 1992 onwards. The families of flowering plants: descriptions, illustrations, identification, and information retrieval. Version: 14th January 2021. delta-intkey.com'.

Webb, P. B.; Berthelot, S. 1836-1850. *Histoire Naturelle des Iles Canaries.* Paris. Illustration contributed: Smithsonian Institute, Washington, D.C., U.S.A. http://www.plantillustrations.org/

Wettstein, Richard von. 1924. *Handbuch der Systematischen Botanik. Vol. 1 y 2.* Leipzig und Wien: Franz Deuticke. Holding Institution: Smithsonian Libraries. Sponsor: Biodiversity Heritage Library. https://doi.org/10.5962/bhl.title.63774

WFO. The World Flora Online. http://www.worldfloraonline.org/.

Wight, R. (1840 – 1853). *Icones plantarum Indiae orientalis*. Illustration contributed by: Missouri Botanical Garden, St. Louis, U.S.A.

Wilhelm, G.T. 1811. *Unterhaltungen aus der Naturgeschichte des Pflanzenreichs*. Unterh. Naturgesch. Pflanzen. Illustration contributed by: ETH Bibliothek, Zürich, Switserland.

Witte, H.; Wendel, A. J.; Wolters, J. B.; Severeyns, G.; Gebroeders, B. 1868. *Flora*. *B. H. L*. DOI: *https://doi.org/10.5962/bhl.title.138438*. Institución Holding: *Biblioteca y Museo Lloyd*. Patrocinador: *Biblioteca Pública de Cincinnati y el Condado de Hamilton*.

World Checklist of Selected Plant families (WCSP): https://wcsp.science.kew.org/home.do

Zippel, H.; Thomé, O. W.; Bollmann, Karl. 1899. *Ausländische Kulturpflanzen in farbigen Wandtafeln mit erläuterndem*. DOI: *https://doi.org/10.5962/bhl.title.141912*.

Zomlefer, W. B. 1989. *Guide to Flowering Plants Families*. Acribia, España, 441 pp.

Capítulo.22. GLOSARIO - ILUSTRACIONES

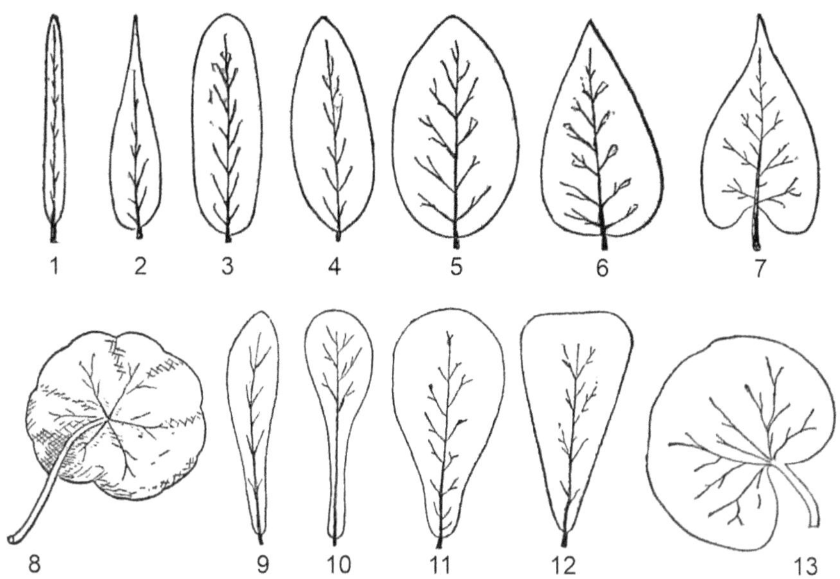

Figura 22-1. Formas Geométricas Básicas de las Hojas.

– **1.** Linear. – **2.** Lanceolada. – **3.** Oblonga. – **4.** Elíptica. – **5.** Ovalada. – **6.** Ovada. – **7.** Cordiforme. – **8.** Orbicular. – **9.** Oblanceolada. – **10.** Espatulada. – **11.** Obovada. – **12.** Cuneada. – **13.** Reniforme. (Adaptados: 1-13, tras Kellerman).

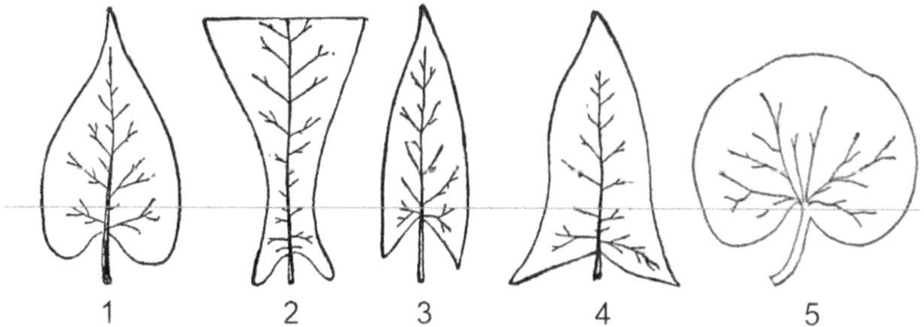

Figura 22-2. Hoja. Formas de la Base.

– **1.** Cordada. – **2.** Auriculada. – **3.** Sagitada. – **4.** Hastada. – **5.** Reniforme. (Adaptados: 1-5, tras Kellerman).

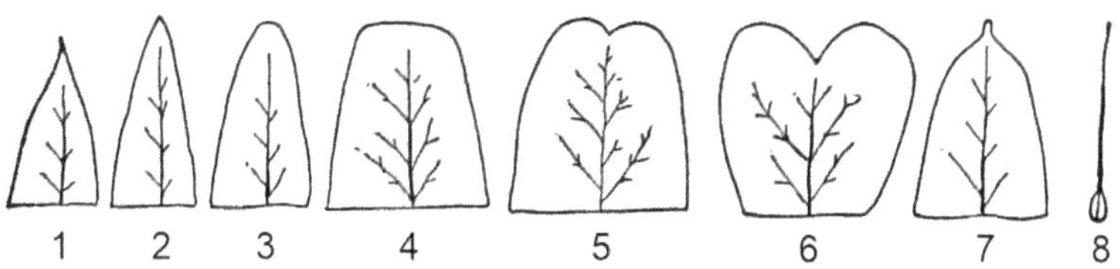

Figura 22-3. Hoja. Formas del Ápice.

– **1.** Acuminado. – **2.** Agudo. – **3.** Obtuso. – **4.** Truncado. – **5.** Emarginado. – **6.** Obcordado. – **7.** Cuspidado. – **8.** Aristado. (Adaptados: 1-5, tras Kellerman).

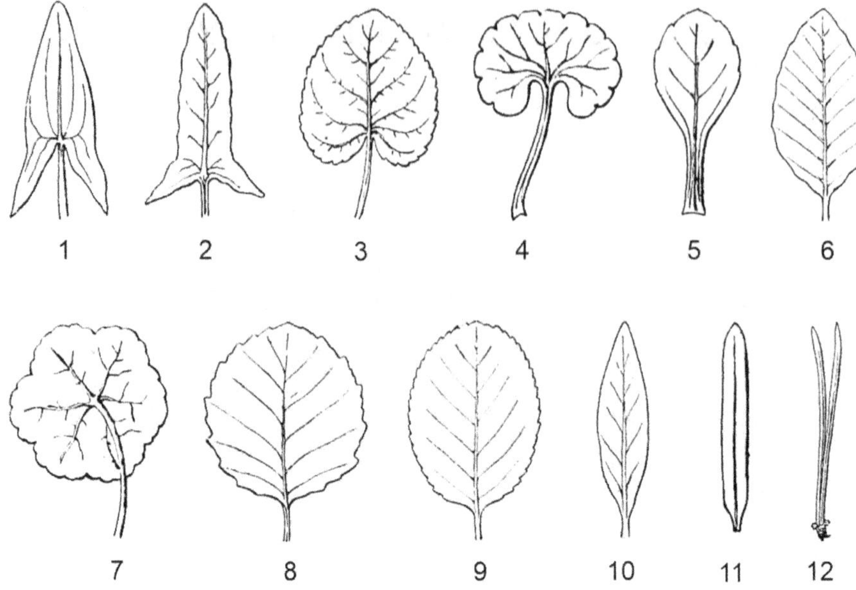

Figura 22-4. Formas de las Hojas.

– **1.** Sagitada. – **2.** Hastada. – **3.** Cordiforme. – **4.** Reniforme. – **5.** Espatulada. – **6.** Ovada u Ovalada. – **7.** Peltada. – **8.** Orbicular. – **9.** Elíptica. – **10.** Lanceolada. – **11.** Linear. – **12.** Acicular. (Adaptados: 1-12, tras Dennert).

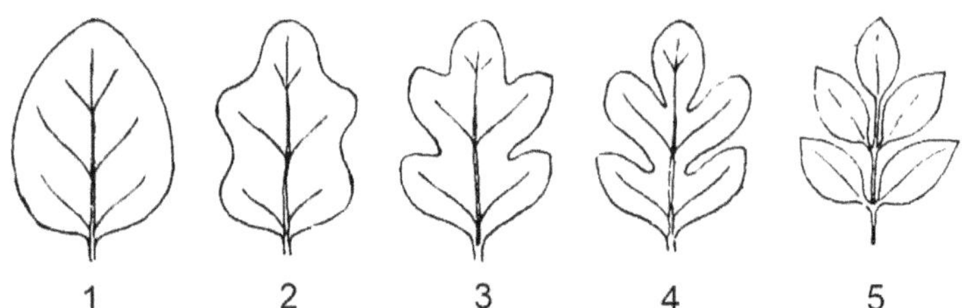

Figura 22-5. Hoja. Divisiones Pinatinervadas del Limbo.

– ***Hoja Simple***. Las divisiones no alcanzan el nervio medio: – **1.** Entera. – **2.** Ondulada. – **3.** Pinatífida. – **4.** Pinatipartida. – ***Hoja Compuesta***. – **5.** Imparipinada. (Adaptados: 1-5, tras Percy Groom).

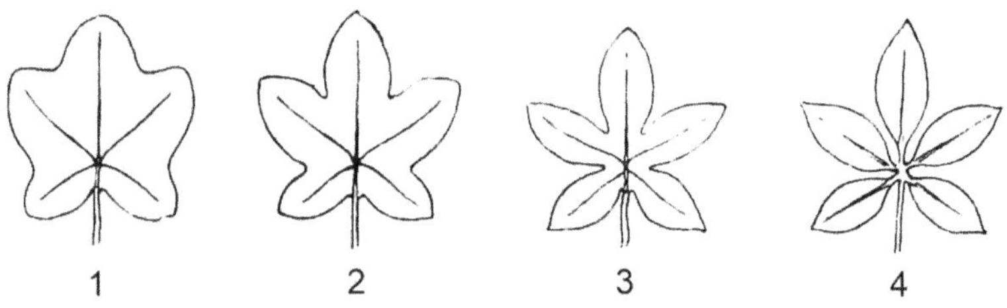

Figura 22-6. Hoja. Divisiones Palmatinervadas del Limbo.

– ***Hoja Simple***. Las divisiones no alcanzan el centro: – **1.** Ondulada. – **2.** Palmatífida. – **3.** Palmatipartida. – ***Hoja Compuesta***. – **4.** Palmada o Digitada. (Adaptados: 1-4, tras Percy Groom).

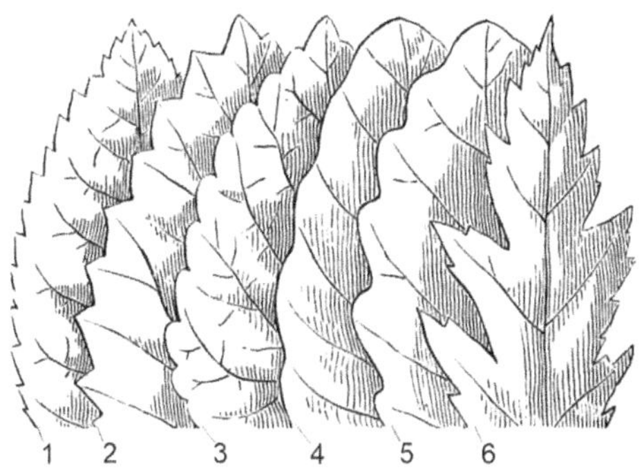

Figura 22-7. Hoja. Margen del Limbo.

– **1.** Aserrado. – **2.** Dentado. – **3.** Crenado. – **4.** Ondulado o Repando. – **5.** Sinuado. – **6.** Inciso. (<u>Adaptados</u>: 1-6, tras Asa Gray).

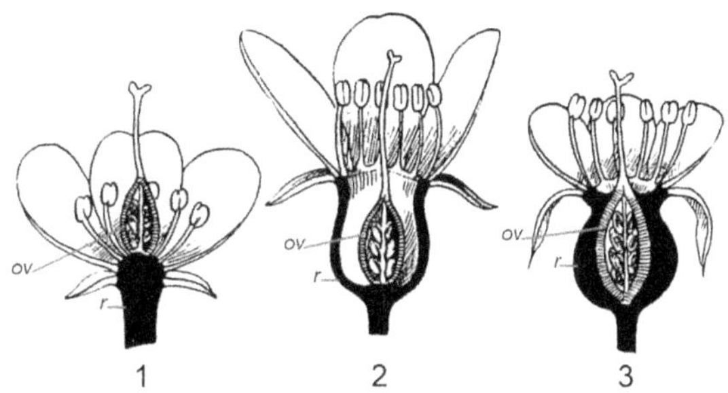

Figura 22-8. Tipo de Flor según la Posición del Ovario.

– **1.** <u>Flor Hipógina</u>. Ovario Súpero. – **2.** <u>Flor Perígina</u>. Ovario Medio. – **1.** <u>Flor Epígina</u>. Ovario Ínfero. – *(r).* Receptáculo. – *(ov).* Ovario. (<u>Adaptados</u>: 1-3, tras Percy Groom).

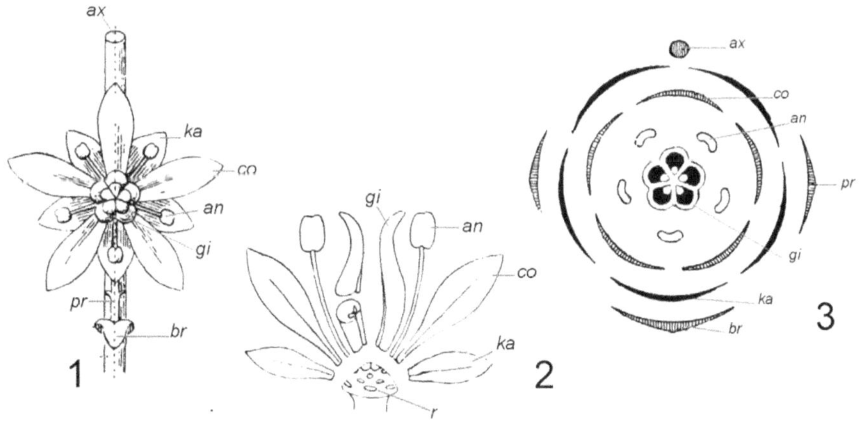

Figura 22-9. Flor. Esquema y Diagrama Floral.

– **1.** ***Flor Actinomorfa Hipógina*** (de frente). – **2.** ***Esquema Floral*** (*idem*, en corte longitudinal). – **3.** ***Diagrama Floral***: – *(ax).* Eje del tallo. – *(r).* Receptáculo. – *(ka).* Cáliz. Con cinco sépalos. – *(co).* Corola. Con cinco pétalos. – *(an).* Androceo. Con cinco estambres. – *(gi).* Gineceo. Con cinco carpelos. <u>Ovario súpero</u>. – *(br).* Bráctea tectriz. – *(pr).* Profilo. (<u>Adaptados</u>: 1-3, tras Percy Groom).

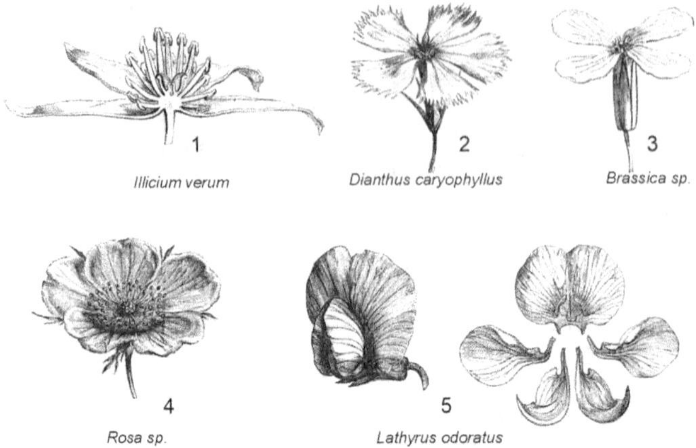

Figura 22-10. Flores con Corola Dialipétala.

– **_Flores Actinomorfas:_** – **1.** Flor espiralada politépala. – **2.** Flor pentámera. – **3.** Flor tetrámera. – **4.** Flor pentámera polipétala. – **_Flores Cigomorfas:_** – **5.** Flor pentámera papilionada. (<u>Adaptados</u>: 1-5, tras Baillon).

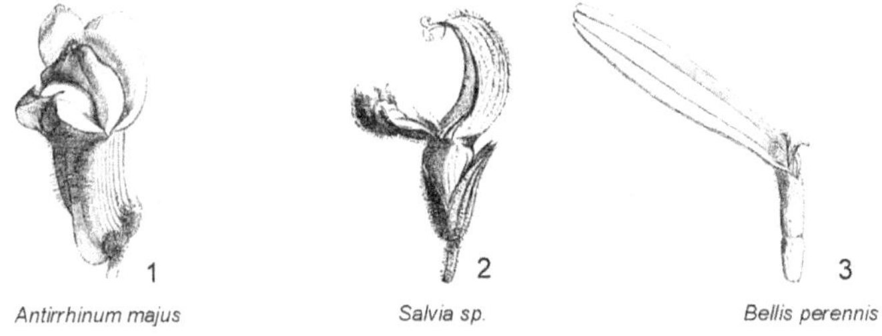

Figura 22-11. Corolas Gamopétalas Cigomorfas.

– **1.** Personada. – **2.** Bilabiada. – **3.** Ligulada. (<u>Adaptados</u>: tras Baillon).

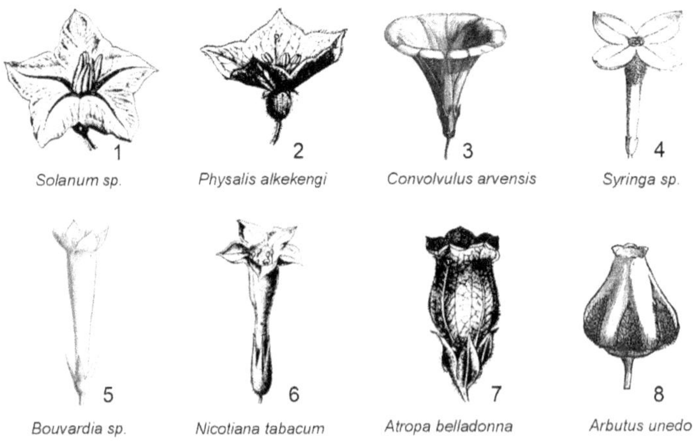

Figura 22-12. Corolas Gamopétalas Actinomorfas.

– **1.** Rotácea. – **2.** Rotácea-acampanada. – **3.** Infundibuliforme. – **4.** Hipocrateriforme. – **5.** Tubulosa. – **6.** Tubulosa-acampanada. – **7.** Tubulosa-acampanada. – **8.** Urceolada. (<u>Adaptados</u>: 1-2 y 6-7, tras Wettstein; 3-5 y 8, tras Baillon).

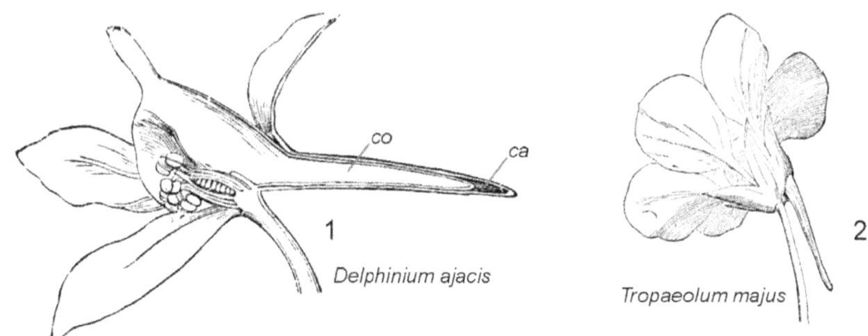

Figura 22-13. Flores Cigomorfas Espolonadas.

– **1.** Cáliz con espolón, dentro del cual la corola forma un segundo espolón interno. – **2.** Cáliz espolonado. (<u>Adaptados</u>: tras Thomé).

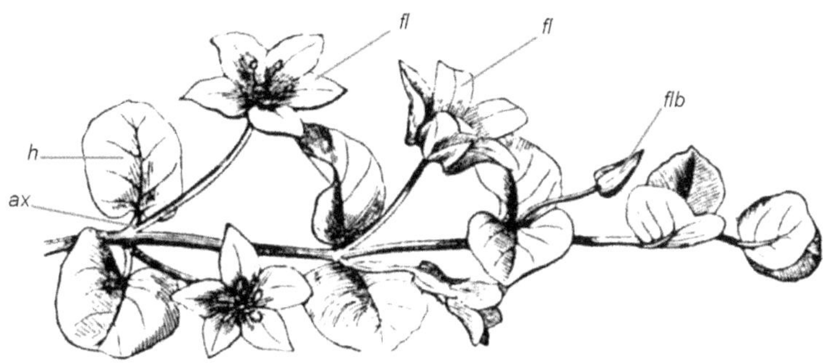

Figura 22-14. Inflorescencia Uniflora Axilar.

– **(ax).** Axila de la hoja. – **(h).** Hoja. – **(fl).** Flor solitaria axilar. – **(flb).** Capullo floral joven. (<u>Adaptado</u>: tras Coulter y Asa Gray).

Figura 22-15. Inflorescencias. Racimo, Panícula y Cima.

– **1. _Racimo_**. Crecimiento indefinido. – **2. _Panícula_**. Racimo compuesto. – **3. _Cima_**. Crecimiento definido. (<u>Adaptados</u>: tras Coulter y Asa Gray).

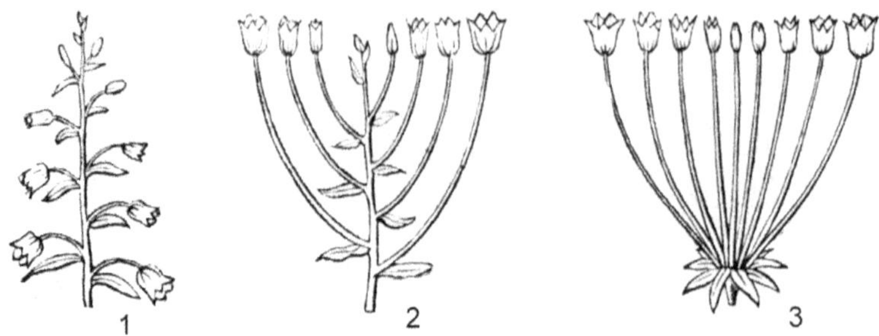

Figura 22-16. Inflorescencias Racimosas (Crecimiento Indefinido).

– **1. _Racimo_**. – **2. _Corimbo_**. – **3. _Umbela_**. (Adaptados: tras Coulter y Asa Gray).

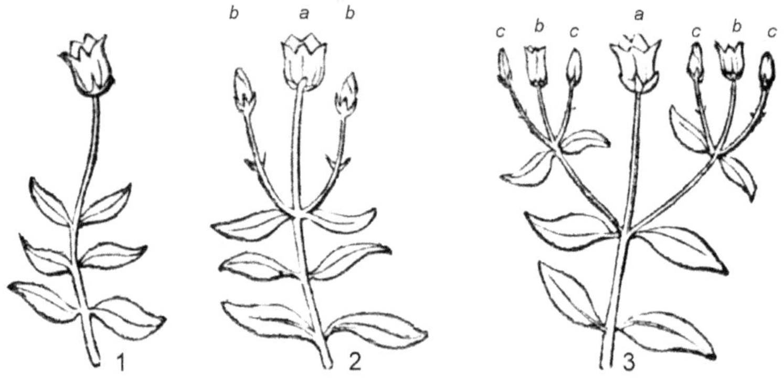

Figura 22-17. Inflorescencias Cimosas. (Crecimiento Definido).

– **1. _Cima_**. Una sola flor terminal. – **2. _Idem_**. La primera flor *(a)*, con nuevas flores de segundo orden *(b)*. – **3. _Idem_**. Con nuevas flores de tercer orden *(c)*. (Adaptados: tras Coulter y Asa Gray).

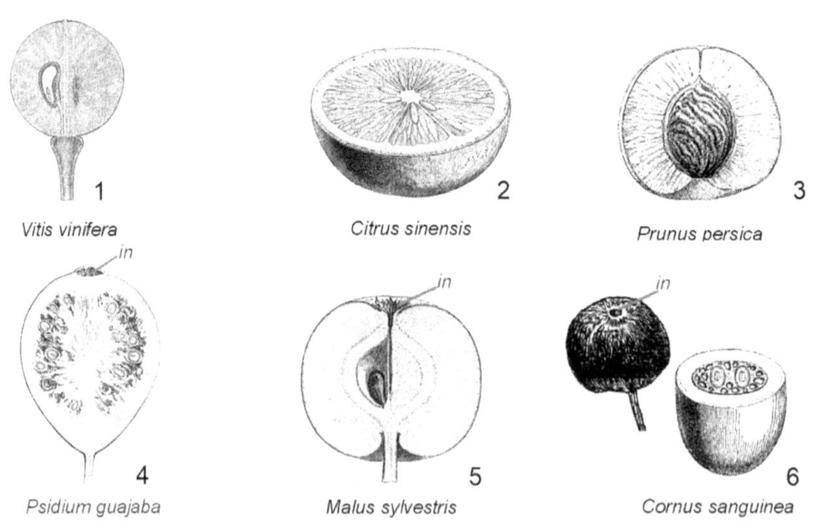

Figura 22-18. Frutos Carnosos.

– **_Frutos de ovario súpero_**. – **1.** Baya de ovario súpero. – **2.** Hesperidio. – **3.** Drupa de ovario súpero. – **_Frutos de ovario ínfero_**. – **4.** Baya de ovario ínfero. – **5.** Pomo. – **3.** Drupa de ovario ínfero (con 2 carozos). – **_(in)_**. Induvias de la flor epígina. (Adaptados: 1-2 y 4-6, tras Baillon; 3, tras Bergen).

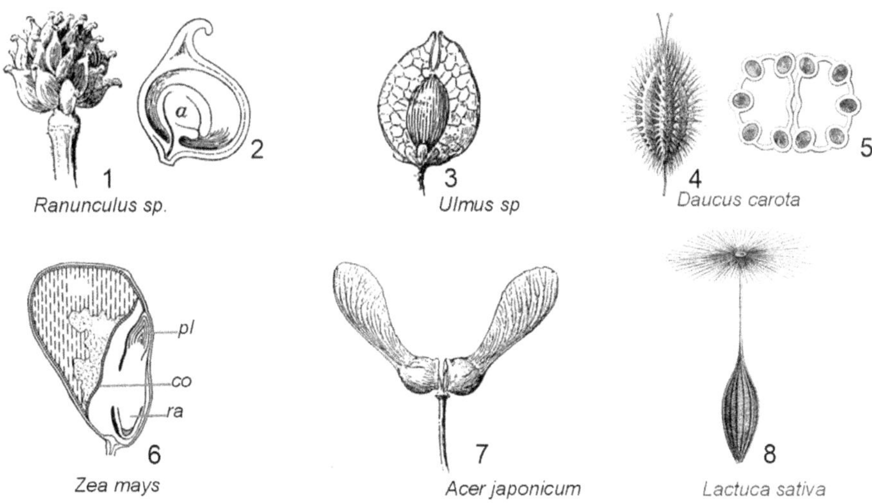

Figura 22-19. Frutos Secos Indehiscentes.

– **1.** <u>Cabezuela</u> con aquenios. – **2.** <u>Aquenio</u> (corte longitudinal). Pericarpo no soldado a la semilla *(a)*. – **3.** <u>Sámara</u>. – **4.** <u>Diaquenio</u>. – **5.** *Idem* (corte transversal). – **6.** <u>Cariopse</u> (corte longitudinal): Pericarpo soldado a la semilla. – *(pl)*. Plúmula. – *(co)*. Cotiledón. – *(ra)*. Radícula. – **7.** <u>Diaquenio</u>. – **8.** <u>Cipsela</u>: aquenio de ovario ínfero. (<u>Adaptados</u>: 1-2 y 6, tras Bergen; 3-5 y 7-8, tras Baillon).

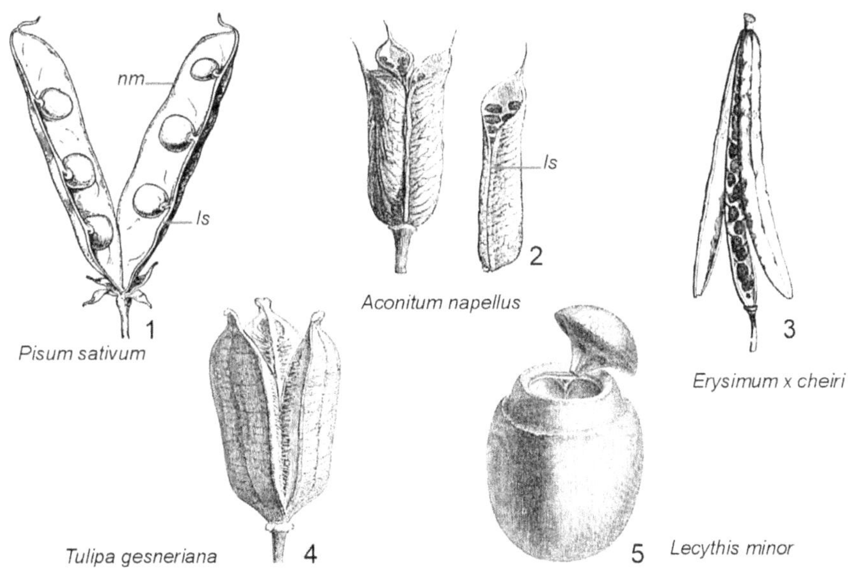

Figura 22-20. Frutos Secos Dehiscentes.

– **1.** Legumbre. Con dehiscencia longitudinal doble: – *(nm)*. Nervadura media. – *(ls)*. Línea de sutura. – **2.** <u>Folículo</u>. Con dehiscencia sutural simple. **3.** <u>Silícua</u>. – **4.** Cápsula. – **5.** <u>Pixidio</u>. (<u>Adaptados</u>: 1, tras Bergen; 2-5, tras Baillon).

GLOSARIO DE LOS PRINCIPALES TÉRMINOS USADOS

Abaxial. Lado de un órgano apartado del eje. Cara inferior de una hoja.

Acampanado, a. Cáliz (o corola) en forma de campana.

Acaule. Planta sin tallo o con tallo brevísimo. Con el tallo principal bajo tierra.

Aceriforme. Hoja palmeado-lobulada, como la palma de la mano, ola hoja de un arce.

Acicular. Con forma de aguja.

Acrescente. Órgano que acompaña a la flor y continúa su desarrollo tras la floración.

Actinomorfo. Con varios planos de simetría radial.

Aculeado. Que tiene aguijones. Hoja rígida y punzante.

Acúleo. *Aguijón*. Excrecencia epidérmica rígida y punzante.

Acuminado. Con una punta larga que se separa abruptamente del cuerpo principal.

Adaxial. El lado que mira hacia el eje. Cara superior de una hoja.

Adnato. Concrescente de nacimiento con otra estructura.

Adventicio. Raíces formadas a partir de una hoja o de un tallo.

Áfilo. Sin hojas.

Alado. Con un ala.

Albumen. Tejido de reserva de las semillas, junto al embrión.

Aleznado. Que remata en punta, a manera de lezna.

Alternipétalo. Ubicado entre dos pétalos y alterno con ellos.

Alterno. Una sola hoja en cada nudo.

Alveolado. Similar a un panal de abejas.

Amento. Racimo espiciforme denso. Espiga con eje blando y flores apétalas.

Amplexicaule. Abrazando el tallo casi totalmente.

Anátropo. Óvulo con el funículo vuelto hacia abajo y la micrópila contra él. Apótropo.

Androceo. Órgano reproductor masculino. Conjunto de estambres de una flor.

Andróforo. Un tallo que eleva a los estambres encima de su posición en la flor.

Androginóforo. Columnita axial que soporta al androceo y al gineceo (*Pasionaria*).

Anemófilo. Planta cuya polinización se verifica por intermedio del viento.

Antecio. Pequeña flor enclaustrada por dos brácteas, la lemma y la pálea (*Poaceae*).

Antera. Parte del estambre que contiene el polen. Con 2 tecas y 4 sacos polínicos.

Anteridio. Gametangio masculino. Órgano en el que se engendran los anterozoides.

Anterozoide. Gameta masculina de una planta.

Antesis. Momento en que la flor se abre y se expande.

Antófilo. Hoja floral.

Antrorso. Dirigido o vuelto hacia arriba.

Apétalo. Sin pétalos.

Apical. Del ápice.

Aquenio. Fruto seco, uniseminado, indehiscente, derivado de un ovario súpero, con el pericarpo *no soldado* a la semilla.

Árbol. Planta leñosa con tronco principal y ramificaciones laterales en una copa.

Arbusto. Planta leñosa que produce vástagos desde la base sin un tronco principal.

Areolado. Dividido en pequeñas áreas o superficies.

Arilo. Excrescencia que se halla en el exterior de la semilla.

Arista. Una cerda rígida.

Arquegonio. Órgano con forma de botella, con una ovocélula en la parte ventral.

Arrosetado. Hojas dispuestas en forma de roseta.

Artejo. Cada segmento, en forma linear, parte del cuerpo de un organismo.

Articulado. Con articulaciones. Órgano con artículos o artejos.

Ascidio. Hoja con forma de botella o urceolada (tubo ventrudo con boca pequeña).

Aurícula. Apéndice con forma de lóbulo de la oreja humana.

Axial (= Axilar). Placenta sobre el eje del ovario. Situado o nacido en la axila de una hoja.

Balaústa. Fruto sincárpico indehiscente, de ovario ínfero. Carpelos en dos verticilos superpuestos: con placentación axilar el inferior y parietal el superior.

Barbado. Con pelos largos y rígidos.

Baya. Fruto con epicarpo membranoso delgado, mesocarpo y endocarpo carnoso.

Bicolateral. Haz vascular con *floema* a ambos lados del xilema (*interno* y *externo*).

Bicompuesta. Hoja compuesta cuyos folíolos son compuestos a su vez.

Bífido. Que termina en dos puntas.

Bilabiado. Similar a una boca abierta con dos labios.

Bilateral. Con dos lados, o que se dispone en dos filas a ambos lados de un órgano.

Bilocular. Con dos cavidades. Un ovario con dos lóculos.

Bipartido. Órgano dividido más allá de la mitad de su longitud, sin llegar hasta la base.

Bipinado. Dos veces pinado. Hoja pinada cuyos folíolos, a su vez, son pinados.

Bipinatisecta. Hoja pinatisecta con segmentos subdividos en llegando al nervio medio.

Bisexual. Hermafrodita. Con los dos sexos, con estambres y pistilos.

Biternada. Hoja doblemente ternada, con 3 folíolos, cada uno dividido en 3 folíolulos.

Bráctea. Órgano foliáceo ubicado en la proximidad de las flores.

Braquiblasto. Ramita de entrenudos cortos y crecimiento limitado.

Bulbo. Yema subterránea cubierta por catáfilas (brácteas carnosas o bases de las hojas reservantes). La porción axial (eje) reducida y en forma de platillo o disco.

Cabezuela. Espiga con ejes muy cortos. Capítulo.

Caduco. Que cae muy temprano.

Caliciflora. Flor con pétalos y estambres en el borde del receptáculo (Perígina o epígina).

Calículo (=Epicáliz). Brácteas o estipulas de los sépalos en una serie debajo de la flor.

Caliptra. Cubierta, tapa o capucha.

Cáliz. Verticilo externo que se compone de sépalos, hojas florales verdes.

Callo. Lugar donde se articula el antecio con la raquilla (en las *Poaceae*).

Caméfito. Planta con yemas de reemplazo a menos de 25 cm del suelo.

Campanulado. Forma de campana, redondeado en su inserción, abertura en anillo.

Campilótropo. Óvulo curvado con micrópila cerca de la chalaza y no soldado al funículo.

Capitado. Con forma de cabeza. Dispuesto en capítulo o glomérulo.

Capituliforme. Inflorescencia con aspecto de capítulo.

Capítulo. Inflorescencia con flores sésiles, sobre eje muy corto y dilatado, el receptáculo.

Cápsula. Fruto seco, derivado de ovario súpero, pluricarpelar, dehiscente a la madurez.

Carcérulo. Cápsula indehiscente, pluricarpelar, pluriseminada. *(Tilia)*.

Carina. Una quilla formada por los dos pétalos inferiores de una flor papilionada.

Cariopse. Fruto seco, indehiscente, uniseminado, derivado de un ovario súpero, con el pericarpo seco y soldado a la semilla.

Carpelo. Hoja modificada que forma parte del gineceo.

Cartilaginoso. Con consistencia semejante a cartílago, fuerte y firme, pero flexible.

Carúncula. Excrescencia o carnosidad. Arilo micropilar pequeño en las *Euphorbiaceae*.

Caulescente. Con un tallo aparente bien desarrollado sobre la superficie del suelo.

Caulifloro. Árboles y arbustos que echan las flores en el tronco y en las ramas añosas.

Caulinar. Relativo al tallo.

Cespitoso. Que crece en matas o penachos.

Ciatio. Inflorescencia con forma de copa, compuesta por un involucro con flores en su interior. En el género *Euphorbia*.

Ciclo. Un círculo. Las hojas o las flores que se disponen en una serie en un nudo.

Cigomorfo. Que sólo se puede dividir en dos partes simétricas.

Ciliado. Con pelos a lo largo del margen de una estructura.

Cima. Inflorescencia de crecimiento *definido* y *centrífugo*. El tallo principal remata en una flor terminal y las yemas de reemplazo se hallan en la periferia.

Cima bípara. Cima dicotómica o dicasio. Inflorescencia cimosa (definida), que forma 2 ramitas por debajo de la flor con que remata su eje principal.

Cima escorpioide. Inflorescencia cimosa con 1 ramita debajo de la flor. Dicha ramita remata en una nueva flor, se repite la secuencia, *siempre del mismo lado*.

Cima helicoide. Inflorescencia cimosa, con 1 ramita por debajo de la flor que remata el eje principal y las nuevas ramitas *alternas a uno y otro lado* del eje madre.

Cinorrodon. Pseudofruto de las rosas, con por el tálamo profundamente acopado, acrecido y de color rojo, que encierra a las núculas en su interior.

Cipsela. Un aquenio derivado de un ovario ínfero, incluido en el receptáculo floral.

Circuncisa. Que se abre por una línea circular horizontal y el ápice se abre como tapa.

Cistolito. Concreción de carbonato de calcio, globulosa, arracimado, fusiforme. Se forma en el interior de la célula epidérmica *"litociste"*, con un soporte filiforme.

Clado. Grupo monofilético, con por un antecesor común y todos sus descendientes.

Cladodio. Rama laminar verde, con hojas rudimentarias de crecimiento indefinido.

Clase. Taxón que sigue a la División. Grupo de órdenes relacionados (ó sólo uno).

Cleistógamo. Flor *sin antesis* (que no se abre), y es autofertilizada al estado de yema.

Clinanto. Receptáculo común a varias o muchas flores *(Asteraceae)*.

Coalescencia. Unión o concrescencia de dos o varias partes similares en uno.

Coclear. Prefloración imbricada de 5 pétalos, con un pétalo *externo*, otro opuesto *interno*, y los 3 restantes externos por un margen e internos por el otro.

Coclear ascendente. Carinal. Prefloración donde el pétalo totalmente externo es *uno* de los dos que forman la carina o quilla. (En las *Cesalpinoideae*).

Coclear descendente. Vexilar. Prefloración donde el pétalo posterior del ciclo, el *estandarte* o vexilo, es totalmente externo. (En las *Papilionoideae*).

Coco. Cada uno de los carpelos *individualizados* de un ovario sincárpico (gamocarpelar), secos, poco jugosos, y monospermos (con una semilla).

Coherente. Que crecen juntos. Estructuras similares unidas unas a otras.

Coléter. Tricoma glandular multicelular, que produce una secreción mucilaginosa.

Colpado. Grano de polen provisto de *colpos* (surcos germinales).

Colporado. Grano de polen colpado que tiene un *poro* en el colpo.

Columna. Filamentos estaminales unidos. Estilo adnato a los filamentos *(Orchidaceae)*.

Conduplicado. Hojas en las yemas, dobladas en dos a lo largo de su nervio medio.

Conectivo. Parte del estambre que une las dos tecas, prolongación del filamento.

Conífero. Portador de conos.

Connado. Connato. Órganos más o menos unidos entre sí, con adherencia congénita.

Connivente. Órganos separados, tan aproximandos que ambos parecen soldados.

Cono. Estructura reproductiva compuesta por un eje (una rama) que lleva esporófilos u otra estructura portadora de semillas o granos de polen.

Conocarpo. Tálamo convexo, cónico y muy desarrollado, considerado junto con las núculas que trae en su superficie *(Fragaria)*.

Contorta. Foliación o prefloración imbricada en la cual cada hoja cubre a la siguiente y es cubierta por la anterior, dando la impresión de estar retorcida.

Convoluta. Hoja que se arrolla longitudinalmente y forma un tubo.

Cordiforme. Con forma de corazón.

Coriáceo. Con consistencia de cuero.

Corimbo. Inflorescencia centrípeta con los pedicelos florales de diferente longitud, los inferiores más largos y los superiores más cortos, todas las flores a igual altura.

Cormo. Vástago subterráneo con tallo corto y hojas escamosas.

Córneo. Con la consistencia de un cuerno.

Corola. Conjunto de pétalos de una flor.

Corona. Apéndices de la corola que en pueden formar un corto tubo interno a ésta.

Cotiledón. Primeras hojas de la planta que se forman en el embrión de las Antófitas.

Crenado. Con los dientes redondeados, en ángulo recto hacia el borde de la hoja.

Crenulado. Como crenado o festoneado, pero con festones más pequeños.

Criptófito. Geófito. con yemas de renuevo protegidas bajo el nivel del suelo.

Criptógama. Vegetal que no posee reproducción sexual visible, sino oculta (*criptos*).

Culmo. Tallo hueco o caña de una *Gramínea (Poaceae)*.

Cuneiforme. Con forma de cuña, cuneado.

Cúpula. Pequeña copa formada por las brácteas coalescentes del involucro *(Quercus)*.

Cuspidado. Con una punta aguda y rígida en el extremo.

Deciduo. Que cae al final al estación de crecimiento.

Decumbente. Reclinado sobre el suelo, excepto su parte apical.

Decurrente. Base de la hoja que se continúa a lo largo del tallo, como alas o líneas

Decusado. Hojas dos por nudo (en pares opuestos), las de un nudo cruzadas con las del nudo siguiente, en ángulo recto con respecto a las anteriores y posteriores.

Dehiscente. Que se abre a lo largo por líneas definidas cuando llega a la madurez.

Deltoide. Con la forma de una letra *delta* (δ) griega.

Dentado. Con los dientes proyectados en ángulo recto desde el borde.

Denticulado. Con pequeños dientes.

Diadelfo. Androceo con estambres unidos por sus filamentos, en dos grupos. Se unen 9 estambres en un tubo abierto, y el décimo estambre permanece libre.

Dialicarpelar. *Apocárpico*. Con los carpelos libres, separados.

Diáspora. Complejo orgánico que la planta separa de sí para su propagación.

Dicasio. Cima con dos ejes que corren en direcciones opuestas.

Diclino. Cuando los dos sexos se hallan separados en flores distintas (*unisexuales*).

Dicotiledóneo. Con dos cotiledones.

Dicótomo. Ramificación con dos ramas iguales en cada punto de ramificación.

Didínamo. Androceo con 4 estambres en dos pares: 2 más cortos y 2 más largos.

Digitado. Que se dispone semejando los dedos de una mano.

Dímero. Con dos miembros. Flor con las piezas de a pares, dos por ciclo.

Dioico. Distribución de los órganos sexuales en flores distintas y en distintas plantas.

Diploide. Con *2n cromosomas* en cada célula.

Diplostémono. Androceo con dos ciclos alternos de estambres estambres.

Diplotegia. Cápsula derivada de ovario ínfero, con 2 cubiertas: carpelo y receptáculo.

Disámara. Dos sámaras unidas por su porción fértil basal.

Disco epígino. Un disco dentro del receptáculo floral o sobre su ovario ínfero.

Disco hipógino. Disco debajo del ovario, los estambres y los pétalos.

Disco intraestaminal. Disco externo al ovario e interno a los *estambres* y pétalos.

Disco perígino. Disco adnato a la copa floral de una flor perígina.

Disco. Parte central del capítulo (*Asteraceae*) donde están las flores tubulosas.

Divergente. Extendido lejos uno de otro.

División. Un grupo relacionado de *clases* o a veces formado por una sola clase.

Dorsal. Sobre la superficie externa de un órgano, o sea, sobre el lado alejado del eje.

Dorsifijo. Fijo o adherido en el dorso, ni por el ápice y ni por la base.

Dorsiventral. Estructura con una cara dorsal (abaxial) y una cara ventral (adaxial).

Drupa. Fruto carnoso con un hueso en su interior, procedente de un ovario súpero unicarpelar. El hueso o carozo es el endocarpo lignificado.

Drupa involucrada. Fruto uniseminado cubierto por un involucro soldado con el receptáculo carnoso y con el pericarpo. *(Juglans)*.

Drusa. Cristales de oxalato de calcio incompletos dispuestos en forma de roseta, en torno a un núcleo común, por lo regular un cristalito.

Eláteres. Células alargadas, higroscópicas. Ayudan a diseminar las esporas (*Equisetum*).

Emarginado. Con una muesca o incisión ancha y poco profunda en el ápice.

Embrión. Rudimento del esporofito. La oósfera fecundada, constituye la generación embrional. Se divide y produce el *embrión* con: raíz, tallo y hojas.

Endocarpo. La capa interna del pericarpo.

Endosperma. Tejido reservante de la semilla. Es *triploide*.

Ensiforme. Con forma de espada, de bordes paralelos y afilados, terminado en punta.

Entomófilo. Polinizado por insectos.

Entrenudo. Porción del tallo entre dos nudos.

Epicáliz (= *sobrecáliz***).** Calículo en la parte externa del cáliz, simulando uno suplementario.

Epicotilo. Porción del eje de la plántula, por encima de la inserción de los cotiledones.

Epífito. Planta que crece sobre otra planta sin parasitarla.

Epígino. Sépalos, pétalos y estambres insertos sobre el ovario o en el receptáculo adnato.

Epimacio Excrescencia más o menos carnosa, n forma de rodete o de cúpula, inmediata al óvulo, que luego rodea parcialmente a la semilla (*Gymnospermae*).

Epipétalo. Estambre que se halla sobre el pétalo, inserto y concrescente con él.

Episépalo. Verticilo externo de estambres, alterno a los pétalos, opuesto a los sépalos.

Epitépalo. Que se halla sobre el tépalo. Estambre frente a un tépalo, inserto sobre él.

Equinulado. Cubierto con espinas o púas débiles y pequeñas.

Equisetiforme. De aspecto similar a *Equisetum*.

Ericoide. Parecido a un brezo (*Erica*)o a sus hojas. Con hojas cortas y próximas.

Escabroso. Lleno de asperezas o tricomas cortos y rígidos, que se perciben al tacto.

Escama ovulífera. Estructura formada por una hoja, que soporta óvulos desnudos.

Escama. Tricoma laminar redondeado, pluricelular, con un pie pequeño en el centro.

Escamiforme (= *Escuamiforme***)** De forma laminar, más o menos redondeado

Escapo Tallo desprovisto de hojas que lleva las flores en el ápice.

Escarioso. Órgano foliar de consistencia membranosa, seco, translúcido (*Allium*).

Esclereida. Célula no alargada, paredes secundarias gruesas lignificadas y puntuaciones.

Esclerotesta. Cubierta seminal externa de consistencia dura. Testa dura.

Escorpioide. Cincino. Inflorescencia cimosa, con flores a un solo lado de un eje arrollado que semeja una cola de escorpión.

Espádice. Espiga con el eje carnoso, y las flores incluidas en él. Se halla rodeada por una espata muy grande y vistosa, de diversos colores o enteramente blanca.

Espata. Bráctea que envuelve una inflorescencia, eje florífero.

Espermatófita. Plantas provistas de *semillas*.

Espermatozoide. Célula sexual masculina *móvil* de las algas, hongos, helechos.

Espiga Inflorescencia racimosa, flores sésiles a lo largo del eje de crecimiento indefinido.

Espiguilla (Espícula) Inflorescencia elemental de las *Poaceae*.

Espinescente. Que tiene pequeñas espinas.

Espolón. Un saco elongado producido por una parte de la flor.

Espora. Toda célula aislada libre destinada a la reproducción de la especie.

Esporangio. Recipiente que contiene esporas. Protege al tejido esporógeno, el cual por divisiones sucesivas da origen a las células madre de las esporas.

Esporófilo. Órgano foliáceo que trae las esporas.

Esporofito. Generación que presenta esporas asexuales.

Esporógeno. Que engendra *esporas*.

Esquizocarpo. Fruto indehiscente quese descompone en monocarpos (una hoja carpelar).

Estambre. Microsporófilo. Hoja que trae los sacos polínicos.

Estandarte. Pétalo superior, de mayor tamaño, de una corola papilionada.

Estigma. Porción apical de la hoja carpelar, con células papilares para retener el polen.

Estilo. Parte superior del gineceo en forma de estilete que acaba en 1 o más estigmas.

Estilopodio. *Disco* que corona el ovario en las *Apiaceae* y que soporta los estilos.

Estípula. Cada uno de los dos apéndices laminares a cada lado de la base foliar.

Estivivirente Planta leñosa caducifolia, cuya foliación en la estación *estival* (o *verano*).

Estolón. Tallo que crece horizontal sobre el suelo, y produce raíces en sus nudos.

Estróbilo. Pseudocarpo o falso fruto de las Coníferas.

Eustela Un ciclo de haces vasculares.

Excrescencia. Crecimiento parcial y externo, del tallo u otro órgano vegetal.

Exocarpo. Capa más externa del pericarpo.

Exotecio Epidermis externa de la pared de la antera.

Exserto. Estambres que se proyectan más allá del borde de una corola simpétala.

Falcado. Con forma de pico de *halcón* (*falcon*). Curvado, afilándose hacia la punta.

Fanerógama. Vegetal con órganos sexuales *visibles* (*faneros*), las flores.

Fasciculado. Formando un haz. En grupos como manojos en las ramas axilares.

Faucial. Relativo a las fauces o gargantas del cáliz o de la corola.

Fenestrado. Perforado con aberturas, ventanas o áreas translúcidas.

Fibroso. Sistema radical con varias raíces iguales que crecen delgadas como fibras.

Filamento. Un hilo. El pie de un estambre.

Filaria. Vaina foliar con nervaduras paralelas, bráctea involucral externa del capítulo.

Filiforme. Con forma de hilo.

Filóclado. Braquiblasto foliiforme (en *Ruscus sp.*). Tallo laminar verde (fotosintético), de crecimiento definido semejante a una hoja.

Filodio. Pecíolo ensanchado, semejante a una hoja, y que hace fotosíntesis.

Filotaxis. Disposición u ordenación de las hojas a lo largo del tallo.

Fimbriado. Dividido en finas *lacinias* (segmentos angostos de ápice agudo).

Fistuloso. Como una fistula, tallo hueco en su interior, tubuloso (en las cañas).

Floema Conjunto de tubos cribosos, células anexas y células parenquimáticas.

Flor completa. Una flor con todos los ciclos: sépalos, pétalos, estambres y carpelos.

Flor. Un braquiblasto con un receptáculo (tálamo), que lleva de afuera hacia dentro: sépalos, pétalos, estambres y carpelos o al menos algunos de ellos.

Flósculo. En las *Asteraceae*, florecita de corola pentámera, simpétala, tubulosa, actinomorfa, que forma parte de un capítulo.

Foliáceo. Con aspecto de hoja.

Foliar. Que pertenece a la hoja.

Folículo. Fruto seco, de ovario unicarpelar súpero, con dehiscencia sutural simple.

Folíolo. Un segmento folioso de una hoja compuesta.

Fornículo. Abolladura, abovedada, en el interior del tubo de la corola, y que lo cierra.

Fronde. Cuerpo vegetativo taloide de las Lemnaceae o lentejas de agua.

Fruto. Ovario desarrollado luego de la fecundación de los óvulos.

Fusiforme. Con forma de huso: de sección circular y aguzándose en ambos extremos.

Gálbulo. Estróbilo carnoso e indehiscente, que encierra unas pocas semillas en su interior.

Galea. Capucha, parte del cáliz o de la corola, a modo de yelmo o casco romano.

Gameta. Célula sexual que se une a otra célula de sexo opuesto para formar la cigota.

Gametofito. Generación productora de gametas, células *haploides* con *"n"* cromosomas.

Gamocarpelar. Gineceo con los carpelos connatos, unidos, formando un pistilo.

Gamopétala. Corola con los pétalos connatos, coalescentes o unidos.

Gamosépalo. Cáliz con los sépalos connatos, unidos, concrescentes.

Geminado. Órganos dispuestos por parejas, de a dos, como las hojas de los pinos.

Género. Grupo de especies relacionadas, o a veces constituido por una sola especie.

Genículo. Rodilla. Parte de un vástago que cambia de dirección formando un codo.

Geófito. Planta terrestre. Criptófito con yemas protegidas bajo la superficie del suelo.

Giboso. Espolonado. Corola gamopétala cuyo tubo forma una bolsa hacia afuera.

Gineceo. Conjunto de carpelos de una flor.

Ginecóforo. Prolongación del eje de la flor que soporta el ovario.

Ginobásico. Estilo que se inserta entre los carpelos cerca de su base, en el receptáculo.

Ginodioica. Plantas con flores hermafroditas en unos individuos y femeninas en otros.

Ginóforo. Porción alargada del eje de la flor situada entre el androceo y el gineceo.

Ginopodio. Pie del ovario, que procede del ovario atenuado en la base, no del tálamo.

Ginostegio. Aparato formado por la soldadura del androceo y el gineceo (en las *Asclepiadáceas*). Órgano protector del gineceo distinto del perianto.

Ginostemo. Aparato formado por la fusión del androceo y el gineceo (*Orquídeas*).

Glabro. Sin pelos.

Glándula. Órgano secretor de aceites, resinas, etc.

Glauco. Cubierto con un polvo blanco o azulado, integrado por plaquetas de cera.

Glomérulo. Inflorescencia formada por una cima contraída, de forma globulosa.

Gloquidio. Un pelo rígido o cerda con una barba. Con forma de punta de flecha o tridente. Tricoma unicelular con pequeñas púas apicales retrorsas.

Gluma. Una de las dos brácteas o hipsófilos estériles que suelen hallarse enfrentados en la base de una espiguilla o inflorescencia elemental de las Poáceas.

Glumela. Cada una de las 2 brácteas (*lemma y pálea*) que rodean la flor (*Poáceas*).

Glumélula. En las flores de las Poáceas, cada una de las dos delicadas escamitas, que se hallan entre lemma y pálea. Es la corola reducida, que aborta la tercera pieza.

Haploide. Con *"n"* cromosomas por célula.

Hastado. Sagitado (forma de cabeza de flecha) pero con 2 lóbulos basales divergentes.

Haustorio. Órgano de succión de las plantas parásitas.

Helicoide. Espiralado. Cima helicoide (*bóstrix*).

Hemicriptófito. Planta cuyas yemas de renuevo se hallan a nivel del suelo.

Hermafrodita. Bisexual. Con estambres y pistilos en la misma flor.

Hesperidio. Fruto sincárpico (de ovario súpero) con epicarpo glanduloso, mesocarpo corchoso y endocarpo membranoso tapizado de pelos pluricelulares jugosos.

Heteroclamídeo. Con sépalos y pétalos diferenciados.

Heterofilia. Planta con *polimorfismo* de las hojas normales o nomófilos.

Heterógamo. Capítulo con *no* todas flores hermafroditas, sino también unisexuales.

Heterospóreo. Pteridófito que produce macrósporas y micrósporas.

Heterostilia. (*Heterostilo, a*). Plantas con individuos cuyos estilos son de diferente longitud, al paso que varía también la longitud de los estambres.

Hialino. Delgado y membranoso, siendo transparente o traslúcido.

Hidrófilo. En las plantas acuáticas con hojas distintas, el tipo de hoja sumergida.

Hidrófito. Acuática con hojas sumergidas o flotantes y yemas de renuevo *sumergidas*.

Hierba. Planta de tallo tierno no leñosa (al menos por encima del nivel del suelo).

Hipantio (=Hipanto) Tálamo acopado, en flores de ovario ínfero o semiífero. Copa floral prolongada por encima del borde del receptáculo floral.

Hipocótilo. Entrenudo de un embrión, justo debajo del nudo cotiledonar.

Hipocrateriforme. Corola gamopétala de tubo largo y angosto que remata en un limbo patente (formando un ángulo muy abierto de 90°).

Hipógeo. Órgano vegetal que se halla dentro del suelo, que crece subterráneo.

Hipógino. Corola y estambres que se insertan sobre el tálamo, por debajo del gineceo.

Hipsófilo. En la sucesión foliar, hoja superior situada entre los nomófilos (hojas normales) y los antófilos (hojas florales). Brácteas que acompañan a las flores.

Hirsuto. Cubierto con pelos rígidos y ásperos.

Híspido. Cubierto de pelo muy tieso y sumamente áspero al tacto, casi punzante.

Homoclamídeo. Con tépalos, sin diferenciación entre sépalos y pétalos.

Homógamo. Dícese del capítulo en el cual todas sus flores son hermafroditas.

Homólogo. Órganos *distintos*, pero con igual origen (ej: *hojas* modificadas en *espinas*).

Imbricado. Superpuesto como las tejas de un tejado o las escamas de los peces.

Imparibipinado. Hoja bipinada terminada en un folíolo impar.

Imparipinado. Hoja pinada cuyo raquis remata en folíolo: con número *impar* de folíolos.

Inciso. Hoja u órgano laminar dividido en gajos irregulares y profundos.

Incurvado. Encorvado con la concavidad del lado interno o superior (mira al eje).

Indehiscente. Que no se abre.

Indeterminado De crecimiento indefinido. Tallo que no remata en una flor.

Induplicado. Órgano laminar que tiene los márgenes doblados o encorvados hacia arriba o hacia adentro (ejemplo, segmentos foliares de las hojas de *palmeras*).

Induvia. Cada una de las partes de la flor que persisten en el fruto.

Ínfero. Ovario inserto por debajo de las otras piezas florales (resultan epíginas).

Inflexo. Encorvado hacia dentro o hacia arriba.

Infraestaminal. Hipostémono. Que está debajo de los estambres.

Infundibuliforme. Cáliz o corola en forma de embudo (tubo cilíndrico y limbo extendido.

Interpeciolar. Estípula originada por la concrescencia de dos estípulas de hojas opuestas (*entre dos pecíolos*).

Intrapeciolar. Cuando dos estípulas de la misma hoja se unen, por el borde de cada estípula, que se halla entre la hoja y el tallo (*axila*).

Introrso. Antera (o su dehiscencia) cuando se abre hacia el eje de la flor.

Involucro. Serie de brácteas rodeando a una flor o a una inflorescencia.

Involuto. Hoja que se encorva por sus bordes hacia el haz o cara interna de la misma.

Isospóreo (Isósporo). De esporas iguales. Pteridófito que tiene esporas todas iguales.

Isostémono. Que tiene igual número de estambres que de pétalos (o de tépalos).

Lacinia. Porción larga (o incisión profunda), angosta y de ápice agudo.

Laciniado. Dividido en lacinias. Órgano más o menos filamentoso.

Lámina. Parte terminal y ancha de la hoja.

Lanceolado. Con forma de lanza.

Lanoso. Con largos pelos semejantes a hebras de lana.

Legumbre indehiscente. Legumbre que no se abre para dejar salir las semillas.

Legumbre. Fruto seco, pluriseminado, derivado de ovario súpero unicarpelar, con dehiscencia longitudinal doble (por la nervadura media y por la línea de sutura).

Lemma. Miembro inferior del par de brácteas que rodean la espiguilla de una Poácea.

Lenticular. Con forma de lente biconvexa.

Liana. Arbusto trepador.

Lígula. En las Asteráceas, cada una de las corolas gamopétalas y zigomorfas, con 3 ó 5 dientes, que se ubican en la periferia o en todo el capítulo. En las Poáceas, apéndice membranoso que se halla en la línea que une la vaina con la lámina.

Ligulada. Corola en forma de pequeña lengua (flores en capítulos de *Asteraceae.*

Linear. Largo y angosto, con sus lados paralelos, como un rectángulo alargado.

Lirado, a. Hoja pinatisecta, con uno o varios pares de segmentos pequeños en la parte inferior y el lóbulo central terminal muy grande, redondeado en su ápice.

Lobado. Dividido en gajos (o lobos) redondeados.

Lóbulo. Un segmento corto de una hoja o de otro órgano.

Loculicida. Dehiscencia por nervadura media carpelar (ovario pluricarpelar plurilocular).

Lóculo. Cavidad de un ovario, por invaginación y unión de paredes carpelares (tabiques).

Lodícula. Glumélula. Pequeña escama en la base del ovario de la flor de una *Poaceae*.

Lomento. Legumbre *indehiscente*, dividida por constricción en una serie linear de segmentos, cada uno conteniendo una semilla.

Macroblasto Rama de crecimiento indefinido, con entrenudos largos.

Macróspora. Esporas de gran tamaño de los Pteridófitos heterospóreos. La macróspora es el saco embrional de los Antófitos.

Macrosporangio. Esporangio que contiene las macrosporas.

Macrosporófilo Esporófilo que produce macrosporangios. Hoja carpelar.

Maculado. Manchado o moteado.

Malpighiáceo. Pelo unicelular con una base glandular y que remata en dos ramitas de modo que tiene forma de *"T", "V" o "Y"*.

Mamelonado. Que tiene un mamelón (protuberancia), como en un limón.

Marginado. Con el borde destacado por un reborde.

Megáspora. Macróspora.

Megasporangio. Esporangio que produce megásporas.

Membranáceo. Delgado, blando, flexible y traslúcido.

Mericarpo. Segmentos en que se descompone un fruto esquizocárpico.

Micorriza. Asociación simbiótica de hongos y raíces de plantas superiores.

Micrófilo. Hoja pequeña, cómo las que caracterizan a las Equisetáceas.

Micróspora. Espora pequeña. Se origina en un microsporangio y de ella se forma un *microprotalo masculino*. En las Antofitas o Fanerógamas, el *grano de polen*.

Microsporangio. Esporangio que contiene a las microsporas.

Microsporófilo. Esporófilo que produce microsporangios. Hoja polínica o estambre.

Monadelfo. Androceo con los estambres soldados por sus filamentos en un cuerpo.

Moniliforme. Con forma de collar. Con una serie de segmentos redondeados.

Monocarpo. Fruto constituido por una sola hoja carpelar.

Monocasio. Inflorescencia cimosa, termina en una flor y emite una rama lateral florífera.

Monofilético. Grupo compuesto por un *ancestro común* y *todos sus descendientes*.

Monoico. Órganos sexuales en flores distintas, pero en la misma planta.

Monospermo. Que tiene *una sola semilla*.

Monosulcado. Grano de polen con *una abertura* alargada en uno de los polos.

Monotípico. Que sólo tiene un tipo. Ejemplo: Familia monotípica, con un solo género.

Mucrón. Punta corta, más o menos aguda y aislada, en el extremo de un órgano.

Navicular. Con forma de nave o barco.

Nectario. (*Nectarífero*). Cualquier órgano capaz de segregar néctar.

Neotenia. Conservación del estado juvenil en el organismo adulto, debido a un retraso pronunciado, lo que posibilita la reproducción antes de la edad adulta.

Neumatóforo. Raíz epígea, negativamente geotrópica, en plantas de suelos pantanosos (manglares), con aerénquima desarrollado. Provee oxígeno a órganos sumergidos.

Nucela. El megasporangio encerrado en el óvulo de una planta con semilla.

Núcula. Huesecillo derivado de una hoja carpelar. Integra un nuculanio.

Nuececillas. Clusas monospermas.

Nuez. Fruto derivado de ovario ínfero, indehiscente y uniseminado.

Nutante. Inflorescencia o flor inclinada hacia abajo, *péndula*.

Obcónico. Con forma de un cono inserto en su ápice.

Obcordado. Con forma de corazón y con la parte más ancha en el ápice.

Obdiplostémono. Androceo con 2 ciclos de estambres, el externo opuesto a los pétalos.

Oblongo. Más largo que ancho. Alargado y tres veces más largo que ancho.

Obovado. De forma aovada, con el punto de inserción en el extremo más angosto.

Obtuso. Órgano laminar cuyos bordes forman un ángulo obtuso en el ápice.

Ócrea. Tubo formado por un par de estípulas axilares membranosas, soldadas por sus bordes en un cartucho alargado, alrededor del tallo.

Oósfera Célula sexual femenina.

Opérculo. Parte que se separa del fruto a modo de tapa por dehiscencia transversal.

Opositipétalo. Ubicado delante de un pétalo.

Opuesto. Cuando dos órganos ocurren al mismo nivel y en lados opuestos del soporte.

Orbicular. Circular. Redondo.

Ortótropo. Óvulo que continua en línea recta la dirección del funículo.

Ovado. Órgano con figura de huevo, su parte más ancha hacia la base (inserción).

Ovalado. Órgano laminar de elipse poco excéntrica. Anchamente elíptico.

Ovario. Parte inferior del pistilo, que contiene los óvulos.

Ovoide. Órgano macizo con forma de huevo.

Pálea. Bráctea superior del par que encierra el antecio de una Poácea.

Palmada. Hoja compuesta cuyos folíolos se insertan en el ápice del pecíolo.

Palmatífido. Lámina lobulada como la palma de la mano, sin llegar a ser compuesta.

Palustre. Propio de una laguna o un pantano.

Panícula. (=Panoja). Inflorescencia compuesta de tipo racimoso, con ramas que decrecen en longitud desde la base hacia el ápice, adoptando forma piramidal.

Papiráceo. Con la consistencia de un papel.

Papus. Cáliz modificado de las Asteráceas, compuesto por cerdas o escamas.

Parafilético. Grupo que incluye al *"ancestro común"* de sus miembros, pero *no a todos los descendientes de éste.* Un grupo se constituye como parafilético cuando a un *"clado"* o *"rama evolutiva"* se le sustraen uno o más grupos.

Parásita. Planta que vive adherida a otra planta cuya savia absorbe en su beneficio.

Partenogenético. Que desarrolla sin fecundación.

Partido. Órgano laminar dividido en gajos que llegan por lo menos hasta la mitad de la distancia entre el *borde* de la lámina y el *nervio medio*, pero sin alcanzarlo.

Pauciflora. Inflorescencia con pocas flores.

Pecíolo. Rabillo en la parte basal de una hoja que soporta la lámina y la une al tallo.

Pectinado. Con forma de peine.

Pedicelo. Pie o pedúnculo de una flor.

Pedículo. Pie o soporte en forma de pequeño pedúnculo.

Peltado. Hoja de lámina redondeada y pecíolo inserto en su centro.

Pentámero. Con cinco miembros. Una corola pentámera posee cinco pétalos.

Pepónide. Pepo. Fruto carnoso sincárpico derivado de ovario ínfero con 3-5 carpelos, con las placentas que llegan desde el eje del fruto hasta la pared carpelar.

Perenne. Que continúa su crecimiento año tras año.

Perfoliado. Hoja sésil que rodea al tallo.

Perianto. Conjunto de cáliz y corola.

Pericarpo. Pared madura del ovario desarrollada luego de la fecundación.

Perígino. Que se inserta en el receptáculo floral (en la periferia del ovario libre).

Perisperma. Tejido de reserva de origen nucelar.

Personada. Corola bilabiada cuando el labio inferior tiene una *abolladura* que cierra la garganta corolina.

Pétalo. Una de las hojas modificadas que constituyen la corola.

Petaloideo. Semejante a un pétalo, con aspecto de corola.

Piloso. Con pelos largos, delgados y blandos.

Pinado (pinado). Hoja compuesta con folíolos a lo largo y a ambos lados del raquis.

Pinaticompuesta Hoja pinada simplemente compuesta, cuyos folíolos se insertan en el nervio medio y se disponen como las pinas de una pluma.

Pinatífido. Hoja con nerviación pinada y el margen hendido de modo que llega hasta (y no más allá) de la mitad del semilimbo (cada una de las mitades del limbo).

Pinatinervada. Hoja con nerviación semejando las pinas de una pluma.

Pinatipartido. Más que pinatífido. Hoja con el margen hendido cuando los segmentos resultantes pasan de la mitad del semilimbo, sin llegar al nervio medio.

Pinatisecto. Hoja pinatinervada tan dividida que los segmentos alcanzan el nervio medio.

Pistilo. Gineceo formado por ovario, estilo y estigma. Puede ser un pistilo simple (con 1 carpelo) o compuesto (con 2 o más carpelos).

Pixidio. Fruto sincárpico capsular con dehiscencia transversal. La parte superior se separa ("*tapa*") y deja la parte inferior ("*urna*").

Pluricarpelar. Constituído por varios carpelos.

Plurilocular. Dícese del ovario o fruto con varios lóculos.

Pluriseminado. Con varias semillas.

Poliadelfo. Androceo con sus filamentos soldados en tres o más hacecillos.

Poliandria primaria. Androceo con 20 o más estambres libres, iguales, helicoidales.

Poliandria secundaria. Androceo en el cual se forman *grupos de estambres* donde al principio se originaba *un solo estambre*.

Poliaquenio. Fruto constituido en conjunto por numerosos aquenios.

Policárpico. Gineceo con numerosos carpelos.

Polidrupa. Fruto *policárpico apocárpico* (varios carpelos libres), en el que cada carpelo se convierte en una drupa (por ejemplo, la *frambuesa*).

Polígamo. Con flores hermafroditas y flores unisexuales sobre un mismo individuo o sobre individuos distintos (de una misma especie).

Polígamo dioico. Polígamo, pero principalmente *dioico*.

Polígamo monoico. Polígamo, pero principalmente *monoico*.

Polígamo. Con flores hermafroditas y unisexuales en un mismo individuo.

Polinio. Masa completa de granos de polen de cada teca de una antera.

Polispermo. Con muchas semillas.

Pomo. Fruto carnoso indehiscente, derivado de un ovario ínfero pluricarpelar y plurilocular, con las semillas en placentas axilares. Receptáculo carnoso.

Poricida. Foraminal. Con abertura mediante uno o varios agujeros.

Primordio. Órgano en su más temprana etapa de diferenciación.

Procumbente. Tallo que se halla tendido sobre el suelo, pero sin arraigar en él.

Profilo. La primera o cada una de las dos primeras hojas de cualquier brote lateral.

Protalo. Gamctofito nacido de la espora, taloide; sobre él nacen anteridios y arquegonios.

Protandra. Flor cuyos *estambres* llegan a la madurez antes de que el estigma sea apto.

Pseudanto. Falsa flor. Inflorescencia cuyas las flores semejan ser un sola flor.

Pseudofruto. Falso fruto.

Pubescente. Cubierto de pelo fino y suave.

Racimo. Inflorescencia de flores *pediceladas* a lo largo de raquis de indefinido.

Radiado. En forma de estrella. Capítulo de las *Asteráceas*, con flores liguladas en la periferia, a modo de rayos, y flores tubulosas en el centro.

Radicante. Tallo que echa raíces en los nudos y arraiga en suelo.

Rafidio. Cristales de oxalato de calcio, aciculares, paralelos en un haz o manojo.

Recurvado. Encorvado de modo que la concavidad se halla del lado externo o inferior.

Reflexo (= *reflejo*) Encorvado y vuelto hacia atrás: hacia la base del tallo en que se inserta.

Relicto. Planta de otra época, con escasa representación en la flora actual.

Reniforme. De forma de *riñon*.

Repando. Hoja con el margen ondeado, con subidas y bajadas.

Replum. *Falso tabique* formado por los bordes carpelares de un ovario bicarpelar, por crecimiento de placentas de lados opuestos que convergen el centro del ovario.

Reticulado. En forma de retículo. Grano de polen con la superficie en forma de redecilla.

Retináculo. En *Asclepiadáceas*, *pinza de brazos* unidos por un disco adhesivo. En las *Orquídeas*, pequeña masa viscosa glandular que se forma junto al rostelo.

Retinervio. Con sus nervios en forma de red.

Retrorso. Que mira hacia la parte basal del órgano en que se encuentra.

Revoluto. Hoja que se encorva por sus bordes sobre el revés o cara abaxial.

Rizoma. Tallo subterráneo de crecimiento horizontal radial, hojas escamosas y yemas.

Rostrado. Con un pico o *rostro*. Que remata en una punta a modo de pico de ave.

Rotácea. Rotada: Corola gamopétala de tubo corto y limbo patente (abierto en 90°).

Ruminado. Endosperma profundamente agrietado o resquebrajado.

Sagitado. Con forma de flecha. Hoja puntiaguda con dos lóbulos basales divergentes.

Sámara. Fruto seco, uniseminado, indehiscente, pericarpo dilatado en forma de ala.

Sarcotesta Cubierta seminal externa carnosa. Testa carnosa.

Semiínfero. Ovario concrescente con el receptáculo acopado, pero no soldado a él.

Semisúpero. Casi súpero. Ver *"semiífero"*.

Sépalo. Una de las partes florales que constituye el cáliz.

Septicida. Fruto con carpelos que se abren en dos láminas conservando su integridad.

Septífraga. Fruto que se abre por las nervaduras medias de los carpelos.

Seríceo. Cubierto de pelo fino, corto, aplicado sobre la superficie y con brillo sedoso.

Serrado. Aserrado. A modo de sierra, cuando los dientes miran hacia el ápice.

Setoso. Que tiene pelos tiesos o finos como una seta.

Sicono. Receptáculo común carnoso en forma de copa, con diminutas flores diclinas en su interior y una pequeña abertura rodeada de brácteas. Ejemplo, *Ficus sp.*

Sifonogamia. Fecundación por un tubo polínico que entra por: estigma, estilo, nucela.

Silicua. Fruto capsular alargado, derivado de un ovario súpero bicarpelar, con dos cavidades separadas por un falso tabique de origen placentario ó *"replum"*.

Simetría bilateral. Cigomorfo. Con *1 plano de simetría*.

Simetría radial. Actinomorfo. Con *2 o más planos de simetría*.

Simpétalo, la. Corola con los pétalos concrescentes.

Sinantéreo. Androceo con sus anteras concrescentes, unidas en un solo cuerpo.

Sinapomorfias. Caracteres *homólogos* (derivados de modificaciones estructurales de un mismo órgano) heredados de un antecesor común por dos o más taxones.

Sinfiandro. Androceo de estambres unidos en un cuerpo, por filamentos y anteras.

Subarbusto. Sufrútice. Planta pequeña semejante a un arbusto, lignificada en la base.

Subulado. Estrechado hacia el ápice hasta rematar en una punta fina.

Sucedáneo. Que es imitación de peor calidad que el original.

Sufrutescente (= *Sufruticuloso***).** Planta pequeña, apenas lignificada en la base.

Sufrútice (= *Sufruticoso***).** Semejante a un arbusto, sólo lignificada en la base.

Tabular. Raíz que tiene forma de tabique o de pared en la base del tronco.

Tálamo. Porción del eje en que se asientan los diversos verticilos de una flor.

Talo. Cuerpo vegetativo no diferenciado en un eje caulinar con hojas y en raíces.

Taloide. Semejante a un talo. Ejemplo, las Lemnáceas.

Taxón Una categoría en una clasificación: variedad, especie, género, familia, orden.

Tépalo. Sépalos y pétalos no diferenciados entre sí. Constituyen el perigonio.

Tomentoso. Cubierto de pelos ramificados, muy densamente dispuestos.

Translator. En las *Asclepiadáceas*, aparatito especial que sirve para trasladar el polen de unas flores a otras, por medio de los insectos. Está formado por la *pinza* o disco adhesivo, y dos *brazos* o retináculos. La pinza es de forma variable.

Traqueida. Elemento traqueal xilemático elongado y con los extremos cerrados.

Tricolpado. Grano de polen con tres surcos germinales meridianos con poros, tipo colpo.

Trífido. Dividido en tres partes o lóbulos.

Triplinervada. Con 3 nervaduras curvilíneas que parten del pecíolo y se unen en el ápice.

Tubérculo. Vástago subterráneo engrosado con catáfilos y yemas en su superficie.

Tuberobulbo. Tubérculo redondeado protegido por túnicas foliares o catáfilas.

Tubo criboso. Miembros de tubo criboso unidos en sus extremos por placas cribosas.

Tubo floral. Tubo formado por las bases unidas de los sépalos, pétalos y estambres.

Tubo polínico. Extensión celular tubulosa de los granos de polen en germinación.

Tubuloso. De forma de cilindro hueco formado por la unión de las piezas.

Turbinado. En forma de cono invertido, estrecho en la base y ancho en el ápice.

Umbela. Inflorescencia con flores de pedicelos de igual longitud, insertas en un punto.

Umbo. Con una proyección corta similar a una tacha de un escudo.

Unguiculado. Provisto de una base semejante a uña o garra.

Unifoliolada. Hoja que consta de un solo folíolo.

Uña. Pie angosto en la base de un *pétalo*, semejando el pecíolo de una hoja.

Urceolada. De forma de olla, tubo relativamente ventrudo y boca más pequeña.

Utriculiforme Con forma de botella, recipiente alargado o cilíndrico.

Utrículo. Fruto seco de pericarpo membranoso encerrado por profilos concrescentes.

Vaina. Base de la hoja, que abraza total o parcialmente a la ramita en la cual se inserta.

Valvar. Cuando las hojas de la yema o el botón floral se tocan por sus bordes.

Vaso. Serie de miembros del vaso unidos en un tubo (*"vaso"*) por placas de perforación.

Vástago. Conjunto del tallo (o eje caulinar) y las hojas.

Venación. Nervaduras. Disposición de los nervios de una hoja.

Versátil. Antera sujeta al filamento solo por un punto, que oscila fácilmente sobre él.

Verticilo. Un ciclo de piezas iguales que brotan en el mismo nivel del eje caulinar.

Vesícula. Ampollita o vejiguilla llena de líquido o de aire.

Vilano. Cáliz transformado en pelos simples o plumosos, cerdas rígidas, o escamas.

Vivaz. Planta que se conserva en invierno por rizomas, bulbos o tubérculos. Perenne.

Vivíparo. Cuando las semillas germinan en el fruto aún unido a la planta madre.

Voluble. Que se enrolla alrededor de otro cuerpo.

Xerófilo. Vegetación que vive en los medios secos (por clima o condiciones edáficas).

Xilema Tejido de conducción formado por los elementos de los vasos, las traqueidas, el parénquima xilemático y las fibras leñosas.

Zarcillo. Hilo enroscado mediante el cual la planta se agarra a otro cuerpo.

Zooidiogamia. Vegetal que se reproduce sexualmente mediante espermatozoides.